하폐수처리를 위한
MBR [분리막 생물반응기]
이론과 실무

하폐수처리를 위한
MBR [분리막 생물반응기]
이론과 실무

MBR의 지침서를 바라보며

박희등 교수, 장인성 교수 및 이광진 박사가 공저한 노작(勞作)을 읽으면서 그간 학생들과 업계의 일부 전문가들이 MBR에 대해 잘못 이해하고 있었든 여러 문제점을 혁파하는 지침서를 출판해주어 크게 감사하게 되었다. 논문은 평가를 받기 위해, 저서는 저자들이 자기 주장을 하기 위해 쓴다고 하지만, 이 책은 MBR에 대한 그간의 여러 주장들을 평가하는 데 한 획을 그은 학문적 기여(寄與, Contribution)다.

내가 아는 박희등 교수는 생물을 이해하는 학자다. 그는 한국에서 소위 생물학적 영양소제거(BNR) 공정들이 개발되든 시기, NPR 공정을 개발한 주역으로 이론과 실무를 겸비한 학계 리더다. 또 장인성 교수는 끊임없이 분리막을 연구해온, 자타가 인정하는 분리막학계의 태두(泰斗)가 아닌가. 한편, 현장에서 설계와 운전의 실무를 다루는 이광진 박사가 가세하였기에 이 책 제목에 있는 "이론과 실무"가 당당한 자존감을 가지는 것이다.

돌이켜 보면, 1990년대 후반 들어 MBR 기술이 한국 하폐수처리장에 접목되기 시작할 때, MBR이 지닌 미래기술로서의 가능성은 생물학적 처리공정으로서의 특성에 대한 이해부족과 분리막기술의 혁신성에 대한 지식축적의 미흡으로 말미암아 그 적용이 제한되었다. MBR은 이제 더 이상 오늘에 연구하는 미래의 기술이 아닌 범용기술이 되고 있다.

이 노작이 2015년 IWA Publishing에서 영어로 출판되었을 때 지난 20여년간 한국의 분리막업계가 가지고 있었든 MBR에 대한 왜곡된 신화(神話)를 넘어 새로운 학문적 지평을 열 것으로 생각했는데, 이제 적절한 시기에 번역본이 나온 것으로 사료된다.

　　이 번역본은 현장 실무자들, 특히 설계를 담당하는 컨설팅업계의 기술자들과 운전을 담당하는 처리장의 전문가들, 그리고 환경부 및 지자체의 정책 전문가들에게도 일독을 권한다. 왜냐하면 이 책 후반부에 있는 다양한 설계 예제와 현장 사례연구는 기술자들이 바로 참고할 수 있는 귀중한 자료이고, 이 자료를 살펴보면 실무와 정책입안에도 큰 도움이 될 것이기 때문이다.

윤 주 환

고려대 교수 / 한국물산업협의회 회장

머리말

　이 책은 고려대 박희등 교수, 호서대 장인성 교수, 코오롱인더스트리 이광진 박사가 2015년 CRC Press와 IWA Publishing을 통해 영문본으로 출간한 『Principles of Membrane Bioreactors for Wastewater Treatment』의 국문 번역본이다.

　Membrane bioreactor (MBR)은 생물학적 하폐수처리와 막(Membrane)의 분리 기능을 결합한 기술 혹은 공정이다. 1960년대 말 스미스(Smith)와 그의 동료들이 MBR 기술을 처음 소개했을 때에는 이 기술은 많은 주목을 받지 못하였지만, 1990년대 중반 이후 하수처리 및 하수재이용에 있어서 매우 중요한 역할을 하고 있다. 특히 엄격한 방류수 수질기준, 하수재이용의 필요성 및 분리막 단가의 하락은 이 기술이 전 세계적으로 보급되는 데 원동력이 되었다.

　그동안 MBR 기술이 급속히 보급되면서 환경공학 혹은 이와 유사한 학문을 전공한 학생뿐만 아니라 하폐수 엔지니어들은 지속적으로 이 기술의 원리와 응용에 대한 지식에 목말라해 왔다. 그럼에도 불구하고 학생들과 전문 엔지니어들에게 필요한 적절한 도서를 찾기 어려웠다. 몇몇 MBR 관련 도서가 있기는 하지만, 대부분의 도서는 MBR 플랜트의 운영과 실규모 적용사례를 중점적으로 다루고 있어, MBR 기술의 자세한 원리, 적정한 설계방법 및 예시 그리고 운영 경험에 대한 부분을 포함한 도서가 필요한 실정이다.

　이 책은 생물학적 처리, 막 여과, 막 오염을 포함한 MBR 기술의 기본원리를 중점적으로 다루고 있다. 또한 MBR의 운영, 유지, 설계 및 적용사례를 포함한 MBR 기술의 응용 부분도 함께 포함하고 있다. 이 책의 저자는 학생들과 엔지니어들이 단계를 밟아가며 MBR 지식을 종합적으로 이해하도록 책을 구성하였다. 이러한 목적을 달성하기 위해 핵심 챕터에는 MBR 기술의 원리를 다루는 많은 예시와 문제를 포함시켰다.

이 책은 한 학기 분량으로 주로 학부 고학년 및 대학원 학생을 대상으로 맞추어진 교과서이다. 이 책은 서론 챕터(1장), 3개 핵심 챕터(2장, 3장, 4장), 3개 응용 챕터(5장, 6장, 7장)로 구성되어 있다. 핵심 챕터는 생물학적 처리의 기본원리, 막 여과 및 막 오염현상을 다루고 있다. 핵심 챕터에 소개된 예제는 독자가 기본 개념과 원리를 명확히 이해하는 데 도움이 되며, 핵심 챕터 마지막에 포함된 문제는 관련 이론과 지식을 조금 더 깊이 있게 발전시키기 위한 목적을 가지고 있다. 응용 챕터는 3개의 핵심 챕터에서 소개된 개념과 MBR 공정의 운영, 유지, 설계 및 적용사례를 연결시키고자 하였다.

MBR 공정은 하수를 처리하기 위해 미생물의 대사를 이용한다. 이러한 측면에서 MBR 공정은 일반 활성슬러지 공정과 유사하다고 할 수 있다. 그렇지만, MBR 공정의 설계과정과 운영사례를 조금 더 자세히 살펴보면 일반 활성슬러지 공정과는 다른 몇 가지 측면을 확인할 수 있다. 예를 들면, MBR 공정은 일반 활성슬러지 공정에 비해 매우 긴 고형물체류시간으로 설계되고 운영된다. 긴 고형물체류시간으로 운영되는 MBR 공정은 처리 효율과 고형물 발생량에 영향을 준다. 따라서 제2장에서는 MBR 공정을 이해하는 데 있어서 생물학적 공정을 분석하고 해석하는 데 필요한 기본적인 체제(예, 미생물학, 양론식, 동역학 및 물질수지)를 다룰 것이다. 체제(Framework)의 학습을 통해

MBR 공정의 생물반응조 설계 및 운영이 일반 활성슬러지 공정과 어떻게 다른지 이해할 수 있을 것이다.

MBR 공정은 생물반응조 활성슬러지 혼합액으로부터 처리수를 분리해내기 위해 일반 활성슬러지 공정의 중력식 침전지(즉, 2차 침전지)를 대신해 정밀여과막 혹은 한외여과막을 이용한다. 막을 이용한 분리 방법은 중력식 침전지의 한계를 극복하고 입자성 물질을 모두 배제하여 매우 깨끗한 처리수를 생산한다. 그렇지만, 막을 이용하게 되면서 필연적으로 막 오염문제가 파생된다. MBR 공정의 성공적인 운영은 주로 막의 오염을 최소화하는 적정한 공정 설계와 운영에 의존한다. 제3장과 제4장은 막의 여과 원리와 막의 오염현상을 이해하는 데 도움이 될 것이다. 특히 이 두 챕터는 여과 이론, 분리막 재질과 형상, 오염현상과 특성 그리고 막 오염을 저감하는 방법을 다루고 있다.

제5장부터 제7장까지는 MBR의 실용적인 측면에 관심이 있는 하폐수 엔지니어와 학생들에게 매우 유용할 것이다. 여기에서는 MBR 공정의 운영, 유지, 설계 및 적용사례와 같이 실용적인 측면의 주제를 포함하고 있다. 또한 MBR 플랜트를 설계할 때 그리고 운영할 때 고려해야 할 사항과 설계 예시를 제공한다. 특히 핵심 챕터에서 다루었던 MBR 공정의 원리가 설계와 운영에 어떻게 적용되는지 설명하려고 노력하였다.

MBR 기술에 대한 연구개발은 성숙단계에 있으며 수천 개의 실규모 MBR 플랜트가 전 세계적으로 운영되고 있다. 이 시점에 있어서 우리는 MBR

기술에 대한 지식과 정보를 보다 널리 알려야겠다는 바람을 가지고 이 책을 집필하게 되었다. 우리는 책을 집필한 지난 2년간 MBR 기술을 보다 더 명확하게 설명하려고 했으며, 본질적인 MBR 공정의 원리를 이해하려고 노력하였다. 이 책은 우리 노력의 결실이다. 우리의 노력으로 보다 더 많은 성공적인 MBR 공정의 보급이 이루어지기를 희망한다.

이 책을 준비하는 데 도움을 주신 여러분께 이 기회를 얻어 고마움을 표시하고자 한다. 우선 우리는 고려대학교에서 ACE567 교과목을 수강한 대학원 학생들에게 감사를 표한다. 학생들은 제2장과 제6장의 초교에서 오류를 찾아 수정해 주었으며 본문의 예시와 문제를 준비하는 데에도 많은 도움을 주었다. 그리고 삽화에 도움을 준 호서대학교 홍성준 학생에게도 고마움을 표한다. 특히 KSCE Press의 전지연 대표의 권유와 격려 그리고 책의 편집과 디자인을 해 주신 씨디엠더빅의 김덕희 대표와 박승규 실장의 도움이 없었으면 우리는 이 책을 출판하지 못했을 것이다. 마지막으로 오랜 집필 기간에 인내와 이해를 해 준 가족들에게 감사를 드린다.

박 희 등
장 인 성
이 광 진

차 례

제3장 분리막, 모듈, 카세트

제5장 MBR 운전

제6장 MBR 설계

제7장 사례 연구

제 1 장

서론

**Principles of
Membrance Bioreactors for
Wastewater Treatment**

1914년 영국 데비휼름(Davyhulme) 하수처리장에서 하수 정화에 대해 연구하던 두 엔지니어 아던(Edward Ardern)과 로켓(William T. Lockett)은 인류에게 처음으로 활성슬러지 공정(Activated sludge process)을 소개하였다. 이들은 반응기(Fill-and-draw reactor)에 오랜 기간 하수를 흘려 보내면서 공기를 주입하였을 때, 플록(Floc) 형태의 고형물이 형성되며 하수가 정화되는 현상을 발견하였다. 또한 이들은 하수 정화가 반응기 내부의 고형물(슬러지)이 활성화 되었기 때문이라고 추정하였으며, 이 고형물을 활성슬러지(Activated sludge)라고 명명하였다. 활성슬러지의 발견 및 이를 이용한 하수처리공정의 발명은 이후 공중보건과 환경보호라는 측면에서 우리사회에 일대 혁신을 일으켰다.

활성슬러지 공정은 하수를 처리함에 있어서 물리화학적 처리방법 대비 여러 장점을 가지고 있다. 무엇보다 이 공정은 하수에 포함된 오염물을 안정적으로 처리할 수 있으며 높은 효율과 경제성을 갖는다. 이 기술로 인해 우리 사회는 인구증가와 도시화에도 불구하고 예전보다 더 깨끗하고 안전한 환경에서 생활할 수 있게 되었다.

그럼에도 불구하고 수생태 보호와 엄격해진 방류수 수질기준을 준수하기 위해 이전보다 더 깨끗한 방류수에 대한 요구는 꾸준히 증가하고 있다. 게다가 최근에는 기후변화로 인해 강우가 불균일하며 수자원 분포가 왜곡되고있다. 이로 인해 가용할 수 있는 수자원이 우리 일상생활에서 더욱 중요해지고 있으며, 하수를 정화하여 수자원으로 이용하는 하수재이용에 대한 수요가 증가되고 있다. 왜냐하면 하수는 수량이 풍부하며 안정적으로 발생하므로 하수재이용은 갈수기에 수자원을 보충할 수 있는 대안으로 여겨지기 때문이다.

분리막(分離膜, Membrane)을 이용한 하수처리는 보다 깨끗한 방류수에 대한 요구와 늘어나는 하수재이용의 수요를 맞출 수 있는 해답이 될 수 있다. MBR (Membrane bioreactor)은 생물학적 하수 혹은 폐수처리 기술과 막의 분리 기술을 결합한 기술로, 앞서 언급한 두 요구사항을 충족시킬 수 있는 최선의 기술로 평가받고 있다. 특히 MBR은 최근 20년간 막 가격의 꾸준한 하락(현재 막 가격은 20년 전의 약 1/10 수준임)을 바탕으로 보급이 꾸준히 늘고 있다.

MBR 시장은 1990년 중반 이후 지속적으로 성장하고 있다. 컨설팅업체인 Frost & Sullivan의 보고에 의하면, MBR 시장은 2011년 8억 800만 달러였으며, 연평균 성장률 22.4%로 2018년에는 34억 달러까지 늘어날 것으로 예측하고 있다. 또한 수자원이 제한적인 중동과 아시아태평양 지역에서 MBR 시장이 급속히 증가할 것으로 예측되고 있다(Water World, 2014).

1.1 MBR의 소개

1.1.1 MBR의 원리

MBR은 하수 혹은 폐수를 처리하기 위해 생물반응조(Bioreactor)와 막의 분리 기능을 결합한 기술이다. 활성슬러지 공정에서 생물반응조가 미생물의 활성을 이용하여 하수 혹은 폐수를 처리하는 것처럼, MBR 공정의 생물반응조도 동일한 기능을 한다. 하지만 활성슬러지 공정이 처리수와 미생물(활성슬러지)을 분리하기 위해 중력식 침전조를 이용하는 데 반해, MBR 시스템은 0.05~0.1 μm 크기의 기공을 가지는 막을 사용한다. 그림 1.1a와 c에 나타내었듯이 MBR에 사용되는 막의 기공 직경은 활성슬러지 플록(Floc), 자유롭게 유영하는 세균(Free-living bacteria), 큰 크기의 바이러스와 입자성 물질을 배제시

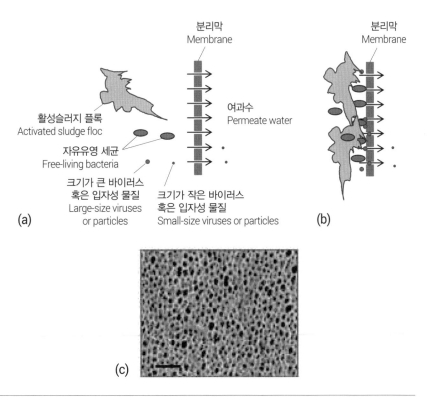

| 그림 1.1 | MBR 공정의 원리 개요도. (a) 막 여과의 원리, (b) 막 오염현상, (c) 막 표면 형상. 막은 코오롱 Cleanfil-S이며, 이미지 안의 막대는 1 μm임. 출처: http://kolonmbr.co.kr.

킬 수 있을 만큼 충분히 작다.

따라서 MBR은 현탁 입자(Suspended solids, SS)가 거의 검출되지 않는 고품질의 처리수를 생산할 수 있으며, 그 수질은 활성슬러지 공정에 모래여과와 활성탄 흡착을 결합한 3차 처리수 수준에 해당한다. 또한 MBR은 중력식 침전지를 필요로 하지 않아 활성슬러지 공정에 비해 적은 시설 부지를 요구한다. MBR 공정의 자세한 장점은 1.1.3과 1.1.4에 기술되어 있다.

그럼에도 불구하고 MBR 공정은 다른 막 공정과 마찬가지로 막 오염(Membrane fouling)에 취약하다. 그림 1.1b에 나타내었듯이 막은 여과과정에서 활성슬러지, 현탁 입자, 유기물, 무기물에 의해 오염될 수 있다. 따라서 막 오염을 최소화하는 것이 안정적인 MBR 공정 운영의 핵심이라고 할 수 있다. 막 오염을 막기 위해, 혹은 최소화하기 위해 다양한 시도가 이루어지고 있다. 예를 들어, 막 제조사는 막 표면의 화학적 성질이나 막 모듈의 형상을 변형하는 방법을 채택하며, 공정 엔지니어는 여과 주기를 조절하거나 역세척(Backwashing) 혹은 공기방울 공급을 통한 막세정(Scouring aeration) 방법을 도입한다.

1.1.2 MBR 기술의 역사

MBR 기술은 Dorr-Oliver 사의 연구비 지원을 받은 스미스(Clifford V. Smith)와 동료들에 의해 1969년 처음 소개되었다. 이들은 처리수와 활성슬러지를 분리하기 위한 침전조를 생략하고 고품질의 처리수를 생산하기 위해 한외여과막(Ultrafiltration membrane)을 이용하였으며, 개발한 MBR 공정의 타당성 평가를 위해 미국 코네티컷 주에 있는 샌디후크(Sandy Hook)의 한 제조공장에서 발생하는 폐수를 대상으로 6개월간 파일럿 플랜트를 운영하였다.

파일럿 플랜트에 설치된 막 유닛은 생물반응조 바깥쪽에 설치되었으며, 막 오염을 막고 안정적인 플럭스(Flux)를 유지하기 위해 생물반응조의 활성슬러지 혼합액(Mixed liquor, ML)을 막 표면에 높은 교차흐름속도(Crossflow velocity)로 지나가도록 순환시켰다. 이때 막에 가해주는 압력은 150~185 kPa였으며, 활성슬러지 순환속도는 1.2~1.8 m/s, 플럭스는 13.6~23.4 L/m²/h로 관찰되었다. 90% 운영시간 동안 처리수의 BOD는 대개 5 mg/L 이하였으며 대장균류(Coliform bacteria) 제거율은 100%였다. 측류식(Side-stream configuration)으로 불리는 이와 같은 MBR 운영방식은 매우 고품질의 처리수를 생산할 수 있었지만(그림 1.2a), 그 당시 산업폐수와 침출수와 같이 제한된 폐수처리에만 적용되었다. 측류식은 활성슬러지 순환에 필요한 높은 에너지 비용, 막 오염, 높은 설치비 등의 이유로 도시하수처리장과 같은 큰 규모의 처리시설에는 적용되지 못했다.

1989년 도쿄대학교 야마모토(Yamamoto) 교수와 동료는 '활성슬러지 폭기조로부터 중공사막(Hollow fiber membrane)을 이용한 직접적인 고체-액체 분리'라는 혁신적인 MBR 기술을 소개하였다. 그들은 0.1 μm 기공 크기를 가지는 폴리에틸렌(Polyethylene) 재질의 중공사막을 이용하여 활성슬러지 폭기조에서 처리수를 얻었다. 그들은 가압펌프를 이용하여 활성슬러지를 막 표면에 순환시키는 방법을 채택한 것이 아니라, 막 유닛을 직접 생물반응조에 담그고 흡인펌프를 이용해 처리수를 얻었다. 처리수는 낮은 압력(13 kPa), 짧은 수리학적 체류시간(4 h), 높은 용적부하(1.5 kg COD/m³/d) 조건에서 상대적으로 긴 운전기간(120 d) 동안 연속적으로 생산되었다. 막 유닛을 직접적으로 생물반응조에 담가 운영하는 이 방식은 침지식(Submersed or immersed configuration)으로 불린다(그림 1.2b). 침지식 MBR은 처리수를 얻는 데 에너지 소모가 적기 때문에 지금까지 도시하수를 포함해 다양한 하수 및 폐수처리에 폭넓게 적용되고 있다.

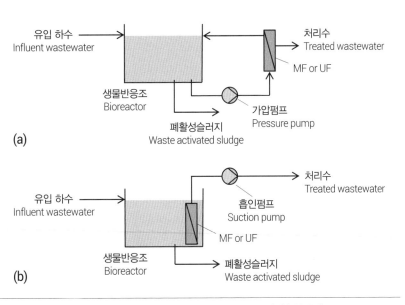

그림 1.2 MBR 기술의 두 가지 운영방식. (a) 측류식(Side-stream configuration), (b) 침지식(Submersed configuration).

침지식을 채택한 MBR 기술이 소개된 이후 막 모듈의 형태, 막기공의 크기, 막 오염을 최소화하기 위한 운영방식, 오염된 막의 세정방법 등의 최적화를 위한 수많은 연구가 수행되었다. 또한 학계와 산업계로부터 운영 데이터가 축적되고, 경쟁력 있는 MBR 공급사(예, Zenon, Kubota, Mitsubishi Rayon Engineering, US-Filter)의 출현으로 MBR 기술은 1990년 중반 이후 급속히 확산되었다.

이후 막 가격의 하락(1 m²당 막 가격은 1992년에 약 400달러에서 2010년 약 50달러로 떨어졌다)과 고품질의 막 제조기술로 인해 50,000 m³/d 이상의 큰 규모의 MBR이 중동, 중국, 미국과 같이 물재이용이 필요한 지역에 꾸준히 건설되었다. 큰 규모의 세계적인 MBR 플랜트 시공실적은 표 7.1에 소개되어 있다. 2008년 이후 세계적인 경제 불황으로 MBR 플랜트 보급이 줄어들었지만, 보다 깨끗한 물 환경에 대한 요구가 앞으로도 꾸준히 증가할 것으로 예상되므로 MBR 기술의 전망은 여전히 밝다고 할 수 있다.

1.1.3 활성슬러지 공정과 MBR 공정의 비교

일반적인 활성슬러지 공정은 활성슬러지를 이용해 하수 혹은 폐수를 처리하기 위한 생물반응조와 처리수를 활성슬러지로부터 분리하기 위한 침전지로 구성되어 있다. 그렇지만 침전지가 모든 활성슬러지를 가라앉히는 것은 아니다. 가벼운 활성슬러지 플록 혹은 그 부스러기는 가라앉지 않고 처리수와 함께 유출될 수 있다. 일반적으로 침전지 상등액에 포함된 현탁고형물의 농도는 잘 운영되는 침전지라도 약 5 mg/L 정도이다.

그렇지만 MBR 공정은 사용하는 막의 기공 크기가 활성슬러지 플록 혹은 그 부스러기보다 훨씬 작기 때문에(일반적으로 0.1 μm 이하) 이 모든 것들이 처리수로부터 분리된다. 물론 용존성 물질은 막을 통과하게 되지만, 작은 크기의 막 기공으로 인해 처리수에는 입자성 물질이 거의 관찰되지 않는다. 따라서 MBR 공정에서는 입자성 물질을 제거하기 위한 모래여과나 정밀여과와 같은 3차 처리 설비가 생략된다.

활성슬러지 공정과 MBR 공정은 하수 혹은 폐수를 처리하기 위해 모두 생물반응조에 서식하는 미생물의 대사활성을 이용한다. 따라서 처리 속도는 원칙적으로 생물반응조의 활성미생물 농도에 비례하게 된다(이에 대한 자세한 논의는 제2장 미생물 동역학에 기술하였다). 활성슬러지 공정에서는 침전지의 한계로 생물반응조 미생물[즉, MLSS (Mixed liquor suspended solids)] 농도를 일정 수준 이상으로 높이기 어렵다. 생물반응조의 MLSS 농도가 높아질수록 침전지는 더 많은 부담을 갖게 되며, 침전지의 분리 효율이 떨어지게 된다. 일반적으로 침전지를 안정적으로 운영하기 위한 MLSS 농도는 5,000 mg/L 내외로 알려져 있다. 이에 반해 MBR 공정에서는 이론적으로 생물반응조 MLSS 농도의 한계는 없지만, 8,000~12,000 mg/L 범위가 일반적으로 알려진 적정 농도이다. MBR 공정은 생물반응조의 높은 MLSS 농도로 인해 활성슬러지 공정에 비해 높은 하수 혹은 폐수처리속도를 가지기 때문에, 궁극적으로 방류수 수질기준을 준수하기 위해 필요한 생물반응조 용적을 줄일 수 있게 된다(그림 1.3 참조). 혹은 같은 생물반응조 용적이라도 MBR 공정은 더 좋은 품질의 처리수를 만들게 된다.

또한 MBR 공정의 고농도 MLSS 운영은 슬러지 발생량을 줄일 수 있다는 장점이 있다. 미생물은 생물반응조에서 자산화(Endogenous decay)라는 작용을 통해 자기 스스로를 분해하는 특성을 가진다. 미생물의 자산화 속도는 생물반응조의 미생물(MLSS) 농도에 비례하기 때문에(자세한 논의는 제2장에서 다룬다), 고농도 미생물로 운영하는 MBR 공정은 폐기해야 할 미생물(Waste

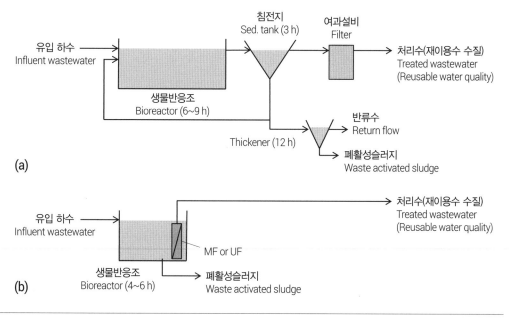

그림 1.3   일반 활성슬러지 공정과 MBR 공정의 비교. (a) 일반 활성슬러지 공정의 모식도, (b) MBR 공정의 모식도. 괄호 안의 시간은 수리학적 체류시간을 나타낸다.

activated sludge)의 발생량을 작게 한다. 이는 슬러지 폐기와 관련된 비용의 절감을 가져온다.

고형물체류시간(Solids retention time, SRT)은 처리수의 수질과 생물반응조의 MLSS 농도를 결정하는 매우 중요한 운영인자이다. 고형물체류시간은 고형물이 생물반응조 안에서 체류하는 평균시간이다. 생물반응조에서 대부분의 고형물은 미생물이므로 고형물체류시간은 미생물체류시간으로 간주해도 된다. 고형물체류시간은 생물반응조의 MLSS 양(=MLSS 농도×생물반응조 부피)을 MLSS 폐기속도(=폐기되는 MLSS 농도×ML 폐기 유속)로 나눈 값으로 추정할 수 있다. 일반적으로 고형물체류시간이 길어질수록 처리수 오염물 농도가 낮아져 하폐수처리 효율이 증가한다. 통상적으로 MBR 공정(20일 이상)은 일반 활성슬러지 공정(5~15일)보다 긴 고형물체류시간으로 운영되므로 처리수 수질이 더 우수하다.

많은 경우에 있어 일반 활성슬러지 공정은 고형물체류시간을 조절하기 위해 침전지 하부로부터 폐기되는 ML의 유속(Q_w)을 제어한다[SRT=(V·X)/(Q_w·X_w)]. 그렇지만 침전지에서 활성슬러지(MLSS)의 침강은 활성슬러지를 구성하는 미생물의 조성과 침전지 성능 등 다양한 조건에 영향을 받기 때문에 침전지 하부의 활성슬러지 농도(X_w)는 일정치 않다. 이 때문에 일반 활성슬러지 공정에서는 정교한 고형물체류시간의 유지 혹은 조절을 위해서는 매번 X_w를 측정해야 한다. 반면에 MBR 공정에서는 고형물체류시간을 조절하기 위해 활성슬러지를 생물반응조로부터 직접 빼내기 때문에, 폐기되는 활성슬러지 농도(X_w)는 생물반응조 활성슬러지 농도(X)와 동일하다. 따라서 고형물체류시간은 생물반응조 부피(V)를 ML의 폐기 유속(Q_w)으로 나누면 그 값을 구할 수 있어(SRT=(V·X)/(Q_w·X)=V/Q_w), MBR 공정에서 고형물체류시간 조절은 훨씬 간단하며 정확하다.

앞서 토의한 바와 같이 MBR 공정은 1) 막 여과와 긴 고형물 체류기간 운전으로 인해 고품질의 처리수를 얻을 수 있으며, 2) 침전지를 생략할 수 있고 생물반응조를 작게 설계할 수 있어 처리장 소요 부지 면적이 줄어들며, 3) 고농도의 MLSS 운전이 가능해 적은 양의 슬러지가 발생하며, 4) 폐기 활성슬러지를 생물반응조로부터 직접 빼내기 때문에 정교한 고형물체류시간 운전이 가능하다는 장점을 가진다. 이러한 장점에도 불구하고 MBR 공정은 막을 이용하기 때문에 다음과 같이 막과 연관된 단점들도 가진다.

표 1.1 일반 활성슬러지 공정과 비교한 MBR 공정의 장점과 단점	장점	1. 재이용수로 사용할 수 있는 수준의 고품질 처리수 생산. 대부분의 병원균과 일부의 바이러스 제거도 가능함 2. 침전지의 생략과 작은 생물반응조 설계로 인한 소요 부지 절약 3. 폐기되는 슬러지의 양이 적음 4. 정교한 고형물체류시간 운영
	단점	1. 운영과 공정 제어가 복잡함 2. 높은 설치비와 운영비 3. 거품 발생량이 많음

이 표는 Judd (2008)의 논문 내용에 기초해 작성함.

최근 20년간 막의 가격이 획기적으로 줄어들었지만, 여전히 막을 이용해야 하는 MBR 공정은 막과 관련된 상당한 비용을 요구한다. 침지식 MBR 공정은 막 오염을 줄이기 위해 막 하부로부터 공기방울을 지속적으로 공급해야 하며, 측류식 MBR 공정은 ML을 막 모듈을 통해 지속적으로 순환시켜야 한다. 막 오염을 줄이기 위한 이러한 과정은 추가적인 운영비 상승을 초래한다. 이로 인한 전력소모량이 일반 활성슬러지 공정에 비해 2배 가량 더 소요되기도 한다. 또한 MBR 공정은 활성슬러지 공정보다 더 많은 거품이 발생해 운영자를 귀찮게 한다. 일반 활성슬러지 공정과 비교한 MBR 공정의 장점과 단점을 표 1.1에 요약하였다.

1.1.4 MBR의 운영조건과 처리 성능

앞서 논의한 바와 같이 MBR 공정은 일반 활성슬러지 공정에 비해 높은 MLSS 농도와 긴 고형물체류시간으로 운영된다. 이로 인해 MBR 공정의 생물반응조는 일반 활성슬러지 생물반응조와 비교하여 높은 COD 용적부하와 낮은 F/M비(Food to microorganism ratio)로 운영된다. 높은 COD 용적부하로 운영된다는 것은 동일한 처리성능을 얻기 위해 MBR 공정의 생물반응조 용적(혹은 수리학적 체류시간)이 일반 활성슬러지 공정에 비해 더 작다는 것을 의미한다. 낮은 F/M 비로 운영한다는 것은 질산화 미생물과 같이 느리게 자라는 미생물을 생물반응조에 포획하기가 더 용이하다는 것을 의미한다. 그렇지만 생물반응기의 용존산소 농도 혹은 질소 제거를 위한 호기조로부터 무산소조로 ML 이송 유속과 같은 조건은 일반 활성슬러지 공정과 유사하다고 할 수 있다. 일반적인 MBR 공정의 운영조건을 표 1.2에 요약하였다.

MBR 공정은 일반 활성슬러지 공정에 비해 더 깨끗한 처리수를 생산한

분류	단위	일반적인 값	범위
운영조건			
COD 부하	kg/m³·d	1.5	1.0~3.2
MLSS	mg/L	10,000	5,000~20,000
MLVSS	mg/L	8,500	4,000~16,000
F/M 비	g COD/g MLSS·d	0.15	0.05~0.4
고형물체류시간(SRT)	d	20	5~30
수리학적 체류시간(HRT)	h	6	4~9
플럭스	L/m²·h	20	15~45
흡인압	kPa	10	4~35
용존산소(DO)	mg/L	2.0	0.5~1.0
처리수 수질			
BOD	mg/L	3	<5
COD	mg/L	20	<30
NH₃	mg N/L	0.2	<1
TN	mg N/L	8	<10
SS	mg/L	0.1	<0.2

표 1.2

MBR 공정의 일반적인 운영조건 및 처리수 수질

이 표는 Tchobanoglous et al. (2003)의 교재 내용에 기초해 작성됨.

다. 이에 대한 주요한 원인은 막에 의해 거의 완벽하게 현탁고형물(Suspended solids)이 제거되기 때문이다. 일반적인 활성슬러지 공정의 경우 운영이 잘 되더라도 처리수 현탁고형물 농도는 5 mg/L 정도이나, MBR 공정의 경우 대부분의 현탁고형물이 막에 의해 배제되어 현탁고형물 농도는 0.2 mg/L 이하로 검출된다. 한편 현탁고형물에는 유기물질, 질소, 인이 포함되어 있으므로, MBR 공정에서 이러한 오염물의 농도가 일반 활성슬러지 공정에 비해 낮은 것은 당연하다고 할 수 있다. 한편 MBR 공정은 일반 활성슬러지 공정에 비해 긴 고형물체류시간으로 운영되기 때문에 겨울철에도 안정적인 질산화 효율이 유지되며 느리게 분해되는 유기물도 더 많이 제거된다. 일반적인 MBR 공정의 처리수 수질을 표 1.2에 제시하였다.

1.2 MBR의 연구개발 동향

1.2.1 막과 모듈

MBR 공정에 사용되는 막은 재질에 따라 폴리머 막과 세라믹 막으로 분류할 수 있다. 현재 사용되는 대부분의 막은 폴리머 재질로 되어 있지만, 세라믹 막은 내구성과 내(耐)화학성이 뛰어나 최근 많은 주목을 받고 있다.

폴리에틸렌(PE), 이불화폴리비닐(PVDF), 사불화폴리에틸렌(PTFE), 폴리프로필렌(PP), 폴리아크릴로니트릴(PAN), 폴리에테르설폰(PES), 폴리설폰

(PSF) 등의 재질이 일반적으로 폴리머 막을 제조하는 데 사용된다. 이 중에서 PVDF 막이 인기가 있다. 특히 기계적 강도가 강화된 PVDF 재질의 막은 부러지기 쉬운 폴리머 막의 단점을 극복한 측면에서 하폐수처리공정 실무자들에게 선호되고 있다. 이러한 오랜 수명을 가진 PVDF 재질의 막의 개발은 MBR 공정이 세계적으로 확산되는 데 기여하였다.

지금까지는 최첨단 혹은 고성능의 기술이 생물학적 하폐수처리에 적용되고 있지는 않다. 그렇지만 최근 20년간 나노과학과 분자생물학 분야의 기술발전은 MBR 공정에서 막의 오염현상을 극복할 수 있는 가능성을 열어 주었다. 예를 들어 플러린(Fullerene)과 같은 탄소물질을 포함한 막은 막 표면 혹은 기공에 미생물이 적게 부착 혹은 흡착되는 것으로 알려져 있다.

막은 평평한 시트(Flat sheet, FS), 중공사(Hollow fiber, HF), 다중관(Multitube, MT) 형태로 제조된다(자세한 설명은 제3장을 참조하기 바란다). FS 막과 HF 막은 침지식 MBR 공정에 주로 사용되고, MT 막은 측류식 MBR 공정에 사용된다. 모든 막은 MBR 공정에 적용하기 위해 패키징되어 모듈(Module) 형태를 띤다. 높은 집적도(Packing density)가 소요 공간을 절약하는 측면에서 더 유리하기 때문에, 막 모듈은 집적도를 증가시키는 방향으로 발전하고 있다. FS 막의 경우 집적도를 증가시키는 방법은 주어진 공간에 더 많은 모듈을 적층하는 것이며, HF 막의 경우 단위 면적에 더 많은 막 섬유를 팩킹하거나 막

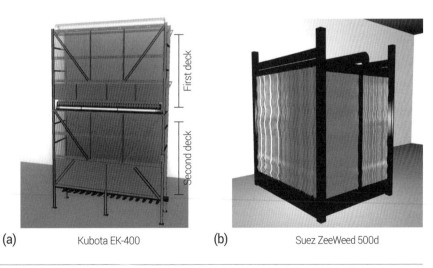

(a)	Kubota EK-400	(b)	Suez ZeeWeed 500d

그림 1.4   집적도(Packing density)가 높은 막 모듈. (a) Kubota의 EK-400 (FS 형태), (b) Suez의 ZeeWeed 500d (HF 형태).

섬유의 길이를 증가시키는 것이다. 그림 1.4는 대표적인 고(高) 집적도의 막 모듈을 보여준다.

막 모듈 오염을 막기 위해 막 하부로부터 폭기관을 통해 공기방울을 공급하는 장치의 개발도 중요한 이슈이다. 이 장치를 통해 공기방울이 막 표면을 지나가면서 막 표면에 쌓인 오염물을 닦아내는 기능을 한다. 폭기관으로부터 공기방울이 나오는 구멍의 크기, 폭기에 사용되는 공기의 압력, 폭기관에 가해주는 압력, 공기 유속 등이 중요한 인자이며 일반적으로 파일럿 실험을 통해 최적의 조건이 결정된다. 또한 일부 MBR 공정에서는 막 표면 오염물을 제거하는 효율을 증가시키고 공기방울 공급으로 인한 에너지 비용을 절약하기 위해(MBR 공정 운영비에 관해서는 1.2.2항을 참조하기 바람) 순환 폭기(Cyclic aeration) 혹은 불연속 폭기(Discontinuous aeration)도 실시하고 있다.

일부 막 공급사는 전통적인 공기 주입 방식뿐만 아니라 맥동(Pulse) 공기 주입을 위한 장치도 개발하고 있다. 맥동 공기 주입은 공기의 양이 일정 역치값에 도달했을 때 작동하는 방식이다. 대표적인 맥동 공기 주입 방식은 에보쿠아(Evoqua)의 MemPulse (http://www.evoqua.com)와 수에즈(Suez)의 LEAPmbr (http://www.suezwatertechnologies.com)이다. 이러한 공기 주입 방식은 에너지 비용을 줄일 수 있으며 막 표면에 쌓인 오염물을 제거하는 데 있어서 일반적인 공기방울 주입 방법에 비해 더 효과적이라고 알려져 있다.

1.2.2 MBR의 운영과 유지

MBR 연구개발의 두 가지 중요한 이슈는 운영과 유지에 필요한 비용(특히 에너지 소모)과 막 오염에 관한 것이다. 최근의 기술개발 트렌드는 에너지와 막 오염 측면에서 MBR 기술이 지속가능성을 유지하게 하는 것이다. 일반 활성슬러지 공정과 MBR 공정의 운영과 유지에 소요되는 비용을 서로 비교해 보면, 주요한 차이는 전력 소모와 막 교체 비용에 기인한다. 도시 하수처리를 기준(Young et al., 2012)으로 일반 활성슬러지 공정과 MBR 공정의 운영과 유지에 소요되는 비용 추정치를 그림 1.5에 나타내었다.

침지식 MBR 기술이 개발되면서 측류식 MBR에 비해 에너지 비용을 상당히 줄일 수 있었다. 그럼에도 불구하고 침지식 MBR은 Dead-end 여과 방식이라는 본질적인 약점을 가지고 있다. 이 여과 방식으로 인해 침지식은 여과과정에서 미생물을 포함한 오염물이 쉽게 표면에 달라붙는다. 반면에 측류식

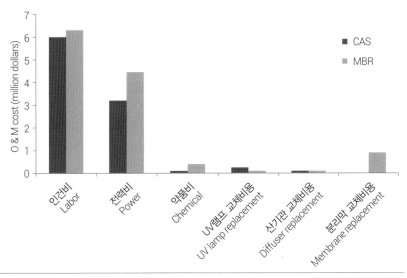

그림 1.5   일반 활성슬러지(CAS) 공정과 MBR 공정의 현재 가치(2012년 미국 달러) 생활주기(Life cycle) 운영 및 유지비용 비교. 비교를 위해 도입한 조건은 유량이 19,000 m³/d이며 처리수 BOD와 SS를 각각 20 mg/L와 20 mg/L를 만족시키는 것이다. 여기에 더해, 유입 폐수의 최소 온도는 12℃, 시간 첨두(尖頭)비는 2.0, 최초 침전지는 생략된 조건에서 비용을 추정하였다. 이 그래프는 Young et al. (2012)의 데이터를 토대로 작성되었다.

MBR은 유체를 빠르게 막 표면으로 흘려 보내면서 여과를 하는 방식으로, 측류는 막 오염물을 닦아내는(Scouring) 효과를 나타내 오염물이 막 표면에 부착되는 것을 방해하게 된다. 침지식 MBR에서는 막 표면에 오염물이 부착하지 않게 하기 위해 막 표면을 닦아내는 추가의 과정이 필요하다. 이를 위해 침지식 MBR은 하부에서 조대(粗大, Coarse)공기방울을 공급하고 있다.

조대공기방울 공급은 막 표면에 오염물이 쌓이지 않도록 지속적이고 과도한 양의 공기를 주입하는 것이다. 이로 인해 더 많은 에너지가 소모되며 활성슬러지 플록의 해체도 일어난다. 많은 양의 공기 주입은 측류식 MBR 대비 침지식 MBR의 장점을 희석하게 된다. 따라서 침지식 MBR 운영의 성패는 막의 오염을 줄이면서 조대공기방울 공급량을 최소화하는 것이라고 말할 수 있다.

효과적이면서 경제적이고 혁신적인 조대공기방울을 공급하는 방법 혹은 장치가 학계와 산업계에서 제시되고 있다. 1990년 말 이후 조대공기방울 공급량에 따른 막 오염 저감에 대한 기초적인 연구가 진행되고 있다. 우에다(Ueda)와 동료연구자들(1996)은 중공사막을 도입한 침지식 MBR을 이용해 공기 공급에 대한 막 오염 저감에 따른 포괄적인 연구를 진행하였다. 그들은 공기 상승속도를 측정하였으며 그 값과 막 오염의 관계를 도출하였다. 이를 통해 막 오염 저감을 위한 최적의 공기방울 상승속도가 존재함을 보였으며, 이 값 이상에서는 더 이상 막 오염 저감 효과가 증가하지 않는다는 것도 밝혔다. 이 결과는 막 오염을 저감하기 위해서는 필요 이상의 공기를 주입할 필요가 없으며, 에너지 절감을 위한 최적 공기방울 공급량 산정을 위한 설계가 요구됨을 시사한다.

유동할 수 있는 담체(Moving-bed carriers)를 생물반응조에 채워 넣을 경우 조대공기방울 공급의 효과를 증가시킨다는 보고가 있다. 조대공기방울 공급에 따라 담체는 지속적으로 유동하게 되며, 이 과정에서 담체는 막 표면에 부딪혀 막 오염 감소와 MBR 성능 향상을 도모한다고 한다(Lee et al., 2006). 수에즈(Suez)의 순환 폭기(Cyclic aeration)도 조대공기방울 공급에 소요되는 에너지를 줄일 수 있는 획기적 기술 중 하나이다. 이 방법은 공기를 주기적으로 주입하여 총 공기주입량을 줄이는 것이다. 예를 들어, 10초간 공기를 주입하고 이어서 10초간 공기를 차단하는 방식으로 공기를 주기적으로 주입한다면 총 공기주입량을 반으로 줄일 수 있다. 지금까지 다양한 공기 주입 방법들이 제안되었으며 실제로 몇몇 방법들은 상용화되고 있다. 그럼에도 불구하고 여전히 지적재산권을 침해하지 않으면서도 효과적으로 공기를 주입할 수 있는 방법에 대한 연구개발이 필요하다.

막 오염을 줄이기 위해 조대공기방울을 공급하는 방법뿐만 아니라 다른 방법들도 제안되고 있다. 역세척(逆洗, Backwashing)은 생산수(Permeate)를 막 안쪽에서 바깥쪽으로 흐르게 하는 조작으로, 막 오염을 줄이고 막간차압(Transmembrane pressure)을 줄이기 위한 주요한 MBR 운영방식이다. 역세척수에 차염(Hypochlorite)과 같은 산화성 약품을 혼합하여 역세척을 진행할 경우 막 표면에 부착된 오염물을 더 효과적으로 떨어뜨릴 수 있다. 침지식 MBR의 경우 불연속 여과 혹은 흡인의 주기적 휴지 역시 오염물이 막 표면에 덜 부착하게 하는 방법이다. 역세척 및 흡인 휴지의 최적 주기와 시간을 결정하기 위한 여러 연구가 수행되었다.

화학약품 처리를 통해 막 오염을 제거하거나 줄일 수 있다. 적정한 약품의 선정 그리고 선정된 약품의 농도와 접촉시간의 결정은 오염된 막을 세정하는 핵심기술이 된다. 높은 세정 효율을 통해 막의 세정 주기를 단축할 수 있으며 막의 수명도 연장할 수 있다. 이에 관한 자세한 논의는 제5장을 참조하기 바란다.

　직접적으로 약품 혹은 효소를 생물반응조에 주입함으로써 막 오염을 줄일 수도 있다. 염화철 혹은 황산알루미늄과 같은 응집제는 생물반응조에 존재하는 용해성 미생물 산물(Soluble microbial products)과 외분비 중합체(Extra-polymeric substances)의 양을 줄임으로써 막 오염을 경감한다고 알려져 있다(Mishima and Nakajima, 2009). Nalco Water는 이 현상을 이용하여 MPE30과 MPE50이라고 불리는 다중양이온(Polycationic) 응집제를 상용화하였다. 이 두 응집제는 막의 오염을 가속화시키는 용해성 미생물 산물과 미세한 입자들의 응집에 효과가 있음이 증명되었다(Yoon et al., 2005). MPE를 생물반응조에 100 mg/L 농도로 주입하였을 때 탄수화물 농도를 낮추었으며 막간차압 상승을 지연시킬 수 있었다.

　또 다른 예는 직접적으로 효소를 생물반응조에 주입하여 미생물 간 정족수인식(Quorum sensing)을 방해하는 것이다. 정족수인식은 자기유도물질(Autoinducer)이라 불리는 신호물질을 통한 미생물의 의사소통 방식이라고 할 수 있다. 이러한 정족수인식은 주변의 군집밀도를 인식하여 유도되는 것으로, 미생물은 정족수인식을 통해 생물막 형성을 포함한 다양한 단체 행동을 한다고 알려져 있다. 따라서 생물반응조에 정족수인식을 유도하는 자기유도물질 분해효소를 주입하거나 이러한 분해효소를 생산하는 미생물을 주입함으로써 생물막으로부터 기인한 막 오염을 직접적으로 저감할 수 있다. 서울대학교 이정학 교수는 이 분야 연구의 선구자로, 자기유도물질 분해효소를 생산하는 세균을 마이크로 기공을 가진 막 구조물에 가두어 생물반응조에 설치하거나(Oh et al., 2012) 중합체로 이루어진 구슬(Bead)에 가두어 생물반응조에 투입하였을 때(Kim et al., 2013) 정족수인식 억제(Quorum quenching)가 일어나 미생물에 의한 막 오염이 줄어든다는 것을 증명하였다. 아직까지는 이러한 방법이 실험실 수준에서 실현되었지만, 조만간 실제 처리장에도 적용될 것으로 예상된다.

1.2.3 미래의 MBR 연구개발 전망

현재 진행되고 있고 미래에도 지속적으로 진행될 MBR의 연구개발의 주요분야는 에너지 소비와 연관된 이슈일 것이다. 막의 오염은 에너지 소비와 밀접하게 관련이 있으므로 막의 오염을 줄이는 연구도 활발히 진행될 것이다. 또한 많은 국가가 물부족으로 고통 받고 있어, 미래에는 도시하수 혹은 산업폐수의 재이용 수요도 지금보다 훨씬 더 증가할 것이다. 물재이용 시스템에서 MBR이 중요한 역할을 할 가능성이 높다. 전형적인 물재이용 시스템은 MBR 공정과 역삼투 공정 혹은 MBR 공정과 고도산화 공정이 결합될 것이다. 그렇지만 이러한 공정의 결합이 경제적이며 환경적으로 무해한 공정이 되려면 조금 더 기술적 향상이 있어야 할 것이다.

막과 막 모듈 그리고 운영과 유지 측면에서 미래의 연구개발 방향은 주로 3장과 4장에서 논의될 것이다. 공정 측면에서 MBR은 에너지를 생산하고 먹는 물을 생산하는 핵심 기술이 될 것이다. 혐기성 소화는 혐기성 미생물을 이용하여 유기성 폐수를 분해하면서 바이오가스를 생산하는 방법이다. 바이오가스 생산속도를 높이기 위해 앞서 언급한 MBR 공정과 유사하게 정밀여과 혹은 한외여과를 이용하여 고농도의 혐기성 메탄생성균을 소화조에 가둘 수 있다. 이러한 혐기성 MBR 공정에서 기술적 도전은 어떻게 막 표면에 부착하는 미생물을 포함한 오염물을 효과적으로 닦아내느냐는 것이다. 호기성 MBR 공정에서는 이를 위해 주로 조대공기방울을 공급하고 있다. 그렇지만 혐기성 MBR 공정에 산소가 포함된 조대공기방울을 공급한다면 혐기성 미생물의 활성을 떨어뜨릴 것이다. 따라서 혐기성 MBR 공정에서는 종종 생산된 바이오가스를 이용해 산소가 배제된 조대 바이오가스 방울을 공급한다.

MBR 공정은 먹는 물 생산을 위한 핵심기술로 사용될 수 있다. 샤넌(Shannon)과 동료 연구자들(2008)은 이 가능성에 대한 논의를 했다. 이들은 정밀여과막(Microfiltration membrane)을 채택한 MBR 공정을 사용한다면 많은 양의 용존 물질과 콜로이드 물질이 막을 통과할 수 있어 역삼투 공정에 사용되는 막의 오염을 가속화시킬 수 있다고 주장한다. 그렇지만 기공 크기가 매우 작은 한외여과막(Tight ultrafiltration membrane)을 채택한 MBR 공정을 사용한다면 이러한 물질의 상당부분이 배제될 수 있어, 이후 역삼투 공정의 운영을 용이하게 할 수 있다. 역삼투 공정에서 생산된 물은 소독과정을 거쳐 먹는 물로 이용될 수 있다. 한편 MBR 공정에서 나노여과막을 사용할 경우 역삼투 공정을 생략할 수 있으며, 여기에서 생산된 물은 광촉매 반응기를 통해 병원균의 사멸과 저분자 오염물의 분해를 거쳐 먹는 물로 바로 사용될 수 있다.

참고문헌

Judd, S. (2008) The status of membrane bioreactor technology, *Trends in Biotechnology*, 26(2): 109-116.

Kim, S.-R., Oh, H.-S., Jo, S.-J., Yeon, K.-M., Lee, C.-H., Lim, D.-J., Lee, C.-H., and Lee, J.-K. (2013) Biofouling control with bead-entrapped quorum quenching bacteria in membrane bioreactors: physical and biological effects, *Environmental Science & Technology*, 47(2): 836-842.

Lee, W.-N., Kang, I.-J., and Lee, C.-H. (2006) Factors affecting filtration characteristics in membrane-coupled moving bed biofilm reactor, *Water Research*, 40(9): 1827-1835.

Mishima, I. and Nakajima, J. (2009) Control of membrane fouling in membrane bioreactor process by coagulant addition, *Water Science and Technology*, 59(7): 1255-1262

Oh, H.-S., Yeon, K.-M., Yang, C.-S., Kim, S.-R., Lee, C.-H., Park, S. Y., Han, J. Y., and Lee, J.-K. (2012) Control of membrane biofouling in MBR for wastewater treatment by quorum quenching bacteria encapsulated in microporous membrane, *Environmental Science & Technology*, 46(9): 4877-4884.

Shannon, M. A., Bohn, P. W., Elimelech, M., Georgiadis, J. G., Marinas, B. J., and Mayes, A. M. (2008) Science and technology for water purification in the coming decades, *Nature*, 452(20): 301-310.

Smith, C. V., Gregorio, D. D., and Talcott, R. M. (1969) The use of ultrafiltration membranes for activated sludge separation, *24th Annual Purdue Industrial Waste Conference*, Lafayette, IN, USA, pp. 130-1310.

Tchobanoglous, G., Burton, F. L., and Stensel, H. D. (2003) *Wastewater Engineering: Treatment and Reuse*, 4th edn., Metcalf and Eddy Inc./McGraw-Hill, New York, USA.

Ueda, T., Hata, K., and Kikuoka, Y. (1996) Treatment of domestic sewage from rural settlements by a membrane bioreactor, *Water Science and Technology*, 34: 189-196.

Water World. (2014) http://www.waterworld.com.

Yamamoto, K., Hiasa, M., Mahmood, T., and Matsuo, T. (1989) Direct solid-liquid separation using hollow fiber membrane in an activated sludge aeration tank, *Water Science and Technology*, 21: 43-54.

Yoon, S.-H., Collins, J. H., Musale, D., Sundararajan, S., Tsai, S.-P., Hallsby, G. A., Kong, J. F., Koppes, J., and Cachia, P. (2005) Effects of flux enhancing polymer on the characteristics of sludge in membrane bioreactor process, *Water Science and Technology*, 51(6-7): 151-157.

Young, T., Muftugil, M., Smoot, S., and Peeters, J. (2012) MBR vs. CAS: capital and operating cost evaluation, *Water Practice & Technology*, 7(4): doi: 10.2166/wpt.2012.075.

제2장

생물학적
하폐수처리

Principles of
Membrance Bioreactors for
Wastewater Treatment

MBR (Membrane bioreactor)은 생물학적 하수처리 혹은 폐수처리 기술과 막의 분리 기술을 결합한 것으로, 검출이 되지 않을 정도의 적은 현탁고형물(Suspended solids, SS)이 포함된 고(高)품질의 처리수를 생산한다. 그렇다고 해서 MBR이 항상 안정적으로 고품질의 처리수를 생산할 수 있다는 것은 아니다. 만약 MBR 플랜트의 생물반응조에 서식하는 미생물의 생장을 위한 조건이 최적으로 유지되지 못한다면 고품질의 처리수는 생산되기 어렵다. 하수 혹은 폐수에 포함된 오염물(예, 생물학적으로 분해 혹은 산화가 가능한 유기물 및 입자성 물질, 영양소, 가라앉지 않는 콜로이드 등)의 처리는 생물반응조에 서식하는 미생물의 활성에 전적으로 의존하기 때문이다. 또한, MBR의 운영조건에 영향을 받는 미생물 플록(Floc)의 성질(예, 크기 및 사상성 미생물의 분율)은 막의 오염 특성에 직접적으로 영향을 미친다. 따라서 MBR 플랜트의 적정한 생물반응조 운영은 하수 혹은 폐수처리의 목적 달성을 위해 필수적이라고 할 수 있다. 이러한 측면에서 생물학적 하수 혹은 폐수처리의 종합적인 이해는 MBR 플랜트의 생물반응조 설계와 최적 운영을 위한 기초를 제공할 것이다.

이 장에서는 미생물학, 미생물 양론식, 속도식, 물질수지 및 공정을 포함한 기본적인 사항이 소개되는데, 이는 학생들 혹은 환경공학 엔지니어가 MBR 플랜트의 생물반응조를 이해하는 체제(Framework)를 제공할 것이다. MBR 공정의 생물학적 처리는 일반 활성슬러지 공정의 생물학적 처리와 다소 차이가 있다. 이는 주로 MBR 공정이 긴 고형물체류시간(Solids retention time, SRT)과 높은 MLSS (Mixed liquor suspended solids) 농도로 운영되기 때문이다. 이 장에서는 생물학적 처리 측면에서 일반 활성슬러지 공정과 MBR 공정의 유사점과 차이점에 대해 비교할 것이다.

2.1 생물반응조에 서식하는 미생물

MBR 공정의 생물반응조에 서식하는 미생물은 하수 혹은 폐수에 포함된 용존성 오염물과 입자성 오염물을 덜 유해한 형태로 전환한다. 예를 들어, 유기오염물은 주로 물과 이산화탄소로 산화되며, 무기오염물의 하나인 암모니아는 산화되어 질산이온으로 전환된다. 또한 미생물은 하수 혹은 폐수에 포함된 현탁 혹은 콜로이드성 입자를 미생물 플록 표면에 흡착시켜 제거할 수 있다. 이와 같은 미생물의 오염물 전환과 흡착은 새로운 미생물과 고형물의 생산을 초래하며(즉, 잉여 슬러지가 발생되며) 적정한 처분 방법을 통해 MBR 공정으로부터 제거되어야 한다.

MBR 플랜트의 생물반응조에 서식하는 미생물은 대부분 자유 유영을 하는 개체로 존재하기보다는 플록 형태로 존재한다. 광학현미경을 통해 이러한 미생물 플록을 관찰하게 되면 갈색의 솜사탕처럼 보이며, 종종 플록 주위에는 종(Bell) 모양의 생물체가 줄기에 매달려 있는 것을 확인할 수 있다(그림 2.1a). 가끔씩 자유 유영을 하는 섬모충이 플록 주위에서 관찰되기도 한다. 미생물 플록은 주로 미생물과 미생물이 분비해 내는 물질로 구성된다. 분비물질은 주로 탄수화물, 단백질, 핵산 등으로 구성되어 있으며 미생물을 응집시키는 역할을 한다. 분비물질은 EPS (Extracellular polymeric substances)라고도 불린다.

미생물 플록에 존재하는 세균은 일반적인 광학현미경을 통해서는 확인하기 어렵지만, 적절한 약품으로 플록을 염색을 한 뒤 위상차 현미경을 이용하거나 DAPI와 같은 형광물질로 플록을 염색한 뒤 형광현미경을 이용하여 관찰하면 분비물질로부터 구분되는 세균을 확인할 수 있다(그림 2.1b). 최신의 분자생물학적 기법은 플록으로부터 직접(In situ) 특정 세균의 정량과 기능을 확인할 수 있는 지평을 열었다(Wagner and Loy, 2002).

MBR 플랜트의 생물반응조에는 다양한 미생물이 존재한다. MBR을 포함

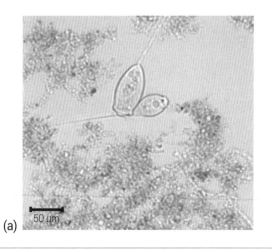
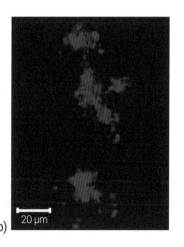

그림 2.1 생물반응조에서 관찰되는 미생물 플록(Floc) 이미지. (a) 광학현미경으로 관찰한 미생물 플록. (b) DNA에 결합할 수 있는 염료(DAPI)를 이용해 미생물 플록을 염색한 후 형광현미경으로 관찰한 이미지. 두 이미지 모두 이상훈 박사로부터 얻음.

한 대부분의 환경공학 시스템에서 가장 두드러진 미생물의 특징은 다양한 미생물이 유입수와 대기를 통해 생물반응조로 유입되어 군집(Community)을 형성한다는 것이다. 이러한 특성으로 인해 미생물 군집은 시간과 MBR 플랜트에 따라 조성이 변하게 된다. 그럼에도 불구하고 MBR 생물반응조의 독특한 설계 및 운영특성으로 특징적인 미생물이 농화(Enrich)되게 된다. 미생물 군집구조는 생물반응조의 기능, 성능, 안정성에 기여한다고 여겨진다.

MBR 공정과 일반 활성슬러지 공정의 생물반응조에 서식하는 미생물의 종류와 기능은 기본적으로 비슷하다. 그렇지만 MBR 공정에서는 생물반응조의 긴 SRT 운전으로 인해 미생물 조성에 다소 차이가 있다. MBR 공정의 긴 SRT는 상대적으로 짧은 SRT로 운영되는 일반 활성슬러지 공정에 비해 느리게 성장하는 미생물을 생물반응조에 보존하기 유리하다. 느리게 자라는 미생물을 생물반응조에 보유하게 되면 분해가 어려운 유기물을 생물학적으로 분해할 수 있는 장점이 있다. 그렇지만 원하지 않는 미생물(예, 거품을 만드는 미생물)을 가두게 되는 단점도 있다. 긴 SRT의 또 다른 특성은 생물학적으로 분해되지 않는 고형물(Inert solids)이 더 많이 생산되어 생물반응조 MLSS 중 활성을 가지는 미생물의 분율을 낮추게 된다. 여기에 대해서는 2.4.4항에서 부연 설명할 것이다.

이 절에서는 생물반응조에서 발견되는 미생물에 대해 개략적인 설명만을 하려고 한다. 미생물에 대한 자세한 설명은 마디간(Madigan)과 동료들(2000)이 쓴『Brock: microbiology of microorganisms』과 블랙(Black)과 동료들(2008)의『Microbiology』와 같은 우수한 교재를 참조하기 바란다.

2.1.1 미생물의 종류

일반적으로 미생물은 육안으로 관찰되지 않아 현미경의 도움을 통해 확인되는 작은 생명체로 정의된다. 미생물은 전통적으로 핵을 둘러싸는 막(핵막)의 존재 유무에 따라 원핵미생물(Prokaryotic microorganisms)과 진핵미생물(Eukaryotic microorganisms)로 구분된다. 진핵미생물은 세포 안쪽에 존재하는 핵물질(Nuclear materials)을 막으로 보호하고 있으며, 원핵미생물은 핵막을 보유하고 있지 않아 핵물질이 세포질에 흩어져 있다. 핵막 존재 유무 이외에 두 종류의 미생물은 세포의 크기, 막으로 둘러싸인 세포 내 소(小)기관, 유성생식(有性生殖) 등 다양한 측면에서 다른 특성을 가진다(표 2.1). 원핵미생물은

생물학적 하폐수처리

세균과 고세균을 포함하며 진핵미생물은 균류, 조류, 원생동물 등이 있다(그림 2.2).

생명체는 크게 세균(Bacteria), 고세균(Archaea), 진핵생물류(Eukarya)의 세 가지 도메인(Domain)으로 구분된다. 이 분류체계는 16S rRNA 염기서열을 바탕으로 한 계통분석에 의한 것으로 우즈(Woese)와 폭스(Fox)(1977)에 의해 처음으로 제안되었다. 세균과 고세균 도메인에 속하는 모든 생명체는 미생물이며 진핵생물류 도메인에 포함되는 일부의 생명체도 미생물의 범주에 속한

표 2.1
원핵미생물과
진핵미생물의 비교

	원핵미생물	진핵미생물
막으로 둘러싸인 핵	없음	있음
세포 크기	0.1~2 μm	10~100 μm
막으로 둘러싸인 소기관	없음	있음
세포벽	있음	모두 있는 것은 아님
섬모	있음	없음
세포 분열	이분법	유사분열, 감수분열
생식	무성생식	유성생식, 무성생식

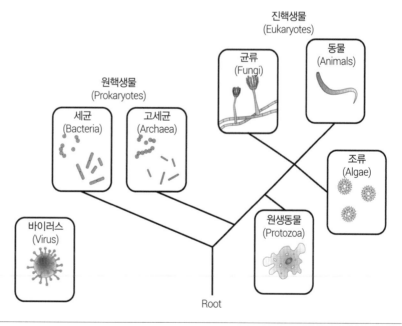

그림 2.2　　하수처리 생물반응기에서 발견되는 미생물 및 이들의 유연관계. 각각의 미생물을 진화의 관계를 나타내는 계통수(Phylogenetic tree)에 표시하였다. 계통수의 뿌리(Root)는 현존 미생물의 조상 (Ancestral lineage)을 나타낸다. 그림은 박강희 박사로부터 얻음.

다. 미생물의 종류에 대해 간략한 설명을 다음 항에 설명하였다.

2.1.1.1 세균(Bacteria)

세균은 생물반응조에 서식하는 미생물의 대부분을 차지한다(>90%). 형태학적으로 세균은 구형, 막대기형, 나선형을 가지는데, 각각은 Coccus, Bacillus, Spirochaete로 불린다. 세균은 단세포로 생명현상을 유지할 수 있지만 대부분은 짝(Pairs), 고리(Chains), 무리(Clusters)로 존재하며, 각각의 세균은 1~2 μm의 크기를 가진다.

그림 2.3에 나타냈듯이, 세균은 세포막으로 둘러싸여 있는데 세포막은 세포 물질을 외부로부터 보호하는 역할을 한다. 세포막은 견고한 보호막으로 물을 제외한 다른 물질들은 자유롭게 통과할 수 없다. 세포막을 통해 세균은 세포 내 물질의 누출을 막을 수 있으며 외부로부터 원하지 않는 물질의 유입을 차단할 수 있다. 즉, 세포막은 투과장벽(Permeability barrier) 역할을 한다. 세포질(Cytoplasm)은 유전물질, 생합성/에너지합성에 필요한 효소, 신호전달 물질과 같이 세균이 생명현상을 유지하는 데 중요한 물질들을 포함하고 있다.

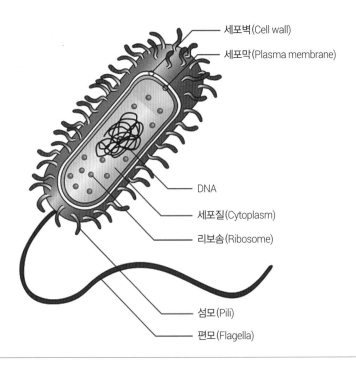

세균의 내부구조. 그림은 박강희 박사로부터 얻음.   그림 2.3

세균은 세포막에 존재하는 포어(Pore)를 통해 영양원을 흡수하며 노폐물을 세포질로부터 바깥쪽으로 배출한다. 세포막에는 전자전달계에 관여하는 효소를 포함해 다양한 효소가 존재한다. 따라서 세포막은 투과장벽으로의 역할과 더불어, 단백질(예, 효소, 이온채널)을 고정하고 에너지를 생산하기 위한 양성자동력(Proton-motive force)의 자리를 제공한다.

세포벽은 세포막 바깥쪽에 위치한다. 세포벽에는 펩티도글리칸(Peptido-glycan)이라 불리는 단백질-탄수화물 중합체가 존재하는데, 펩티도글리칸은 세균이 특정 형태를 유지하는 데 있어서 기계적 강도를 제공한다. 세포벽 바깥쪽에는 편모(Flagella)와 섬모(Pili) 같은 다양한 부속물(Appendage)이 고정되어 있다. 편모는 세균이 이동하는 데 역할을 하며, 섬모는 세균이 표면에 부착하는 데 필요하다고 알려져 있다.

세균은 신진대사(Metabolism) 측면에서 매우 다재다능(多才多能)하다고 할 수 있다. 세균은 다양한 에너지원, 전자공여체, 전자수용체 및 탄소원을 이용한다. 이러한 세균의 다양한 신진대사 특성은 하수 및 폐수에 포함된 다양한 유기/무기 오염물을 처리하는 데 유용하게 이용될 수 있다. 특정 기능을 수행할 수 있는 특정 그룹의 세균을 생물반응조에 가두는 것이 생물학적 폐수처리의 목적을 달성하는 데 중요한 부분이라고 할 수 있다. 예를 들면 인축적세균(Phosphorus accumulating organisms)은 혐기조건과 호기조건을 교차시키면 생물반응조에서 농화(Enrichment)되므로, 이러한 조건을 만들어 하수 및 폐수처리과정에서 인을 제거할 수 있다.

세균을 포함한 여러 미생물은 표면에 모여 생물막(Biofilm)을 형성하려고 한다. 생물막을 구성하는 세균은 자유 유영을 하는 세균과 비교해 상당히 다른 특성을 가진다. 생물막을 구성하는 세균은 세균이 체외로 분비하는 EPS에 의해 덮여 있다. EPS는 주로 탄수화물과 단백질로 구성되어 있는데 접착성을 가지고 있어 세균이 표면에 단단히 부착하도록 도와준다. MBR 공정 운영에 있어 막 표면에 형성되는 세균의 생물막은 막의 바이오파울링(Biofouling)을 야기하므로 생물막을 형성시키는 조건은 최소화되어야 한다. 생물반응조에서 생물막이 형성되는 기전(Mechanism)의 올바른 이해는 MBR 공정을 안정적으로 운영하는 데 있어서 매우 중요하다고 할 수 있다.

일부 세균은 성장을 하면서 계면활성제 성분을 생성한다. 이러한 세균의 급증으로 MBR 공정의 생물반응조 상층부에 두꺼운 거품층이 생성된다. 생물반응조 폭기(Aeration)는 이러한 현상을 악화시킨다고 알려져 있다. 아직까지 계면활성제 생산 세균의 급증 현상에 대한 직접적인 원인은 밝혀지지 않았지만, MBR 공정의 생물반응조에 많은 양의 공기 공급과 긴 SRT 운영이 이러한 세균이 잘 자랄 수 있는 환경을 제공한다고 생각하고 있다.

2.1.1.2 고세균(Archaea)

고세균은 형태학적으로 세균과 매우 유사하다. 세균과 마찬가지로 핵막을 가지고 있지 않지만 진화의 역사, 생화학 및 유전기구 등을 포함해 많은 부분에 있어 세균과는 다른 특성을 가진다. 역사적으로 고세균은 세균의 한 그룹으로 여겨졌지만, 현재는 세균 및 진핵생물류와 더불어 독립된 생명체의 한 도메인으로 자리매김하고 있다.

고세균은 생물반응조에서 종종 발견되지만, 그 분율은 일반적으로 전체 미생물의 1% 미만이다. 30℃ 미만의 중간 온도 혹은 호기성 조건에서 운영되는 생물반응조는 고세균이 서식하기 어려운 환경이기 때문에, 생물반응조에서 발견되는 고세균은 혐기성 소화조의 반류수 혹은 유입하수로부터 유래했을 가능성이 높다. 혐기성 소화조에는 메탄발효를 담당하는 메탄 고세균이 존재하며, 유입하수에는 토양에서 유래한 고세균이 존재한다. 이러한 고세균은 하수관로를 통해 유입되어 생물반응조에서 발견될 수 있다. 그럼에도 불구하고 암모니아를 산화할 수 있는 고세균의 경우 하수처리장의 생물반응조에서 생존하여 증식할 가능성이 있는 것으로 알려져 있다(Park et al., 2006).

2.1.1.3 바이러스(Viruses)

바이러스는 수십에서 수백 나노미터 크기의 작은 생명체이다. 바이러스는 DNA 혹은 RNA로 구성된 간단한 유전물질과 캡시드(Capsid)라 불리는 유전물질을 에워싸는 단백질로 구성된다. 어떤 바이러스의 경우에는 캡시드 바깥쪽에 지질로 이루어진 막이 존재하는 경우도 있다. 바이러스는 생명현상을 유지하기 위해서 숙주(예, 식물, 동물, 세균)에 기생한다. 사람에게 감염을 일으키는 바이러스가 방류수에 포함되어 공공수역으로 방류될 경우 잠재적으로 공중보건에 큰 위협이 될 수 있지만, 활성슬러지 공정에서 바이러스의 역할에 대해서는 아직까지 밝혀진 바 없다.

활성슬러지 하수처리공정에서 특정 바이러스가 제거되는 양상을 연구한 어빙(Irving)과 스미스(Smith)(1981)에 의하면, 2차 처리수에 염소소독을 실시할 경우 Enterovirus, Adenovirus 및 Reovirus의 제거율은 각각 93%, 85%, 28%로 나타났다. MBR 공정의 경우 일반 활성슬러지 공정에 비해 바이러스 제거율이 더 높을 것으로 예상된다. 왜냐하면 MBR에 사용되는 막의 기공은 수백 나노미터 크기 내외로 크기가 큰 바이러스는 막의 기공을 통과할 수 없기 때문이다.

박테리오파지(Bacteriophage)라 불리는 바이러스는 세균을 숙주로 사용한다. 이 바이러스는 활성슬러지 하수처리공정의 세균군집구조뿐만 아니라 생물반응조 성능에 영향을 미칠 것으로 예상된다. 바르(Barr)와 동료(2010)의 연구에 의하면 인축적미생물을 숙주로 이용하는 박테리오파지 용액을 생물반응조에 주입하였을 때 인 제거 성능이 떨어지는 것을 관찰하였다. 그렇지만 특정 세균을 감염하는 박테리오파지는 생물반응조의 성능을 향상시키기도 하였다. 코테이(Kotay)와 동료(2011)는 슬러지 벌킹(Bulking)을 야기하는 세균을 용해시킬 수 있는 박테리오파지를 생물반응조에 주입하였을 때 슬러지 벌킹 현상이 줄어든다고 보고하였다.

2.1.1.4 균류(Fungi)

균류는 광합성을 하지 못하는 종속영양(Heterotrophic) 미생물이다. 효모(Yeast)와 같은 단세포 균류를 제외하면 대부분의 균류는 하이파(Hypha)라는 실 모양의 조직이 모인 균사체(Mycelium) 형태를 가진다. 성장이 느린 편이지만 낮은 pH, 낮은 온도, 낮은 영양원 등의 가혹한 조건을 잘 견디는 것으로 알려져 있다. 그렇지만 균류가 하수 혹은 폐수처리에서 어떠한 역할을 하는지는 잘 알려져 있지 않다. 또한 수적으로도 균류는 MBR 공정을 포함해 생물학적 수처리공정에서 매우 적은 부분을 차지한다.

2.1.1.5 조류(Algae)

조류는 광합성 능력을 가지는 독립영양(Autotrophic) 미생물로, 주로 수환경에서 원생동물 혹은 물고기의 먹이가 된다. 조류는 에너지를 얻기 위해 태양광을 이용하며 생체 유기물질을 합성하기 위해 용존 이산화탄소를 이용한다(즉, 광합성을 한다). 광합성 과정에서 물분자는 산소와 양성자로 분해되기 때문에, 조류의 성장으로 공공수역(Water body)에 산소가 공급되게 된다. 그렇지만 태양광이 공급되지 않을 경우 조류의 호흡으로 인하여 산소가 소모된다. 조류 대(大)증식(Algal bloom)은 공공수역에 공급된 영양소(예, 인과 질소)를 이용한 조류의 과잉 성장의 결과이다.

　　부영양화(Eutrophication)는 공공수역에 공급된 과잉의 영양소에 대한 생태학적 반응(Response)이다. 부영양화로 인한 조류 대증식은 강과 호소의 용존산소 강하, 투명도 감소, 침전물 증가, 맛냄새 물질 발생, 정수장 여과지 폐색, 레저활동 방해 등 다양한 부정적인 결과를 초래한다. MBR 공정에서 조류는 하수 혹은 폐수처리 역할을 하지 못하지만 종종 햇빛에 노출된 처리수조에서 발견되기도 한다.

2.1.1.6 원생동물(Protozoa)

원생동물은 단세포이며 광합성을 하지 못하는 진핵미생물이다. 대부분의 원생동물은 운동성을 가지지만 일부는 그렇지 않다. 원생동물은 세균과 작은 크기의 입자성 유기물을 먹고 산다. 따라서 활성슬러지 시스템에서 원생동물은 처리수를 더 깨끗하게 하는 역할을 한다. 이러한 이유로 일반 활성슬러지 공정의 경우, 처리수의 낮은 입자성 고형물 농도를 유지하기 위해서는 원생동물의 활성이 매우 중요하다. 그렇지만 MBR 공정에서는 막이 입자성 고형물을 거의 완벽하게 배제시킬 수 있어, 처리수의 입자성 고형물을 낮추기 위한 원생동물의 활성이 크게 중요하지 않다. 원생동물의 또 하나의 특징은 독성물질에 민감하다는 것이다. 그래서 종종 원생동물은 하수처리 시스템에 독성물질이 유입되었는지를 확인하는 지표로도 이용된다.

2.1.1.7 기타 진핵미생물

MBR 공정의 생물반응조에는 선충(Nematodes), 담륜충(Rotifers), 갑각류(Crustaceans)와 같은 마이크로미터 크기의 다세포 동물이 존재한다. 이러한 진핵미생물은 생물반응조에 서식하는 다른 미생물을 먹고 자란다고 알려져 있지만, 자세한 기능은 아직까지 보고되고 있지 않다.

2.1.2 미생물의 정량분석

오염물의 분해속도와 슬러지 생산속도는 생물반응조에 서식하는 미생물의 양에 의존하므로(2.3.2항 참조), MBR 공정의 생물반응조를 적절히 설계하고 운영하는 데 있어서 미생물의 정량은 매우 중요하다고 할 수 있다. 미생물을 정량하는 방법은 배양에 의존하는 방법(예, 평판계수법)이 오랫동안 사용되고 있지만, 이러한 방법은 생물반응조에 포함된 모든 미생물이 자랄 수 있는 환경을 조성하기 어렵다는 근본적인 한계가 있어 정확한 미생물의 정량이 어렵다.

활성슬러지에 서식하는 미생물은 1~15%만 배양이 가능하다고 알려져 있다(Amann et al., 1995). 따라서 배양에 의존하는 미생물 정량법은 생물반응조의 미생물의 수를 너무 작게 추산할 수밖에 없다. 이러한 문제점을 극복하기 위해 지난 20년간 FISH (Fluorescent in situ hybridization)와 qPCR (Quantitative real-time PCR)과 같은 분자생물학에 기반한 비(非)배양성 방법이 발전되었다. 그렇지만 이러한 방법 역시 잘 훈련된 연구자, 고가의 분석장비 및 긴 분석 시간이 필요하다는 단점을 가지고 있다.

하수 및 폐수처리공학자들은 종종 간접적인 미생물 정량법을 이용한다. 건조 생체량(Biomass)이 대부분 유기물로 구성되어 있기 때문에, 이들은 휘발성 현탁고형물(Volatile suspended solids, VSS)의 양이 미생물의 양과 직접적인 비례관계에 있다고 가정한다. VSS 측정법은 간단하며 상대적으로 분석 시간이 짧다는 장점을 가진다. VSS는 마이크로미터 기공 크기의 유리섬유 여과지에 시료를 여과한 후 550°C 정도에서 2시간 가량 태운 뒤 휘발된 물질의 양(즉, 유기물)을 추정하여 측정된다.

VSS는 미생물 생체량 이외에 유입수에 포함된 비생분해성 유기물과 미생물 자산화로부터 유래한 비생분해성 유기물을 포함하고 있다. 일반적의 VSS의 50~80%가 활성미생물인데, 정확한 분율은 생물반응조의 운영조건 및 유입수의 특성에 의존한다. 생물반응조 SRT가 길어질수록 그리고 유입수 내 비생분해성 유기물이 많이 포함될수록 VSS 내 활성미생물의 분율은 감소하게 된다.

2.1.3 미생물의 대사(Metabolisms)

대사는 생명체의 모든 생화학 반응을 지칭하는 것으로, 에너지를 생산하기 위해 복잡한 물질을 분해하는 생화학 반응(Catabolism)과 생산된 에너지를 이용해 간단한 물질로부터 세포를 합성하는 생화학 반응(Anabolism)으로 나뉜다.

미생물은 환원된 유기물 혹은 무기물을 산화하여 에너지를 얻거나(Chemotrophs), 햇빛으로부터 광자를 포획하여 에너지를 얻는다(Phototrophs). 하수 및 폐수처리에 관여하는 대부분의 미생물은 Phototrophs라기보다는

Chemotrophs이다. 포획된 에너지는 세포합성 과정과 미생물의 생명현상 유지(Maintenance) 에너지로 사용된다. 생물학적 하수 및 폐수처리에서 에너지 생산을 위한 환원된 물질은 유입수로부터 공급된다. 미생물이 이용하는 최초전자공여체(즉, 에너지원)의 종류에 따라, 미생물은 유기물을 최초전자공여체로 사용하는 미생물(Organotrophs)과 무기물을 최초전자공여체로 사용하는 미생물(Lithotrophs)로 구분된다.

최초전자공여체에서 유리된 전자는 산화환원 반응을 종결하고 최초전자공여체에 포함된 화학에너지를 얻기 위해 세포 내 최종전자수용체에 전달된다. 미생물은 다양한 분자를 최종전자수용체로 이용할 수 있다. 일부는 산소를 이용하지만(Aerobes) 일부는 아질산이온(NO_2^-), 질산이온(NO_3^-), 황산염이온(SO_4^{2-}), 철이온(Fe^{3+}) 등을 이용한다(Anaerobes).

환경공학자들은 Anaerobes를 무산소(Anoxic) 미생물과 혐기성(Anaerobic) 미생물로 더 세분한다. 무산소 미생물은 최종전자수용체로 산소(O_2) 대신 결합산소(예, 질산이온)를 이용하며, 혐기성 미생물은 산소도 결합산소도 아닌 철이온(Fe^{3+})과 같은 물질을 최종전자수용체로 사용한다. 또한 일부의 미생물은 최종전자수용체로 산소도 이용하지만 결합산소 및 다른 물질도 이용할 수 있다(Facultative anaerobes).

모든 미생물은 세포구성물질을 합성하기 위해 탄소원을 요구한다. 탄소원을 유기물로부터 얻는 미생물을 종속영양미생물(Heterotrophs)이라고 하며, 용존 이산화탄소로부터 얻는 미생물을 독립영양미생물(Autotrophs)로 부른다. 일부의 미생물은 탄소원으로 유기물과 이산화탄소 둘 다를 이용할 수 있다(Mixotrophs).

전술한 바와 같이 미생물은 대사의 특성을 통해 분류할 수 있다. 예를 들어 질산화를 담당하는 암모니아산화균은 암모니아를 에너지원(Chemotrophs)과 최초전자공여체로(Lithotrophs), 산소를 최종전자수용체로(Aerobes), 이산화탄소를 탄소원으로(Autotrophs) 사용하기 때문에 Aerobic chemolithoautotrophs로 분류할 수 있다. 에너지원, 최초전자공여체, 최종전자수용체 및 탄소원에 따른 미생물의 분류를 표 2.2에 요약하였다.

2.1.4 미생물의 에너지 생산

미생물은 증식과 생명현상 유지를 위한 에너지를 어떻게 얻는 것일까? 호흡

표 2.2

에너지원, 최초전자
공여체, 최종전자
수용체, 및 탄소원에
따른 미생물의 분류

분류 기준	명명
에너지원	Chemotrophs (화학에너지)
	Phototrophs (빛에너지)
탄소원	Heterotrophs (유기물)
	Autotrophs (이산화탄소)
	Mixotrophs (유기물, 이산화탄소)
최초전자공여체	Organotrophs (유기물)
	Lithotrophs (무기물)
최종전자수용체	Aerobes (산소)
	Anoxic microorganisms (결합산소)
	Anaerobic microorganisms (산소와 결합산소 이외의 물질)
	Facultative microorganisms (산소, 결합산소, 기타 물질)

(Respiration)과 발효(Fermentation)는 미생물이 에너지를 얻기 위한 대표적인 두 가지 방법이다. 에너지 생산을 위해 미생물은 환원된 유기물 혹은 무기물을 산화 시키는데, 그 과정에서 자유에너지가 방출되며, 방출된 자유에너지는 ATP (Adenosine triphosphate)와 같은 에너지 전달체에 포획된다. 호흡에서는 산화과정을 통해 전자가 방출되며, 방출된 전자는 전자전달계를 거쳐 마지막으로 외부에서 유래한 최종전자수용체에 포획된다.

그림 2.4에 도시한 바와 같이 최초전자공여체(예, 포도당) 산화를 통해 방출된 전자는 우선 NADH (Nicotinamide dinucleotide)와 같이 세포질 내에서 확산이 가능한 전자전달체에 포획된다($NAD^+ + H^+ + 2e^- \rightarrow NADH$). 포획된 전자는 NADH dehydrogenase, Flavoprotein, Iron-sulfur protein, Quinone과 같이 세포막에 결합된 전자전달체에 순차적으로 전달되며, 마지막으로 산소와 같은 외부에서 유래한 최종전자수용체에 포획된다.

전자전달 과정을 통해 양성자(H^+)는 세포막 바깥쪽으로 배출된다. 즉, 세포막을 경계로 전기화학적 양성자 구배(句配)가 생성되며, 궁극적으로 바깥쪽 고농도의 양성자는 세포막에 결합된 ATP 합성효소(ATPase)를 통해 세포막 안쪽으로 유입된다. 이를 구동력으로 ATP 합성효소는 ADP와 인산을 이용해 ATP를 합성하는 것이다. 이러한 ATP 합성 방식을 산화적 인산화(Oxidative phosphorylation)라고 한다.

미생물이 이용하는 또 다른 방식의 에너지 생성 방법은 발효이다. 발효는

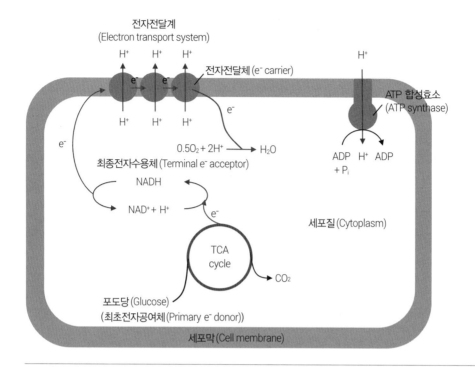

전자전달계
(Electron transport system)

전자전달체 (e⁻ carrier)

ATP 합성효소
(ATP synthase)

최종전자수용체 (Terminal e⁻ acceptor)

$0.5O_2 + 2H^+ \rightarrow H_2O$

NADH

$NAD^+ + H^+$

세포질 (Cytoplasm)

TCA cycle

CO_2

포도당 (Glucose)
(최초전자공여체 (Primary e⁻ donor))

세포막 (Cell membrane)

전자전달계를 이용한 ATP 생산의 모식도. 여기에서 최초 전자공여체는 포도당(Glucose)이며 포도당 산화로부터 방출된 전자는 전자전달계를 통해 최종전자수용체인 산소로 이동한다. 이 과정에서 수소이온은 세포막 바깥쪽으로 이송되며 ATP 합성효소를 통과해 수소이온이 다시 세포 내부로 유입되면서 ATP가 생성된다.

그림 2.4

호흡과는 다르게 NADH에서 유리된 전자를 포획하기 위해 외부에서 유래한 최종전자수용체를 사용하는 것이 아니라 세포 내부의 유기물을 최종전자수용체로 이용하는 것이다. 발효의 최종산물은 일반적으로 유기산, 가스, 알코올 등이다. 효모에 의한 에탄올(C_2H_5OH) 생산이 대표적인 미생물의 발효이다. 효모는 아세트알데히드(CH_3COH)를 최종전자수용체로 사용하여 에탄올을 만들게 된다($CH_3COH + 2H^+ + 2e^- \rightarrow C_2H_5OH$). 발효과정에서 전자전달체(즉, NADH)에 포획된 전자는 막에 결합된 전자전달체에 전달되는 것이 아니라, 세포 내 전자수용체에 직접 전달된다. 발효에서는 ATP 합성이 막에 결합된 ATP 합성효소를 통해 이루어지는 것이 아니라, 최초전자공여체의 변환과정을 통해 이루어진다. 이러한 ATP 합성 방식을 기질 수준의 인산화(Substrate-level phosphorylation)라고 한다.

발효는 최초전자공여체가 보유한 화학에너지의 상당 부분이 발효산물(예, 에탄올)에 저장되기 때문에 호흡에 비해 상대적으로 적은 양의 에너지를

생물학적 하폐수처리

추출할 수 있다. 예를 들어 1/24 몰(mole)의 포도당이 에탄올 발효를 거치면 단지 10.17 kJ의 자유에너지만을 얻을 수 있다. 그렇지만 같은 농도의 포도당(즉, 1/24 몰)이 산소호흡(산소가 최종전자수용체인 경우)의 과정을 거친다면 무려 120.07 kJ의 자유에너지를 생성할 수 있다. 아래의 에탄올 발효에너지 계산식에서는 계산의 편의를 위해 포도당이 아세트알데히드로 산화되는 것이 아니라 이산화탄소로 산화되며, 이어서 아세트알데히드가 아니라 이산화탄소가 에탄올로 환원된다고 가정하였다.

$$\frac{1}{24}C_6H_{12}O_6 + \frac{1}{4}H_2O = \frac{1}{4}CO_2 + H^+ + e^- \qquad \Delta G^{0'} = -41.35 \text{ kJ/e}^- \text{ equivalent}$$

$$\frac{1}{6}CO_2 + H^+ + e^- = \frac{1}{12}C_2H_5OH + \frac{1}{4}H_2O \qquad \Delta G^{0'} = 31.18 \text{ kJ/e}^- \text{ equivalent}$$

$$\frac{1}{24}C_6H_{12}O_6 = \frac{1}{12}C_2H_5OH + \frac{1}{4}H_2O \qquad \Delta G^{0'} = -10.17 \text{ kJ/e}^- \text{ equivalent}$$

호흡과정에 있어서 전자전달계로부터 추출할 수 있는 에너지의 양은 최초전자공여체와 최종전자수용체 사이의 산화환원전위(Redox potential) 차에 비례한다. 예를 들어 포도당($C_6H_{12}O_6$)이 최초전자공여체이고 산소(O_2)가 최종전자수용체라면, pH가 7.0인 표준조건(25°C에서 모든 반응물과 생성물의 농도가 1 M인 조건)에서 1/24 몰의 포도당으로부터 120.07 kJ의 자유에너지를 얻을 수 있다. 그렇지만 같은 최초전자공여체를 이용하더라도 황산염이온(SO_4^{2-})이 최종전자수용체인 경우에는 단지 22.20 kJ의 자유에너지만을 얻을 수 있다.

$$\frac{1}{24}C_6H_{12}O_6 + \frac{1}{4}H_2O = \frac{1}{4}CO_2 + H^+ + e^- \qquad \Delta G^{0'} = -41.35 \text{ kJ/e}^- \text{ equivalent}$$

$$\frac{1}{4}O_2 + H^+ + e^- = \frac{1}{2}H_2O \qquad \Delta G^{0'} = -78.72 \text{ kJ/e}^- \text{ equivalent}$$

$$\frac{1}{24}C_6H_{12}O_6 + \frac{1}{4}O_2 = \frac{1}{4}CO_2 + \frac{1}{4}H_2O \qquad \Delta G^{0'} = -120.07 \text{ kJ/e}^- \text{ equivalent}$$

$$\frac{1}{24}C_6H_{12}O_6 + \frac{1}{4}H_2O = \frac{1}{4}CO_2 + H^+ + e^- \qquad \Delta G^{0'} = -41.35 \text{ kJ/e}^- \text{ equivalent}$$

$$\frac{1}{6}SO_4^{2-} + \frac{4}{3}H^+ + e^- = \frac{1}{6}S + \frac{2}{3}H_2O \qquad \Delta G^{0'} = 19.15 \text{ kJ/e}^- \text{ equivalent}$$

$$\frac{1}{24}C_6H_{12}O_6 + \frac{1}{6}SO_4^{2-} + \frac{1}{3}H^+ = \frac{1}{4}CO_2 + \frac{1}{6}S + \frac{5}{12}H_2O$$
$$\Delta G^{0'} = -22.20 \text{ kJ/e}^- \text{ equivalent}$$

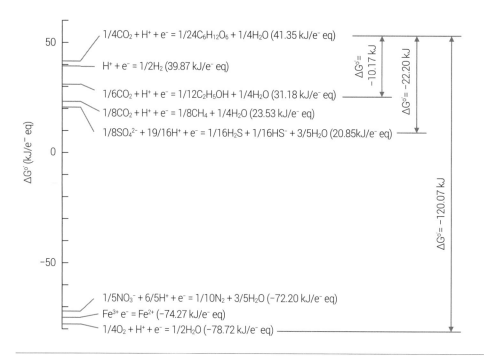

$$1/4CO_2 + H^+ + e^- = 1/24C_6H_{12}O_6 + 1/4H_2O \; (41.35 \; kJ/e^- \; eq)$$

$$H^+ + e^- = 1/2H_2 \; (39.87 \; kJ/e^- \; eq)$$

$$1/6CO_2 + H^+ + e^- = 1/12C_2H_5OH + 1/4H_2O \; (31.18 \; kJ/e^- \; eq)$$

$$1/8CO_2 + H^+ + e^- = 1/8CH_4 + 1/4H_2O \; (23.53 \; kJ/e^- \; eq)$$

$$1/8SO_4^{2-} + 19/16H^+ + e^- = 1/16H_2S + 1/16HS^- + 3/5H_2O \; (20.85 kJ/e^- \; eq)$$

$$1/5NO_3^- + 6/5H^+ + e^- = 1/10N_2 + 3/5H_2O \; (-72.20 \; kJ/e^- \; eq)$$

$$Fe^{3+} \; e^- = Fe^{2+} \; (-74.27 \; kJ/e^- \; eq)$$

$$1/4O_2 + H^+ + e^- = 1/2H_2O \; (-78.72 \; kJ/e^- \; eq)$$

$\Delta G^{o'} = -10.17 \; kJ$

$\Delta G^{o'} = -22.20 \; kJ$

$\Delta G^{o'} = -120.07 \; kJ$

$\Delta G^{o'} \; (kJ/e^- \; eq)$

다양한 최종전자수용체에 대한 산화환원전위 눈금자. 특정 최초전자공여체(여기에서는 포도당)로부터 추출할 수 있는 자유에너지 양은 어떠한 최종전자수용체와 조합이 되는지에 따라 결정된다.

그림 2.5

포도당이 최초전자공여체인 경우 여러 최종전자수용체와 자유에너지의 양은 그림 2.5의 산화환원전위 눈금자를 이용해 추정할 수 있다.

Example 2.1

pH가 7.0인 표준조건에서 깁스(Gibbs) 자유에너지($\Delta G^{o'}$)는 특정한 생물학적 반응이 자발적으로 일어날지 예측하는 데 이용된다. 만약 $\Delta G^{o'}$ 값이 0보다 작으면 그 반응은 자발적으로 일어날 것이다. 아세테이트(CH_3COO^-)가 산화되어 중탄산(HCO_3^-)과 수소(H_2)로 전환되는 과정의 $\Delta G^{o'}$ 값은 0보다 크지만, 이 반응은 혐기성 조건이 유지되는 생물반응기에서 종종 발견된다.

$$CH_3COO^- + 4H_2O \rightarrow 2HCO_3^- + 4H_2 + H^+ ; \; \Delta G^{o'} = +104.6 \; kj/mol$$

왜 이 반응이 자발적으로 일어날 수 있는지 설명하고, 반응이 일어날 수 있는 가능한 조건을 제안해 보시오.

Solution

어느 반응에 대한 $\Delta G^{o'}$ 값은 pH가 7.0인 표준조건(25°C에서 모든 반응물과 생성물의 농도가 1 M인 조건)에서 추정한 값이다. 실제조건에서 어느 반응에 대

생물학적 하폐수처리

한 자발성을 결정하는 기준은 ΔG 값이다. ΔG 값은 다음의 식으로 추정할 수 있다.

$$\Delta G = \Delta G^{0'} + RT \ln \frac{[HCO_3^-]^2 [H_2]^4 [H^+]}{[CH_3COO^-]}$$

여기에서 $[HCO_3^-]$, $[CH_3COO^-]$, $[H_2]$는 각각 실제조건에서 중탄산, 아세테이트, 수소의 몰 농도를 나타낸다.

만약 ($\Delta G^{0'}$ 값이 아니라) ΔG 값이 0보다 작으면 아세테이트 산화 반응은 자발적으로 일어날 것이다. 즉, ΔG 값이 0보다 작은 조건을 만들어주면 이 반응은 자발적으로 일어날 것이다. 예를 들어 어느 수준까지 수소의 농도를 낮추고 아세테이트 농도를 높이면 아세테이트 산화가 일어날 것이다. 실제로는 아세테이트를 산화할 수 있는 세균에 의해 생성된 수소가 특정 고세균(Hydrogenotrophic methanogenic archaea)에 의해 소모됨으로써 낮은 수소 농도 조건이 형성된다. 이러한 세균과 고세균의 협업을 Syntrophic acetate oxidation이라고 부른다.

2.2 생물반응조에서 미생물 양론(Stoichiometry)

화학에서 양론 혹은 양적관계는 질량보존의 법칙에 근거하여 화학반응의 반응물과 생성물의 상대적인 양을 다루는 분야이다. 양론은 균형 잡힌 화학반응식(Balanced chemical equation)에 기초를 둔다. 균형 잡힌 화학반응식과 마찬가지로 균형 잡힌 미생물반응식은 생물학적 처리에서 반응물과 생성물의 상대적인 양을 추정하는 데 매우 유용하다. 생물학적 처리에 대한 균형 잡힌 미생물반응식은 화학식으로 표현된 미생물이 식에 포함된 것을 제외하면 기본적으로 균형 잡힌 화학반응식과 동일하다. 미생물은 생물학적 처리를 이루기 위한 촉매로 작용할 뿐만 아니라 생물학적 처리과정에서 생성되는 생성물이기도 하다.

화학 양론과 미생물 양론을 비교하기 위해 아래에 포도당 산화반응을 나타내었다. 호기적 조건에서 포도당($C_6H_{12}O_6$)은 화학적 반응(식 2.1) 혹은 생물학적 반응(식 2.2)을 통해 산화되어 이산화탄소와 물을 생성한다.

화학적 반응: $\quad C_6H_{12}O_6 + 6O_2 \rightarrow 6CO_2 + 6H_2O$ $\hfill$ [2.1]

생물학적 반응: $C_6H_{12}O_6 + 0.67NH_3 + 2.67O_2 \rightarrow 0.67C_5H_7O_2N$
$\qquad\qquad\qquad + 2.67CO_2 + 4.67H_2O$ $\hfill$ [2.2]

포도당 산화의 화학적 반응은 생성물로 이산화탄소와 물을 만드는 데 반해, 포도당 산화의 미생물학적 반응은 이산화탄소와 물뿐만 아니라 미생물($C_5H_7O_2N$)도 만드는 것에 주목할 필요가 있다. 또한 미생물을 생성하기 위해 영양소(이 예에서는 NH_3)가 반응물로 공급되어야 한다. 균형 잡힌 미생물반응식은 생물학적 처리과정에서 필요한 이론적 산소요구량 혹은 발생하는 생체량(Biomass)을 추정하는 데 유용하다. 예를 들어 1 kg의 포도당이 매일 어느 MBR 플랜트에서 처리되며, 미생물반응이 앞서 언급한 균형 잡힌 미생물반응식 2.2를 따른다고 가정하자. 그렇다면 하루에 필요한 산소량은 0.47 kg($=[2.67 \times 32$ g $O_2/180$ g $C_6H_{12}O_6] \cdot [1$ kg $C_6H_{12}O_6/d])$이 될 것이고, 발생하는 생체량은 0.42 kg($=[0.67 \times 113$ g $C_5H_7O_2N/180$ g $C_6H_{12}O_6] \cdot [1$ kg $C_6H_{12}O_6/d])$이 될 것이다.

균형 잡힌 미생물반응식을 자세히 살펴보면 포도당이 산화반응을 통해 에너지원으로 사용되었을 뿐만 아니라 미생물 생체를 구성하는 탄소원으로 사용된 것을 알 수 있다. 미생물은 포도당의 일부를 산화시켜 자유에너지를 얻고($C_6H_{12}O_6 \rightarrow CO_2$), 나머지는 세포 성분을 구성하는 데 사용한다($C_6H_{12}O_6 \rightarrow C_5H_7O_2N$). 소모된 기질(여기에서는 포도당) 양에 대한 생성된 생체량을 생체량 수율(Growth yield)이라고 한다. 생체량 수율은 미생물의 성장조건과 미생물의 조성에 의존한다.

앞서 언급한 균형 잡힌 미생물반응식에서 생체량 수율은 0.42 g 미생물/g 포도당($=0.67 \times 113$ g $C_5H_7O_2N/180$ g $C_6H_{12}O_6$)으로 계산된다. 생체량 수율은 실험적 혹은 이론적으로 구할 수 있다. 이 교재에서는 생체량 수율을 구하기 위한 실험적 방법을 제시한다(2.3.4항 참조). 생물에너지론에 기반한 생체량 수율의 이론적 추정은 다른 교재(Rittmann and McCarthy, 2000)를 참고하기 바란다. 생체량 수율은 균형 잡힌 미생물반응식을 구하는 데 직접적으로 이용된다. 즉, 생체량 수율은 생물학적 하수 혹은 폐수처리를 평가하는 데 필수적이라 할 수 있다.

2.2.1 균형 잡힌 미생물반응식

균형 잡힌 미생물반응식을 세우기 위해서는, 우선 최초전자공여체, 최종전자수용체, 영양소, 미생물, 및 산화 생성물 등 미생물반응에 참여하는 요소를 확인해야 한다. 영양소는 미생물이 성장하는 데 필수적인 원소이다. 다양한 미량 원소도 미생물을 구성하는 데 필요하지만, 일반적으로 균형 잡힌 미생물반응식을 세우기 위해서는 과량으로 요구되는 질소와 인 혹은 질소 하나만을 포함시킨다. 미생물을 구성하는 주요 원소는 탄소, 수소, 산소, 질소 및 인이다. 만약 우리가 미생물의 화학식을 $C_5H_7O_2N$이라고 정의한다면, 균형 잡힌 미생물반응식을 세우기 위해 영양소로 질소 화합물을 반응물로 포함시키면 된다.

암모니아(NH_3)는 가장 흔한 미생물 생장의 질소원으로[물론 아질산이온(NO_2^-), 질산이온(NO_3^-), 유기질소 등이 사용될 수 있지만] 미생물반응식의 왼쪽에 위치시킨다. 만약 미생물 화학식이 인을 포함하고 있다면(예, $C_5H_7O_2NP_{0.1}$) 질소뿐만 아니라 인(예, H_3PO_4)도 반응식 왼쪽에 위치시켜야 한다. 또한 호기 반응의 경우 산소가 최종전자수용체이므로 산소도 반응식 왼쪽에 위치시킨다. 미생물은 하수 혹은 폐수의 생물 전환(즉, 처리)을 위한 촉매이지만, 전술한 바와 같이 화학 촉매와는 달리 반응물의 전환과정에서 새로운 촉매가 생성되기 때문에, 미생물을 반응식 오른쪽에 위치시킨다. 이산화탄소와 물은 폐수처리의 대표적인 산물로 역시 반응식 오른쪽에 위치시킨다.

이러한 원칙에 따라 아세트산(CH_3COOH)이 주요 성분인 폐수의 생물학적 처리 반응식(식 2.3)을 아래와 같이 세워보자.

$$aCH_3COOH + bNH_3 + cO_2 \rightarrow dC_5H_7O_2N + eCO_2 + fH_2O \qquad [2.3]$$

여기에서 a, b, c, d, e, f는 양론계수이다. 만약 이 반응을 유도하는 미생물의 생체량 수율이 알려져 있거나 실험으로 측정이 가능하다면, 양론계수는 질량 보존의 법칙에 근거하여 결정할 수 있다. 다음은 각 원소에 대한 물질수지식이다.

> 탄소(C): $2a = 5d + e$
>
> 수소(H): $4a + 3b = 7d + 2f$
>
> 산소(O): $2a + 2c = 2d + 2e + f$
>
> 질소(N): $b = d$

위에 나타낸 식을 연립하여 풀기 위해서는 2개의 식이 더 필요하다. 미생물 생체량 수율(Y)이 0.4 g 미생물/g 아세트산이며(즉, d·미생물 분자량/a·아세트산 분자량=0.4) a가 1이라고 가정하면, 모든 양론계수를 결정할 수 있다.

미생물 생체량 수율과 C, H, O, N에 대한 물질수지식을 이용하여 아래와 같이 양론계수를 결정할 수 있다.

생체량 수율을 이용하여, $Y=0.4=(d\times113)/(1\times60)$, $d=0.2$

N 물질수지식을 이용하여, $b=d=0.2$

C 물질수지식을 이용하여, $2\times1=5\times0.2+e$, $e=1$

H 물질수지식을 이용하여, $4\times1+3\times0.2=7\times0.2+2f$, $f=1.6$

O 물질수지식을 이용하여, $2\times1+2\times c=2\times0.2+2\times1+3.2$, $c=1.0$

위 식을 통해 $a=1$, $b=0.2$, $c=1$, $d=0.2$, $e=1$, $f=1.6$을 얻을 수 있다. 따라서 계산한 양론계수를 대입한 아세트산 폐수의 생물학적 처리반응식(식 2.4)은 아래와 같다.

$$CH_3COOH+0.2NH_3+O_2 \rightarrow 0.2C_5H_7O_2N+CO_2+1.6H_2O \qquad [2.4]$$

Example 2.2

도시하수를 유입수로 하는 호기성 생물학적 처리의 균형 잡힌 미생물반응식을 구하시오. 도시하수 및 미생물의 화학식을 각각 $C_{10}H_{19}O_3N$과 $C_5H_7O_2N$으로, 미생물의 생체량 수율을 0.5 g 미생물/g 도시하수로 가정한다.

Solution

문제에서 제시된 생물학적 처리의 주요 반응물은 도시하수($C_{10}H_{19}O_3N$)와 산소(O_2)이며 주요 산물은 미생물($C_5H_7O_2N$), 이산화탄소(CO_2), 암모니아(NH_3), 물(H_2O)로 가정할 수 있다. 여기에서 도시하수는 질소를 포함하고 있으므로 질소원을 추가로 제공할 필요가 없으며, 오히려 처리과정을 거쳐 암모니아가 생성되는 것으로 가정하였다. 따라서 기본적인 반응식은 다음과 같이 표현할 수 있다.

$$C_{10}H_{19}O_3N+aO_2 \rightarrow bC_5H_7O_2N+cCO_2+dNH_3+eH_2O$$

위 반응식의 양론계수를 결정하기 위해 아래와 같은 물질수지식을 세울 수 있다.

생체량 수율(Y): $(b\times113)/(1\times201)$

C: $10=5b+c$

H: $19=7b+3d+2e$

O: $3+2a=2b+2c+e$

N: $1=b+d$

위 식을 연립해서 풀면 모든 양론계수를 결정할 수 있다. a=8.96, b=0.71, c=6.45, d=0.28, e=6.60이며, 이를 이용한 균형 잡힌 미생물반응식은 다음과 같다.

$$C_{10}H_{19}O_3N + 8.96O_2 \rightarrow 0.71C_5H_7O_2N + 6.45CO_2 + 0.28NH_3 + 6.60H_2O$$

Example 2.3

설탕을 생산하는 공장에서 매일 1,000 m^3의 폐수가 발생한다고 한다. 폐수의 주요 성분은 자당($C_{12}H_{22}O_{11}$, 분자량=342)이라고 알려져 있으며 농도는 2,000 mg COD/L이다. 폐수는 MBR 공정으로 처리되며 호기적 조건에서 이산화탄소와 물로 완전히 산화된다고 한다. 미생물 생체량 수율은 0.5 g 미생물/g 자당으로 가정한다. 폐수처리시설 운영자는 MBR 공정의 이론적 산소요구량(kg O_2/d)과 미생물(즉, 슬러지) 발생량(kg biomass/d)을 추정하고자 한다. 균형 잡힌 미생물반응식에 근거하여 이 두 값을 계산하시오.

Solution

이론적 산소요구량과 미생물 발생량을 추정하기 위해서는 주어진 조건을 이용하여 자당이 산화되는 반응의 균형 잡힌 미생물반응식을 얻어야 한다. 미생물의 화학식을 $C_5H_7O_2N$으로 질소원을 암모니아(NH_3)로 가정하고, 앞서 기술한 방법을 이용하여 미생물반응식을 구하고자 한다. 반응식은 아래와 같은 형태로 표시할 수 있다.

$$C_{12}H_{22}O_{11} + aNH_3 + bO_2 \rightarrow cC_5H_7O_2N + dCO_2 + eH_2O$$

미생물 생체량 수율을 이용한 관계식 및 각 원소에 대한 물질수지식은 다음과 같다.

생체량 수율(Y): $(c \times 113)/(1 \times 342) = 0.5$

C: $12 = 5c + d$

H: $22 + 3a = 7c + 2e$

O: $11 + 2b = 2c + 2d + e$

N: $a = c$

위 식을 연립해서 풀면 모든 양론계수를 구할 수 있다. a=1.5, b=4.5, c=1.5, d=4.5, e=8이며, 이 값들을 이용한 반응식은 아래와 같다.

$$C_{12}H_{22}O_{11} + 1.5NH_3 + 4.5O_2 \rightarrow 1.5C_5H_7O_2N + 4.5CO_2 + 8H_2O$$

문제에서 자당의 농도가 COD를 기준으로 주어졌으므로, 단위 자당 양에 해당하는 자당 COD 양을 추정해야 한다. 이를 위해서는 자당의 화학적 산화에 대한 반응식이 필요하다(아래 식 참조).

$$C_{12}H_{22}O_{11} + 12O_2 \longrightarrow 12CO_2 + 11H_2O$$

위 식에서 자당 1분자는 12분자 산소와 반응하므로, 자당 1 g은 1.12 g O_2(즉, COD)에 해당하는 것을 알 수 있다[$(12 \times 32)/(1 \times 342) = 1.12$ g COD/g 자당]. 자당의 생물학적 처리 반응식에서 자당 1분자는 산소 4.5분자와 반응하므로, 하루에 필요한 이론적 산소요구량은 아래의 식으로부터 구할 수 있다.

$$\left(\frac{1,000 \text{ m}^3}{\text{d}}\right)\left(\frac{1,000 \text{ L}}{\text{m}^3}\right)\left(\frac{2,000 \text{ mg O}_2}{\text{L}}\right)\left(\frac{\text{mg sucrose}}{1.12 \text{ mg O}_2}\right)\left(\frac{\text{g sucrose}}{1,000 \text{ mg sucrose}}\right)$$

$$\times \left(\frac{144 \text{ g O}_2}{342 \text{ g sucrose}}\right)\left(\frac{\text{kg O}_2}{1,000 \text{ g O}_2}\right)$$

$$= 752 \frac{\text{kg O}_2}{\text{d}}$$

하루에 발생하는 미생물의 양은 자당의 생물학적 처리 반응식에서 자당 소모량과 미생물 발생량의 비율로부터 구할 수 있다. 반응식에서 자당 1분자(342 g)는 미생물 1.5분자(169.5 g)를 생성하므로 아래의 식으로부터 미생물 발생량을 구할 수 있다.

$$\left(\frac{1,000 \text{ m}^3}{\text{d}}\right)\left(\frac{1,000 \text{ L}}{\text{m}^3}\right)\left(\frac{2,000 \text{ mg O}_2}{\text{L}}\right)\left(\frac{\text{mg sucrose}}{1.12 \text{ mg O}_2}\right)\left(\frac{\text{g sucrose}}{1,000 \text{ mg sucrose}}\right)$$

$$\times \left(\frac{169.5 \text{ g biomass}}{342 \text{ g sucrose}}\right)\left(\frac{\text{kg biomass}}{1,000 \text{ g biomass}}\right)$$

$$= 885 \frac{\text{kg biomass}}{\text{d}}$$

2.2.2 미생물 성장을 위한 이론적 산소요구량

생물반응조에 산소를 주입하는 것은 호기성 미생물이 유기물 혹은 무기물을 산화하기 위한 최종 전자수용체를 제공하는 것이다. 산소요구량의 과대 추정은 산소공급에 필요한 에너지를 낭비하는 것이다. 반대로 산소요구량을 너무 적게 추정한다면 유기물 혹은 무기물의 불완전산화를 초래할 것이다. 따라서 생물반응조의 최적 설계를 위해서는 적정한 산소요구량을 추정해야 한다. 생물반응조에 산소를 공급하기 위해 주로 공기가 사용되는데, 일반적으로 공기주입(폭기)에 소요되는 에너지 비용은 MBR 운영 비용의 절반 이상을 차지한다.

Example 2.3에서 소개하였듯이 호기성 처리의 이론적 산소요구량은 균형 잡힌 미생물반응식을 통해서 추정할 수 있다. 그렇지만 우리가 호기성 생물학적 처리에서 얼마나 유기물이 제거되는지 알고 있고 미생물 생체량 수율에 대한 정보가 있다면, 굳이 미생물반응식이 없더라도 이론적 산소요구량을 추정할 수 있다.

　　호기성 종속영양미생물은 유기물을 1) 생존을 위한 에너지 생산과 2) 증식을 위한 세포 물질을 구성하는 데 사용한다. 이러한 관계는 산소에 대한 등가(Equivalent) 관계식으로 표현될 수 있다. 다르게 표현하면 유기물에 해당하는 산소 양은 1) 에너지를 생산하는 데 소요되는 산소 양과 2) 세포 물질을 구성하는 데 소모되는 산소 양의 합으로 표현된다. 따라서, 이론적 산소요구량은 에너지 생산에 필요한 산소 양과 같으며, 이는 아래 식과 같이 생물학적 처리과정에서 제거되는 유기물에 해당하는 산소 양에서 세포 물질을 구성하는 유기물에 해당하는 산소 양을 빼 주면 된다.

$$OD_{theory} = Q \cdot (S_0 - S) - 1.42 \cdot P_{x, bio} \qquad [2.5]$$

여기에서　OD_{theory}＝이론적 산소요구량, g O_2/d

　　　　　Q＝유속, m^3/d

　　　　　$(S_0 - S)$＝생물학적 처리에서 제거된 유기물 농도, g/m^3

　　　　　1.42＝미생물 양에 해당하는 산소(COD) 양, g O_2/g biomass

　　　　　$P_{x, bio}$＝일(日) 미생물 발생량($= Y \cdot Q \cdot (S_0 - S)$), g biomass/d

식 2.5에서 1.42는 미생물 양에 해당하는 산소(COD) 양으로 미생물이 화학적으로 산화하는 반응식으로부터 추정할 수 있다. 식 2.6에서 미생물 1분자는 산소 5분자에 해당하는 것을 알 수 있다. 즉, 미생물 1 g은 산소 1.42 g에 해당한다[(5×32)/113＝1.42].

$$C_5H_7NO_2 + 5O_2 \rightarrow 5CO_2 + NH_3 + 2H_2O$$
$$113\ g \qquad 5 \times 32 = 160\ g \qquad\qquad [2.6]$$

이 시점에서 Example 2.3을 다시 살펴보기로 하자. 미생물반응식이 아니라 식 2.5를 이용해 이론적 산소요구량을 추정해 보자. 우선 일 미생물 발생량($P_{x, bio}$)을 계산하기 위해 자당이 완전히 산화되었다고 가정한다(즉, S＝0 g/m^3).

$$P_{x,bio} = \left(\frac{0.5 \text{ g biomass}}{\text{g sucrose}} \right)\left(\frac{\text{g sucrose}}{1.12 \text{ g O}_2} \right)\left(\frac{1,000 \text{ m}^3}{\text{d}} \right)\left(\frac{1,000 \text{ L}}{\text{m}^3} \right)\left(\frac{2,000 \text{ mg O}_2}{\text{L}} \right)\left(\frac{\text{kg}}{10^6 \text{ mg}} \right)$$

$$= 893 \frac{\text{kg biomass}}{\text{d}}$$

$P_{x,bio}$를 식 2.5에 대입하면 아래와 같이 이론적 산소요구량을 계산할 수 있다.

Oxygen requirement

$$= \left(\frac{1,000 \text{ m}^3}{\text{d}} \right)\left(\frac{1,000 \text{ L}}{\text{m}^3} \right)\left(\frac{2,000 \text{ mg O}_2}{\text{L}} \right)\left(\frac{\text{kg}}{10^6 \text{ mg}} \right) - \left(\frac{1.42 \text{ kg O}_2}{\text{kg biomss}} \right)\left(\frac{893 \text{ kg biomass}}{\text{d}} \right)$$

$$= 732 \frac{\text{kg O}_2}{\text{d}}$$

이와 같이 COD 물질수지를 이용하여 계산한 산소요구량 값은 Example 2.3에서 균형 잡힌 미생물반응식으로 계산한 산소요구량 값과 거의 동일하다는 것을 알 수 있다. 일반적으로 제거된 유기물과 미생물 생산량 수율(Biomass yield)을 이용한 방식(식 2.5)이 균형 잡힌 미생물반응식을 바탕으로 한 접근방식보다 훨씬 용이하다. 왜냐하면 많은 경우에 있어서 유입하수 혹은 폐수의 화학식과 미생물의 화학식을 추정하기 어렵기 때문이다. 한편, 암모니아 혹은 아질산이온과 같이 산화가 가능한 무기물이 유입수에 포함되어 있을 경우, 유기물 산화에 소모되는 산소 이외에 산소가 추가로 소모되므로 식 2.5는 적절히 변형되어야 한다. 이와 연관되어 암모니아를 질산이온으로 산화하는 과정인 질산화에서 필요한 산소요구량을 추정하는 방법을 2.5.1항에 소개하였다.

2.3 미생물 속도론(Microbial Kinetics)

균형 잡힌 미생물반응식은 미생물반응에 참여하는 반응물과 반응으로부터 생성되는 생성물을 추정하는 데 유용하지만 그 자체로 그 반응이 얼마나 빨리 일어날지에 대한 정보는 제공할 수 없다. 미생물반응속도는 방류수 수질을 준수하기 위한 생물반응조의 부피와 미생물 농도를 결정하는 데 중요한 인자이다. 또한 미생물반응속도는 특정 생물반응조 설계 및 운영조건에서 생물반응조 성능을 추정하는 데에도 이용된다.

속도론은 화학반응의 속도를 연구하는 분야이다. 미생물 속도론은 주로

생물학적 하폐수처리

미생물 성장속도와 기질이용속도에 초점을 맞추고 있다. 미생물 성장과 기질 이용속도식은 미생물 생산 및 기질이용에 대한 물질수지식을 세우는 데 이용된다. 이를 통해 방류수 기질농도와 일(日) 미생물 생산과 같은 생물반응조의 성능을 예측하고 필요한 생물반응조의 용적을 계산하는 데 이용된다.

2.3.1 미생물 성장속도

미생물은 생물반응조로 유입되는 유입수를 대사(代謝)하면서 성장한다. 이때 미생물은 유입수에 포함된 모든 물질을 이용하는 것이 아니라 생분해가 가능한 부분만을 이용한다. 따라서 생물반응조의 미생물 성장속도를 추정하기 위해서는 미생물이 이용할 수 있는(즉, 생분해가 가능한) 유입수의 성상을 조사하는 것이 필수적이다. 자세한 유입수 성상은 제6장 혹은 다른 교재(예, Rittmann and McCarty, 2000; Tchobanoglus et al., 2003)에 소개되어 있다. 미생물 성장속도식은 아래와 같이 모노드(Monod) 식 형태로 표현된다.

$$r_g = \frac{dX}{dt} = \frac{\mu_m SX}{K_S + S} \qquad [2.7]$$

여기에서 r_g=미생물 성장속도, g VSS/m^3·d

        X=미생물 농도, g VSS/m^3

        μ_m=최대 비성장속도, d^{-1}

        K_S=생분해 가능한 기질의 반포화 상수, g COD/m^3

        S=생분해 가능한 기질의 농도, g COD/m^3

미생물 성장속도(r_g)는 미생물 농도(X)와 생분해 가능한 기질의 농도 함수로 표현된다. 그림 2.6에 나타내었듯이 미생물 농도가 변하지 않는다면 낮은 기질 조건에서는 미생물 성장속도는 기질의 농도에 선형적으로 증가하는 경향성을 가진다($r_g \cong (\mu_m X/K_S)\cdot S$). 기질의 농도가 높아지면서 미생물 성장속도는 조금씩 증가 폭이 낮아진다(Rectangular hyperbolic). 기질의 농도가 무한히 높아지게 되면 미생물 성장속도는 더 이상 증가하지 않고 어느 한 값(즉, 최대치)에 수렴하게 된다($r_g \cong \mu_m X$). 성장속도식에서 반포화 상수(K_S)는 미생물 농도가 고정된 조건에서 최대 미생물 성장속도의 반(半)이 되는 기질의 농도를 나타낸다. 혹은 최대 비성장속도의 반이 되는 기질의 농도를 나타낸다.

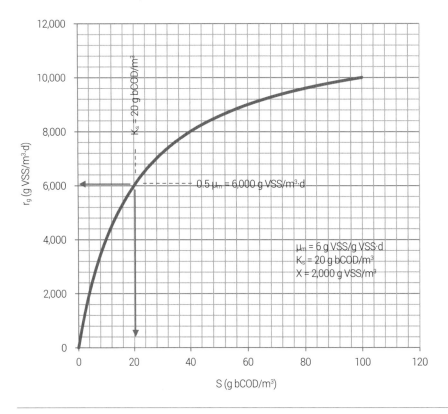

기질농도에 대한 미생물 성장속도.

그림 2.6

미생물은 스스로를 분해하면서 성장하게 된다. 이를 내생호흡(Endogenous respiration) 혹은 자산화(Endogenous decay)라고 한다. 내생호흡의 속도($r_{g,decay}$)는 미생물 생체량에 비례한다. 따라서 내생호흡을 포함한 실제 미생물 성장속도($r_{g,net}$)는 아래와 같이 순(純)미생물 성장속도(r_g)와 내생호흡 속도($r_{g,decay}$)의 차로 나타낼 수 있다.

$$r_{g.net} = \frac{dX}{dt} = \frac{\mu_m SX}{K_S + S} - k_d X \qquad [2.8]$$

여기에서 $r_{g,net}$ = 실제 미생물 성장속도, g VSS/m³ · d

k_d = 내생호흡 계수, g VSS/g VSS · d

2.3.2 기질이용속도

기질은 미생물이 성장하는 데 필요한 먹이이다. 하폐수처리 측면에 있어서 기질은 미생물이 처리할 수 있는 생분해 가능한 오염물이다. 따라서 하폐수 처리 공학자는 미생물 성장속도보다는 기질분해(즉, 오염물 처리) 속도에 더 많은 관심을 가지고 있다.

미생물은 기질을 이용하면서 성장하기 때문에, 기질이용속도는 미생물 성장속도와 매우 밀접하게 관련되어 있다. 2.2.1항에 설명되었던 생체량 수율(Y)은 미생물 성장속도와 기질이용속도를 연관 짓는 계수가 된다. 생체량 수율은 기질이용속도에 대한 미생물 성장속도의 비로 추정할 수 있다(즉, $Y = -r_g/r_u$, 여기에서 r_u는 기질이용속도를 나타낸다). 따라서 기질이용속도(r_u)는 미생물 성장속도(r_g)와 생체량 수율(Y)에 기반하여 아래와 같이 표현할 수 있다.

$$r_u = \frac{dS}{dt} = -\frac{r_g}{Y} = -\frac{\mu_m SX}{Y(K_S + S)} = -\frac{kSX}{K_S + S} \qquad [2.9]$$

여기에서 r_u = 기질이용속도, g COD/m$^3 \cdot$ d

Y = 생체량 수율, g VSS/g COD

k = 최대 비기질이용속도($= \mu_m/Y$), g COD/g VSS $\cdot$ d

식 2.9에서 기질이용속도의 부호가 음의 값을 가지는 것에 유의할 필요가 있다. 왜냐하면 기질은 미생물에 의해 생산되는 것이 아니라 제거되는 것이기 때문이다.

2.3.3 총 VSS 생산속도

생물반응기를 운영함에 있어서 단위 시간 동안 발생하는 휘발성 현탁고형물 (Volatile suspended solids, VSS) 혹은 총 현탁고형물(Total suspended solids, TSS) 생산속도를 추정하는 것은 중요하다. 왜냐하면 이 과정을 통해 생물반응기의 VSS 혹은 TSS 농도가 예측될 뿐만 아니라 생산속도 값은 슬러지 처분과 연관된 시설물의 설계와 운영에 이용되기 때문이다. 생물반응조 혼합액(Mixed liquor)에 포함된 VSS는 활성을 가진 생체량과 비생분해성 VSS (Nonbiodegradable VSS, nbVSS)로 구성된다. nbVSS는 미생물이 자산화 과정을 통해 생성된 nbVSS와 유입수에 포함된 nbVSS로 구성된다. 따라서 총 VSS 생산속도를 결정하기 위해서는 다음 세 종류의 VSS 생산속도를 고려해야 한다. 1) 미생물의 성장과 자산화를 고려한 VSS 생산속도. 계산식은 식 2.8에 나타냈다. 2) 미생물 자산화로 인한 nbVSS 생산속도. 자산화 과정을 거쳐 생성된 물질 대부분은 미생물 성장의 기질로 이용된다. 그렇지만 자산화 산물 중 일부분(~10%)은 미생물에 의해 이용될 수 없으며 생물반응기 내부에 nbVSS로 남게 된다. 이렇게 생성된 분해산물을 미생물 잔해물(Cell debris)이라고 부른다. 미생물 잔해물 생산속도는 미생물 생체량에 비례한다고 알려져 있으며 아래와 같은 식으로 표현된다.

$$r_{debris} = \frac{dX}{dt} = f_d k_d X \qquad [2.10]$$

여기에서 r_{debris} = 미생물 잔해물 생산속도, g VSS/m³·d

f_d = 자산화를 거쳐 생물반응기에 축적되는 미생물 잔해물 비율, 단위 없음

3) 유입수로부터 유래한 nbVSS 생산속도. 유입수에 포함된 nbVSS의 양은 유입수의 특성에 의존하지만, 일반적으로 도시하수의 경우 nbVSS의 농도는 60~100 mg/L로 알려져 있다. nbVSS 생산속도는 유입수의 nbVSS 농도($X_{0,i}$), 유속(Q) 및 생물반응기의 용적(V)의 함수이며, 아래와 같은 식으로 표현된다.

$$r_{nbVSS} = \frac{dX}{dt} = \frac{X_{0,i} Q}{V} \qquad [2.11]$$

여기에서 r_{nbVSS} = 유입수에 기인한 nbVSS 생산속도, g VSS/m³·d

$X_{0,i}$ = 유입수의 nbVSS 농도, g VSS/m³

Q = 유입수 유속, m³/d

V = 생물반응기 용적, m³

따라서 총 VSS 생산속도($r_{X_T, VSS}$)는 실제 미생물 성장속도($r_{g,net}$), 미생물 잔해물 생산속도(r_{debris}) 및 유입수에 기인한 nbVSS 생산속도(r_{nbVSS})를 결합하여 나타낼 수 있으며, 아래와 같은 식으로 표현된다.

$$r_{X_T, VSS} = \frac{dX}{dt} = r_{g,net} + r_{debris} + r_{nbVSS} = \frac{\mu_m S X}{K_S + S} - k_d X + f_d k_d X + \frac{X_{0,i} Q}{V} \qquad [2.12]$$

여기에서 $r_{X_T, VSS}$ = 총 VSS 생산속도, g VSS/m³·d

생물학적 하폐수처리

계수	단위	범위	일반적인 값
μ_m	g VSS/g VSS·d	3.0~13.2	6.0
K_S	g bCOD/m³	5.0~40.0	20.0
Y	g VSS/g bCOD	0.30~0.50	0.40
k_d	g VSS/g VSS·d	0.06~0.20	0.12
f_d	단위 없음	0.08~0.20	0.15
온도보정계수(θ)			
μ_m	단위 없음	1.03~1.08	1.07
K_S	단위 없음	1.00	1.00
k_d	단위 없음	1.03~1.08	1.04

출처: Tchobanoglous, G. et al., Wastewater Engineering: Treatment and Reuse, 4th edn., McGraw-Hill, New York, 2003.

2.3.4 미생물 성장속도에 대한 온도의 영향

일반적으로 온도가 올라가면 화학반응 속도는 증가하며, 증가된 속도는 반응속도 계수로 표현된다. 화학자인 아레니우스(Svante Arrhenius)는 최초로 이 관계를 식으로 표현하였다. 화학반응과 마찬가지로 온도가 올라가면 미생물 성장속도 및 기질이용속도와 같은 생화학반응 속도도 증가하며 반응속도 계수(예, μ_m과 k)의 증가를 수반한다. 환경공학자는 생화학반응과 온도의 관계를 표현하기 위해 아레니우스 식을 아래와 같이 변형하여 사용하고 있다.

$$k_2 = k_1 \theta^{(T_2 - T_1)} \qquad [2.13]$$

여기에서 k_2=T_2 온도조건에서 반응속도 계수, 단위 없음

k_1=T_1 온도조건에서 반응속도 계수, 단위 없음

θ=온도보정계수, 단위 없음

T_1, T_2=온도, ℃

식 2.13은 특정 온도조건(T_1)에서 온도보정계수(θ)와 반응속도 계수(k_1)를 알고 있다면 미지의 온도조건(T_2)에서 반응속도 계수(k_2)를 추정하는 데 유용하게 사용될 수 있다. MBR 공정을 포함한 활성슬러지 공정 설계에서 일반적으로 사용되는 동역학 계수와 온도보정계수를 표 2.3에 나타내었다. 유념해야 할 부분은 생화학 반응이 온도가 증가하면서 무한히 증가하지 않는다는 것이

다. 어느 한계 온도(예, 50℃) 이상에서는 반응속도가 급격히 떨어지게 된다. 이는 고온에서 미생물의 활성이 급격하게 떨어지기 때문이다. 한편, 한계 온도는 미생물의 종류에 따라 다르게 나타난다.

Example 2.4

생물학적 질소 제거 공정은 일반적으로 질산화(Nitrification)와 탈질(Denitrificaiton)의 미생물 공정으로 구성된다. 질산화는 암모니아를 질산이온으로 산화하는 공정이며, 탈질은 질산이온을 가스 상태의 질소로 환원하는 공정이다. 암모니아산화균은 질산화의 첫 번째 단계(즉, 암모니아를 아질산이온으로 전환)에 관여하는 세균으로 성장속도는 온도에 민감하다고 알려져 있다. 수온이 15℃에서 20℃로 상승하였을 때 그리고 15℃에서 10℃로 하강하였을 때 암모니아산화균의 최대 비성장속도(μ_m)가 어떻게 변하는지 예측하시오. 단 15℃에서 암모니아산화균의 최대 비성장속도와 온도보정계수(θ)는 각각 0.53 d^{-1}와 1.07로 가정한다.

Solution

온도 변화에 따른 암모니아산화균의 최대 비성장속도는 식 2.13을 응용해 다음과 같이 구할 수 있다.

$$\mu_{m, 20℃} = 0.53 \times 1.07^{(20-15)} = 0.74 \ d^{-1}$$
$$\mu_{m, 10℃} = 0.53 \times 1.07^{(10-15)} = 0.38 \ d^{-1}$$

온도가 15℃에서 20℃로 증가하였을 때 암모니아산화균의 최대 비성장속도는 0.53 d^{-1}에서 0.74 d^{-1}로 증가하며, 15℃에서 10℃로 하강하였을 때에는 최대 비성장속도는 0.53 d^{-1}에서 0.38 d^{-1}로 감소할 것이다. 다른 조건이 동일하다면 10℃와 비교하여 20℃에서는 암모니아산화균의 성장속도가 1.9배 빠르다는 것에 주목할 필요가 있다.

2.4 물질수지(Mass Balances)

생체량, 기질, 및 분해되지 않는 물질에 대한 물질수지식은 MBR 생물반응기를 체계적으로 분석하고, 처리수의 기질 농도와 생물반응조의 생체량 농도와 같은 처리 성능을 평가하는 데 매우 유용하다. 물질수지식은 미분방정식 형태로 표현되며 적절한 소프트웨어를 통해 풀 수 있다. 그렇지만 우리가 정상상태(Steady state)를 가정한다면 대수적으로(Algebraically) 물질수지식을 풀 수 있다. 정상상태란 생체량과 같은 생물반응기의 구성요소가 시간에 따른 변화가 없는 상태를 의미한다.

생물학적 하폐수처리

아래 예는 하나의 연속주입 완전혼합반응기(Continuous stirred tank reactor, CSTR)와 침지식 막이 결합된 간단한 MBR 시스템을 대상으로 한다. 연속주입 완전혼합반응기는 반응기에 주입되는 구성요소가 순간적으로 균일하게 혼합되며, 유출되는 구성요소의 농도가 반응기 안의 구성요소 농도와 동일하다고 가정한다. 개략도 그림 2.7에 나타냈듯이 유속 Q를 가진 유입수는 생물반응기에 연속적으로 주입되며 처리수는 침지식 막을 통해 유속 Q_e로 유출된다. 잉여 VSS는 유속 Q_w로 생물반응기로부터 직접 폐기된다. 생물반응기의 용적은 V이다. 물질수지식에서 시스템 경계(Boundary)는 침지식 막을 포함한 생물반응기를 포함하며 통제 부피(Control volume)는 생물반응기 부피에 해당한다. 그림 2.7에는 물질수지식을 세우기 위한 동역학 계수도 포함시켰다.

2.4.1 생체량(X)에 대한 물질수지

그림 2.7에서 정의한 시스템 경계와 통제 부피 조건을 바탕으로 생체량에 대한 물질수지식을 아래와 같이 간략하게 설명할 수 있다.

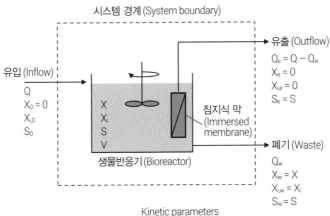

Symbols
Q = 유속 (flow rate)
X = 생체량 (biomass)
X_i = 비분해성 물질 (inert material)
S = 기질 (substrate)
V = 생물반응기 용적 (volume of bioreactor)
0 = 유입수 (influent)
e = 여과수 (permeate)
w = 폐슬러지 (waste activated sludge)

Kinetic parameters
Y = 생체량 수율 (biomass yield)
K = 기질 반포화 상수 (half saturation constant for substrate utilization)
k = 최대 기질이용속도 (maximum substrate utilization rate)
k_d = 자산화 상수 (decay constant)
f_d = 자산화 과정을 통해 생산되는 비분해성 물질
    (fraction of biomass that remains as cell debris)

그림 2.7   물질수지식을 세우기 위한 MBR 생물반응기 개략도.

생물반응기 생체량의 누적속도=생체량 유입속도−생체량 유출속도

+생물반응기 생체량 생산속도   [2.14]

여기에서 사용한 물질수지식의 단위는 단위시간당 농도 변화가 아니라 mass/time (즉, g VSS/d)임을 유념할 필요가 있다. 따라서 생체량에 대한 물질수지식은 다음과 같이 표현할 수 있다.

$$\frac{dX}{dt}V = QX_0 - [(Q-Q_w)X_e + Q_wX] + r_{g,net}V \qquad [2.15]$$

여기에서 X_a=유입수 생체량 농도, g VSS/m³

X_e=처리수 생체량 농도, g VSS/m³

X=생물반응기 생체량 농도, g VSS/m³

MBR 공정은 분리막 여과를 통해 거의 완벽하게 생체량을 배제시킬 수 있으므로, 처리수 생체량 농도는 무시할 정도로 작아(즉, X_e=0) 처리수를 통해 유출되는 생체량을 0으로 가정할 수 있다[즉, $(Q-Q_w)X_e$=0]. 즉, 생물반응기로부터 생체량은 잉여슬러지(Q_wX)로만 제거된다. 또한 정상상태(즉, dX/dt=0)와 유입수 생체량 농도를 무시할 정도로 작다고(즉, X_0=0) 가정함으로써 식 2.15는 더욱 간략하게 표현될 수 있다. 실제로 유입수의 생체량 농도는 생물반응조의 생체량에 비해 매우 작다. 정상상태는 생물반응기의 생체량이 시간의 변화에 상관없이 언제나 일정하다는 것이다. 이러한 가정들을 통해 식 2.15는 미생물 실제 생산속도식(식 2.8)과 결합한 후 다시 재배열하여 아래와 같은 식으로 표현된다.

$$Q_wX = r_{g,net}V = \frac{\mu_m SX}{K_S + S}V - k_dXV \qquad [2.16]$$

식 2.16의 양변을 VX로 나누면 아래와 같이 변형된다.

$$\frac{Q_wX}{VX} = \frac{\mu_m S}{K_S + S} - k_d \qquad [2.17]$$

여기에서 고형물체류시간(Solids retention time, SRT)으로 불리는 매우 중요한

생물반응기 운영인자를 정의할 필요가 있다. 고형물체류시간은 고형물이 생물반응기 안에 머무는 평균시간을 의미하며, 생물반응기 총 생체량(VX)을 생체량 제거속도(Q_wX_w)로 나눈 값으로 정의된다. 그리고 MBR 공정에서 생물반응기 생체량 농도는 폐기되는 생체량의 농도와 동일하므로($X=X_w$, 그림 2.7 참조), SRT는 아래와 같이 표현할 수 있다.

$$SRT = \frac{VX}{Q_wX_w} = \frac{V}{Q_w} \qquad [2.18]$$

따라서 식 2.17은 SRT의 정의(식 2.18)를 토대로 아래와 같이 더 변형될 수 있다.

$$\frac{1}{SRT} = \frac{\mu_m S}{K_S + S} - k_d \qquad [2.19]$$

식 2.19는 재배열되어 처리수의 기질 농도(S)의 함수로 아래와 같이 표현된다.

$$S = \frac{K_S(1 + k_d SRT)}{SRT(\mu_m - k_d) - 1} = \frac{K_S(1 + k_d SRT)}{SRT(Yk - k_d) - 1} \qquad [2.20]$$

식 2. 20은 MBR 공정에서 처리수의 기질 농도를 예측하는 데 사용될 수 있다 (Example 2.5 참조). 흥미로운 사실은 생물반응조 혹은 처리수의 기질 농도(S)가 유입수의 기질 농도(S_0)에 무관하며, 생물반응기 운영변수인 고형물체류시간과 미생물의 동역학 계수에 의해 결정된다는 것이다.

2.4.2 기질(S)에 대한 물질수지

생체량 물질수지식과 유사하게 기질에 대해서도 아래와 같이 물질수지를 세울 수 있다.

생물반응기 기질의 누적속도＝기질 유입속도−기질 유출속도
＋생물반응기 기질 생산속도   [2.21]

$$\frac{dS}{dt}V = QS_0 - [(Q - Q_w)S + Q_wS] + r_uV = QS_0 - QS + r_uV \qquad [2.22]$$

생체량과 달리 생물반응기 기질은 분리막을 통과할 수 있어 처리수 기질의

농도(S)를 생물반응기 기질의 농도(S_e)와 동일하게 가정한다(즉, S_e=S). 또한, 생물반응기 기질에 대해 정상상태(즉, dS/dt=0)를 가정하면 식 2.22는 아래와 같이 간소화 된다.

$$QS_0 - QS = -r_u V \qquad [2.23]$$

식 2.23의 양변을 Q로 나누고 r_u(식 2.9)를 $-(kXS)/(K_S+S)$로 치환하면, 식은 아래와 같이 전환된다.

$$S_0 - S = \left(\frac{V}{Q}\right)\left(\frac{kXS}{K_S + S}\right) \qquad [2.24]$$

V/Q를 수리학적 체류시간(Hydraulic retention time, HRT)으로 정의하고 S/(K_S+S)를 $(1+k_d SRT)/(YkSRT)$로 치환하면(식 2.17 참조) 식 2.24는 아래와 같이 표현된다.

$$S_0 - S = \tau k X \left(\frac{1+k_d SRT}{YkSRT}\right) \qquad [2.25]$$

식 2.25을 더 변형하면 아래와 같이 생체량을 나타내는 식으로 나타낼 수 있다.

$$X = \left(\frac{SRT}{\tau}\right)\left[\frac{Y(S_0-S)}{1+k_d SRT}\right] = \left(\frac{Q}{Q_w}\right)\left[\frac{Y(S_0-S)}{1+k_d SRT}\right] \qquad [2.26]$$

식 2.26에서 볼 수 있듯이 기질(S)과 달리 생체량(X)은 고형물체류시간(SRT)과 미생물의 동역학 계수뿐만 아니라 유입수 기질 농도(S_0)의 함수임을 알 수 있다. 생체량은 MBR에서 제거되는 기질(S_0-S)에 직접적으로 비례한다.

2.4.3 비(非)생분해성 고형물(X_i)에 대한 물질수지

생체량 혹은 기질 물질수지식과 유사하게 비생분해성(즉, 생물학적으로 분해되지 않는) 고형물에 대해서도 아래와 같이 물질수지를 세울 수 있다.

생물반응기 비생분해성 고형물의 누적속도
=비생분해성 고형물의 유입속도−비생분해성 고형물의 유출속도+
생물반응기 비생분해성 고형물의 생산속도   [2.27]

$$\frac{dX_i}{dt}V = QX_{0,i} - [(Q-Q_w)X_{e,i} + Q_w X_i] + r_{debris}V \qquad [2.28]$$

분리막이 입자성 물질을 거의 완벽하게 제거할 수 있으므로, 생체량 물질수지와 마찬가지로 유출수에는 비생분해성 고형물이 거의 발견되지 않는다(즉, $X_{e,i}=0$). 또한 시간에 대한 비생분해성 고형물의 변화는 없다고 가정하고(즉, 정상상태) 비생분해성 고형물의 폐기속도($Q_w X_i$)를 식 2.18을 이용하여 $X_i V$/SRT로 치환하면 식 2.28을 아래와 같이 표현할 수 있다.

$$0 = QX_{0,i} - \frac{X_i V}{SRT} + f_d k_d XV \qquad [2.29]$$

여기에서 $X_{0,i}$ = 유입수 비생분해성 고형물, g VSS/m³.

식 2.29를 재배열하면 비생분해성 고형물(X_i)을 아래의 식과 같이 나타낼 수 있다.

$$X_i = \frac{X_{0,i} SRT}{\tau} + f_d k_d X SRT \qquad [2.30]$$

생물반응기의 총 고형물(X_T)은 생체량(X)과 비생분해성 고형물(X_i)의 합이며 아래와 같이 표현할 수 있다. 참고로 X_T, X, X_i는 모두 휘발성 현탁고형물(VSS)이다.

$$X_T = X + X_i = \left(\frac{SRT}{\tau}\right)\left[\frac{Y(S_0 - S)}{1 + k_d SRT}\right] + \frac{X_{0,i} SRT}{\tau} + f_d k_d X SRT \qquad [2.31]$$

Example 2.5

도시하수를 처리하는 MBR 시스템에서 생물반응기의 기질(S), 생체량(X) 및 비생분해성 고형물(X_i)의 농도를 계산하시오. 생물반응기는 20℃ 조건에서, SRT는 30일, 그리고 HRT는 0.25일로 운영되고 있다. 유입수의 기질(S_0)과 비생분해성 고형물($X_{0,i}$)의 농도는 각각 400 g COD/m³와 20 g VSS/m³이다. 계산에 필요한 동역학 계수의 값은 아래와 같다.

$$k = 12.5 \text{ g COD/g VSS} \cdot \text{d}$$
$$K_S = 10 \text{ g COD/m}^3$$
$$Y = 0.40 \text{ g VSS/g COD}$$
$$f_d = 0.15 \text{ g VSS/g VSS}$$
$$k_d = 0.10 \text{ g VSS/g VSS} \cdot \text{d}$$

Solution

S, X 및 X_i는 각각 식 2.20, 2.26 및 2.30을 이용해 계산할 수 있다.

$$S = \frac{K_s(1+k_d SRT)}{SRT(Yk-k_d)-1}$$

$$= \frac{(10 \text{ g COD/m}^3)[1+(0.10 \text{ g VSS/g VSS}\cdot\text{d})(30 \text{ d})]}{30 \text{ d}[(0.40 \text{ g VSS/g COD})(12.5 \text{ g COD/g VSS}\cdot\text{d})-0.10 \text{ g VSS/g VSS}\cdot\text{d}]-1}$$

$$= 0.27 \text{ g COD/m}^3$$

$$X = \left(\frac{SRT}{\tau}\right)\left[\frac{Y(S_0-S)}{1+k_d SRT}\right]$$

$$= \left(\frac{30 \text{ d}}{0.25 \text{ d}}\right)\left[\frac{0.40 \text{ g VSS/g COD}\cdot(400 \text{ g/m}^3-0.27 \text{ g/m}^3)}{1+(0.10 \text{ g VSS/g VSS}\cdot\text{d})(30 \text{ d})}\right]$$

$$= 4,797 \text{ g VSS/m}^3$$

$$X_i = \frac{X_{0,i} SRT}{\tau} + f_d k_d XSRT$$

$$= \frac{(20 \text{ g COD/m}^3)(30 \text{ d})}{0.25 \text{ d}} + (0.15 \text{ g VSS/g VSS})(0.10 \text{ g VSS/g VSS}\cdot\text{d})(4,797 \text{ g VSS/m}^3)(30 \text{ d})$$

$$= 4,559 \text{ g VSS/m}^3$$

이 계산을 통해 생물반응기 총 고형물(X_T) 중 활성을 가지는 미생물(즉, 생체량 X)의 분율은 51%에 지나지 않음을 알수 있다.

2.4.4 기질, 생체량 및 비생분해성 고형물에 대한 SRT의 영향

일반 활성슬러지 공정과 비교해 MBR 공정의 큰 특징 중 하나는 긴 SRT 운영이라고 할 수 있다. 긴 SRT 운영은 생물반응기의 기질, 생체량 및 비생분해성 고형물 농도에 영향을 준다. MBR 공정을 더 잘 이해하기 위해 다양한 SRT 운영조건에서 각각의 항목이 어떻게 예측되는지 평가해 볼 필요가 있다. 이를 위해 5~100일의 SRT 운영조건에서 기질, 생체량 및 비생분해성 고형물의 농도를 식 2.20, 2.26 및 2.30을 이용하여 계산하였다. 계산값은 표 2.4와 그림 2.8에 나타내었다. SRT 이외의 다른 조건은 Example 2.5에 소개된 값을 이용하였다.

표 2.4와 그림 2.8에 나타냈듯이 기질의 농도는 SRT가 증가하면서 줄어드는 것을 알 수 있다. 그렇지만 짧은 SRT 조건에서도 기질의 농도는 충분히 낮기 때문에 SRT를 길게 운영하더라도 기질 농도 저감 효과는 크지 않음을 알수 있다. 예를 들어 SRT가 5일에서 100일로 증가하였을 때 COD로 표현되는

표 2.4

MBR 공정에서 SRT에
따른 S, X 및 X_i

SRT (days)	S (mg/L)	X (mg/L)	X_i (mg/L)	X_T (mg/L)[1]	X/X_T
5	0.64	2,130	560	2,690	0.79
10	0.42	3,197	1,280	4,476	0.71
20	0.31	4,263	2,879	7,142	0.60
30	0.27	4,797	4,559	9,355	0.51
40	0.26	5,117	6,270	11,387	0.45
50	0.25	5,330	7,998	13,328	0.40
100	0.22	5,815	16,722	22,537	0.26

[1]$X_T = X + X_i$

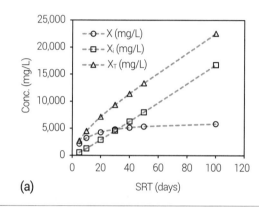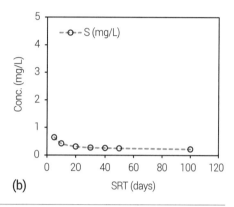

(a)   (b)

그림 2.8   MBR 공정에서 SRT에 따른 생물반응조 고형물(a)과 처리수 COD (b)의 영향.

기질의 감소는 0.42 mg/L밖에 되지 않는다. 반면 생체량과 비생분해성 고형
물의 농도는 SRT가 증가하면서 큰 폭으로 증가한다. 특히 비생분해성 고형물
의 변화가 더 큼을 알 수 있다. SRT가 5일에서 100일로 증가하였을 때 생체량
은 2,130에서 5,815 mg VSS/L로 증가하였으며, 비생분해성 고형물은 560에서
16,722 mg VSS/L로 증가하였다. 흥미로운 사실은 생체량은 SRT가 30일 정도
에서 더 이상 늘어나지 않았지만 비생분해성 고형물은 SRT 증가에 따라 선형
적으로 증가함을 알 수 있다. 이러한 결과는 최소한 여기에 적용된 조건에서
는 SRT를 30일 이상 운영하더라도 활성미생물(즉, 생체량)의 농도를 크게 높
일 수 없다는 것이다. 즉 SRT를 증가시키면서 활성미생물의 농도를 높이는
데에는 한계가 있다는 것이다. 오히려 너무 긴 SRT 조건에서는 생물반응기의
총 고형물(X_T) 농도를 높여 분리막의 오염을 증가시킬 수 있다는 것이다. 총
고형물(즉, X와 X_i의 합)의 증가추세는 비생분해성 고형물의 증가와 비슷하

다. 활성을 가지는 생체량의 비율(즉, X/X_T)은 SRT의 증가와 더불어 감소하는 것을 알 수 있으며, 100일의 SRT 조건에서는 그 비율은 26%에 불과하다.

앞서 살펴본 계산결과는 폴리스(Pollice) 등(2008)의 연구결과와 일맥상통한다. 그들은 도시하수를 대상으로 수에즈(Suez)의 중공사막을 채택한 실험장치를 다양한 SRT 조건에서 운영하였다. 실험결과 SRT가 증가하면서 생물학적 활성은 감소하고 흡인압력, 여과에 대한 슬러지 저항, 슬러지 점도 등 분리막의 오염현상이 증가하는 것으로 나타났다.

SRT는 슬러지 폐기속도의 함수이므로(SRT=V/Q_w) MBR을 긴 SRT 조건으로 운영하게 되면 폐기 슬러지의 양을 줄일 수 있다. 그렇지만 매우 긴 SRT 조건에서는 줄어드는 폐기 슬러지의 양은 그렇게 크지 않다. 이는 SRT에 따른 폐기 슬러지 양을 계산함으로써 확인할 수 있다. 그림 2.9는 생물반응조의 부피가 1,000 m³일 때 SRT에 따른 일 슬러지 발생량을 나타낸다. 계산을 위해 Example 2.5에 제시한 조건을 이용하였다. 일 슬러지 발생량의 계산 방법은 6.3.3에 나타내었다.

SRT가 증가하면서 일 슬러지 발생량(혹은 일 폐기 슬러지 양)이 감소하는 것을 볼 수 있다. 그렇지만 40일 정도의 SRT 조건에서는 슬러지 발생량 감소폭이 급격하게 줄어드는 것을 확인할 수 있다. 예를 들어 SRT가 40일에서 100일로 증가할 때 일 슬러지 발생량은 285 kg/d에서 225 kg/d 정도로 줄어든

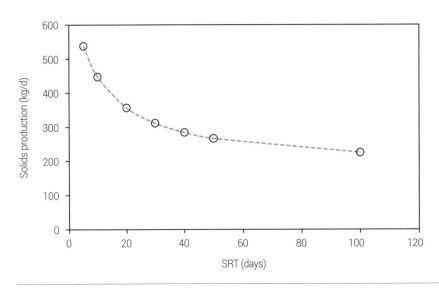

MBR 공정에서 SRT에 따른 일 슬러지 생산량(혹은 일 폐기 슬러지 양).　　　　그림 2.9

다. 이 결과는 특정 SRT 조건 이상에서는 SRT를 길게 운영하더라도 슬러지 발생량 감소의 편익은 미미하다는 것을 나타낸다. 또한 긴 SRT 운영은 생물반응기의 총 현탁고형물 농도를 증가시키게 되는데, 이로 인해 미생물 성장을 위한 산소전달 효율은 떨어지며 현탁고형물 혼합과 분리막 세정을 위한 폭기(Aeration) 에너지도 더 많이 소요되어(6.4.1항 참조) 궁극적으로 추가의 운영비 상승을 초래한다.

2.4.5 기질, 생체량 및 비생분해성 고형물에 대한 온도의 영향

온도는 생물반응기의 반응속도에 큰 영향을 미친다. 생물공정에서 미생물 성장, 기질 제거, 생체량 분해는 온도 변화에 영향을 받게 된다. 어떻게 온도가 반응속도에 영향을 미치는지에 대해서는 2.3.4항에서 이미 토의하였다. MBR 공정에서 기질, 생체량 및 비생분해성 고형물에 대한 온도의 영향에 대한 이해를 돕기 위해 아래 Example 2.6을 참고하기 바란다.

Example 2.6

생물반응기의 온도가 20℃에서 10℃로 내려갈 때, 도시하수를 처리하는 MBR 공정에서 기질, 생체량 및 비생분해성 고형물의 농도가 어떻게 변하는지 추정하시오. 운전조건과 동역학 계수는 Example 2.5에서 사용된 조건 및 값과 동일하다고 가정한다. 최대 기질이용속도(k)와 생체량 분해계수(k_d)에 대한 온도보정계수는 각각 1.07과 1.04이다. 다른 동역학 계수에 대한 온도 효과는 무시할 정도로 작다고 가정한다.

Solution

20℃ 조건에서 최대 기질이용속도(k)와 생체량 분해계수(k_d)는 각각 12.5 g COD/g VSS/d와 0.1 g VSS/g VSS/d이며(Example 2.5 참조), 10℃ 조건에서 두 값은 아래 식을 이용하여 구할 수 있다.

$$k_{10℃} = k_{20℃}\theta^{(10-20)} = 12.5 \times 1.07^{(10-20)} = 6.35 \text{ g COD/g VSS} \cdot \text{d}$$
$$k_{d,10℃} = k_{d,20℃}\theta^{(10-20)} = 0.1 \times 1.04^{(10-20)} = 0.07 \text{ g VSS/g VSS} \cdot \text{d}$$

계산된 값과 Example 2.5에서 소개된 조건을 이용하여 기질(S), 생체량(X) 및 비생분해성 고형물(X_i)의 농도를 아래와 같이 추정할 수 있다.

$$S = \frac{K_S(1+k_dSRT)}{SRT(Yk-k_d)-1}$$

$$= \frac{(10\,\mathrm{g\,COD/m^3})[1+(0.07\,\mathrm{g\,VSS/g\,VSS \cdot d})(30\,\mathrm{d})]}{30\,\mathrm{d}[(0.40\,\mathrm{g\,VSS/g\,COD})(6.35\,\mathrm{g\,COD/g\,VSS \cdot d})-0.07\,\mathrm{g\,VSS/g\,VSS \cdot d}]-1}$$

$$= 0.42\,\mathrm{g\,COD/m^3}$$

$$X = \left(\frac{SRT}{\tau}\right)\left[\frac{Y(S_0-S)}{1+k_dSRT}\right]$$

$$= \left(\frac{30\,\mathrm{d}}{0.25\,\mathrm{d}}\right)\left[\frac{0.40\,\mathrm{g\,VSS/g\,COD} \cdot (400\,\mathrm{g/m^3}-0.42\,\mathrm{g/m^3})}{1+(0.07\,\mathrm{g\,VSS/g\,VSS \cdot d})(30\,\mathrm{d})}\right]$$

$$= 6,187\,\mathrm{g\,VSS/m^3}$$

$$X_i = \frac{X_{0,i}SRT}{\tau} + f_dk_dXSRT$$

$$= \frac{(20\,\mathrm{g\,COD/m^3})(30\,\mathrm{d})}{0.25\,\mathrm{d}} + (0.15\,\mathrm{g\,VSS/g\,VSS})(0.07\,\mathrm{g\,VSS/g\,VSS \cdot d})(6,187\,\mathrm{g\,VSS/m^3})(30\,\mathrm{d})$$

$$= 4,349\,\mathrm{g\,VSS/m^3}$$

두 온도조건에서 계산된 S, X, X_i를 아래 표에 정리하였다. 온도에 따라 이들 값의 증가 혹은 감소를 퍼센트로도 표시하였다. 온도가 내려가면서 S와 X가 증가하였다. 이는 온도가 내려가면서 기질 제거속도와 생체량 분해속도가 감소하였기 때문이다. 그렇지만 X_i는 약간 감소하는 경향을 나타냈다. 이는 낮은 온도에서 생체량이 분해되면서 생성되는 비생분해성 고형물(X_i)이 덜 생산되기 때문이다. 그럼에도 불구하고 온도가 내려가면서 총 고형물($X_T = X + X_i$)은 증가하였다.

Temperature (℃)	S (mg COD/L)	X (mg VSS/L)	X_i (mg VSS/L)	X_T (mg VSS/L)
20	0.27	4,797	4,559	9,355
10	0.42	6,187	4,349	10,536
	(55.6)*	(29.0)*	(-4.6)*	(12.6)

*괄호 안의 값은 온도가 10℃에서 20℃로 내려갈 때 각 항목의 퍼센트 변화량을 나타낸다.

2.4.6 동역학 계수의 결정

앞서 설명한 바와 같이 4개의 동역학 계수(Y, k, K_S, k_d)는 동역학 식 혹은 물질수지식을 세우는 데 매우 중요하다. 계수를 결정하는 여러 실험방법이 알려져 있지만 이 책에서는 고형물체류시간 변화에 따른 생물반응기의 성능을 측정하여 결정하는 Tchobanoglous 등(2003)의 방법을 제공한다. 아래 그림 2.10은 동역학 계수를 결정하기 위한 실험방법과 실험으로부터 얻은 데이터를 어떻게 그래프에 표시하는지를 나타낸다.

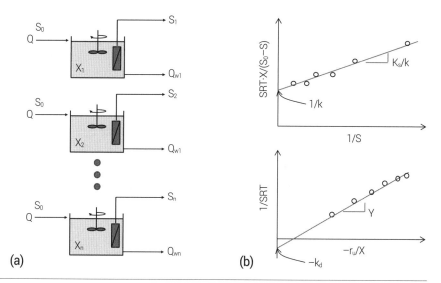

그림 2.10   동역학 계수의 결정. (a) 다양한 고형물체류시간에 따른 실험실 규모의 MBR 반응기 운영. 그림에서는 유입하수의 농도는 고정하고 폐기하는 슬러지의 유속(Q_w)을 변화시켜 고형물체류시간을 변화시킴. (b) 곡선맞춤(Curve fitting) 수행을 통해 계수를 결정함.

동역학 계수를 결정하기 위해서는 우선 다양한 고형물체류시간 조건에서 생물반응기를 운영해야 한다. MBR 공정에서는 대부분 잉여슬러지를 생물반응조로부터 직접 빼내기 때문에, 2차 침전지 하부로부터 잉여슬러지를 빼내는 일반 활성슬러지 공정에 비해 고형물체류시간의 조정이 용이하다. 아래 식에서 나타냈듯이 MBR 공정에서 고형물체류시간은 생물반응조 용적을 잉여슬러지 유속으로 나눈 값으로 표현된다.

$$SRT = \frac{VX}{Q_w X} = \frac{V}{Q_w} \qquad [2.32]$$

각각의 운영조건에서 생물반응기가 정상상태에 도달하면(즉, S와 X가 시간에 따라 변화폭이 미미할 때) 유입수와 처리수의 기질농도(S_0와 S)와 생물반응기의 생체량(X) 농도를 측정한다. 동역학 계수는 반응기로부터 얻은 데이터를 아래에 설명하는 두 개의 식을 이용하여 곡선맞춤(Curve fitting)을 통해 얻을 수 있다. 기질이용속도(식 2.9)는 다음과 같이 변형할 수 있다.

$$r_u = -\frac{kSX}{K_S + S} = -\frac{S_0 - S}{SRT} \qquad [2.33a]$$

식 2.33a의 양변을 X로 나누면 아래와 같다.

$$\frac{kS}{K_s + S} = -\frac{S_0 - S}{SRT \cdot X} \qquad [2.33b]$$

식 2.33b를 더 변형하면 아래 식을 얻을 수 있다.

$$\frac{SRT \cdot X}{S_0 - S} = \frac{K_s}{k} \cdot \frac{1}{S} + \frac{1}{k} \qquad [2.34]$$

K_s와 k는 데이터를 식 2.34에 맞추어 얻을 수 있다. 1/S에 대한 $(SRT \cdot X)/(S_0 - S)$의 그래프에서 기울기는 K_s/k에 해당하며 Y축의 접선은 1/k에 해당한다(그림 2.10b).

K_s와 k를 얻는 방법과 유사하게 Y와 k_d도 아래 식을 이용하여 결정할 수 있다.

$$\frac{1}{SRT} = -Y \frac{r_u}{X} - k_d \qquad [2.35]$$

$-r_u/X$에 대한 1/SRT의 그래프에서 기울기는 Y에 해당하며 Y축의 접선은 $-k_d$에 해당한다(그림 2.10b).

2.5 생물학적 질소 제거

우리나라를 포함한 많은 나라는 질소 방류로 인한 공공수역의 폐해를 줄이기 위해 하수처리장 방류수의 질소를 규제하고 있다. 질소 방류로 인한 폐해로는 지표수에 서식하는 조류와 식물의 과잉성장, 질산화로 인한 용존산소 고갈, 암모니아 독성, 공중보건 위협 및 물재이용의 어려움이 포함된다(US EPA, 1993). 호기성 단일반응조를 채택한 MBR 공정은 호기성 종속영양미생물의 성장만을 유도해 유입수에 포함된 일부의 질소밖에 제거할 수 없다. 일반적인 도시하수의 경우(Example 2.2) 이러한 공정에서는 40% 정도의 질소만이 미생물의 세포를 구성하는 데 이용되고 나머지 60% 정도는 처리되지 않음을 알 수 있다.

따라서 적절한 방법을 이용한 추가적인 질소 제거 기술이 필요하다. 질

생물학적 하폐수처리

소방류로 인한 원치 않는 폐해를 줄이기 위해 MBR 공정에서는 종종 질소 제거 기술이 포함된다. MBR 공정에서는 암모니아 탈기(Stripping)와 이온교환과 같은 물리화학적 질소 제거 기술에 비해 운영비가 저렴한 생물학적 질소 제거 기술이 선호되고 있다. 생물학적 질소 제거 기술은 주로 질산화(Nitrification)와 탈질(Denitrification)에 기반을 두고 있다. 이 절에서는 질산화와 탈질에 관여하는 미생물과 질소 제거 기전에 대한 설명을 제공한다.

2.5.1 질산화(Nitrification)

질산화는 암모니아(NH_3)를 아질산이온(NO_2^-)을 거쳐 질산이온(NO_3^-)으로 전환하는 생화학적 반응을 일컫는다. 이 과정은 화학독립영양미생물인 암모니아산화균(Ammonia-oxidizing bacteria)과 아질산산화균(Nitrite-oxidizing bacteria)에 의해 수행된다. 암모니아산화균은 암모니아를 아질산이온으로 산화하며, 아질산산화균은 아질산이온을 질산이온으로 산화한다. MBR 공정에서 주로 발견되는 암모니아산화균은 *Nitrosomonas*와 *Nitrosospira* 두 속(Genus)에 속하는 세균이다. 활성슬러지에서 암모니아산화균과 동일한 기능을 하는 암모니아산화고세균(Ammonia-oxidizing archaea)이 발견되었지만(Park et al., 2006), 하수처리에 큰 기여를 하지 않는 것으로 보고되고 있다(Wells et al., 2009). 또한 일부 *Nitrospira* 종은 아질산이온을 거치지 않고 암모니아를 직접 질산이온으로 산화할 수 있다고 알려져 있으나(Daims et al., 2015), 하수처리 환경에서 이 세균의 역할은 아직까지 잘 알려져 있지 않다. 아래에 암모니아와 아질산이온의 산화에 관한 미생물반응식을 나타냈다. 이 반응식은 미생물 성장에 따른 생체량 증가는 포함하고 있지 않다.

$$AOB: \quad NH_3 + 1.5O_2 \rightarrow NO_2^- + H_2O + H^+ \qquad [2.36]$$

$$NOB: \quad NO_2^- + 0.5O_2 \rightarrow NO_3^- \qquad [2.37]$$

$$Net\ reaction: \quad NH_3 + 2O_2 \rightarrow NO_3^- + H_2O + H^+ \qquad [2.38]$$

질산화균(AOB와 NOB)은 절대 호기성 세균으로 산소를 최종 전자수용체로 사용한다. 식 2.38에 나타내었듯이 질산화는 1 g의 암모니아성질소를 질산이온으로 변환할 때 4.57 g의 산소를 소모한다$[(2 \times 32\ g\ O_2)/14\ g\ NH_3\text{-}N = 4.57]$. 질산화균의 성장을 반응식에 포함시키면 아래와 같은 새로운 균형 잡힌 미생물반응식을 얻을 수 있다.

$$NH_3 + 1.89O_2 + 0.0805CO_2 \rightarrow 0.0161C_5H_7O_2N + 0.984NO_3^-$$
$$+ 0.952H_2O + 1.98H^+ \qquad [2.39]$$

이 식에서는 질산화균이 1 g의 암모니아성질소를 질산이온으로 변환할 때 4.32 g의 산소를 소모한다[(1.89×32 g O$_2$)/14 g NH$_3$-N=4.32)]. 만약 산화될 수 있는 암모니아의 농도를 알 수 있다면 위에서 언급한 양론 관계를 통해 필요한 산소의 양을 계산할 수 있다. 생물반응조를 설계할 때 산소의 공급은 충분한 질산화를 유도하기 위해 양론으로 계산된 산소의 양 이상이 공급될 수 있도록 해야 한다.

　　질산화균의 성장 혹은 활성은 이 세균이 이용할 수 있는 최초 전자공여체(즉, 암모니아와 아질산이온)의 농도, 용존산소(DO) 농도, pH, 온도, 독성물질의 존재 등 생물반응조 운영환경에 영향을 받는다. 질산화균의 성장속도는 최초 전자공여체의 농도의 함수로 표시되는 모노드(Monod) 속도식으로 표현된다. 모노드 속도식은 매우 높은 기질 농도에서는 최대 성장속도에 근접하지만, 암모니아산화균은 매우 높은 농도의 암모니아 조건에서 성장이 억제된다(>1,000 mg NH$_3$-N/L, US EPA, 1993).

　　앞서 언급했듯이 산소는 질산화균의 최종 전자수용체 역할을 한다. 따라서 용존산소 농도는 질산화균의 성장에 영향을 미치는 매우 중요한 인자이다. 용존산소에 의한 질산화균 성장속도는 최초 전자공여체와 유사한 방식으로 표현할 수 있다. 암모니아와 용존산소를 암모니아산화균의 성장을 제한하는 2개의 인자라고 한다면, 암모니아산화균의 비성장속도(μ_{AOB})는 아래와 같은 식으로 표현할 수 있다.

$$\mu_{AOB} = \left(\frac{\mu_{m,AOB} \cdot NH_3}{K_N + NH_3} \right) \left(\frac{DO}{K_{DO} + DO} \right) - k_{d,AOB} \qquad [2.40]$$

여기에서 　$\mu_{m,AOB}$＝AOB의 최대 비성장속도, d^{-1}

　　　　　　NH$_3$＝생물반응조의 암모니아 농도, mg N/L

　　　　　　K$_N$＝암모니아에 대한 반포화 상수, mg N/L

　　　　　　DO＝생물반응조의 용존산소 농도, mg/L

　　　　　　K$_{DO}$＝용존산소에 대한 반포화 상수, mg/L

효과적인 질산화를 유도하기 위해서 일반적으로 생물반응조의 용존산소 농도는 2 mg/L 이상으로 유지하도록 권고하고 있다. 실제로 질산화 반응조의 폭기 시스템은 2 mg/L 이상의 용존산소를 맞출 수 있도록 설계와 운영이 되고 있다.

pH 역시 질산화균의 활성에 영향을 미치는 인자로, pH 값이 7.5~8.0 범위에서 최고의 활성을 나타낸다고 알려져 있다. 질산화 과정에서 수소이온이 생성되어(식 2.39 참조) pH는 지속적으로 낮아지려는 경향이 있다. pH가 5.0 이하로 떨어지면 질산화 활성은 최고치의 50% 이하로 감소한다고 한다. 대부분의 경우 도시하수는 질산화 과정에서 생성되는 수소이온을 중화시킬 수 있는 충분한 알칼리도(Alkalinity)를 포함하고 있다. 그렇지만 일부 산업폐수의 경우 생물반응조의 pH를 중성으로 유지시키기 위한 알칼리도가 충분하지 않을 수 있다. 이 경우 NaOH와 같은 알칼리 약품을 생물반응조에 주입하여 pH가 떨어지지 않도록 해야 한다. 질산화균이 1 g의 암모니아성질소를 질산이온으로 변환할 때 7.1 g의 탄산칼슘 알칼리도를 소모한다(식 2.39에서 (1.98× 50)/14=7.1).

다른 미생물과 마찬가지로 질산화균의 성장도 온도에 영향을 받는다. 질산화는 4~45℃ 온도범위에서 일어나며 35℃가 최적 온도로 알려져 있다(US EPA, 1993). 동역학에서 온도는 질산화균의 최대 비성장속도(μ_m)에 영향을 미친다고 한다. 암모니아산화균의 최대 비성장속도식을 아레니우스 식 형태로 표현하면 아래와 같다.

$$\mu_{m,AOB}(T) = 0.75\theta^{(T-20)} \qquad [2.41]$$

여기에서 θ는 암모니아산화균의 최대 비성장속도의 온도보정계수로 일반적으로 5~35℃ 온도범위에서 1.10을 적용할 수 있다(US EPA, 1993).

질산화균은 독립영양미생물(Autotroph)로 세포를 구성하는 탄소원으로 유기물이 아닌 용존 이산화탄소를 이용한다. 이로 인해 유기물을 탄소원으로 이용하는 종속영양미생물(Heterotroph)에 비해 더 많은 에너지를 세포 구성물질을 합성하는 데 사용한다. 또한 질산화균은 무기영양미생물(Lithotroph)로 암모니아 혹은 아질산이온을 산화하여 에너지를 얻는데 유기물을 산화하여 에너지를 얻는 유기영양미생물(Organotroph)에 비해 얻을 수 있는 에너지의 양이 작다. 따라서 질산화균은 유기물을 이용해서 서식하는 미생물에 비해 성장속도가 낮다. 느리게 성장하는 미생물을 생물반응조에 유지하기 위해서는 긴 고형물체류시간이 제공되어야 한다.

MBR 공정의 생물반응조는 일반적으로 긴 고형물체류시간(>20일)으로 운영되므로 느리게 성장하는 질산화균이 서식하기 좋은 환경을 제공한다. 질산화균이 서식할 수 있는 최소 고형물체류시간의 산정은 6.3.2항을 참조하기 바란다. 또한 비슷한 이유(즉, 암모니아 혹은 아질산이온의 산화로 적은 에너지가 추출되며 세포 구성물질을 합성하는 데 더 많은 에너지가 소요된다)로 질산화균은 유기물을 이용해서 서식하는 미생물에 비해 낮은 생체량 수율을 가진다. 질산화균의 일반적인 생체량 수율은 0.1 g VSS/g NH$_3$-N이다.

2.5.2 탈질(Denitrification)

호기조건으로 운영되는 생물반응조에서 질산화균은 최종산물로 질산이온을 생산한다. 우리나라의 경우 총 질소(Total nitrogen)로 하폐수처리장의 방류수 수질을 규제하기 때문에 질산이온 역시 제거되어야 한다. 탈질 반응을 이용하면 질산이온은 가스상의 질소로 변환되며, 생성된 질소 가스는 대기 중으로 방출되어 제거된다. 탈질은 생물학적 공정으로 질산이온(NO$_3^-$)이 아질산이온(NO$_2^-$), 일산화질소(NO), 아산화질소(N$_2$O)를 거쳐 궁극적으로 가스상의 질소로 전환되는 순차적인 환원반응이다.

$$NO_3^- \rightarrow NO_2^- \rightarrow NO \rightarrow N_2O \rightarrow N_2 \qquad [2.42]$$

탈질은 산소가 제공되지 않는 생물반응조(무산소조)에서 계통학적으로 다양한 미생물에 의해 수행된다. 대부분의 탈질미생물은 호기조건에서도 에너지 대사를 할 수 있어, 이들 미생물이 산소가 있는 조건에 노출되면 질산이온이 아니라 산소를 최종 전자수용체로 이용한다. 왜냐하면 산소를 이용하게 될 경우 더 많은 에너지를 얻을 수 있기 때문이다. 따라서 효과적인 탈질반응을 유도하기 위해서는 무산소조에 산소가 용존되지 않는 조건을 만들어주는 것이 중요하다. 또 다른 중요한 사실은 탈질미생물이 유기물을 세포 구성물질로 이용하는 종속영양미생물이라는 것이다. 따라서 탈질반응을 위해서는 유기물의 공급이 필수적이다. 탈질미생물의 기질이용속도(r$_u$)는 기질, 질산이온, 용존산소 및 탈질미생물의 생체량(X·η)의 함수로 아래와 같이 표현할 수 있다.

$$r_u = -\left(\frac{kXS\eta}{K_S + S}\right)\left(\frac{NO_3^-}{K_{S,NO_3^-} + NO_3^-}\right)\left(\frac{K_{O_2}}{K_{O_2} + DO}\right) \qquad [2.43]$$

여기에서   k = 최대 비기질이용속도, g COD/g VSS·d

X = 미생물 생체량, g VSS/m^3

S = 생분해 가능한 유기물 농도, g COD/m^3

η = 미생물 생체량에서 탈질미생물 분율, g VSS/g VSS

K_S = 생분해 가능한 유기물에 대한 반포화 상수, g COD/m^3

NO_3^- = 아질산이온 농도, g /m^3

K_{S,NO_3^-} = 아질산에 대한 반포화 상수, g /m^3

DO = 용존산소 농도, g /m^3

K_{O_2} = 탈질반응의 용존산소 저해에 대한 반포화 상수, g /m^3

탈질반응에 필요한 유기물은 주로 유입하폐수로부터 유래한다. 그렇지만 일부 하폐수에는 탈질을 위한 유기물 양이 충분하지 못하다. 이 경우 탈질을 위해 메탄올, 에탄올, 아세트산, 혹은 유기성 폐수와 같은 유기물을 외부에서 무산소조에 공급해야 한다. 탈질에 필요한 유기물의 양은 아래 질산이온과 산소의 환원 반쪽반응식(Half reaction)을 이용하여 이론적으로 계산할 수 있다.

$$\frac{1}{4}O_2 + H^+ + e^- = \frac{1}{2}H_2O \qquad [2.44]$$

$$\frac{1}{5}NO_3^- + \frac{6}{5}H^+ + e^- = \frac{1}{10}N_2 + \frac{3}{5}H_2O \qquad [2.45]$$

위에 제시된 반쪽반응식에서 1/5 질산이온이 1/10 가스상 질소를 생산하기위해 '하나의 전자'를 소모함을 알 수 있으며, 1/4 산소가 1/2 물분자를 생산하기위해 '하나의 전자'를 필요로 한다는 것을 알 수 있다. 다르게 표현하면 2.8(=1/5×14) g의 질산성질소는 8(=1/4×32) g의 산소(즉, COD)에 해당한다는 것이다. 따라서 이론적으로 1 g의 질산성질소를 탈질하기 위해서는 2.86(=8/2.8)g의 COD가 요구되는 것이다. 또한 산소의 환원 반쪽반응식에서, 1 g의 질산성질소당 3.6(=(1×50)/14) g의 탄산칼슘 알칼리도가 탈질과정에서 회복된다는 것을 알 수 있다.

유사하게 메탄올, 에탄올, 아세트산과 같은 유기물에 대해서도 탈질에 필요한 이론적인 양을 계산할 수 있다. 메탄올, 에탄올 및 아세트산염에 대한 반쪽반응식은 아래와 같다.

메탄올: $\dfrac{1}{6}CO_2 + H^+ + e^- = \dfrac{1}{6}CH_3OH + \dfrac{1}{6}H_2O$ [2.46]

에탄올: $\dfrac{1}{6}CO_2 + H^+ + e^- = \dfrac{1}{12}CH_3CH_2OH + \dfrac{1}{4}H_2O$ [2.47]

아세트산염: $\dfrac{1}{8}CO_2 + \dfrac{1}{8}HCO_3^- + H^+ + e^- = \dfrac{1}{8}CH_3COO^- + \dfrac{3}{8}H_2O$ [2.48]

$2.8(=1/5 \times 14)$ g의 질산성질소의 환원은 $5.3(=1/6 \times 32)$ g의 메탄올, $3.8(=1/12 \times 59)$ g의 에탄올, $7.4(=1/8 \times 59)$ g의 아세트산염에 해당함을 반쪽반응식으로부터 유추할 수 있다. 따라서 1.0 g의 질산성질소를 줄이기 위해서는 이론적으로 각각 1.90 g의 메탄올, 1.36 g의 에탄올, 2.63 g의 아세트산염이 필요하다. 그렇지만 유기물은 탈질반응뿐만 아니라 생체량 합성에도 사용되므로, 실제로 탈질반응에 소요되는 유기물의 양은 이 방식으로 계산된 양보다 더 크다.

생체량 수율(Y)은 계산식을 보정하는 데 사용될 수 있다. 생체량 수율은 기질소모에 대한 생체량을 나타내므로, $(1-\alpha \cdot Y)$은 탈질에 사용된 유기물(기질) 분율이 된다. 여기에서 α는 생체량을 기질의 단위로 전환하는 계수이다. 예를 들어 메탄올을 기질로 사용하는 탈질균의 생체량 수율을 0.3 g biomass/g methanol이라고 가정하자. 이 경우 α는 $0.944[=(1/6 \times 32)$ g methanol$/(1/20 \times 113)$ g biomass]가 되어, 1 g 메탄올을 주입하면 0.28 g은 생체량을 합성하는 데 이용되고 0.72 g은 탈질반응에 이용되는 것이다$[=1-(0.944 \times 0.3)]$. α를 계산하는 방법은 Example 2.7을 참조하기 바란다. 따라서 질산성질소 1 g을 탈질하기 위한 이론적인 메탄올 주입량은 1.90 g보다 큰 $2.64(=1.90/0.72)$ g이 된다.

앞서 제시된 방법을 토대로 탈질을 위한 유기물 주입량에 대한 일반적인 식을 유도할 수 있다. 식 2.5에서 제시된 이론적인 산소요구량을 추정하는 방식과 유사하게, 유기물에 해당하는 산소당량(COD)은 탈질에 소모되는 산소당량(2.86N)과 생산된 생체량 산소당량(1.42Y·COD)의 합으로 아래의 식과 같이 나타낼 수 있다.

$$COD = 2.86N + 1.42Y \cdot COD \qquad [2.49]$$

여기에서 Y = 생체량 수율, g biomass/g COD

　　　　　1.42 = 생체량 단위를 COD 단위로 전환하는 계수, g COD/g biomass

식 2.49는 다시 정리해 아래와 같이 변환될 수 있다.

$$\frac{COD}{N} = \frac{2.86}{1 - 1.42Y} \qquad [2.50]$$

Example 2.7

어느 식품공장에서 포도당($C_6H_{12}O_6$)이 폐기물로 발생한다. 엔지니어는 발생된 포도당을 탈질을 위한 탄소원으로 사용하고자 한다. 그렇다면 1 g의 질산성질소를 탈질하기 위한 이론적인 포도당 요구량(g COD/g N)은 얼마인가? 이 계산을 위해 탈질반응에 관여하는 미생물의 생체량 수율을 0.42 g biomass/g glucose로 가정하자.

Solution

포도당과 질산이온의 환원반응 반쪽반응식은 다음과 같다.

$$포도당: \quad \frac{1}{4}CO_2 + H^+ + e^- = \frac{1}{24}C_6H_{12}O_6 + \frac{1}{2}H_2O$$

$$질산이온: \quad \frac{1}{5}NO_3^- + \frac{6}{5}H^+ + e^- = \frac{1}{10}N_2 + \frac{3}{5}H_2O$$

2.8(=1/5×14) g의 질산성질소 환원은 7.5(=1/24×180) g의 포도당에 해당하므로, 1 g의 질산성질소를 환원하기 위한 포도당의 요구량은 2.68(=7.5/2.8) g이 된다. 포도당이 생체량 합성에도 사용되므로 (1−α·Y)를 이용하여 포도당이 탈질반응에 사용되는 분율을 계산할 필요가 있다. 여기에서 α는 생체량을 포도당의 단위로 전환하는 계수이며, 아래와 같이 포도당과 생체량($C_5H_7O_2N$)의 반쪽반응식을 기반으로 추정할 수 있다.

$$포도당: \quad \frac{1}{4}CO_2 + H^+ + e^- = \frac{1}{24}C_6H_{12}O_6 + \frac{1}{2}H_2O$$

$$생체량: \quad \frac{1}{4}CO_2 + \frac{1}{20}NH_3 + H^+ + e^- = \frac{1}{20}C_5H_7O_2N + \frac{2}{5}H_2O$$

반쪽반응식을 보면 1/24 포도당이 1/20 생체량에 해당한다. 즉, α는 1.327[=(1/24

$\times 180$) g 포도당/$(1/20\times 113)$ g 생체량]이 되며, 1 g의 질산성질소를 환원하기 위한 이론적 포도당 요구량은 2.68 g에서 6.05 g[$=2.68/(1-1.327\times 0.42)$]으로 늘어난다. 그리고 포도당 단위를 COD로 변환하려면 아래 포도당과 물의 반쪽반응식을 이용하면 된다.

$$\text{포도당:} \quad \frac{1}{4}CO_2 + H^+ + e^- = \frac{1}{24}C_6H_{12}O_6 + \frac{1}{2}H_2O$$

$$\text{물:} \quad \frac{1}{4}O_2 + H^+ + e^- = \frac{1}{2}H_2O$$

위 식에서 7.5($=1/24\times 180$) g의 포도당은 8($=1/4\times 32$) g의 산소(즉, COD)에 해당한다. 즉, 1 g의 포도당은 1.07($=8/7.5$) g의 COD에 해당한다. 따라서, 1 g의 질산성질소를 환원하기 위한 이론적 포도당 요구량은 6.47[$=(1.07$ g COD/g glucose)$\cdot$ $(6.05$ g glucose/g nitrate N reduction)] g COD가 된다.

이론적 포도당 요구량은 식 2.50을 이용해 구할 수도 있다. 단 생체량 수율 단위를 g biomass/g COD로 전환할 필요가 있다. 앞서 나타낸 포도당과 물의 반쪽반응식에서 1/24 포도당은 1/4 산소에 해당하므로, 1 g의 포도당은 1.07[$=(32\times 1/4)/(180\times 1/24)$] g의 산소(COD)에 해당한다. 따라서 생체량 수율은 0.39($=0.42/1.07$) g biomass/g COD가 되며, COD/N은 아래와 같다.

$$\frac{COD}{N} = \frac{2.86}{1-1.42Y} = \frac{2.86}{1-1.42\cdot 0.39} = 6.41 \text{ g COD/g nitrate nitrogen reduction}$$

2.5.3 질소 제거 효율

그림 2.11에 나타냈듯이 생물학적 질소 제거 공정은 탈질조(무산소조)와 질산화조(호기조)로 구성된다. 일반적으로 무산조는 호기조 앞쪽에 위치시키는 전무산소조 탈질(Pre-anoxic denitrification)이다. 이 배치는 유입수에 포함된

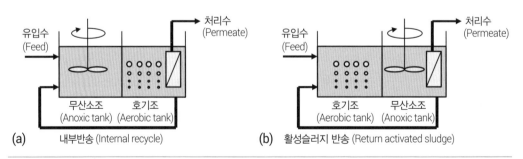

생물학적 질소 제거 공정의 두 형태. (a) 전무산소조 탈질공정. (b) 후무산소조 탈질공정.　　　　　그림 2.11

유기물(최초 전자공여체)을 탈질에 이용할 수 있다는 장점이 있다. 그렇지만 이 배치는 호기조로부터 질산이온(최종 전자수용체)이 포함된 생물반응조 혼합액(Mixed liquor)을 무산소조에 순환시켜 주어야 한다. 또 다른 생물학적 질소 제거 공정은 후무산소조 탈질(Post-anoxic denitrification)로 호기조가 무산소조 앞쪽에 배치된다. 이 배치는 호기조에 존재하는 호기성 종속영양미생물이 유입수에 포함된 대부분의 유기물을 사용한다. 따라서 탈질에 필요한 유기물이 충분히 무산소조에 제공되지 않을 수 있다. 이 경우 무산조에서는 미생물 자산화로 생산된 유기물이 탈질에 필요한 유기물로 사용된다. 자산화로 생성된 유기물은 유입수로 제공되는 유기물에 비해 효과적인 탈질 기질이 되지 못한다. 따라서 후무산소조 탈질에서는 질소 제거 효율을 높이기 위해 외부로부터 탄소원이 무산소조에 제공되기도 한다.

전무산소조 공정은 탈질에 필요한 질산이온을 제공하기 위해 질산화된 생물반응조 혼합액을 무산소조에서 호기조로 순환시킨다. 생물반응조 혼합액의 순환율은 질소 제거 효율을 결정짓는 중요한 변수이다. 높은 순환율은 더 많은 질산이온을 무산소조로 이송시켜 질소 제거 효율을 증가시킨다. 무산소-호기 MBR을 대상으로 물질수지를 세우면 질소 제거 효율을 정량적으로 추정할 수 있다. 유입수에는 질산이온 혹은 아질산이온이 존재하지 않고, 무산소조에서는 탈질반응에 필요한 탄소원이 부족하지 않으며 유기질소가 암모니아로 전부 분해되고, 호기조에서는 완전한 질산화가 일어난다고 가정한다면 질소에 관한 간단한 물질수지식을 세울 수 있다. 그림 2.12는 탈질을

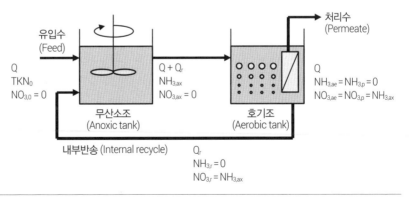

| 그림 2.12 | 전무산소조 질소 제거 공정에서 질소의 물질수지. 이 개략도에서 폐기되는 활성슬러지 유속은 계산의 편의를 위해 무시하였다. |

위한 1개의 무산소조와 질산화를 위한 1개의 호기조로 구성된 MBR 공정의 개략도를 나타낸다.

무산소조와 호기조의 질소 물질수지식은 다음과 같이 세울 수 있다. 무산소조에서 모든 유기질소가 분해되고 분해된 질소 중 일부는 미생물 생체량으로 이용된다고 가정하면, 무산조에서 질소의 물질수지식은 아래와 같이 나타낼 수 있다.

$$Q \cdot TKN_0 \cdot (1-f) = NH_{3,ax} \cdot (Q + Q_r) \qquad [2.51]$$

$$NH_{3,ax} = \frac{Q \cdot TKN_0 \cdot (1-f)}{(Q + Q_r)} \qquad [2.52]$$

$$NO_{3,ax} = 0 \qquad [2.53]$$

여기에서 $TKN_0 =$ 유입수 총 킬달(Kjeldahl) 질소(유기질소+암모니아성질소
농도), g N/m³

$NH_{3,ax} =$ 무산소조 암모니아성질소 농도, g N/m³

$NO_{3,ax} =$ 무산소조 질산성질소 농도, g N/m³

$f =$ 생체에 동화되는 질소분율

$Q =$ 유입수 유속, m³/d

$Q_r =$ 반송 유속, m³/d

호기조에서는 모든 암모니아성질소가 질산성질소로 산화된다고 가정했기 때문에, 질산성질소의 농도는 무산소조의 암모니아성질소 농도와 같고 암모니아성질소의 농도는 0이 된다. 따라서 호기조에서 질소의 물질수지식은 아래와 같이 나타낼 수 있다.

$$NO_{3,ae} = NH_{3,ax} \qquad [2.54]$$

$$NH_{3,ae} = 0 \qquad [2.55]$$

여기에서 $NH_{3,ae} =$ 호기조의 암모니아성질소 농도, g N/m³

위에서 설명한 질소 물질수지식을 이용하여 총 질소 제거율을 아래와 같이 나타낼 수 있다.

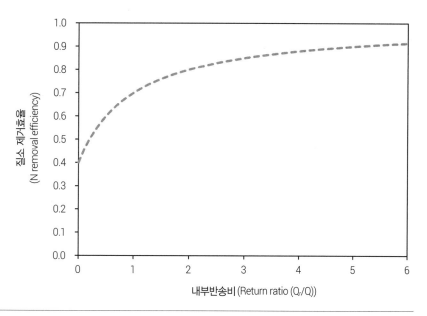

그림 2.13   내부반송비(Q_r/Q)에 따른 질소 제거효율. 미생물 생체량으로 동화되는 질소는 유입질소의 40%를 차지한다고 가정함(f=0.4).

$$\text{Total nitrogen removal efficiecy} = \frac{\text{TKN}_0 - \text{NO}_{3,p}}{\text{TKN}_0}$$

$$= 1 - \frac{\left(\dfrac{Q}{Q + Q_r}\right) \cdot \text{TKN}_0 \cdot (1-f)}{\text{TKN}_0} \qquad [2.56]$$

$$= 1 - \frac{Q \cdot (1-f)}{Q + Q_r}$$

여기에서 $\text{NO}_{3,p}$ = 처리수의 질산성질소 농도, g N/m³

무산소-호기 MBR 공정에서 생물반응조 혼합액 순환율에 대한 질소 제거율을 식 2.56을 이용하여 아래 그림 2.13에 나타내었다. 이로부터 80% 이상의 총 질소 제거율을 얻기 위해서는 순환비(Q_r/Q)가 2.0 이상이 되어야 함을 알 수 있다.

2.6 생물학적 인 제거

2.6.1 일반 활성슬러지 공정에서 인 제거

인(Phosphorus)은 조류와 같은 광합성 미생물이 대량으로 사용하는 영양소(Marcronutrient) 중 하나로 낮은 농도로 존재할 경우 수환경에서 광합성 생물의 성장을 제한하지만, 과량으로 존재하면 이들의 과잉 성장을 초래한다. 질소와 마찬가지로 공공수역에서 조류의 대량번식을 줄이기 위해 유입수에 포함된 인은 적절하게 처리되어야 한다. 인은 일반 활성슬러지 공정에 서식하는 미생물 생체량의 2~3%를 차지한다. 인을 포함한 활성슬러지의 화학식은 $C_5H_7O_2NP_{0.1}$(이 화학식의 인 분율은 ~2.7%)로 나타낼 수 있다.

일반 활성슬러지 공정에서 생체 동화에 의한 인 제거를 예측해 보자. 리트만(Rittmann)과 매카티(McCarty)(2000)는 생물반응조에서 인 물질수지를 이용하여 처리수의 인 농도를 계산할 수 있는 식을 아래와 같이 제안하였다.

$$P = P_0 - \frac{0.0267 \cdot Y \cdot (1 + f_d k_d \theta_x) \cdot \Delta COD}{1 + k_d \theta_x} \qquad [2.57]$$

여기에서 P = 처리수 인 농도, mg P/L

P_0 = 유입수 인 농도, mg P/L

ΔCOD = 생물반응조에서 제거된 COD, mg COD/L

식 2.57은 생체량 수율(Y), 고형물체류시간(θ_x) 및 제거된 COD (ΔCOD)의 함수이다. 생체량 수율과 제거된 COD가 클수록 더 많은 인이 제거되며, 고형물체류시간은 클수록 더 적은 인이 제거된다. 유입수의 인 농도가 5 mg P/L, 유입수 COD 농도가 400 mg/L, 생체량 수율이 0.40 g VSS/g COD, f_d가 0.15 g VSS/g VSS, k_d가 0.10 g VSS/g VSS·d인 조건에서 COD 제거율과 고형물체류시간에 따른 유출수 인 농도를 그림 2.14에 나타내었다.

그림 2.14에서 볼 수 있듯이 고형물체류시간이 짧고 COD 제거율이 높을수록 유출수 인 농도는 낮아지지만, 제시된 어느 조건에서도 유출수 인 농도를 일반적인 도시하수 방류수 수질 기준인 1 mg P/L 이하로 맞출 수 없다. 주목할 부분은 MBR 공정의 긴 고형물체류시간을 고려한다면(>20일) 처리수의 인 농도를 3 mg P/L 이하로 맞출 수 없다. 따라서 처리수 인 농도를 더 낮추기 위해서는 생물학적 과잉 인 제거(Enhanced biological phosphorus removal, EBPR) 혹은 화학 응집을 도입해야 한다.

2.6.2 생물학적 과잉 인 제거 공정을 통한 인 제거

EBPR은 세포 내부에 인을 그래뉼(Granule) 형태로 저장할 수 있는 능력을 가

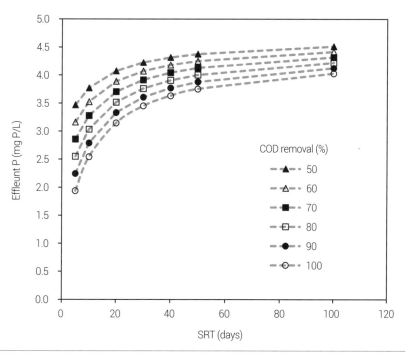

그림 2.14 EBPR 공정에서 고형물체류시간과 COD 제거율에 대한 처리수 인 농도의 영향.

진 독특한 미생물을 이용한다. 이러한 미생물을 생물반응조에 농화(濃化)시
킴으로써 총 생체량의 인 분율을 높일 수 있다. 이로 인해 동일한 COD 제거
율과 고형물체류시간에서도 일반 활성슬러지 공정보다 더 높은 인 제거율을
담보할 수 있다. EBPR 활성이 매우 활발할 경우 생체량의 인 분율은 VSS 기준
으로 12.5%까지 상승할 수 있다고 보고되었다(Mino et al., 1998). 생체량의 인
분율이 8%라고 가정하면 처리수의 인 농도를 예측하는 식 2.57은 아래와 같
이 변형될 수 있다.

$$P = P_0 - \frac{0.08 \cdot Y \cdot (1 + f_d k_d \theta_x) \cdot \Delta COD}{1 + k_d \theta_x} \qquad [2.58]$$

그림 2.14와 동일한 COD 제거율과 고형물체류시간 조건에서 식 2.58을 이용
하여 처리수의 인 농도를 예측한 후 그 값을 그림 2.15에 나타내었다. 생체량
인 분율이 증가하면서 유출수의 인 농도가 상당히 줄어들었음을 볼 수 있다.
그럼에도 불구하고 모든 조건에서 유출수의 인 농도를 1 mg P/L 이하로 낮추
지는 못하고 있다. COD 제거율이 70% 이하이고 고형물체류시간이 20일 이상

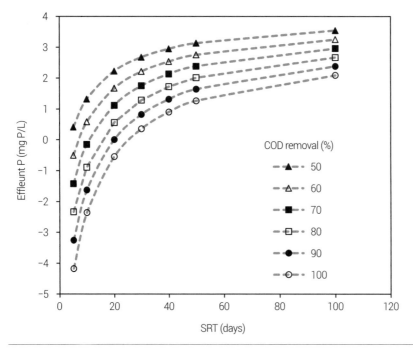

그림 2.15

EBPR 공정에서 고형물체류시간과 COD 제거율에 대한 유출수 인 농도의 영향. 음의 값으로 표시된 인의 농도는 데이터의 추세를 나타내기 위해 표시하였다.

일 경우 여전히 목표로 하는 인 농도인 1 mg P/L를 맞출 수 없다. 이러한 경우에는 대개 화학응집제를 생물반응조에 주입하여 방류수 수질 기준을 맞추어야 한다.

Example 2.8

처리수 인 농도를 1.0 mg P/L 이하로 낮추기 위한 최대 고형물체류시간은 며칠인가? 추정을 위해 아래의 조건을 사용하시오.

$$\text{유입수 인 농도} = 5 \text{ mg P/L}$$
$$\text{유입수 COD 농도} = 400 \text{ mg/L}$$
$$Y = 0.40 \text{ g VSS/g COD}$$
$$f_d = 0.15 \text{ g VSS/g VSS}$$
$$k_d = 0.10 \text{ g VSS/g VSS} \cdot d$$
$$\text{생체량 인 분율} = 10\%$$
$$\text{COD 제거율} = 80\%$$

Solution

인에 대한 물질수지를 나타낸 식 2.58을 이용하여 최대 고형물체류시간을 추정

생물학적 하폐수처리

할 수 있다.

$$P = P_0 - \frac{0.1 \cdot Y \cdot (1 + f_d k_d \theta_x) \cdot \Delta COD}{1 + k_d \theta_x}$$

$$1.0 \text{ mg/L} = 5.0 \text{ mg/L} - \frac{0.1 \cdot (0.40 \text{ g VSS/g COD}) \cdot (1 + 0.15 \text{ g VSS/g VSS} \cdot 0.10 \text{ g VSS/g VSS/d} \cdot \theta_x) \cdot 320 \text{ mg/L}}{1 + 0.10 \text{ g VSS/g VSS/d} \cdot \theta_x}$$

$$\theta_x = 42.3 \text{ days}$$

고형물체류시간이 42.3일 이상이면 유출수의 인 농도는 1.0 mg/L 이상이 될 것이다.

EBPR은 생물반응조에 인축적미생물(Phosphorus accumulating organisms, PAOs)이 농화되어야 한다. 아직까지 인축적미생물의 순수 배양은 성공하지 못했지만, 여러 비(非)배양성 분자생물학적 방법을 통해 인축적미생물은 Betaproteobacteria에 속하는 *Candidatus Accumulibacter phosphatis*와 연관이 있는 세균임이 밝혀졌다.

인축적미생물은 호기조건과 혐기조건을 교대로 제공할 경우 농화될 수 있다. 인축적미생물이 인을 제거하는 기본적인 생화학 기전을 그림 2.16에 도시하였다. 호기조건에서는 발효균에 의해 복잡한 유기물이 우선 짧은 사슬의

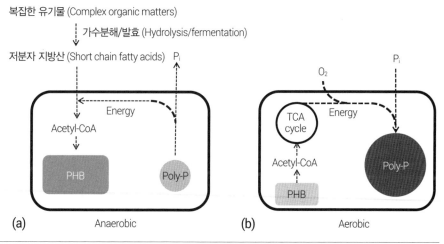

그림 2.16 인축적미생물에 의한 인 제거 생화학 기전. (a) 혐기조건에서 저분자 지방산을 이용한 PHB 생성 및 세포 바깥으로 정인산 배출 경로. (b) 호기조건에서 PHB 산화와 이로부터 얻은 ATP를 이용한 폴리인산 합성 경로.

지방산(예, 아세트산, 프로피온산, 부틸산)으로 변환된다. 인축적미생물은 짧은 사슬의 지방산을 Acetyl-CoA로 변환시키며, Acetyl-CoA를 세포 내(內) 중합체인 폴리부틸산(Polybutyrate, PHB)으로 합성한다. PHB를 합성하기 위한 에너지는 세포 내 폴리인산(Polyphosphate)을 정인산(Orthophosphate)으로 가수분해하여 얻는다. 분해된 정인산은 세포 바깥으로 배출된다.

호기조건에서 인축적미생물은 성장과 유지를 위한 환원력(NADH)을 얻기 위해 산소를 최종 전자수용체로 이용하여 PHB를 산화한다. 또한 환원력은 세포 내 정인산으로부터 폴리인산을 합성하는 데 사용된다. 이때 정인산은 세포 바깥쪽으로부터 유래한다. 폴리인산을 합성하는 과정에서 주목할 부분은 혐기조건에서 세포 바깥쪽에 방출한 정인산보다 더 많은 정인산이 세포 내로 흡수된다는 것이다. 이 현상을 초과 인 흡수(Luxury phosphate uptake)라고 칭한다. 궁극적으로 높은 분율의 인을 함유한 잉여의 생체량을 제거함으로써 인 제거가 완결될 수 있다. 일부의 인축적미생물은 무산소 조건에서 PHB를 산화시키기 위해 질산이온을 최종 전자수용체로 사용할 수 있다. 이러한 인축적미생물을 탈질인축적미생물(Denitrifying PAOs, dPAOs)이라고 부른다. dPAOs는 낮은 COD/총 질소 분율을 가지는 하수에서 질산이온을 제거하는 데 유용하다.

2.6.3 화학 응집에 의한 인 제거

앞서 토의한 바와 같이 방류수 인 규제가 엄격한 경우 인 제거를 위해서는 약품 주입이 반드시 필요하다. 다(多)원자가의 양이온 염은 용존성 인산을 현탁 고형물로 변환시킬 수 있어 인 응집제로 사용된다. 응집제는 생물반응조 전후에 주입될 수도 있지만, 주로 MBR 생물반응조에 직접 주입한다(그림 2.17).

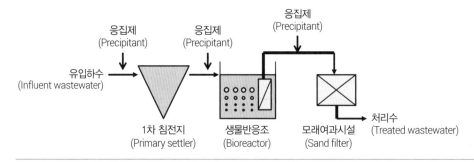

MBR 공정에서 인 제거를 위한 응집제 주입 위치. 그림 2.17

생물반응조 전에 응집제를 주입할 경우 인 응집 이외의 부가 반응이 일어나 응집제 주입량이 많아질 수 있다. 생물반응조 후에 응집제를 주입하게 되면 응집효율이 떨어진다. 왜냐하면 MBR 처리수는 현탁고형물의 농도가 극도로 낮기 때문에 응집 핵이 생성되기 어렵기 때문이다.

응집에는 3가의 알루미늄염, 3가의 철염 및 2가의 칼슘염이 주로 사용된다. 알루미늄염과 철염의 경우 아래와 같이 인산과 반응한다.

$$Al^{3+} + PO_4^{3-} \rightarrow AlPO_4(S)$$
$$Fe^{3+} + PO_4^{3-} \rightarrow FePO_4(S)$$

위 화학식은 1몰의 인산을 응집하기 위해 1몰의 알루미늄이온 혹은 철이온이 필요한 것으로 표현되지만, 실제로는 경쟁반응으로 인해 더 많은 알루미늄이온이나 철이온이 필요하다. 수용액 내에서 알루미늄이온 혹은 철이온은 물분자와 수산화이온을 포함한 다양한 리간드(Ligand)와 착반응(Complex reaction)을 한다. 따라서 인산은 응집반응을 위해 이러한 리간드와 경쟁하게 된다. 응집을 위한 최적의 응집제 농도, pH, 알칼리도 조건을 제공하기 위해서는 일반적으로 자(Jar) 테스트를 수행할 필요가 있다.

칼슘이온 역시 높은 pH 조건(>10)에서 아래 식과 같이 인산을 응집시킬 수 있다.

$$10Ca^{2+} + 6PO_4^{3-} + 2OH^- \rightarrow Ca_{10}(PO_4)_6(OH)_2(S)$$

이 반응은 높은 pH에서만 가능하고 주입한 칼슘[주로 석회(Lime, Ca(OH)$_2$)가 사용됨]은 수용액의 알칼리도를 소모하기 때문에, 생물학적 처리 이후에 가능한 방법이다.

알루미늄 혹은 철염의 주입은 분리막의 오염현상에 영향을 미친다. 생물반응조에 주입된 염은 인산 응집뿐만 아니라 음으로 하전된 콜로이드와 활성슬러지를 중화시킨다. 중화된 입자들은 크기가 커져 궁극적으로 분리막 기공을 막는 작은 입자의 농도를 낮추는 효과가 있다(Song et al., 2008). 따라서 알루미늄 혹은 철염은 MBR 공정의 분리막 오염을 낮추는 데 도움을 준다. 그렇지만 생물반응조에 너무 많은 응집제를 주입하게 될 경우 분리막 표면에 스케일 형성을 유도해 역효과를 초래한다.

Problems

2.1 보티셀라(Vorticella)와 같은 원생동물은 활성슬러지를 이용한 하수처리에서 수적으로 중요하지 않은 미생물이다. 그럼에도 불구하고 하수처리 운영자는 현미경을 이용하여 주기적으로 이러한 미생물을 관찰한다. 활성슬러지를 이용한 하수처리에서 원생동물이 중요한 이유는 무엇인가?

2.2 어느 하수처리 운영자는 활성슬러지 생물반응기에 서식하는 미생물을 정량하고 싶어한다. 평판계수법으로부터 1 mL 생물반응조 혼합액에 104개의 미생물이 존재하는 것으로 확인되었다. 그렇지만 같은 시료를 현미경으로 관찰하였을 때에는 미생물의 수가 10^5개로 나타났다. 두 방법 간에 미생물 정량 값이 차이 나는 이유를 설명하시오.

2.3 포도당($C_6H_{12}O_6$)은 아래와 같은 화학식으로 완전히 산화된다. 탄소, 수소, 산소의 원자량은 각각 12, 1, 16이다.

$$C_6H_{12}O_6 + 6O_2 \rightarrow 6CO_2 + 6H_2O$$

 a. 만약 180 mg의 포도당을 1 L의 탈이온수에 녹였다고 가정한다면, 이 포도당 수용액의 이론적인 산소요구량(Theoretical oxygen demand, ThOD)은 몇 mg/L인가?
 b. BOD_5 측정 결과 포도당 수용액의 농도는 150 mg/L이었다. 위에서 구한 ThOD와 BOD 값이 차이가 나는 이유는 무엇인가?
 c. 몇몇 사람들은 포도당의 농도를 산소요구량 대신 '탄소'로 측정하기를 원한다. 이 탄소 농도를 총 유기탄소(Total organic carbon, TOC)라고 한다. 포도당 용액의 이론적인 TOC 농도는 얼마인가?

2.4 아데노신 삼인산(Adenosine triphosphate, ATP)은 세균의 번식과 유지를 위한 에너지 전달물질(Energy carrying molecule)이다. 포도당 한 분자가 이산화탄소와 물 분자로 완전히 산화하면 이론적으로 몇 분자의 ATP가 생성될 수 있는가? 아래에 나타낸 ATP 합성과 포도당 산화에 대한 자유

생물학적 하폐수처리

에너지를 바탕으로 추정하시오.

$$\text{ADP (adenosine diphosphate)} + P_i \text{ (phosphate)} \rightarrow \text{ATP} \qquad \Delta G^{0'} = -32 \text{ kJ}$$

$$\text{Glucose} + 6O_2 \rightarrow 6CO_2 + 6H_2O \qquad \Delta G^{0'} = -1,465 \text{ kJ}$$

계산된 ATP 분자의 수는 세균이 실제로 만드는 APT 수보다 훨씬 크다. 계산된 수보다 실제로 만드는 ATP의 수가 더 적은 이유는 무엇인가?

2.5 아래에 여러 전자공여체와 여러 전자수용체에 대한 반쪽반응식과 pH=7인 표준조건에서 깁스 자유에너지 값을 나타내었다. 이 두 반응식을 조합하여 세균이 성장하는 데 필요한 에너지 생성반응을 나타낼 수 있다. pH=7인 표준조건에서 생성하는 에너지를 높은 값에서 낮은 값 순으로 전자공여체와 전자수용체의 조합을 나열 하시오. 단 모든 반쪽반응식은 왼쪽에 산화된 화학종이 위치하도록 표시하였다.

(전자공여체 반쪽반응식)

$$\frac{1}{8}CO_2 + \frac{1}{8}HCO_3^- + H^+ + e^- = \frac{1}{8}CH_3COO^- + \frac{3}{8}H_2O; \quad \Delta G^{0'} = +27.40 \text{ kJ}/e^- \text{ eq}$$

$$H^+ + e^- = \frac{1}{2}H_2; \qquad \Delta G^{0'} = +39.87 \text{ kJ}/e^- \text{ eq}$$

$$\frac{1}{6}NO_2^- + \frac{4}{3}H^+ + e^- = \frac{1}{6}NH_4^+ + \frac{1}{3}H_2O; \qquad \Delta G^{0'} = -32.93 \text{ kJ}/e^- \text{ eq}$$

(전자공여체 반쪽반응식)

$$\frac{1}{4}O_2 + H^+ + e^- = \frac{1}{2}H_2O; \qquad \Delta G^{0'} = -78.72 \text{ kJ}/e^- \text{ eq}$$

$$\frac{1}{5}NO_3^- + \frac{6}{5}H^+ + e^- = \frac{1}{10}N_2 + \frac{3}{5}H_2O; \qquad \Delta G^{0'} = -77.20 \text{ kJ}/e^- \text{ eq}$$

$$Fe^{3+} + e^- = Fe^{2+}; \qquad \Delta G^{0'} = -74.27 \text{ kJ}/e^- \text{ eq}$$

2.6 어느 화학공장의 폐수는 주로 메탄올(CH_3OH)로 구성되어 있다고 한다. 메탄올 폐수에는 질소가 포함되어 있지 않아, 생물학적 폐수처리를 위해 외부에서 질소를 주입해 주어야 한다. 이용 가능한 질소원은 암모니아(NH_3)와 질산이온(NO_3^-)이라고 한다. 주입해야 할 질소의 양을 결정하기 위해 폐수처리 운영자가 균형 잡힌 미생물반응식을 세우려고 할

때 두 질소원에 대해 각각 호기성 조건에서 메탄올 폐수를 처리하는 반응식을 구하시오. 반응식을 세우기 위해 두 질소원 모두 생체량 수율은 0.6 g biomass/g methanol로 가정하시오. 질산이온을 양론식에 포함할 경우 극성(Charge) 균형이 맞지 않을 수 있다. 이 경우 수소이온(H^+)을 반응식에 포함시켜 극성 균형을 맞추기 바란다.

2.7 하수처리에 있어서 생체량 수율과 산소요구량을 결정하기 위해 실험을 실시하였다. 실험 결과 222.4 g의 산소를 소모해서 195.8 g의 이산화탄소가 발생함을 알 수 있었다. 미생물이 하수에 포함된 유기물을 에너지와 탄소원으로 이용하고 생물반응조에 제공되는 산소를 최종 전자수용체로 사용한다고 가정하자. 하수와 미생물의 분자식은 각각 $C_{10}H_{19}O_3N$과 $C_5H_7O_2N$이며, 미생물은 하수에 포함된 암모니아(NH_3)를 질소원으로 사용한다고 한다.

a. 하수처리 미생물의 생체량 수율을 구하시오.
b. 하수처리를 위한 이론적 산소요구량을 구하시오. 하수 유속은 1,000 m^3/d 이며 유입수 COD 농도는 500 g/m^3이다.

2.8 어느 식품회사가 COD의 농도가 2,000 g/m^3인 폐수를 일평균 1,000 m^3 배출한다고 한다. 폐수는 생물학적 방법으로 처리되며 아래의 미생물반응식을 따른다고 한다.

$$C_8H_{12}O_3N_2 + 3O_2 \rightarrow C_5H_7O_2N + NH_3 + 3CO_2 + H_2O$$

여기에서 $C_8H_{12}O_3N_2$ = 폐수

$C_5H_7O_2N$ = 생산된 미생물

a. 생체량 수율을 계산하시오. 단위는 g COD biomass/g COD이다.
b. 폐수가 완전히 처리된다고 가정하면, 하루에 잉여슬러지는 몇 kg 생산되는지 계산하시오.
c. 폐수가 완전히 처리된다고 가정하면, 하루에 필요한 이론적 산소요구량은 몇 kg인지 계산하시오.

2.9 어느 MBR 공급사는 생물반응조의 고형물 농도가 10,000 mg VSS/L 이상 유지될 경우 침지된 분리막의 오염속도를 증가시킨다고 보고하고 있다. 따라서 생물반응조를 설계할 때 고형물 농도가 10,000 mg VSS/L 이하로 유지될 수 있도록 설계해야 한다고 한다. 아래의 설계조건을 토대로 고형물 농도 한계치를 만족할 수 있는 최소의 생물반응조 부피를 계산하시오.

- 생물반응조 형태: 완전혼합형 반응기 1개
- 유입폐수 유속: 10,000 m³/d
- 유입폐수 특징
  비생분해성 휘발성고형물 농도: 50 mg/L
  생분해성 COD 농도: 500 mg/L
- 동역학 계수

$$k = 12.5 \text{ g COD/g VSS} \cdot \text{d}$$
$$K_S = 10 \text{ g COD/m}^3$$
$$Y = 0.40 \text{ g VSS/g COD}$$
$$f_d = 0.15 \text{ g VSS/g VSS}$$
$$k_d = 0.10 \text{ g VSS/g VSS} \cdot \text{d}$$

2.10 MBR 공정의 생물반응조 고형물 농도를 10,000 mg VSS/L로 맞추기 위한 수리학적 체류시간을 구하시오. 총 고형물(X_T)은 활성을 가진 미생물(X)과 비생분해성 고형물(X_i)의 합으로 나타낼 수 있다($X_T = X + X_i$). 유입수 유속은 1,000 m³/d, 생분해성 유입수 COD 농도는 400 mg/L, 비생분해성 유입수 고형물 농도는 30 mg VSS/L, 생물반응조 고형물체류시간은 20일이라고 한다. 계산을 위해 아래에 제시된 동역학 계수를 이용하시오.

$$k = 12.5 \text{ g COD/g VSS} \cdot \text{d}$$
$$K_S = 10 \text{ g COD/m}^3$$
$$Y = 0.40 \text{ g VSS/g COD}$$
$$f_d = 0.15 \text{ g VSS/g VSS}$$
$$k_d = 0.10 \text{ g VSS/g VSS} \cdot \text{d}$$

2.11 F/M비와 유기물부하율(OLR)은 생물반응조 용적을 산정하는 대표적인 설계인자이며, 아래와 같이 정의한다.

$$F/M \ ratio = \frac{QS_0}{VX_T}$$

$$OLR = \frac{QS_0}{V(10^3 \ g/kg)}$$

여기에서 Q=유입수 유속, m^3/d

S_0=유입수 BOD 혹은 COD 농도, mg/L

V=생물반응조 용적, m^3

X_T=MLSS 농도(=$X+X_i$), mg/L

일반적인 F/M비와 유기물부하율은 각각 0.3~0.6 kg COD/kg MLVSS·d and 1.1~1.6 kg COD/m^3·d이다. 이전 문제에서 제시된 조건을 이용하여 F/M비와 유기물부하율을 계산하시오. 또한 일반적으로 권고하는 값과 계산된 값을 비교평가 하시오.

2.12 MBR 공정에서 활성을 가진 미생물 농도(X)와 비생분해성 고형물의 농도(X_i)가 동일하게 되는 고형물체류시간을 계산하시오. 유입수의 생분해성 유기물 농도(S_0)와 비생분해성 고형물의 농도($X_{i,0}$)는 각각 400 g COD/m^3와 20 g COD/m^3이다. 아래의 동역학 계수를 이용해 계산하시오.

$$k = 12.5 \ g \ COD/g \ VSS \cdot d$$

$$K_S = 10 \ g \ COD/m^3$$

$$Y = 0.40 \ g \ VSS/g \ COD$$

$$f_d = 0.15 \ g \ VSS/g \ VSS$$

$$k_d = 0.10 \ g \ VSS/g \ VSS \cdot d$$

2.13 무산소조에서 탈질 반응의 균형 잡힌 미생물 양론반응식을 세우시오. 하수에 포함된 유기물이 주요한 최초 전자공여체와 탄소원이며 하수에 포함된 질산이온이 최종 전자수용체이다. 미생물반응식의 주요 반응

물은 하수($C_{10}H_{19}O_3N$)와 질산이온(NO_3^-)이며 주요 생성물은 미생물 ($C_5H_7O_2N$), 이산화탄소(CO_2), 물(H_2O)이다. 미생물반응식으로부터 단위 질산이온 제거에 필요한 이론적인 하수의 양(mg COD/mg NO_3^--N)을 계산하시오.

2.14 MBR 공정을 설계하기 위한 동역학 계수를 결정하기 위해, 생물반응조를 다양한 고형물체류시간에 따라 운영하였다. 아래 표는 생물반응조가 정상상태에 도달했을 때 유입수 기질농도(S_0), 처리수 기질농도(S), 생물반응조 생체량(X) 데이터를 나타낸다. 유입수와 유출수 기질의 주요 성분은 용존성 유기물이었다. 아래 데이터를 이용하여 4가지 동역학 계수(Y, k, K_S, k_d)를 추정하시오.

SRT (days)	S_0 (mg COD/L)	S (mg COD/L)	X (mg VSS/L)
1	400	55.0	160
2	400	8.0	165
3	400	4.1	170
5	400	1.7	190
10	400	0.7	200

2.15 미생물의 농도(X)와 비생분해성 고형물의 농도(X_i)가 동일하게 되는 고형물체류시간을 계산하시오. 생물반응조는 완전혼합형 반응기이고 체류시간은 0.25일이라고 가정한다. 생분해성 유입수 유기물 농도(S_0)와 비생분해성 고형물 농도($X_{i,0}$)는 400 g COD/m³와 20 g COD/m³이다. 계산을 위해 아래의 동역학 계수와 값을 이용하시오.

$$k = 12.5 \text{ g COD/g VSS} \cdot d$$

$$K_S = 10 \text{ g COD/m}^3$$

$$Y = 0.40 \text{ g VSS/g COD}$$

$$f_d = 0.15 \text{ g VSS/g VSS}$$

$$k_d = 0.10 \text{ g VSS/g VSS} \cdot d$$

2.16 어느 하수처리 운영자가 식품공장에서 발생하는 폐수를 탈질에 이용하

려고 한다. 폐수의 주요 성분은 프로피온산(CH₃CH₂COOH)으로 알려져 있다. 1.0 g의 질산성질소를 탈질하기 위한 이론적인 프로피온산의 양을 계산하시오.

2.17 하나의 무산소조와 하나의 호기조로 이루어진 어느 한 MBR 공정의 질소 제거율을 계산하시오. 계산을 위해 호기조에서는 완전한 질산화가 일어나며 무산소조에서는 완전한 탈질이 일어난다고 가정한다. MBR 공정의 설계 및 운영조건은 아래와 같다.

- 유입폐수 유속: 10,000 m³/d
- 호기조로부터 무산소조로 생물반응조 혼합액 반송유속: 20,000 m³/d
- 유입폐수 특성
  비생분해성 고형물 농도: 50 mg VSS/L
  생분해성 유입수 COD 농도: 500 mg/L
  유입수 총 질소 농도: 50 mg N/L
- 동역학 계수 및 값

$$k = 12.5 \text{ g COD/g VSS} \cdot d$$
$$K_s = 10 \text{ g COD/m}^3$$
$$Y = 0.40 \text{ g VSS/g COD}$$
$$f_d = 0.15 \text{ g VSS/g VSS}$$
$$k_d = 0.10 \text{ g VSS/g VSS} \cdot d$$

2.18 어느 MBR 공정에서 80%의 질소 제거율을 달성하기 위한 호기조로부터 무산소로 생물반응조 혼합액 반송유속(m³/d)을 구하시오. 반송유속을 제외한 생물반응조 운영조건과 동역학 계수는 이전 문제와 동일하다고 가정한다.

2.19 유입수의 총 인 농도가 5 mg P/L, 생물반응조에서 제거된 COD 농도가 350 mg/L, 생체량 수율이 0.40 g VSS/g COD, $f_d = 0.15$ g VSS/g VSS, $k_d = 0.10$ g VSS/g VSS·d, 생체량 인 분율이 0.6%인 조건에서 처리수의 총 인 농도를 2.0 mg/L로 맞추기 위한 최대 고형물체류시간을 추정하시오.

2.20 1999년에 혐기성 조건에서 암모니아를 산화할 수 있는 아나목스(Anammox)균이 발견되었다. 암모니아 산화를 위한 기본적인 반응식은 아래와 같이 표현될 수 있다.

$$NH_4^+ + NO_2^- \rightarrow N_2 + 2H_2O$$

아나목스균은 하수 혹은 폐수처리과정에서 질소를 제거하는 데 응용할 수 있다. 아나목스를 이용한 질소 제거 공정은 탈질을 위해 탄소원을 이용하지 않으면서 아질산이온(NO_2^-)을 가스상의 질소(N_2)로 환원할 수 있다. 또한 이 공정은 질산화를 위한 산소공급이 필요 없지만, 최종 전자수용체로 아질산이온을 필요로 한다. 아질산이온은 호기성 암모니아 산화균에 의해 생산된다. 암모니아산화균에 의한 암모니아 산화 및 아질산산화균에 의한 아질산이온 산화에 대한 반응식은 아래와 같이 표현될 수 있다.

$$2NH_4^+ + 3O_2 \rightarrow 2NO_2^- + 2H_2O + 2H^+$$
$$2NO_2^- + O_2 \rightarrow 2NO_3^-$$

a. 하루에 1,000 kg의 암모니아성질소(NH_4^+-N)가 연속적으로 생물반응조에 주입되며, 암모니아성질소는 후탈질 공정(호기조→무산소조)으로 처리된다고 한다. 암모니아산화균과 아질산산화균에 의해 1 kg의 암모니아성질소가 질산성질소로 완전히 산화되기 위해 필요한 이론적인 산소의 양은 얼마인가? 계산을 위해 미생물 세포로 동화되는 암모니아의 양은 무시하기 바란다.

b. 질산화를 통해 발생한 질산성질소 1 kg을 가스상 질소(N_2)로 환원시키기 위한 메탄올의 주입량을 계산하시오. 유입폐수에는 탈질을 위한 탄소원이 전혀 포함되어 있지 않다고 가정한다.

c. 만약 질소 제거가 아나목스균을 이용한 공정으로 이루어진다면 얼마의 산소와 메탄올을 절약할 수 있는지 추정하시오. 아나목스균을 이용한 공정에서 유입수 암모니아성질소의 반은 암모니아산화균에 의해 아질산이온으로 미리 산화된다고 가정한다.

참고문헌

Amann, R. I., Ludwig, W., and Schleifer, K. H. (1995) Phylogenetic identification and in situ detection of individual microbial cells without cultivation, *Microbiology and Molecular Biology Reviews*, 59(1): 143-169.

Barr, J., Slater, F. R., Fukushima, T., and Bond, P. L. (2010) Evidence for bacteriophage activity causing community and performance changes in a phosphorus-removal activated sludge, *FEMS Microbiology Ecology*, 74(3): 631-642.

Black, J. G. (2008) *Microbiology*, 7th edn. John Wiley & Sons, Inc., Hoboken, NJ, USA.

Daims, H., Lebedeva, E. V., Pjevac, P., Han, P., Herbold, C. et al. (2015) Complete nitrification by Nitrospira bacteria, *Nature*, 528: 504-509.

Irving, L. G. and Smith, F. A. (1981) One-year survey of enteroviruses, adenoviruses, and reoviruses isolated from effluent at an activated-sludge purification plant, *Applied and Environmental Microbiology*, 41(1): 51-59.

Kotay, S. M., Dattab, T., Choi, J., and Goel, R. (2011) Biocontrol of biomass bulking caused by *Haliscomenobacter hydrossis* using a newly isolated lytic bacteriophage, *Water Research*, 45(2): 694-704.

Madigan, M. T., Matinko, J. M., and Parker, J. (2000) *Brock: Biology of Microorganisms*, Prentice-Hall Inc., Upper Saddle River, NJ, USA.

Mino, T., van Loosdrecht, M. C. M., and Heijnen, J. J. (1998) Microbiology and biochemistry of the enhanced biological phosphate removal process, *Water Research*, 32(11): 3193-3207.

Park, H.-D., Wells, G. W., Bae, H., Criddle, C. S., and Francis, C. A. (2006) Occurrence of ammonia-oxidizing archaea in wastewater treatment plant bioreactors, *Applied and Environmental Microbiology*, 72(8): 5643-5647.

Pollice, A., Laera, G., Saturno, D., and Giordano, G. (2008) Effects of sludge retention time on the performance of a membrane bioreactor treating municipal sewage, *Journal of Membrane Science*, 317(1-2): 65-70.

Randal, C. W., Barnard, J. L., and Stensel, H. D. (1992) Design of activated sludge biological nutrient removal plants. In *Design and Retrofit of Wastewater Treatment Plants for Biological Nutrient Removal*, Randal, C. W., Barnard, J. L., and Stensel, H. D. (eds.). Technomic Publishing, Lancaster, PA, USA.

Rittmann, B. E. and McCarty, P. L. (2000) *Environmental Biotechnology: Principles and Applications*, McGraw-Hill Higher Education, Boston, MA, USA.

Song, K.-G., Kim, Y., and Ahn, K.-H. (2008) Effect of coagulant addition on membrane fouling and nutrient removal in a submerged membrane bioreactor, *Desalination*, 221(1-3): 467-474.

Tchobanoglous, G., Burton, F. L., and Stensel, H. D. (2003) *Wastewater Engineering: Treatment and Reuse*, 4th edn., McGraw-Hill, New York, USA.

US EPA (1993) Manual: Nitrogen Control, Environmental Protection Agency, Washington, D.C., USA.

Wagner, M. and Loy, A. (2002) Bacterial community composition and function in sewage treatment systems, *Current Opinion in Biotechnology*, 13: 218-227.

Wells, G. F., Park, H.-D., Yeung, C.-H., Eggleston, B., Francis, C. A., and Criddle, C. S. (2009)

생물학적 하폐수처리

Ammonia-oxidizing communities in a highly aerated full-scale activated sludge bio-reactor: Betaproteobacterial dynamics and low relative abundance of Crenarchaea, *Environmental Microbiology*, 11(9): 2310-2328.

Woese, C. and Fox, G. (1977) Phylogenetic structure of the prokaryotic domain: The primary kingdoms, *Proceedings of the National Academy of Science of the United States of America*, 74(11): 5088-5090.

제 3 장

분리막, 모듈, 카세트

Principles of
Membrance Bioreactors for
Wastewater Treatment

MBR 공정은 그 명칭과 같이, 미생물반응과 막 여과 공정의 조합으로 이해할 수 있다. 제2장에서 미생물반응에 대해 알아보았고, 본 장에서는 분리막에 대하여 소개하고자 한다. 구체적으로 막 여과 현상을 이해하기 위한 기초적인 이론, 분리막에 사용되는 주요 소재들, 분리막을 제조하는 방법 및 관련 이론, 분리막 성능과 연관되는 주요 인자 및 관련 이론들을 알아보고자 한다. 분리막이 실제 MBR에 적용되기 위해서는 대형으로 집적되어야 한다. 이 최소 단위를 모듈이라 하며, 모듈의 집합체를 카세트(또는 스키드)라 하는데 이들의 종류, 구조, 기능 등에 대해서도 알아볼 것이다.

3.1 막 분리 이론

막 분리 현상을 이해하기 위해서는 분리막에 의해 걸러질 대상(오염입자 및 미생물)과 투과될 물질(물)의 이동현상을 이해해야 한다. 우선 분리막 기공 크기로 구분되는 MF (Microfiltration), UF (Ultrafiltration) 분리막군과 NF (Nanofiltration), RO (Reverse osmosis) 분리막군의 막 분리 원리가 매우 다른데, MBR에 적용되는 분리막은 주로 MF, UF이므로, 해당 막 분리 현상을 중심으로 설명하고자 한다. 참고로 NF, RO 분리막의 막 분리 현상은 여과대상인 용액(Solution) 내 용질(Solutes)과 최종 생산물인 여과수(Solvent)의 확산속도 차이로 해석하며, 이를 용액 확산 모델(Solution-diffusion model)이라 한다.

MF, UF는 주로 물과 같은 액체 내 입자성 물질을 걸러주는 역할을 하며, 거름 기작(Mechanism)은 크게 두 가지로 분류할 수 있다. 첫 번째는 심층여과(Depth filtration)이고 두 번째는 스크린여과(Screen filtration)이다. 두 여과 구성 요소의 큰 차이점은 전자는 걸러야 할 입자의 크기보다 대부분 기공이 큰 경우이고, 후자는 작은 경우로 이해하면 좋겠다.

심층여과의 경우, 일반적으로 분리매질의 평균기공 크기가 걸러야 할 입자의 평균 크기보다 10배 이상 큰 경우의 주 여과기작을 설명할 수 있다. 체거름을 상상한다면 이해가 되지 않겠으나, 여과의 주원리가 흡착(Adsorption)이라고 한다면 이해에 도움이 될 것이다. 즉, 분리매질이 촘촘히 쌓여 있는 사이 공간을 매질 간극보다 작은 오염원이 물과 함께 흘러가다 매질 표면에 흡착되어 제거되는 원리이다. 구불구불한 강 어귀에 물과 함께 이동 중이던 모래가 침적되는 모습을 상상하면 이해하는 데 도움이 되겠다. 물론 심층여과

용 분리매질의 기공분포를 보면 일부 입자보다 작은 기공이 존재하기에 이 부분은 다른 원리로 해석해야 하겠으나, 오차범위 내로 두고 전체 여과원리를 흡착으로 해석하는 것이 바람직하다. 흡착현상을 정략적으로 해석할 때 사용되는 일반적인 흡착등온이론(Adsorption isotherm theory)을 적용할 수 있으며, 이를 이용해 흡착과 탈착(Desorption) 속도가 같아져 더 이상 입자를 여과할 수 없는 포화점을 계산할 수 있다. 물론 포화점 이상의 분리매질은 신규 제품으로의 교체 또는 재생공정을 거쳐 다시 여과에 사용할 수 있게 할 수 있다. 재생공정을 통해 분리매질 내 흡착된 입자들을 제거할 수 있다. 실제 심층여과공정 운전자 입장에서 이를 설명한다면, 심층여과 시 일정 시간마다 여과 불가시점을 접하게 되고, 주기적으로 재생해야 하며, 재생 효율이 떨어지게 되면 새 제품으로 교체해야 하는 유지관리가 필요하지만 매우 저렴한 설치·운영비로 공정 선택에 고민이 필요하게 된다. 심층여과공정의 예로 입상활성탄(Granulated activated carbon), 모래여과지(Sand Filter), 이중여과지(Dual media filter) 등이 있다. 이들은 모두 여재의 종류는 다르나, 공통적으로 여재들 사이 공간으로 원수가 흐르며, 여재 표면에 흡착을 유도해 여과하는 심층여과 방식으로 운전된다.

스크린여과는 여과 대상 입자의 크기보다 작은 기공을 표면에 가지고 있는 분리막을 이용한다. 여과지 내부에서 흡착에 의해 입자를 원수에서 분리하는 심층여과와 달리 스크린여과는 주로 기공이 있는 표면에서 체거름(Sieving) 기작에 의해 입자를 걸러낸다. 효과적인 여과를 위해서는 걸러내고자 하는 입자의 크기를 미리 파악하는 것이 중요하다. 입자의 크기보다 기공의 크기가 크면 여과가 되지 않고, 너무 작으면 기공 내로 유입된 여과수 흐름에 저항이 커져 여과를 위해 더 많은 에너지를 소모한다. 심층여과와 같은 재생공정이 필요 없으나, 스크린필터 표면에 걸러진 입자가 쌓이면서 기공으로 유입되는 물 흐름에 저항을 증가시키는 문제를 보여주게 되는데 이를 분리막 오염(Membrane fouling)이라 한다. 앞서 언급했듯이 MBR 공정에 적용되는 분리막의 대부분은 스크린여과 원리에 의해 운전되는 MF, UF 분리막이다.

MF, UF 분리막에 의한 여과현상을 크게 두 가지로 나눌 수 있다. 첫째는 분리막에 의해 여과될 입자가 유체(주로 물)와 함께 분리막 표면까지 이동하여 분리막 표면과 상호작용하는 현상이고, 둘째는 입자와 유체가 분리막에 의해 나뉘어 입자는 걸러지고 유체만이 분리막 기공으로 이동하는 현상이다.

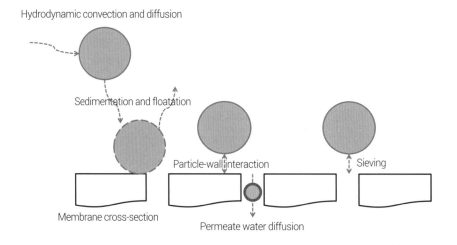

그림 3.1에 하나의 입자가 유체와 함께 분리막 표면까지 도달하고, 분리막 표면과 상호작용하며, 분리막에 의해 걸러져, 남은 유체만이 분리막 내부를 통과하는 일련의 과정을 도식으로 나타내었다.

3.1.1 부유입자의 막 표면으로의 이동 및 입자–분리막 간 상호작용

분리막 표면까지 도달하는 동안의 입자가 혼합된 유체흐름은 주로 유체의 점성유동(Viscous flow)으로 설명할 수 있다. 입자는 유체 내 부유 상태로 대류(Convection)와 확산(Diffusion)에 의해 이동한다고 해석하여 이를 종합해 해석한다. 상세한 정량적 지식은 유체역학(Fluid dynamics)에서 배울 수 있으며, 본 장에서는 정성적 이해를 돕고자 한다.

부유입자가 막 표면에 도달하기 위한 주 동력원이 대류와 확산이라 언급하였다. 대류는 유체의 흐름에 입자가 편승하여 유체와 함께 흘러가는 것으로 이해 가능하며, 유체의 흐름은 주로 수위차 또는 가압펌프가 제공하는 수압에 의해 발생한다. 이 때 유체는 전자의 경우 높은 곳에서 낮은 곳으로, 후자의 경우 고압에서 저압으로 흐르게 된다. 부유입자는 유체를 따라 같은 속도로 이동한다고 해석할 수 있다. 확산은 입자의 농도차에 의한 것으로 농도가 높은 곳에서 낮은 곳으로 입자가 이동한다. 입자마다 확산계수가 달라 동일한 농도차에서도 확산계수가 큰 입자의 이동이 더 빠르게 일어난다. 분리막 표면에 도달하는 유체 내 입자에서는 일반적으로 대류와 확산 모두가 복합적으로 발생하므로, 이를 모두 고려해야 한다. 이들의 정량적 계산은 독립적으로 가능하다.

분리막 표면 가까이 입자가 이르면 입자는 분리막 표면에 가라앉는 침전(Sedimentation)과 분리막 표면으로부터 떨어져 다시 유체로 돌아가는 부상(Floatation) 중 한 가지 모습을 보여준다. 이로 인한 분리막 표면 입자 농도는 침전속도와 부상속도가 같아질 때까지, 즉 동적 평형(Dynamic equilibrium)에 도달할 때까지 시간에 따라 계속 달라지게 된다. 이와 같이 시간에 따른 분리막 표면의 입자 농도 변화를 분리막 표면으로의 입자 흡착(Adsorption) 및 탈착(Desorption)으로 해석할 수도 있겠으나, 흡·탈착 현상을 조금 더 세분화하여 부유입자의 침전·부상 현상과, 입자-분리막 간 상호작용으로 나누어 설명하고자 한다.

분리막 표면에 가까이 이르거나 막 분리막 표면으로부터 막 부상하기 시작한, 즉 분리막 표면과 매우 가까운 입자는 분리막 표면과 상호작용하게 된다. 이 상호작용과 관계 있는 힘은 비극성입자 간 상호작용력인 반데르발스 힘(Van der Waals force) 또는 분산력과, 극성입자 간 상호작용력인 전자기력(Electro-magnetic force)으로 해석할 수 있다. 분리막 및 입자의 종류에 따라 위 두 가지 상호작용력의 기여도를 달리 해석한다.

분리막 표면은 다공체(Porous media)로 입자가 분리막 표면에 접근할 때, 분리막 표면을 만날 확률과 표면 내 기공을 만날 확률을 모두 가지고 있다. 입자가 기공을 만날 경우, 유체와 분리막 기공보다 작은 입자는 기공 내로 유입되고, 기공보다 큰 입자는 걸러질 것이다. 즉, 분리막 표면 내 기공을 경계로 유체 내 입자의 구성과 농도가 달라지게 된다. 이를 체거름 기작(Sieving mechanism)이라 한다. 분리막 기공 내로 유입된 유체와 작은 입자는 확산 및 분리막 외부와 내부 간 수압차—이후로는 막간차압(Transmembrane pressure, TMP)으로 명한다—에 의한 대류에 의해 분리막 반대 표면으로 이동하게 된다.

지금까지 언급된 유체 내 입자의 다섯 가지 이동현상을 정리하면 아래와 같다.

3.1.1.1 수력학적 대류(Hydrodynamic Convection)

유체 내 부유입자는 유체의 흐름과 같은 방향과 속력으로 이동하게 된다. 이는 입자가 분리막 표면을 향해 이동할 때도, 분리막 기공 내에서(입자 크기가 기공보다 작을 경우) 이동할 때도 똑같이 해석할 수 있다. 유체의 이동 동력은 MBR의 경우 주로 압력차이다. 분리막조 내 유체는 수위차에 의해 분리막 표면까지 도달하게 되고, 분리막 표면 기공으로는 펌프의 토출양정 혹은 흡입양정에 의해 발생하는 막간차압(TMP)에 의해 여과된 유체가 이동하게 된다. 입자가 막 표면에 도달할 때, 입자와 막 표면의 충돌은 일어나지 않으며, 이는 두 고체 간 거리가 가까워 오면서 무한대로 급격하게 증가하는 분산 척력에 의한 것이다.

3.1.1.2 입자 확산(Particle Diffusion)

유체여과(Liquid filtration)에서 브라운 확산(Brownian diffusion)은 1 μm 이하 입자의 이동현상 이해에 매우 중요한 역할을 한다. 특히 d_{par}/d_p (d_{par}: 유효입자지름, d_p: 유효기공지름) 값이 충분히 작은 경우, 입자가 분리막에 의해 여과되는지 여부에 관계없이, 입자 이동현상을 확산공정으로 이해하고 전통적인 확산식(식 3.1)으로 표현하고 해석할 수 있다. 이때 농도차에 의한 일반(Ordinary) 확산계수를 브라운 확산계수(Brownian diffusivity, BD)로 바꿀 수 있고, 아래와 같은 식을 만족시킨다.

$$BD = \frac{C_s k_B T}{3\pi\mu d_{par}}$$ [3.1]

여기에서 C_s: 커닝엄 보정계수(Cunningham correction factor), 단위 없음

k_B: 볼츠만 상수, J/K 또는 $kg \cdot m^2/s^2 \cdot K$

T: 절대온도, K

d_{par}: 유효입자지름, m

μ: 수점도, $kg/m \cdot s$

대류(유체 속력 및 흐름 방향에만 의존)와 브라운 확산(무작위 방향으로 BD에 속력 의존)이 모두 중요한 환경에서는 두 식의 조합으로 입자의 이동현상을 해석해야 한다.

3.1.1.3 침전과 부상(Sedimentation and Floatation)

심층여과 또는 응집 관련 이해를 돕는 흡착 이론을 살펴보면 1 μm 이상 크기

의 입자는 중력의 영향을 많이 받는다. 일반적으로 하수처리 유입원수는 대부분 1 μm 이상의 입자들로 구성되어 있다. 따라서 MBR 공정에서 대류에 의해 유체와 함께 분리막 표면으로 다가가는 입자들은 중력에 의해 분리막 표면으로 침전된다고 볼 수 있다. 그러나, 분리막 표면에 침전된 입자들이 계속 머물러 침적된다기보단 분리막 표면 내 유체흐름 또는 국부적인 밀도차에 의해 부상이 일어나며, 침전과 부상이 동적 평형을 향해 지속적으로 발생한다고 보는 것이 타당하다. 물론 중력이 분리막 표면에 입자가 쌓이는 주원인인 것은 분명하다.

3.1.1.4 입자–분리막 간 상호작용(Particle–membrane Wall Interaction)

입자와 분리막 표면과의 거리가 가까워지면서 입자가 일방적으로 분리막 표면에 다가가게 되는 원동력인 중력 외에 두 가지 상호작용을 좀 더 알아보아야 한다. 하나는 동전기이중층(Electrokinetic double-layer) 상호작용이고, 다른 하나는 분산력이다. 이 두 가지 상호작용은 두 고체 간 매우 가까운 거리에서만 제한적으로 큰 기여를 한다. 참고로, 전하 간 인력 또는 척력은 두 전하 간 거리에, 분산력은 두 입자 간 거리의 제곱에 반비례한다. 분산력은 입자와 분리막 표면 간 충돌을 막을 만큼 아주 근접한 거리에서는 무한으로 급격한 척력을 나타내지만, 그 이상의 거리에서는 대부분 인력으로 나타난다. 동전기이중층 상호작용은 개별 표면전하의 종류와 크기에 따라 인력 또는 척력으로 그 상호작용의 정도도 달라진다.

특히 동전기이중층 상호작용은 분리막에 의해 이온이 유체로부터 분리될 수 있는 NF나 RO 분리막에서 더 많이 고려되어야 한다. 여과되어 분리막 표면에 쌓이는 이온들로 인해 분리막 표면의 이온농도가 높아지는 현상을 이온농도분극(Concentration polarization)이라 하며, NF, RO 분리막의 가역적인 성능저하 또는 이온의 석출, 결정화되는 스케일(Scale) 발생 원인으로 알려져 있다.

3.1.1.5 체거름 기작(Sieving Mechanism)

MF 또는 UF 분리막은 기공보다 큰 부유입자를 유체로부터 걸러내는 가장 단순한 크기 배제(Size exclusion) 기반 원리로 해석할 수 있다. 용질과 용매의 확산속도를 제어해야 하는 NF, RO 분리막의 용액확산(Solution-diffusion) 모델에

d_p, μm	Cunningham Correction Factor, C_s	
	Davies (1945)	Allen & Raabe (1982)
0.01	22.7	22.4
0.02	11.6	11.6
0.05	5.06	5.09
0.1	2.91	2.94
0.2	1.89	1.90
0.5	1.34	1.32
1	1.17	1.16
2	1.08	1.08
5	1.03	1.03
10	1.02	1.02
20	1.01	1.01

표 3.1
두 문헌 내 커닝험
보정계수

비해 배제율(Rejection rate)을 높이기 위해 기공의 크기만 조절하면 되는 만큼 매우 효율적인 배제율 제어가 가능하다. 그러나 배제율을 높이기 위해 기공 크기를 줄일 경우 3.1.2항에서 정량적으로 다루겠지만 동일 TMP에서 여과유속이 급격히 줄어들기 때문에 여과 대상에 해당하는 입자 크기에 적절한 기공 크기를 선정하는 것이 중요하다.

Example 3.1

20.0℃ 물에서 이동하는 지름 10.0 μm의 입자의 브라운 확산계수를 계산하시오. 커닝험 보정계수는 표 3.1을 참조하시오.

Solution

표 3.1에서 Davies, Allen & Raabe 모두의 문헌에 따르면 주어진 조건에서 10.0 μm($= 10^{-5}$ m) d_p에 해당하는 C_s값은 1.02이다. 20.0℃ (절대온도 293 K) 물의 수점도는 1.002×10^{-3} kg/m·s이므로, 해당 입자의 BD는 식 3.1을 이용해 아래와 같이 풀 수 있다.

$$BD = \frac{C_s k_B T}{3\pi\mu d_{par}} = \frac{(1.02)\left(1.38 \times 10^{-23}\,\frac{kg \cdot m^2}{s^2 \cdot K}\right)(293\ K)}{(3)(\pi)\left(1.002 \times 10^{-3}\,\frac{kg}{m \cdot s}\right)(10^{-5}\,m)} = 4.37 \times 10^{-14}\,m^2/s$$

3.1.2 MF, UF 분리막 기공 내 물분자의 이동이론

MF, UF 내 기공이 이상적으로 분리막 표면과 수직한 다수의 내부가 내부 기공 반지름 R_p의 빈 실린더 형태이며, 기공 내로 층류(Laminar flow)가 흐른다고 가정할 경우, 우리는 기공 내 여과된 유체흐름을 Hagen-Poiseuille 식으로 해석할 수 있다. Hagen-Poiseuille 식에 의하면 내부 기공 반지름 R_p인 한 개의 실린더 형태의 기공 내 물의 유속(Q_c)은 아래 식 3.2와 같다.

$$Q_c = \frac{\pi R_p^4}{8\mu} \cdot \frac{\Delta P}{\Delta x} \qquad [3.2]$$

여기에서 μ: 수점도(the viscosity of water), Pa·s

  ΔP: 압력차(pressure difference), Pa

  Δx: 분리막 두께(membrane thickness) 또는 실린더형 기공 길이(cylindrical pore length), μm

  R_p: 기공 반지름(radius of a pore), μm

이를 N개의 기공을 가진 여과유속(Q_p or Q_w)으로 확장하면 아래 식 3.3과 같다.

$$Q_p \text{ or } Q_w = NQ_c \qquad [3.3]$$

여기서 유효막면적 A는 아래와 같이 정의할 수 있다.

$$A = \frac{N\pi R_p^2}{\varepsilon} \qquad [3.4]$$

여기에서 ε: 분리막 기공도(prorosity), 단위 없음

위 분리막의 여과유속(J_w)은 여과유량을 분리막의 유효막면적으로 나눈 값으로,

$$J_w = \frac{NQ_c}{A} = \frac{NQ_c}{\left(\dfrac{N\pi R_p^2}{\varepsilon}\right)} = \frac{N\left(\dfrac{\pi R_p^4}{8\mu} \cdot \dfrac{\Delta P}{\Delta x}\right)}{\left(\dfrac{N\pi R_p^2}{\varepsilon}\right)} = \frac{\varepsilon R_p^2}{8\mu} \cdot \frac{\Delta P}{\Delta x} \qquad [3.5]$$

실제 대부분의 분리막 기공은 실린더형이 아니다. 따라서 위 식은 기공의 뒤틀림도(Tortuosity, τ)를 추가하여 아래와 같이 표현할 수 있다.

$$J_w = \frac{\varepsilon R_p^2}{8\mu\tau} \cdot \frac{\Delta P}{\Delta x} = K_p \cdot \frac{\Delta P}{\Delta x} \qquad [3.6]$$

식 3.6에서 $(\varepsilon R_p^2/8\mu\tau)$항을 K_p로 대표해 표기하였고, 이를 수투과도(Hydraulic permeability)라 부른다.

Kozeny와 Carman (1939)은 분리막을 밀집 격자구(Closely packed spheres) 시스템으로 가정하여 아래와 같이 여과유속을 유도하였다.

$$J_w = \frac{\varepsilon^3}{(1-\varepsilon^2)\mu K S^2} \cdot \frac{\Delta P}{\Delta x} \qquad [3.7]$$

여기에서 S: 내부 표면적, m²

K: Kozeny-Carman 상수. 기공 모양과 뒤틀림도(tortuosity)에 의존,

단위 없음

식 3.7을 Kozeny-Carman 식이라 부르며, Hagen-Poiseuille 식 3.6과 비교하면 '$\varepsilon^3/(1-\varepsilon^2)\mu K S^2$'와 K_p를 동등하게 생각해 볼 수 있다.

실제 MF 또는 UF 분리막의 기공 구조는 이상적인 실린더나 밀집 격자구 (Closely packed spheres) 형태가 아니며, 대부분 비용매 유도 상분리법(Non-solvent induced phase separation, NIPS, 3.3.1항 참조)에 의해 만들어지기 때문에 스폰지형 구조(Sponge-like structure)를 가지고 있다. 이는 마치 석회암 동굴과 같기 때문에 기공의 경로가 매우 복잡하며 선형적이지 않다. 이로 인해 여과유속의 측정값과 계산값의 차이는 불가피하다.

Example 3.2

분리막이 1.0 mm 길이의 한 개의 실린더형 기공으로 만들어졌다고 가정하자. 기공 내부는 공기가 아닌 물로 충분히 젖어 있어 기공 외부에서 물이 유입될 때 저항(Bubble point 등) 없이 기공 내 물의 흐름이 가능한 상태이다. 기공 양 끝에 0.20 bar의 압력이 가해져 100 cm/s의 선속도로 물이 흐르기 시작했다. 수온은 20.0°C이다. 분리막의 내부 지름을 계산하시오.

Solution

분리막의 기공형태가 실린더형이므로 Hagen-Poiseuille 식을 이용할 수 있다. 문제에서 여과수의 선속도를 주었고, 여과유량은 여과수의 선속도와 기공 단면적(실린더형이므로 단면적이 일정하다)의 곱으로 얻을 수 있다. 따라서,

$$Q_c = v \cdot \pi R_p^2 = \frac{\pi R_p^4}{8\mu} \cdot \frac{\Delta P}{\Delta x}$$

$$v = \frac{R_p^2}{8\mu} \cdot \frac{\Delta P}{\Delta x}$$

$$R_p = \sqrt{8\mu v \cdot \frac{\Delta x}{\Delta P}}$$

$$R_p = \sqrt{\left((8)(1.002 \times 10^{-3}\,\text{Pa} \cdot \text{s})(10^6\,\mu\text{m/s})(10^3\,\mu\text{m})\right) \div (0.2 \times 10^5\,\text{Pa})} = 6.3\,\mu\text{m}$$

그러므로, 분리막 내부기공의 반지름은 6.3 μm이다.

Example 3.3

분리막이 N개의 실린더형 기공을 가지고 있고, 기공 내 여과수가 45.0 mL/min의 유속으로 흐르며, 막간차압(TMP)은 0.20 bar이다. 기공 크기는 0.10 μm이다. 종이 형태의 분리막 규격은 가로 5.0 mm, 세로 5.0 mm, 두께 0.12 mm이다. 기공밀도(Pore denstiy), 즉 단위분리막 표면적당 기공 개수를 계산하시오. 여과 중 수온은 20°C로 일정하다.

Solution

식 3.2와 3.3을 조합해 기공밀도를 아래와 같이 얻을 수 있다.

$$Q_p = N \cdot Q_c = N \cdot \frac{\pi R_p^4}{8\mu} \cdot \frac{\Delta P}{\Delta x}$$

$$N = Q_p \cdot \frac{8\mu}{\pi R_p^4} \cdot \frac{\Delta x}{\Delta P}$$

$$\text{Pore density} = \frac{N}{A} = \frac{Q_p}{W \cdot L} \cdot \frac{8\mu}{\pi R_p^4} \cdot \frac{\Delta x}{\Delta P}$$

$$\text{Pore density} = \frac{45.0\,\text{cm}^3/\text{min} \cdot 1\,\text{min}/60\text{s}}{(0.50\,\text{cm})(0.50\,\text{cm})} \cdot \frac{(8)(1.002 \times 10^{-3}\,\text{Pa} \cdot \text{s})}{(\pi)(0.10 \times 10^{-4}\,\text{cm})^4} \cdot \frac{0.012\,\text{cm}}{0.20 \times 10^5\,\text{Pa}}$$

$$= 4.59 \times 10^{11}\,\text{ea/cm}^2$$

따라서, 분리막의 기공밀도는 4.6×10^{11}개/cm²이다.

3.2 분리막 소재

최근 학술지와 특허를 살펴보면 최소 130종류 이상의 소재가 분리막으로 연구되어 왔지만, 실제 상용화된 소재는 많지 않다. 장기간 다양한 약품에 노출되어야 하는 정수 또는 하폐수처리에 적용 가능한 소재는 더 제한적이다. 최소 5년 이상 물 속에서 산, 염기, 염소에 노출되어야 하고, 수압 및 공기에 의한 진동에 견뎌야 한다. 분리막 제조사들이 보증하는 pH 범위는 운전 중 4~10, 세정 중 1~12 정도이다. 염소의 경우 유지세정 시 200~500 mg/L, 회복세정 시 2,000~5,000 mg/L의 농도가 세정을 위해 분리막에 주입된다. 농도와 함께 약품에 대한 노출시간도 분리막 수명에 영향을 준다. 염소의 경우 분리막 제조사에서 약 1,000,000 mg/L·h 보증을 하고 있다. 이는 1,000 mg/L의 염소 농도로 1,000시간 정도 수명을 보증한다는 것을 의미한다. 이 밖에도 분리막이 장기간 운전되면서 원수 내 다양한 화학물질에 노출될 수 있으며, 분리막 손상을 일으킬 수 있는 단단하거나 날카로운 물체와의 접촉도 피할 수 없다. 이와 같은 환경에 적용 가능한 소재는 제한적일 수밖에 없다.

　　MBR에 적합한 분리막 소재는 엔지니어링 플라스틱, 스테인리스강, 세라믹 등이 있다. 본 장에서는 세계적으로 가장 많이 사용되고 있는 고분자 소재 분리막을 중심으로 설명하고자 한다. 그림 3.2에 정수 또는 하폐수용 분리막에 사용되는 고분자의 화학구조식을 나타내었고, 표 3.2에 분리막 소재별 제막법 및 장단점을 설명하였다.

분리막 소재 고분자별 화학구조식.　　　　　　　　　　　　　　　　　　그림 3.2

표 3.2

분리막 소재별 제법 및
장단점

고분자	제막법*	장점	단점
PSF	NIPS	기공 형성 용이 용출 적음 기계적 강도 우수	단단, 깨질 수 있음 화학적 내구성 부족
PES	NIPS	기공 형성 용이 용출 적음 기계적 강도 우수	단단, 깨질 수 있음 화학적 내구성 부족
PE	MSCS	원료비 저렴 연신율 높음	기공 분포 넓음
PP	MSCS	원료비 저렴 연신율 높음	기공 분포 넓음
PVC	MSCS	원료비 저렴 연신율 높음	기공 분포 넓음 첨가제 인한 부작용
PVDF	NIPS TIPS	기공분포 좁음 화학적 내구성 우수	기공 형성 어려움(느림) 염기에 약함
PTFE	MSCS	수투과도 높음 화학적 내구성 가장 우수 내오염성 우수	모듈 제작 어려움 원료비 고가
CA	NIPS	친수성(쉽게 습윤) 기공 형성 용이	산/염기에 취약 화학적 내구성 부족

*제막법은 3.3.1항에서 상세히 설명할 것이다.

3.2.1 폴리설폰(Polysulfone, PSF)

폴리설폰은 1965년 Union Carbide 사에서 처음 상용화한 후로 현재까지도 세계적으로 널리 사용되는 엔지니어링 플라스틱이다. PE, PP, PVC와 같은 범용 플라스틱 대비 원가가 높아 폴리카보네이트(Poly Carbonate) 대체시장과 특수 분야에 사용되고 있다. 분리막 소재로서 폴리설폰은 오랜 역사를 가지고 있다. 타 소재 대비 용출성이 낮아 혈액투석(Hemodialysis), 내독소 제거(Depyrogenation) 등 의료 분야 필터로 초창기부터 널리 사용되어 왔다. 특히 폴리설폰으로 만든 분리막 필터는 스팀(Steam)이나 가압멸균기(Autoclave) 처리를 50회 이상 하더라도 성능을 유지할 수 있어 제약 및 바이오 분야에도 많이 사용되고 있다. 폴리설폰은 분리막 소재 중 제막 공정에 의한 기공 조절이 상대적으로 매우 용이하여 loose MF (MF 중 기공이 큰 것)부터 tight UF (UF 중 기공이 작은 것)까지 제조 가능하다. 3.3.1항에서 설명하겠지만 폴리설폰의 기공 조절 용이성은 NIPS 공정으로 제조되는 중 비용매에 의한 고화(Gelation) 시간이 짧기 때문이다.

폴리설폰의 화학 구조를 살펴보면 단위체(Monomer) 내 방향족(Aromatic) 벤젠고리가 근간(Backbone)을 이루고 있어 매우 단단한 물성을 가지게 된다.

이는 분리막으로서 높은 기계적 강도, 우수한 내(耐)크리프성(Creep resistance), 높은 열변형온도(Heat deflection temperature) 등의 장점을 가지게 한다. 셀룰로오스 계열 분리막 소재와 비교할 때 폴리설폰은 온도와 pH 변화에도 더 강해 최대 온도 75℃, pH 범위 1~13까지 분리막 운전이 가능하다. 폴리설폰의 화학적 내구성이 약한 것은 아니지만, Polyvinylidenedifluoride (PVDF), Polytetrafluoroethylene (PTFE), 그리고 폴리올레핀(Polyolefins) 계열과 비교할 때 다소 약하기 때문에 분리막 회복세정 시 주의가 필요하다.

3.2.2 폴리에테르설폰(Polyethersulfone, PES)

폴리에테르설폰은 폴리설폰과 화학구조적으로 유사하며 내열성, 투명성, 비결정성을 지닌 엔지니어링 플라스틱으로 다른 화학적 처리가 없어도 100℃까지 사용 가능하다. 친수성 고분자로 멤브레인 제조 시 계면활성제 등 첨가 없이 쉽게 물에 의해 습윤(Wetting)된다[3.4.2.1항의 버블포인트(Bubble point) 참조. 공기로 차 있는 기공을 물로 습윤시키기 위해선 일정값 이상의 수압(버블포인트)이 필요하나, 기공 내 친수성 물질이 있을 경우 이 수압이 낮아질 수 있다]. 폴리에테르설폰은 방향족 계열의 단단한 주사슬(Aromatic Rigid Backbone)을 가지고 있어 폴리설폰보다 높은 유리전이온도(Glass transition temperature, T_g) 및 녹는점(Melting point, T_m)을 가지고 있으며, 기계적 성질이 우수하며, 더 단단(Stiff)하다. 단단한 성질은 다공성 분리막으로서는 쉽게 부러질(Brittle) 수 있어 주의가 요구된다(물에 습윤 후에는 다소 완화된다).

3.2.3 폴리올레핀(Polyolefins: PE, PP and PVC)

이들은 모두 범용 플라스틱으로 많은 양이 생산, 소비되기 때문에 가장 저렴한 분리막 소재이다. 인장강도는 앞서 설명한 PSF나 PES와 유사하나, 신장율(Elongation)이 커서 MBR 운전 중 동일한 힘으로 인해 분리막이 끊어질 상황에서도 높은 탄성에 의해 좀더 오래 버틸 수 있고, 끊어진 후에 늘어난 길이만큼 막 내경이 줄어들어 절단면 내부로 농축된 슬러지 원수 유입 유속이 상대적으로 낮아진다는 장점을 가진다. 일부 분리막 제조사들은 이 성질을 이용해 분리막의 역세척을 물 또는 세정수 대신 고압 공기로 적용하는 경우가 있다. 폴리올레핀계 고분자들은 적절한 용매(Good solvent)를 찾기가 어렵다. 따라서 비용매 유도 상분리법(Non-solvent induced phase saparation, NIPS, 3.3절에서 설명한다)보다는 용융방사 냉연신법(Melt spinning cold stretching, MSCS)으로 분리막을 제조하게 된다. 이 경우 기공이 고분자 내 비결정영역(Amorphous reigion)이 연신에 의해 찢어지면서 만들어지기 때문에 기공의 모양과 크기의 균일성이 떨어지는 빗 모양(Comb-like)의 기공 형태를 나타낸다. 상대적으로 큰 기공들은 고농도의 활성슬러지에 의해 쉽게 막혀 비가역적 오염이 가속화될 가능성이 있다.

폴리올레핀계 고분자들은 앞서 설명한 소재들보다 소수성이 크다. 소수성 분리막들은 건조된 기공, 즉 공기로 차 있는 기공을 물로 치환하는 습윤상태를 만들기가 쉽지 않아 별도로 습윤제의 도움을 받아야 한다. 3.4절에서 습윤현상을 자세히 설명하겠다. 소수성 분리막의 또 다른 단점은 내오염성이 약하다는 점이다. MBR에서 MF, UF 분리막의 주 오염원은 유기물질과 미생물에 의한 생물막(Biofilm)이다. 유기물질들도 대부분 소수성이기 때문에 소수성 분리막 표면에 쉽게 흡착되어 오염을 가속시킨다.

3.2.4 Polyvinylidene Difluoride (PVDF)

앞서 설명한 분리막 소재들과 비교해 PVDF는 수처리 분야에 현재 전 세계적으로 가장 널리 사용되는 소재이다. PVDF는 NIPS 법으로 제막 시 다른 소재들에 비하여 상분리 속도가 현저히 느리다. 이는 PSF나 PES 소재와 반대의 성향으로 분리막 기공 규격을 폭넓게 제조할 수 없다. 다른 시각으로 이를 해석한다면, PVDF 분리막 제조 시 매우 좁은 범위의 기공분포를 안정되게 구현할수 있다는 장점이 있다. 상용화된 PVDF 분리막의 기공은 대부분 0.04(Loose UF) 부터 0.4 μm (MF) 내이다. PVDF 분리막은 상용화된 분리막 소재 중 가장 우수한 화학적 내구성을 지니고 있어, 수처리 현장에서 오염 시 강한 조건의 산, 염기, 염소 세정을 통해 보다 완벽하게 여과성능을 회복시킬 수 있다. 단, 10 이상의 pH에서 PVDF 사슬 내 불소가 일부 떨어져 나오면서 탄소 간 이중결합을 부분적으로 형성하면서 노란색에서 심하게는 갈색을 거쳐 검은색으로까지 변색되는 경우가 있으나, 크게 고분자의 물성에 변화를 주지는 않는 것으로 알려져 있다.

3.2.5 Polytetrafluoroethylene (PTFE)

PTFE는 분리막 소재 중 가장 늦게 상용화된 것으로 수처리 분야에서 현재 가장 널리 사용 중인 PVDF를 대체할 가장 유망한 소재로 인식되고 있다. PTFE는 고분자계 분리막 소재 중 가장 뛰어난 산, 염기, 염소 내구성을 보여주며, 어떠한 용매에도 쉽게 녹지 않는다. 따라서, 가장 넓은 pH 범위(1~13) 및 가장 넓은 온도 범위(-100~260℃) 내에서 운전이 가능하다. PTFE는 초소수성(Superhydrophobic) 소재로 알려져 있다. 분리막 기공 내로 흐르는 여과수의 이동속도는 점성유체(Viscous Flow) 중 층류(Laminar flow)로 계산한다. 초소수성 기공의 경우, 층류의 일반적인 밀착경계조건(Non-slip boundary condition)을 수정한 미끄럼 경계조건(Slip boundary condition)을 적용하게 되는데, 그 결과 일반 유체보다 더 빠른 유속으로 계산된다. 실제 측정치를 반영한 것으로, 초소수성 PTFE 분리막은 동일한 기공 분포를 가진 다른 소재의 분리막보다 비 이상적으로 높은 유속을 보여준다. 이러한 현상은 최근 2004년 PTFE 분리막보다 더 좁은 기공과 더 큰 초수성을 지닌 탄소나노튜브(Carbon nanotube) 내부 기공으로 흐르는 물분자의 유속이 동일한 규격의 다른 소재 내의 경우보다 수천~수만 배 빠르다는 문헌에서도 보고된 바 있다. 친유성을 지닌 일반적인 소수성 분리막과는 달리 초소수성은 소수성과 소유성을 모두 보여주기 때문에 소수성을 지닌 유기물의 흡착에 대한 강한 저항력을 가지고 있어, 매우 우수한 유기물에 대한 내오염성을 나타내기도 한다. 매우 다양하고 근본적인 장점을 지닌 PTFE 분리막은 다른 소재와의 접착강도가 매우 떨어진다는 단점을 가지고 있다. 따라서 PTFE 분리막을 모듈화 하기 위해 필요한 포팅(Potting) 공정을 확보하는 것이 매우 어렵다. 포팅이란 분리막의 여과수가 모듈 내 집수공간으로 모일 때, 분리막과 모듈 케이스 집수공간 사이를 강한 내구소재로 막아주는 공정을 말한다(3.6.1항 참조). 주로 포팅 소재로 우레탄(Polyurethane)이나 에폭시(Epoxy)와 같은 경화성 고분자를 사용한다. 아직까지 PTFE 분리막에 적절한 포팅 소재는 더 많은 연구가 필요하며, PTFE가 널리 사용되기 위해 우선 해결해야 할 과제이다. 적절한 용매가 없어 NIPS 또는 TIPS 제막공정을 적용하지 못하기 때문에 균일한 기공분포를 가지도록 분리막을 만들기가 어렵다는 문제도 해결되어야 한다.

3.2.6 Cellulose Acetate (CA)

셀룰로오스 아세테이트(CA)는 분리막으로 처음 사용된 소재이다. CA는 나무펄프나 무명섬유(Cotton linter) 등 천연원료로부터 쉽게 얻을 수 있어 개발 초기에 분리막 소재로 인기가 있었다. CA는 분리막 소재 중 가장 넓은 기공 분포를 가지도록 제조할 수 있으며, MF, UF, NF 심지어 RO 분리막에 이르기까지 모든 종류의 분리막으로 사용될 수 있는 유일한 소재이다. CA는 비교적 저렴하면서도 친수성 소재로 내오염성도 우수하다.

CA의 분리막으로서 한계점은 내구성이다. CA는 운영 가능한 pH와 온도 범위가 매우 좁다. CA 분리막의 최대 허용 운전 온도는 30°C이며, 좀더 내열성이 우수한 셀룰로오스 트리아세테이트(Cellulose triacetate, CTA)와 블렌딩할 경우 40°C까지 사용 가능하다. 일반적으로 분리막 제조사에서 보증하는 우레탄의 물 속 사용 가능 온도가 40°C인 점을 고려하면, CTA 블렌딩은 필수요소라 할 수 있다. 5년 이상 장기간 다양한 원수와 접촉해야 하며, 주기적으로 여과성능 회복을 위해 세정약품에 노출되어야 하는 수처리공정, 특히 MBR에 적용되는 분리막은 화학적 내구성이 매우 중요한 요소이다. MBR 등의 수처리공정에서 일반적으로 분리막이 노출될 수 있는 pH 범위는 5~9이며, 회복세정 시에는 pH 범위가 2~11까지 넓어진다. CA는 허용 가능한 pH 범위가 좁으며, 특히 산에 약한 취약점을 가지고 있다. CA는 생분해 속도가 분리막 소재 중 가장 빨라 장기간의 운전에서 성능 보증을 하기에 다소 무리가 따른다.

3.3 분리막 제조

3.3.1 분리막 제조방법(Membrane Fabrication Methods)

널리 상용화된 MF, UF 분리막 제조방법은 세 가지가 있다. 비용매 유도 상분리법(Non-solvent induced phase separation, NIPS), 용융방사 냉연신법(Melt spinning cold stretching, MSCS) 그리고 열유도 상분리법(Thermal induced phase separation, TIPS)이 그것들이다.

NIPS법은 용매 내 고분자의 용해도 차를 이용하여 분리막 기공을 형성한다. 여기서는 두 가지 용매가 사용되는데 분리막을 구성하는 고분자를 잘 녹일 수 있는 좋은 용매(Good solvent)와 전혀 녹일 수 없는 나쁜 용매(Poor solvent) 또는 비용매(Non-solvent)이다. NIPS법에 적용되기 위해선 두 가지 용매들(Good and poor solvents) 간에는 상용성이 있어야 한다. 즉, 서로 잘 섞여야 한다. 분리막을 형성할 고분자를 우선 좋은 용매에 녹여 고분자용액을 만든다. 이 고분자용액을 비용매에 투입하면 어떤 현상이 일어날까? 고분자는 비용매의 상대농도가 높아지면서 더 이상 용질로 존재하지 못하고 석출되면서 고화(Gelation or hardening)된다. 고분자 내부에 있던 좋은 용매는 비용매와 상용성이 있기 때문에 비용매 쪽으로 확산되어 빠져 나간다. 고분자의 고화 속도와 좋은 용매의 비용매로의 확산속도가 잘 제어될 경우 고분자 내 좋은 용매가 차지하고 있던 공간은 석회 동굴처럼 빈 상태로 유지된 채 고분자의 고화가 완료될 수 있다. 이 공간이 고분자의 세정 및 건조 후에 분리막 기공 역할을 하게 된다. NIPS법으로 형성된 실제 기공의 모양도 석회질이 녹아 형성된 석회동굴 내부와 매우 유사하다. 짐작할 수 있겠지만, 고분자의 고화속도와 좋은 용매의 확산속도가 분리막 기공의 크기와 분포를 결정짓는 매우 중요한 인자이다. 이를 적절히 제어하기 위하여 용액의 점성을 조절하는 증점제를 첨가하기도 하고, 고분자용액을 비용매로 투입하기 전 공기의 습도와 온도(Air gap이라 부른다)를 제어하기도 하며, 비용매의 온도 및 조성을 제어하기도 한다. 첨가제의 경우 대부분의 고분자 소재가 소수성이기 때문에 습윤성, 내오염성 등을 향상시키기 위하여 친수성 고분자나 화합물을 고분자용액에 함께 혼합하기도 한다. 많은 첨가제들은 고분자의 고화 중 비용매로 빠져나가지만, 고분자 내 일부 남아 목적한 분리막 성능을 구현하기도 한다. 그림 3.4a는 NIPS법으로 제조한 분리막 표면을 Field emission scanning electron microscopy (FE-SEM)으로 관측한 이미지를 보여준다. 좋은 용매과 비용매를 모두 가진 대부분의 고분자는 NIPS법으로 분리막 기공을 형성할 수 있다.

그림 3.3은 일반적인 고분자 사슬의 구조를 보여주고 있다. 고분자란 10,000 g/mol 이상의 분자량을 가지고 있는 분자를 총칭해 일컫는 말이며, 대부분 단위체가 일정한 규칙을 가지고 서로 화학결합을 통해 사슬처럼 배열되어 있다. 단위체 결합수가 증가할수록 고분자 내 사슬 간 상호작용도 불규칙적으로 증가하는데, 사슬끼리 매우 강하게 상호작용해 규칙적으로 배열된 공간과 상호작용이 약하여 불규칙적으로 배열된 공간이 구분된다. 이와 같은 현상은 다양한 고분자 사슬 내에서 관찰할 수 있으며, 규칙적인 고분자 사슬 구조를 결정성 라멜라구조(Crystalline lamella structure)라 하고, 불규칙적인 고분자 사슬구조를 무정형 라멜라간 구조(Amorphous inter-lamella structure)라 부른다. 일반적으로 고분자는 두 구조를 모두 가지고 있으며, 결정성 라멜라구조는 강한 분자사슬 간 상호작용, 즉 높은 사슬 간 결합에너지를 가지고 있으며 고분자에 단단한 성질을, 무정형 라멜라간 구조는 약한 사슬 간 결합에너지를 가지고 있으며 고분자에 유연한 성질을 제공한다. 이 두 구조는 열

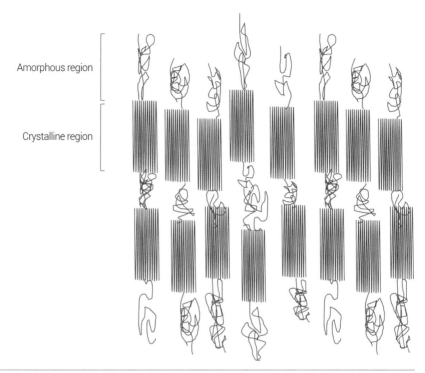

Amorphous region

Crystalline region

그림 3.3 　고분자 사슬구조 내 무정형, 결정영역. 결정영역(Crystalline region, crystallite)은 고분자 사슬이 가지런하게 규칙적으로 정렬되어 있고, 무정형영역은 그렇지 않음을 볼 수 있다. 결정영역의 비율이 높을 때 결정성(Crystallinity)이 크다라고 말하며, 결정성이 클수록 고분자는 더 단단하고, 뻣뻣해지며, 연성이 줄어든다.

역학적으로 물리적인 상태가 다르기 때문에 고체, 액체, 기체의 상태 변화와 같이 열출입에 의한 상태 변화가 다르게 나타난다. 고분자는 대표적으로 두 가지의 열전이온도를 가지고 있다. 단단한 고분자에 열을 가하면 상대적으로 더 낮은 온도에서 무정형 라멜라간 구조가 느슨해지면서 무른 성질을 나타내는데 이 전이온도를 유리전이온도(Glass transition temperature, T_g)라 한다. 더 높은 온도에서는 액체처럼 고분자의 흐름이 나타나는데 이를 녹는점(Melting point, T_m)이라 하며, 고분자 내 결정성 라멜라구조도 모두 사라진다. 일반적으로 T_m이 T_g보다 높다. 이는 가역적인 현상으로 온도가 낮아지면 원래 고분자의 성질을 나타낸다.

분리막 제조방법 중 MSCS는 상온에서 적절한 용매를 찾을 수 없거나 어려운 고분자의 T_m을 이용한다. 열에 의해 녹은 고분자가 한 방향 또는 두 방향으로 연신(Stretching)되면서 동시에 급냉각되면 결정성 라멜라구조는 유지된 채 무정형 라멜라간 구조가 깨지고 사슬 간 간격이 급격하게 커지면서 공

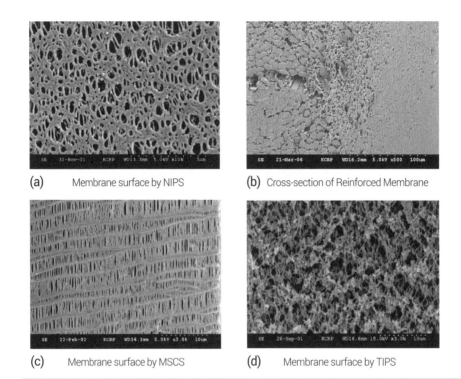

(a) Membrane surface by NIPS   (b) Cross-section of Reinforced Membrane

(c) Membrane surface by MSCS   (d) Membrane surface by TIPS

분리막 제조방법 별 분리막 FE-SEM 사진: (a) NIPS, (b) NIPS (reinforced), (c) MSCS, (d) TIPS.   그림 3.4

간이 형성되고 이 공간이 분리막의 기공 역할을 하게 된다.

그림 3.4c는 이와 같은 MSCS법으로 제조된 분리막의 비대칭 기공구조를 보여준다. 연신에 의한 기공 형성 특성상 다른 분리막 제조방법에 비해 기공 크기의 분포가 넓다는 한계를 가질 수 밖에 없다. 특히 UF와 같이 작은 기공의 분리막을 제조하기 어려운 방법이다. 일반적인 MSCS법에 의한 분리막의 기공 크기는 0.4 μm이다. 정수처리나 하수재이용과 같이 고도의 여과수질을 요구하는 분리막의 완결성(Integrity)을 부여하기가 어렵다. 이와 같은 이유로 MSCS법으로 제조된 분리막은 주로 MBR 공정에 많이 사용된다. 이와 같은 단점에도 불구하고 전 세계적으로 MSCS법으로 분리막이 많이 제조되고 있는데, 이는 PE나 PP와 같이 MSCS법으로 제조 가능한 고분자들이 대부분 저렴하기 때문이다.

TIPS법의 원리는 제조 메커니즘상 NIPS법과 MSCS법의 중간 정도에 해당한다. TIPS법은 고분자의 용매에 대한 용해도와 녹는점 모두를 이용한다. 분리막 제조를 위해 우선 TIPS 고분자를 고온에서 용매에 녹이거나 희석시킨다. 이 용액 또는 희석액을 상대적으로 낮은 온도의 액체에 투입하여 용매나 희석액을 빼내어 고분자 내 경우에 따라 연신공정이 적용되어 분리막의 기계적인 강도를 향상시키기도 한다. NIPS나 MSCS법을 통해 분리막으로 제조될 수 있는 거의 모든 고분자가 TIPS법에 적용될 수 있다(그림 3.4d).

　　최근 TIPS법이 분리막의 기계적인 강도를 향상시키기 위해 많이 연구, 상용화되고 있으나, 아직까지 대부분의 분리막은 NIPS법으로 제조되고 있다. NIPS법의 가장 큰 단점인 기계적인 강도를 향상시키기 위해 쉽게 끊어지지 않는 보강재에 NIPS법으로 분리막을 코팅시키는 보강막(Reinforced membrane)이 개발되었다(그림 3.4b). 평막의 경우 이미 보편화된 기술이나, 중공사막에 적용된 것은 비교적 최근의 일이며, 주로 브레이드(Braid)로 불리는 중공형 보강재를 많이 사용하였다. 아무리 좋은 제조방법으로 높은 기계적 강도를 가진 엔지니어링 플라스틱을 사용하더라도 매우 높은 기공도(Porosity)를 가져야 하는 분리막은 잘 끊어질 수 밖에 없으며, 이들의 인장강도는 가장 강한 분리막이 중공사막 1가닥당 약 1 kg_f 정도를 나타내는 반면, 브레이드의 인장강도는 20~30 kg_f를 나타내기 때문에 기존 분리막보다 20~30배나 강하다. 브레이드 보강막은 동일한 외경의 단일막과 비교 시 내경이 작아 내경 유로 저항이 커져 모듈 제조 시 수투과도가 상대적으로 낮고, 브레이드 재료비로 인해 분리막 원가가 높다는 문제점이 있다. 최근에는 브레이드의 높은 원가(재료비) 문제를 해결하기 위해 보다 저렴한 니팅(Knitting) 보강재를 사용하기도 한다.

　　NIPS법으로 분리막을 제조하기 위해 우리는 적어도 한 종류의 고분자와 두 종류의 용매를 선정해야 한다. 즉, 좋은 용매와 비용매이다. 이를 구분하기 위한 과학적인 기준은 무엇일까? 그 기준에 용해도 파라미터를 적용할 수 있다. 한 고분자에 있어 좋은 용매란 그 고분자와 유사한 용해도 파라미터 값을 가진 용매이며, 비용매란 그 고분자와 매우 크게 차이 나는 용해도 파라미터 값을 가진 용매이다.

3.3.2 NIPS법과 TIPS법 해석을 위한 용해도 파라미터

고분자와 용매와의 상용성, 즉 고분자가 용매로의 얼마나 많이 용해될 수 있는가에 대한 정량적, 열역학적 해석 척도로 용해도 파라미터를 사용할 수 있다. 특정 고분자와 용매의 용해도 파라미터를 계산하여 그 차이가 작을 경우 해당 고분자는 해당 용매에 잘 녹을 수 있다. 고분자가 용해되는 현상은 깁스 자유에너지 변화를 일으키며, 이 변화[ΔG (J/mol)]를 열역학적으로 아래와 같이 표현할 수 있다.

$$\Delta G = \Delta H - T\Delta S \qquad [3.8]$$

여기에서 ΔH=혼합열(heat of mixing), J/mol

$\qquad$ T=절대온도(absolute temperature), K

$\qquad$ ΔS=혼합엔트로피(entropy of mixing), J/mol·K

고분자가 용매에 녹을 경우 엔트로피(S) 변화가 매우 커진다. 따라서 $T\Delta S$ 항은 큰 음의 값을 가지게 되며, 깁스 자유에너지차(ΔG 값)가 어떤 부호를 가지느냐를 알기 위해선 엔탈피 변화(ΔH 값)를 계산해 $T\Delta S$ 값과 비교해야 한다. 참고로 ΔG가 음의 값을 지닐 때 해당 변화는 자발적으로 일어난다. ΔH를 계산하기 위하여 몇 가지 방법이 문헌을 통해 제안되어 왔다. 여러 방법들 중 Hildebrand (1950)에 의해 제안된 식이 가장 널리 사용된다.

$$\Delta H_M = V_M \left[\left(\frac{\Delta E_1}{V_1} \right)^{1/2} - \left(\frac{\Delta E_2}{V_2} \right)^{1/2} \right]^2 \Phi_1 \Phi_2 \qquad [3.9]$$

여기에서 ΔH_M=총 혼합열(total heat of mixing), J/mol

$\qquad$ V_M=혼합물의 총 몰 부피(total molar volume of the mixture), m³/mol

$\qquad$ ΔE=기화열(heat of vaporization or cohesive energy), J/mol

$\qquad$ V=몰 부피(molar volume), m³/mol

$\qquad$ Φ=부분부피(volume fraction)

$\qquad$ 참고: 하첨자 1과 2는 혼합용액 내 각 성분을 의미한다.

위 식 3.9에서 ΔE의 물리적인 의미는 액체 내 분자들 간의 인력이다. 식 3.9에서 $\Delta E/V$는 증기열 밀도로, 물질의 '내부 압력' 또는 '응집 에너지 밀도'로도 불린다. $(\Delta E/V)^{1/2}$이 '용해도 파라미터' 값이며, 고분자 단위체와 용매의 정보로부터 계산할 수 있다. 이를 간단히 δ_{sp}로 나타낸다. 용해도 파라미터는 고분자 단위체와 용매의 화학구조로부터 대략적으로 계산할 수 있으며, 문헌 자료를 통해 얻을 수도 있다. 용해도 파라미터는 세 개 항으로 나뉘는데 각 항은 서로 다른 분자 간 상호작용을 대표한다:

$$\delta_{sp}^2 = \delta_d^2 + \delta_p^2 + \delta_h^2 \qquad [3.10]$$

여기에서 δ_{sp}^2=발데르발스 힘(van der Waals force)

$$\delta_p^2 = \text{쌍극자모멘트(dipole moment)}$$

$$\delta_h^2 = \text{수소결합력(hydrogen bonding force)}$$

Example 3.4

표 3.3과 3.4 내 용해도 파라미터를 이용해 헥산, DMF, 물과 아래 고분자들 간 상용성을 예측하시오.

(a) PE, (b) PAN, (c) Cellulose Acetate (56% acetate groups)

Solution

표 3.3 내 헥산, DMF, 물의 용해도 파라미터는 각 7.3, 12.1, 23.4 cal/cm³이다. 또한, 표 3.4 내 PE, PAN, CA의 용해도 파라미터는 각 8.0, 12.5 and 27.8 cal/cm³이다. 용해도 파라미터 차이가 가장 작아 가장 잘 혼합될 것으로 보이는 조합은 PE-헥산, PAN-DMF, CA-Water이다. 반대로 용해도 파라미터 차이가 가장 커서 제일 잘 안 섞일 것으로 보이는 조합은 물과 PE이다. 상기 예측은 실제 현상과 모두 일치한다.

Example 3.5

표 3.5를 이용해 (a) PVA와 (b) 에탄올의 용해도 파라미터를 각 구성요소(δ_d, δ_h, δ_{sp})별로 계산하시오. 각 고분자 단위체 및 화합물의 화학구조는 아래와 같다.

(a) $-CH_2 - C(OH)H-$, (b) CH_3CH_2OH

참고로, PVA는 1개의 ($-CH_2-$), 1개의 ($-CH-$), 1개의 ($-OH$) 작용기를 가지고 있고, 에탄올은 1개의 ($-CH_3$), 1개의 ($-CH_2-$), 1개의 ($-OH$) 작용기를 가지고 있다. 계산 후 두 물질 간 상용성을 예측하시오.

Solution

(a) PVA: 표 3.5로부터 아래 값을 얻을 수 있다:

Group parameter	F_d $(J \cdot m^3)^{0.5}/mol$	F_p $(J \cdot m^3)^{0.5}/mol$	E_h J/mol	V_m L/mol
$-CH_2-$	234.6	0	0	16.1
$-CH-$	132.6	0	0	-1.0
$-OH$	132.6	400.0	4,000.0	13.0
Total	499.8	400.0	4,000.0	28.1

표 3.3와 관련된 표입니다.

Solvent	δ (cal/cm³)F	H-Bonding Strength[a]	Solvent	δ (cal/cm³)½	H-Bonding Strength[a]
Acetone	9.9	m	Dioctyl sebacate	8.6	m
Acetonitrile	11.9	p	1,4-Dioxane	10.0	m
Amyl acetate	8.5	m	Di(propylene glycol)	10.0	s
Aniline	10.3	s	Di(propylene glycol)		
Benzene	9.2	p	monomethyl ether	9.3	m
Butyl acetate	8.3	m	Dipropyl phthalate	9.7	m
Butyl alcohol	11.4	s	Ethyl acetate	9.1	m
Butyl butyrate	8.1	m	Ethyl amyl ketone	8.2	m
Carbon disulfide	10.0	p	Ethyl n-butyrate	8.5	m
Carbon tetrachloride	8.6	p	Ethylene carbonate	14.7	m
Chlorobenzene	9.5	p	Ethylene dichloride	9.8	p
Chloroform	9.3	p	Ethylene glycol	14.6	s
Cresol	10.2	s	Ethylene glycol diacetate	10.0	m
Cyclohexanol	11.4	s	Ethylene glycol diethyl ether	8.3	m
Diamyl ether	7.3	m	Ethylene glycol dimethyl ether	8.6	m
Diamyl phthalate	9.1	m	Ethylene glycol monobutyl ether		
Dibenzyl ether	9.4	m	(Butyl Cellosolve®)	9.5	m
Dibutyl phthalate	9.3	m	Ethylene glycol monoethyl ether		
Dibutyl sebacate	9.2	m	(Cellosolve®)	10.5	m
1,2-Dichlorobenzene	10.0	p	Furfuryl alcohol	12.5	s
Diethyl carbonate	8.8	m	Glycerol	16.5	s
Di(ethylene glycol)	12.1	s	Hexane	7.3	p
Di(ethylene glycol) monobutyl			Isopropyl alcohol	8.8	m
ether (Butyl Carbitol®)	9.5	m	Methanol	14.5	s
Di(ethylene glycol) monoethyl			Methyl amyl ketone	8.5	m
ether (Carbitol®)	10.2	m	Methylene chloride	9.7	p
Diethyl ether	7.4	m	Methyl ethyl ketone	9.3	m
Diethyl ketone	8.8	m	Methyl isobutyl ketone	8.4	m
Diethyl phthalate	10.0	m	Propyl acetate	8.8	m
Di-n-hexyl phthalate	8.9	m	1,2-Propylenecarbonate	13.3	m
Diisodecyl phthalate	7.2	m	Propylene glycol	12.6	s
N,N-Dimethylacetamide	10.8	m	Propylene glycol methyl ether	10.1	m
Dimethyl ether	8.8	m	Pyridine	10.7	s
N,N-Dimethylformamide	12.1	m	1,1,2,2-Tetrachloroethane	9.7	p
Dimethyl phthalate	10.7	m	Tetrachloroethylene		
Dimethylsiloxanes	4.9-5.9	p	(perchloroethylene)	9.3	p
Dimethyl sulfoxide	12.0	m	Tetrahydrofuran	9.1	m
Dioctyl adipate	8.7	m	Toluene	8.9	p
Dioctyl phthalate	7.9	m	Water	23.4	s

표 3.3

분리막 제조에 널리 사용되는 용매들의 용해도 파라미터

Repeating Unit (Alphabetical Sequence)	δ(cal/cm³)½	Repeating Unit (Increasing δ Value Sequence)	δ(cal/cm³)½
Acrylonitrile	12.5	Tetrafluoroethylene	6.2
Butyl acrylate	9.0	Isobutyl methacrylate	7.2
Butyl methacrylate	8.8	Dimethylsiloxane	7.5
Cellulose	15.6	Propylene oxide	7.5
Cellulose acetate (56% Ac groups)	27.8	Isobutylene	7.8
Cellulose nitrate (11.8% N)	14.8	Stearyl methacrylate	7.8
Chloroprene	9.4	Ethylene	8.0
Dimethylsiloxane	7.5	1,4-cis-Isoprene	8.0
Ethyl acrylate	9.5	Isobornyl methacrylate	8.1
Ethylene	8.0	Isoprene, natural rubber	8.2
Ethylene terephthalate	10.7	Lauryl methacrylate	8.2
Ethyl methacrylate	9.0	Isobornyl acrylate	8.2
Formaldehyde (Oxymethylene)	9.9	Octyl methacrylate	8.4
Hexamethylene adipamide (Nylon 6/6)	13.6	n-Hexyl methacrylate	8.6
n-Hexyl methacrylate	8.6	Styrene	8.7
Isobornyl acrylate	8.2	Propyl methacrylate	8.8
1,4-cis-Isoprene	8.0	Butyl methacrylate	8.8
Isoprene, natural rubber	8.2	Ethyl methacrylate	9.0
Isobutylene	7.8	Butyl acrylate	9.0
Isobornyl methacrylate	8.1	Propyl acrylate	9.0
Isobutyl methacrylate	7.2	Propylene	9.3
Lauryl methacrylate	8.2	Chloroprene	9.4
Methacrylonitrile	10.7	Tetrahydrofuran	9.4
Methyl acrylate	10.0	Methyl methacrylate	9.5
Methyl methacrylate	9.5	Ethyl acrylate	9.5
Octyl methacrylate	8.4	Vinyl chloride	9.5
Propyl acrylate	9.0	Formaldehyde (Oxymethylene)	9.9
Propylene	9.3	Methyl acrylate	10.0
Propylene oxide	7.5	Vinyl acetate	10.0
Propyl methacrylate	8.8	Methacrylonitrile	10.7
Stearyl methacrylate	7.8	Ethylene terephthalate	10.7
Styrene	8.7	Vinylidene chloride	12.2
Tetrafluoroethylene	6.2	Acrylonitrile	12.5
Tetrahydrofuran	9.4	Vinyl alcohol	12.6
Vinyl acetate	10.0	Hexamethylene adipamide(Nylon 6/6)	13.6
Vinyl alcohol	12.6	Cellulose nitrate (11.8% N)	14.8
Vinyl chloride	9.5	Cellulose	15.6
Vinylidene chloride	12.2	Cellulose acetate (56% Ac groups)	27.8

표 3.4

분리막 제조에 널리 사용되는 고분자 단위체들의 용해도 파라미터

분리막, 모듈, 카세트

	Group parameter	n	F_d $((J\,m^3)^{1/2}/mol)$	F_p $((J\,m^3)^{1/2}/mol)$	E_h (J/mol)	V_m (mol/l)
표 3.5 유기화합물 용해도 파라미터를 계산하기 위한 작용기별 기여값 및 해당 몰 부피	—CH3	21	336.6	0.0	0.0	33.5
	—CH2—	35	234.6	0.0	0.0	16.1
	—CH—	31	132.6	0.0	0.0	−1.0
	$\geq$C$\leq$	4	−214.2	0.0	0.0	−19.2
	=CH—	44	255.0	38.0	0.0	13.5
	=C$\leq$	46	−56.7	20.0	0.0	−5.5
	Phenyl	7	1515.0	50.0	20.9	71.4
	Phenylene	16	1173.0	63.7	40.4	52.4
	—COOH	3	561.0	833.0	14645.0	28.5
	—COOH adjacent*	3	450.0	180.0	9000.0	24.0
	—COOH aromatic*	3	335.0	200.0	8800.0	26.0
	—COOR	1	204.0	450.0	12500.0	18.0
	—CHO	1	198.9	4351.2	27783.7	22.8
	—CO—	5	105.0	600.0	9500.0	10.8
	—O—	1	76.5	1225.0	101.0	3.8
	—O— adjacent	8	30.0	407.0	277.8	4.5
	—OH	7	76.5	1225.0	6060.0	10.0
	—OH adjacent	22	132.6	400.0	4000.0	13.0
	—OH phenyloge*	2	51.0	1300.0	12000.0	12.0
	—CO—NH—*	6	225.0	400.0	11000.0	11.0
	—CO—NR—*	5	360.0	930.0	9250.0	15.0
	—NH2	3	132.6	1176.0	11541.8	17.5
	—NH—	2	122.4	700.7	1500.0	4.5
	—N$\leq$	11	30.0	150.0	750.0	−9.0
	—N=	12	380.0	100.0	250.0	5.0
	—S—	1	815.9	196.0	297.5	12.0
	—SO2—	3	295.8	4361.0	200.0	51.0
	—F	6	102.0	493.9	6544.3	18.0
	—Cl aromatic*	9	397.8	1477.2	4706.0	26.0
	Ring 3–4	1	204.0	0.0	0.0	18.0
	Ring 5-	32	142.8	0.0	0.0	16.0
	Double bond	49	15.0	14.3	83.5	−2.2

$$\delta_d = \frac{\sum F_d}{V_m} = \frac{499.8 \times 1{,}000^{0.5}\ J^{0.5}L^{0.5}mol^{-1}}{28.1\ Lmol^{-1}} = 562.5\ J^{0.5}L^{-0.5}$$

$$\delta_p = \frac{\sqrt{\sum F_p^2}}{V_m} = \frac{400.0 \times 1{,}000^{0.5}\ J^{0.5}L^{0.5}mol^{-1}}{28.1\ Lmol^{-1}} = 450.1\ J^{0.5}L^{-0.5}$$

$$\delta_h = \sqrt{\frac{\sum E_h}{V_m}} = \sqrt{\frac{4{,}000.0\ Jmol^{-1}}{28.1\ Lmol^{-1}}} = 11.93\ J^{0.5}L^{-0.5}$$

$$\delta_{sp}^2 = \delta_d^2 + \delta_p^2 + \delta_h^2 = 316{,}406\ JL^{-1} + 202{,}590\ JL^{-1} + 142\ JL^{-1} = 519{,}138\ JL^{-1}$$

그러므로, $\delta_{sp} = 720.5\ JL^{-1}$

(b) Ethanol : 표 3.5로부터 아래 값을 얻을 수 있다:

Group parameter	F_d $(J \cdot m^3)^{0.5}/mol$	F_p $(J \cdot m^3)^{0.5}/mol$	E_h J/mol	V_m L/mol
$-CH_2-$	234.6	0	0	16.1
$-CH_3$	336.6	0	0	33.5
$-OH$	132.6	400.0	4,000.0	13.0
Total	703.8	400.0	4,000.0	62.6

$$\delta_d = \frac{\sum F_d}{V_m} = \frac{703.8 \times 1,000^{0.5} \ J^{0.5}L^{0.5}mol^{-1}}{62.6 \ Lmol^{-1}} = 355.3 \ J^{0.5}L^{-0.5}$$

$$\delta_p = \frac{\sqrt{\sum F_p^2}}{V_m} = \frac{400.0 \times 1,000^{0.5} \ J^{0.5}L^{0.5}mol^{-1}}{62.6 \ Lmol^{-1}} = 202.1 \ J^{0.5}L^{-0.5}$$

$$\delta_h = \sqrt{\frac{\sum E_h}{V_m}} = \sqrt{\frac{4,000.0 \ Jmol^{-1}}{62.6 \ Lmol^{-1}}} = 7.99 \ J^{0.5}L^{-0.5}$$

$$\delta_{sp}^2 = \delta_d^2 + \delta_p^2 + \delta_h^2 = 126,238 \ JL^{-1} + 40,844 \ J/L + 64 \ JL^{-1} = 167,146 \ JL^{-1}$$

그러므로, $\delta_{sp} = 408.8 \ JL^{-1}$

PVA과 에탄올의 용해도 파라미터 값 차이가 크지 않으므로 두 물질은 서로 혼합 가능하다.

3.3.3 상분리와 삼원계 상태도

분리막 제조 방법 중 가장 널리 사용되는 NIPS 공정은 고분자의 상분리를 기본으로 하며, 간단히 고분자, 용매, 비용매 세 개의 핵심 구성요소로 나눌 수 있다. 이 현상을 삼원계 상태도에 적용하면 상분리 과정을 해석하기 좋다. 전체 상분리 공정을 세 구성요소의 구성비율 변화로 해석할 수 있는데, 이를 삼원계 상태도에 적용하면 그림 3.5와 같다. 용매 내 고분자가 비용매를 만나 분리막이 형성되는 응고조 내 비용매를 N, 용매를 S, 고분자를 P로 나타내었다.

평형 상태의 두 성분 혼합물이 상분리가 일어나는 경우는 열역학적으로 해석하여 두 상 사이의 경계선을 그릴 수 있다. 반면에 분리막 제조 기공형성 시 삼원계 상태도에서 성분변화는 고분자 응고 과정에서의 용매의 증발속도와 용매, 비용매 간 치환속도에 영향을 받기 때문에 열역학적인 접근과 함께 동역학적(Kinetic) 고려가 함께 되어야 한다. 이번 장에서는 삼원계 상태도를 이용해 분리막 형성 과정을 고분자, 용매, 비용매 간 성분비 변화 및 상분리 과정으로 정성적으로만 해석해 보고자 한다.

그림 3.5에서 순수한 고분자, 용매, 비용매 상태는 삼각형 꼭짓점으로 표현된다. A 지점은 응고조에서 비용매를 아직 만나지 않은 고분자용액을 의미

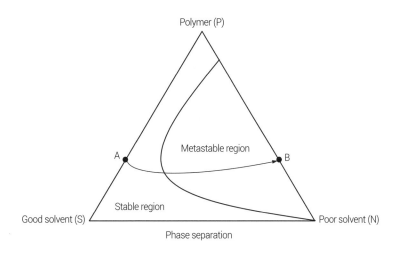

그림 3.5 고분자/용매/비용매의 삼원계 상태도.

하며 고분자와 용매 간 상대적 거리에 의해 그 조성비율이 표현된다. 즉, 고분자 꼭짓점에 가까울수록 고분자용액의 농도가 높다. B 지점은 응고조 내 비용매에 고분자용액이 투입되어 고분자 내 용매가 모두 비용매로 치환된 상태를 의미한다. 고분자용액이 응고되는 과정은 A 지점으로부터 B 지점으로 조성이 변화되는 선으로 이해할 수 있다. 선은 무한한 점의 집합이다. 이 선은 A 상태에서 B 상태로 세 성분비가 변하는 과정 하나하나를 점으로 표현할 때 이들의 연속적인 변화를 나타낸 것이다. 만약 이 선이 위로 오목하다면 이는 응고 속도, 다시 말해 용매 치환속도가 느리다는 것을 의미한다. 만약 삼원계 내 비용매 성분이 많을 경우 불안정해지며, 이 불안정한(또는 준안정의) 영역은 고분자와 비용매 간 경계에 가깝게 표현된다. 고분자의 응고는 고분자의 안정·불안정영역 사이 경계부터 일어나기 시작한다.

분리막의 기공도를 증가시키려면 용액 내 고분자 농도를 줄이면 된다. 그림 3.6에서 고분자용액의 조성이 A(고분자용액)에서 B(비용매로 용매가 용출되고 고분자가 응고된 상태)으로 이동하는 경로를 고분자용액(A)에서 비용매로 용매가 용출되고 고분자가 응고된 상태(B)로 변하는 과정으로 이해할 수 있는데, 고분자 농도가 낮아질 경우 일반적으로 그 경로와 최종 B 조성이 위쪽으로 상승하게 된다. 그 결과 최종 조성 내 고분자 대비 비용매 비율이 높아지고 더 많은 기공이 형성된다.

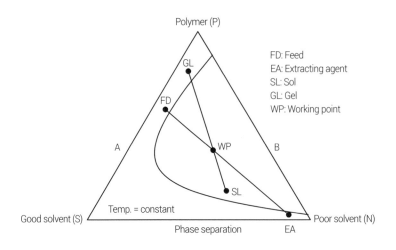

Polymer (P)

GL

FD

A

WP   B

SL

Good solvent (S)   Temp. = constant   Poor solvent (N)

Phase separation   EA

FD: Feed
EA: Extracting agent
SL: Sol
GL: Gel
WP: Working point

고분자용액 초기 농도가 분리막 기공도에 주는 영향.   그림 3.6

Example 3.6

그림 3.5의 삼원계 상태도에서 용매가 S에서 고분자와 상용성이 더 높은 S′으로 변경될 경우 상태도는 어떻게 달라질까?

Solution

고분자와 더 높은 상용성을 가진 용매는 삼원계 상태도(그림 3.5)에서 더 넓은 안정영역(Stable region)을 가진다.

3.3.4 중공사막과 평막 제조

분리막을 제조하기 위한 NIPS 공정은 다섯 공정으로 구성된다: 1) 고분자용액 제조, 2) 용액 토출 및 분리막 성형, 3) 응고, 4) 세정, 5) 건조 공정이다. 동일한 NIPS 기반에서도 중공사막과 평막의 제조공정은 다소 차이가 있으며, 가장 큰 차이는 용액 토출 및 분리막 성형 공정에서 나타난다. 그림 3.7에 중공사막(a)과 평막(b)의 제조공정 모식도를 나타내었다.

　　중공사막 제조 시엔 이중 구금(Spinning nozzle, 그림 3.7 참조)이 사용된다. 실(Fiber) 형태로 분리막을 토출하기 위해, 구금 중앙에 실린더 형태의 노즐이 있고, 그 외부에 동심원을 가진 도넛 형태의 노즐이 하나 더 존재하는데 내부 노즐에서는 비용매가, 외부 도넛형 노즐에서는 고분자용액이 각각 토출된다. 이는 중공사 외부를 형성하는 고분자가 응고조 내 비용매와 만나듯 중공사 내부를 형성하는 고분자도 비용매와 충분히 접촉해 중공사 내외부로 효과적인 용매 용출이 가능하게 해 준다. 노즐에서 토출된 고분자용액은 응고조에 들어가 비용매를 만나 용매를 용출시키며 기공을 형성, 분리막 형태를 나타내고, 세정조를 거쳐 권취기에 감긴 뒤 건조된다. 일반적으로 중공사막은 권취기에 부착된 보빈에 감긴 형태로 최종 제품 형태를 나타낸다.

평막은 토출과 성형 공정이 독립적으로 구성된다. 즉, 평막의 지지체(주로 부직포가 사용된다) 위에 고분자용액이 먼저 도포되고, 이어서 블레이드 등 다양한 방법으로 일정한 두께로 코팅된다. 코팅 후 응고조로 투입되어 분리막이 형성된다. 고정된 규격의 이중구금이 사용되는 중공사막과 달리, 평막 제조 시에는 공정 내에서 쉽고 다양하게 분리막의 두께를 조절할 수 있다. 응고조 이후의 제조공정은 중공사막의 것과 유사하다.

제조된 분리막의 주요 성능은 제조공정 중에 평가하기가 사실상 불가능하다. 제조 후 권취된 분리막을 샘플링해 그 특성을 평가할 수 있으며, 이에 대해 3.4절에서 자세히 설명하고자 한다.

3.4 분리막 특성 평가

3.4.1 규격

중공사막의 경우 내경, 외경, 막의 길이가 주요 규격이다. 분리막 두께는 외경과 내경의 차로 계산된다. 중공사막의 종류를 외경 기준으로 세분화할 수 있는데, 대략 3 mm를 기준으로 이보다 큰 분리막을 튜브형(Tubular) 분리막, 작은 것을 중공사막이라 부른다.

평막의 경우 주로 직사각형이므로, 가로길이, 세로길이 및 두께가 주요 규격이다. 평막은 모듈화할 경우 중공사막 대비 집적도가 현저히 낮아 이를 극복하기 위해 강하고 일정한 장력으로 나권형으로 감은(Spiral wound) 형태의 모듈을 만들기도 한다.

분리막의 규격은 마이크로미터나 캘리퍼스와 같은 정밀 측정도구로 측정할 수 있으며, 광학현미경이나 FE-SEM 등의 확대 이미지를 통해 측정할 수도 있다. 대부분의 중공사막은 0.8~2.0 mm의 외경 및 0.4~1.6 mm의 내경을 가진다. 중공사막이 모듈화될 경우 분리막의 유효길이는 300~3,000 mm 범위 내에 있다.

측정된 분리막의 규격을 통해 유효막면적을 아래 식 3.11 및 3.12와 같이 계산할 수 있다:

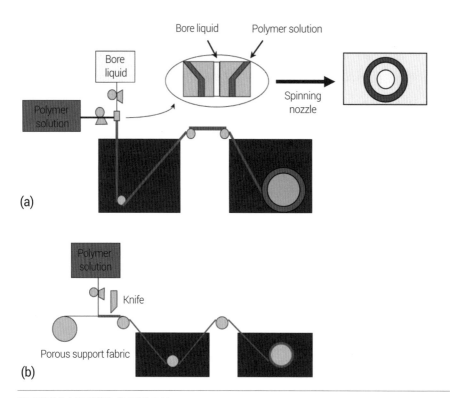

(a)

(b)

중공사막(a)과 평막(b)의 제조공정 모식도.   그림 3.7

$$A = (2\pi r) \times L \text{ (중공사막 또는 튜브형막)} \qquad [3.11]$$

$$A = W \times L [\times 2]^\dagger \text{ (평막)} \qquad [3.12]$$

여기에서 A=분리막의 유효막면적(effective membrane surface area), m^2

r=분리막 단면적의 반지름(the radius of cross-sectional circle of
    membrane), m

L=분리막 길이(length of membrane), m

W=분리막 폭(width of membrane), m

$\dagger$ 표시는 평막의 양면 모두 분리막으로 사용될 경우 적용한다.

유효막면적이란 막에 의한 분리가 일어나는 실제면적을 의미하므로, 중공사
막의 유효막면적을 계산하려면 막 분리 장소가 외경(Out-to-in 여과형)인지
내경(In-to-out 여과형)인지 확인이 필요하다. 전자는 원수가 분리막 외부에,
여과수가 내부에 흐르며, 후자는 그 반대의 흐름을 가진다. 만약 내·외경 모
두를 막 분리 장소로 사용할 수 있는 중공사막이 있을 경우, In-to-out 방향으

로 여과할 경우가 그 반대와 비교할 때 상대적으로 매우 작은 유효막면적을 나타낸다. 반대로 여과 시 더 높은 원수측 선속도를 유지할 수 있어 내오염성을 향상시킬 수 있는 장점이 있다.

Example 3.7

아래 두 형태의 분리막 유효막면적을 계산하시오.
(a) 중공사막(Out-to-in 여과): 내경 0.80 mm, 외경 1.2 mm, 분리막 길이 50 cm
(b) 평막: 폭 0.50 m, 길이 1.0 m, 두께 0.70 mm. 양면 모두 분리막으로 사용 가능

Solution

(a) 식 3.11을 이용해 중공사막의 유효막면적을 아래와 같이 계산할 수 있다:

$$A = (2\pi r) \times L$$

내부 반지름(r)은 0.60 mm, 막 길이(L)는 50 cm이므로 유효막면적(A)은,

$$A = (2\pi)(0.60 \times 10^{-3} \text{ m})(50 \times 10^{-2} \text{ m}) = 1.9 \times 10^{-3} \text{ m}^2$$

(b) 식 3.11을 이용해 평막의 유효막면적을 아래와 같이 계산할 수 있다:

$$A = W \times L \times 2$$

분리막 폭(W)은 0.50 m, 길이(L)는 1.0 m이므로 유효막면적(A)은,

$$A = (0.50 \text{ m})(1.0 \text{ m})(2) = 1.0 \text{ m}^2$$

3.4.2 기공 크기 분포

분리막의 기공 크기 분포를 측정하는 직접적인 방법은 전자현미경(FE-SEM) 등을 통해 얻는 분리막 표면 이미지에서 기공의 크기를 모두 측정해 표나 그래프로 나타내는 것일 것이다. 그러나, 전자현미경 이미지는 전체 분리막의 극히 일부를 나타낸 것으로 대표성이 매우 부족하고, 이를 극복하기 위해 측정 부위를 늘릴 경우 작업시간이 무한대로 증가하여 현실적인 방법이 되지 못한다. 보다 빠른 시간에 분리막 샘플 전체의 기공 크기 및 분포 정보를 얻을 수 있는 방법은 세 가지가 있다.

3.4.2.1 버블포인트(Bubble Point)

이 방법은 버블포인트 이론에 기반한다. 그림 3.8과 같이 물로 차 있는 한 개

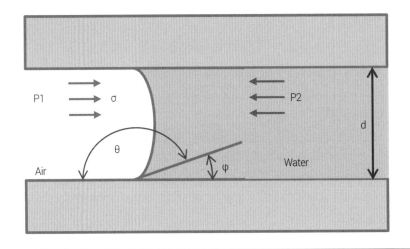

버블포인트 평가법 모식도.

그림 3.8

의 실린더형 기공이 있다고 가정하자. 분리막 외부에서 기공 내부로 공기가
일정한 압력으로 물을 밀어내고 있으나 액체의 표면장력으로 인해 아직 아무
런 변화가 없다. 분리막 재질이 친수성일수록 물을 밀어내기가 어려울 것이
다. 또한 기공 크기가 작을수록 물을 밀어내기가 어려울 것이다. 공기의 압력
이 증가하면서 일정 압력 이상에서 더 이상 물이 기공 내 있지 못하고 밖으로
빠져나가 기공은 공기로 채워지게 되는데, 기공 내 물과 공기가 치환되는 최
소 압력을 버블포인트라 하며 아래 Cantor의 방정식(식 3.13)으로 표현된다.

$$P = \frac{4k\sigma\cos\theta}{d} \qquad [3.13]$$

여기에서 P=유량측정 가능한 최저공기압(the lowest applied air pressure), psi

   k=기공형태 보정값(the pore shape correction factor), 단위 없음

   σ=액체/공기 간 표면장력(the surface tension at the liquid/air inter-

      phase), dyn/cm

   θ=습윤각(the wetting angle), °

   d=최대기공지름(the diameter of the largest pore), μm

k는 기공 모양 인자이며, 0~1 사이 값을 가지고, 실린더형 기공의 경우 1의
값을 가진다. 기공 형태 관련 자료가 없을 경우 보통 1로 가정한다. 물과 공기
사이의 표면장력 σ은 온도에 의존하나 실제 수온 변동범위 1~40℃에서 크게

변하지 않는다.

습윤각(Wetting angle)은 액체와 고체 사이의 접촉각이며, 액체의 친수성 및 분리막 소재에 의존한다. 일반적으로 습윤각(θ)은 0~90° 값을 가지기 때문에 $\cos\theta$는 1~0의 값을 가진다(그림 3.9 참조). 습윤각이 작을수록, 즉 액체가 분리막 표면에 잘 퍼질수록, 다시 말해 분리막 소재가 친수성을 가질수록 $\cos\theta$가 증가하여 동일한 기공 크기의 기공이라도 버블포인트는 증가하며, 그 의존도는 매우 크다. 평막의 접촉각은 그림 3.9와 같이 측정 가능하지만, 중공사막의 표면은 평평하지 않기 때문에 접촉각 측정을 위한 물방울 주입이 매우 어렵다. 최근 동적 접촉각 측정장치가 개발되어, 평막이나 중공사막을 세운 형태로 물 속에 담갔다 빼냈다를 반복하면서 분리막 표면에 붙은 물의 무게를 정밀하게 측정, 이를 접촉각으로 변환할 수 있다. 최근에는 대부분의 분리막 제조사가 직접 측정한 분리막의 접촉각을 제공하고 있다.

결론적으로 식 3.13을 이용해, 일정 온도에서 특정 분리막(일정 접촉각)과 습윤제(Wetting agent, 일정 표면장력) 액체로 측정된 버블포인트를 측정하면, 해당 분리막의 기공 크기를 계산할 수 있게 된다.

버블포인트가 기공 크기를 알 수 있게 해 준다면, 해당 버블포인트에서 흐르는 공기의 유량은 해당 기공의 개수와 비례한다. 이 두 가지 원리를 조합해 분리막 기공 크기 분포를 측정하는 것이 모세관 유량 기공분석기(Capillary flow porometer)이다. 유량 기공분석기는 물과 공기 대신 특수한 습윤제와 고순도 질소기체를 사용한다.

모든 기공이 공기로 차 있는 건조 상태 분리막을 액체 습윤제에 일정 시간 담가 두면 기공 내 공기가 빠져나가 습윤제로 치환되며, 모든 기공이 습윤제로 차 있는 상태가 되면, 분리막이 습윤(Wetting)되었다고 한다. 습윤된 분리막에 여과 방향으로 질소압을 가하면 기공 내 액체는 표면장력에 비례하여

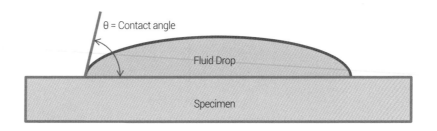

그림 3.9   고체판 위 액체방울의 접촉각.

질소의 기공 내 진입에 대해 저항한다. 기공 질소 유입에 대한 저항력은 기공 크기가 클수록 약하기 때문에 큰 기공부터 질소의 기공 내 관통이 시작되어 질소압이 증가할수록 질소에 의해 관통된 기공의 수가 큰 기공부터 차례로 증가하게 된다(그림 3.10 참조). 질소압을 매우 서서히 단계적으로 증가시킬 경우 해당 압력에서의 질소 유량을 측정할 수 있다.

그림 3.11a에 증가시킨 질소압력에 따른 분리막 기공을 통과하는 질소 유속 그래프의 한 예를 나타내었다. 그래프 내 건조곡선(Dry Curve)는 건조상태의 분리막에 질소압을 서서히 증가시켰을 때 측정되는 질소 유속 곡선이다. 분리막 내 모든 기공으로 질소가 출입할 수 있으므로, 질소압에 정비례하는 직선을 얻을 수 있다. 그래프 내 습윤곡선(Wet Curve)이 습윤된 분리막의 측정 곡선이다. 초기 질소압 증가 시에는 버블포인트까지 질소 유속이 관측되지 않는다. 버블포인트 이상으로 질소압이 증가하면서 질소 유속이 기하급수적으로 증가하다가, 이후 질소가 통과하는 기공 크기가 작은 구간(고압 부분)에서는 기공 크기가 작은 이유와 기공 개수가 감소하는 이유로 인하여 유속이 점차 감소한다. 모든 기공이 질소기체로 치환된 후부터는 사전에 측정한 건조곡선과 동일한 압력 의존도를 나타내며 두 곡선이 만나게 된다. 질소 압력 측정 범위 중 버블포인트 압력이 분리막의 최대 기공으로 계산되며, 건조곡선과 만나는 압력이 분리막의 최소 기공으로 계산된다. 이 사이의 분리막

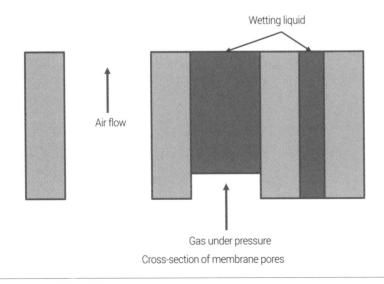

모세관 유량 기공분석기 원리 모식도.   그림 3.10

기공 크기 분포는 그림 3.11a 그래프 해당 압력 범위 내 곡선을 미분하여 얻을 수 있다(그림 3.11b 참조).

이 방법의 가장 큰 장점은 매우 빠르고 간단한 측정방법에 있다. 분리막이 준비되면 전체 분석 소요시간이 30분~3시간이며, 단순 건조 이외 샘플 전처리도 필요 없다. 버블포인트 계산 시 기공 모양 인자값 k를 1로 계산할 경우, 실제 기공은 이상적인 실린더 형태가 아니기 때문에 0보다 크고 1보다 작은 값이 부여되어야 함을 감안할 때, 일반적으로 본 방법으로 측정, 계산된 기공 크기보다 실제 기공 크기가 더 크다고 볼 수 있다. 이를 고려하여 일부 기기 개발업체는 k 값을 0.7로 가정하여 계산하기도 한다. 가장 큰 단점은 기계적 강도가 약해 인가되는 질소압력을 버티지 못하고 터지는 분리막의 기공 크기 분포는 측정이 불가하다는 것이다. 최근에는 이 단점을 극복하기 위하여 질소 대신 습윤제와 표면장력 차이가 매우 작으며, 습윤제와 잘 혼합되지 않는(습윤제와 용해도 파라이터 값 차이가 매우 큰) 액체를 이용하는 장치가 개발되었다. 이를 액체-액체 대체 기공분석기(Liquid-liquid displacement porometer, LLDP)라고 한다. 이 경우 동일 기공 크기에 해당하는 인가 압력을 1~10%로 줄일 수 있어, 기계적 강도가 약한 분리막이나 더 작은 기공의 분리막 평가에 효과적으로 사용할 수 있어, 주로 기공 크기가 작은 UF 분리막 분석에 사용된다.

Example 3.8

시료의 접촉각을 측정하고자 한다. 시료 표면에 초순수 한방울을 떨어뜨렸다.

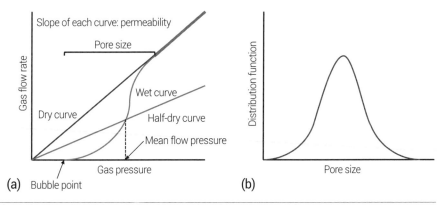

그림 3.11 모세관 유량 기공분석기 측정 원리: (a) 질소압력 대 질소유량 곡선 내 건조곡선과 습윤곡선, (b) 기공 크기 분포곡선.

시료 위 물방울 단면이 그림 3.9와 같다. 시료의 접촉각이 45.0°로 측정되었다면 식 3.13 내 입력할 cosθ 값은 얼마인가?

Solution

분리막 시료의 접촉각(θ)이 45.0°이므로, $\cos\theta = \cos 45.0° = 0.707$

Example 3.9

그림 3.10의 중공사막의 기공 형태가 실린더형이라고 가정하자. 분리막 최대 기공 크기가 2.04 μm인데, 초순수를 이용해 버블포인트를 측정한 결과 1.00 bar였다면, Example 3.8과 동일한 접촉각을 가진 분리막을 사용했을 때 초순수의 표면장력을 계산하시오. 표면장력을 이용해 측정 당시의 온도를 추정하시오.

Solution

식 3.13에서,

$$P = \frac{4k\sigma\cos\theta}{d}$$

이때, P=1.00 bar, k=1(실린더형 기공), cosθ=0.707, d=2.04 μm
그러므로,

$$\sigma = \frac{P \cdot d}{4k \cdot \cos\theta} = \frac{(1.00\times10^6 \text{ dyn/cm}^2)\cdot(2.04\times10^{-4} \text{ cm})}{4\times1\times0.707} = 72.1 \text{ dyn/cm}$$

초순수의 표면장력은 25°C에서 72.0 dyn/cm이므로, 측정 당시 온도는 약 25°C로 추정할 수 있다.

Example 3.10

모든 기공에 물이 채워져 있는 (물로 습윤된) 분리막을 시료로 공기압력을 인가하여 기공 크기를 분석하고자 한다. 분석 중 물과 공기의 온도는 일정하였다. 하기 분리막의 기공 크기에 해당하는 버블포인트값을 계산하시오. 물과 공기 사이의 표면장력은 72.0 dyn/cm이다. 모든 분리막은 동일한 재질로 75°의 접촉각을 가지고 있다.

(a) 기공 직경 0.00500 μm (UF)
(b) 기공 직경 0.0100 μm (MF or UF)
(c) 기공 직경 0.100 μm (MF)

Solution

식 3.13에서,

$$P = \frac{4k\sigma\cos\theta}{d}$$

(a) k=1, σ=72.0 dyn/cm, cos 75°=0.259, d=0.00500 μm

$$P = \frac{4k\sigma\cos\theta}{d} = \frac{(4)(1)(72.0 \text{ dyn/cm})(0.259)}{5.00\times10^{-7}\text{ cm}} = 1.49\times10^{8} \text{ dyn/cm}^2 = 149 \text{ bar}$$

(b) k=1, σ=72.0 dyn/cm, cos75°=0.259, d=0.0100 μm

$$P = \frac{4k\sigma\cos\theta}{d} = \frac{(4)(1)(72.0 \text{ dyn/cm})(0.259)}{1.00\times10^{-6}\text{ cm}} = 7.46\times10^{7} \text{ dyn/cm}^2 = 74.6 \text{ bar}$$

(c) k=1, σ=72.0 dyn/cm, cos75°=0.259, d=0.100 μm

$$P = \frac{4k\sigma\cos\theta}{d} = \frac{(4)(1)(72.0 \text{ dyn/cm})(0.259)}{1.00\times10^{-5}\text{ cm}} = 7.46\times10^{6} \text{ dyn/cm}^2 = 74.6 \text{ bar}$$

3.4.2.2 입자 배제 평가

분리막 기공 크기 분포를 측정하는 또 하나의 방법은 간접적이지만, 사전에 크기를 알고 있는 입자가 분리막에 의해 얼마만큼 배제되는지를 측정, 해석 하는 것이다. 이를 위해서는 분리막의 기공은 분리막에 의해 배제되는 입자 들 중 가장 작은 입자의 크기와 같다는 가정이 필요하다. 분리막의 기공 크기 분포를 측정하기 위해서는 다양한 크기의 표준입자 시료가 필요하다. 또한, 표준입자 시료의 입자 크기 분포는 단분산에 가까울 만큼 매우 좁아야 한다. 이와 같은 표준입자 시료는 현탁액 상태로 구입할 수 있고 이를 초순수로 희 석하여(경우에 따라 희석으로 인한 현탁 상태의 안정성 추가 확보를 위해 계 면활성제를 추가하기도 한다) 분리막 배제실험을 한다. 분리막에 의한 수계

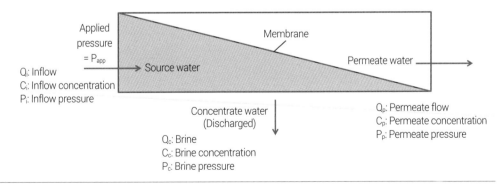

그림 3.12   분리막 운전공정 모식도.

입자 현탁액 표준시료의 배제율을 측정하기 위해서 여과 전후의 농도를 측정해야 하는데, 자외선-가시광선 분광계(UV-VIS absorption photometer), 굴절률측정기(Reflective index detector), 증발빛산란검출기(Evaporative light scattering detector) 등을 이용할 수 있다.

분리막 여과 전후의 농도(각 C_{in}, C_{out})를 측정할 수 있다면, 해당 입자의 분리막 배제율(R)을 아래 식 3.14와 같이 계산할 수 있다:

$$R = \frac{C_{in} - C_{out}}{C_{in}} \times 100\%$$ [3.14]

여기에서 C_{in}=레퍼런스(여과 전) 농도(reference concentration), %

C_{out}=여과수 농도(concentration of permeated water), %

그림 3.13을 보면 동일한 분리막에 대하여 0.05 μm부터 0.4 μm까지 총 6개의 입자 현탁액 표준시료를 이용해 각각의 배제율을 측정한 결과가 그래프로 표시되었다. 이 6개의 점을 연결하면 다소의 오차를 감안하고 분리막의 입자 크기에 따른 배제율 곡선을 연속으로 얻을 수 있으며, 이 곡선을 미분하면, 그림 3.11과 마찬가지로 분리막의 기공 크기 분포도를 얻을 수 있다.

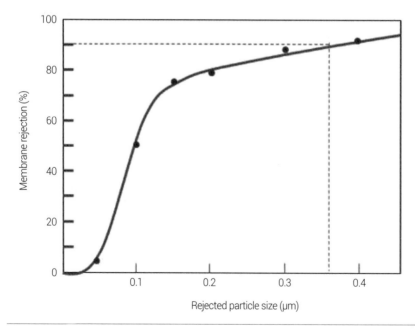

입자 크기별 분리막 배제율 그래프. 그림 3.13

그림 3.13에서 배제율 90%에 해당하는 입자 크기가 약 0.36 μm로 나타났는데, 이를 해당 분리막의 공칭공경(Nominal pore size)이라 한다. 공칭공경은 분리막의 기공 누적분포도에서 90%(일부 분리막 회사는 95%로 엄격히 관리하기도 한다)에 해당하는 기공 크기이며, 공칭공경을 통해 해당 분리막이 가진 모든 기공 중 90%는 공칭공경 이하의 기공 크기를 가진다고 이해할 수 있다. 참고로, 절대공경(Absolute pore size)은 분리막의 최대 기공 크기를 의미하며, 해당 분리막의 모든 기공은 절대공경보다 작다고 이해할 수 있다. 분리막의 버블포인트에 해당하는 기공이 해당 분리막의 절대기공에 해당한다고 볼 수 있다.

문헌에 따르면 분리막의 배제는 실제 기공보다 좀 더 작은 입자까지 가능하다. 이는 분리막 배제 메커니즘이 체거름 현상만이 아니고, 입자와 분리막의 전하, 쌍극자, 친수성, 표면조도 등 다양한 상호작용에 의해서도 배제가 가능하기 때문이다. 따라서 본 방법에 의한 기공 크기 분포도는 실제 분리막의 것보다 조금 더 작게 표현될 수 있다.

Example 3.11

그림 3.13에서 아래와 같은 조건으로 여과될 때 분리막 배제율을 계산하시오.

(a) 분리막 유입수 내 입자 농도 100.0 mg/L, 여과수 내 동일 입자 농도 2.00 mg/L

(b) 분리막 유입수 내 입자 농도 100.0 mg/L, 농축수 내 동일 입자 농도 150.0 mg/L. 회수율은 50.0%, 즉 농축수 유량과 여과수 유량이 같다.

(c) 분리막 유입수 내 입자 농도 100.0 mg/L, 유입수 유량 10.00 mL/min, 농축수 내 입자 농도 900.0 mg/L, 회수율 90.00%

Solution

식 3.14에서,

$$R = \frac{C_{in} - C_{out}}{C_{in}} \times 100\%$$

(a) C_{in}＝100.0 mg/L, C_{out}＝2.00 mg/L이므로,

$$R = \frac{100.0 \text{ mg/L} - 2.00 \text{ mg/L}}{100.0 \text{ mg/L}} \times 100\% = 98.0\%$$

(b) C_{in}＝100.0 mg/L, C_{conc}＝150.00 mg/L, Recovery rate＝50%

분리막 여과 공정에서 유입수 내 입자 질량 변화율은 농축수와 여과수 내 입

자 질량 변화율의 합과 같다. 즉,

$$\frac{dM_{in}}{dt} = \frac{dM_{conc}}{dt} + \frac{dM_{out}}{dt} \qquad [3.15]$$

한편, $dM/dt = C \times Q$이다. 여기서 C는 유입수 내 입자 농도(C_{in})이고, Q는 입자 용액의 유량이다. 따라서, 식 3.15는 아래와 같이 변환될 수 있다;

$$C_{in} \times Q_{in} = C_{conc} \times Q_{conc} + C_{out} \times Q_{out} \qquad [3.16]$$

회수율이 50%이므로, $Q_{conc} = Q_{out} = 0.5 \times Q_{in}$

$$(100.0 \text{ mg/L}) \times Q_{in} = (150.0 \text{ mg/L}) \times (0.5 \times Q_{in}) + C_{out} \times (0.5 \times Q_{in})$$

$$C_{out} = \frac{100.0 \text{ mg/L} - 75.0 \text{ mg/L}}{0.5} = 50.0 \text{ mg/L}$$

그러므로, $C_{out} = 50.0 \text{ mg/L}$
그러므로, $R = (C_{in} - C_{out})/C_{in} \times 100\%$
$= (100.0 \text{ mg/L} - 50.0 \text{ mg/L})/100.0 \text{ mg/L} \times 100\% = 50.0\%$

(c) $C_{in} = 100.0 \text{ mg/L}$, $Q_{in} = 10.00 \text{ mL/min}$, $C_{conc} = 900.0 \text{ mg/L}$, Recovery rate $= 90.00\%$
회수율이 90.00%이므로, $Q_{conc} = 0.1 \times Q_{in}$, $Q_{out} = 0.9 \times Q_{in}$
식 3.16에서,

$$C_{in} \times Q_{in} = C_{conc} \times Q_{conc} + C_{out} \times Q_{out}$$

$$(100.0 \text{ mg/L})(10.00 \text{ mL/min})(\text{L}/1{,}000 \text{ mL})$$
$$= (900.0 \text{ mg/L})(1.000 \text{ mL/min})(\text{L}/1{,}000 \text{ mL}) + C_{out} \times (9.000 \text{ mL/min})(\text{L}/1{,}000 \text{ mL})$$

$$C_{out} = \frac{1.000 \text{ mg/min} - 0.900 \text{ mg/min}}{0.009000 \text{ L/min}} = 11.11 \text{ mg/L}$$

그러므로, $C_{out} = 11.11 \text{ mg/L}$
그러므로, $R = (100.0 \text{ mg/L} - 11.11 \text{ mg/L})/100.0 \text{ mg/L} \times 100(\%) = 88.89\%$

Example 3.12

그림 3.13에서 우리가 공칭공경 기준을 90%에서 80%로 낮춘다면 해당 분리막의 공칭공경은 얼마로 바뀔까?

Solution

그림 3.13에서 80% 배제율에 해당하는 기공 크기는 0.2 μm이다. 따라서, 해당 분리막의 공칭공경은 0.2 μm가 된다.

3.4.2.3 고분자 배제 평가

고분자도 분리막 기공 크기 분포를 측정할 수 있는 또 하나의 표준입자로 쓰일 수 있다. 따라서 고분자 배제 평가법은 분리막의 기공 크기 분포를 간접 측정하는 또 다른 방법이다. 본 평가법의 기본적인 원리는 입자 배제 평가와 동일하나 두 가지 큰 다른 점이 있다.

첫째, 시료의 상태이다. 표준입자는 현탁액 상태로 분리막에 의해 배제된다. 현탁액은 불균일 혼합물이다. 반면 고분자용액은 물이 용매로 사용되는 균일 혼합물이다. 따라서 표준입자의 경우보다 더 정확한 농도 측정이 가능하다. 표준입자 현탁액, 고분자용액 모두 각 농도 측정을 위해 자외선-가시광선(UV-VIS) 분광기를 많이 사용한다. 시료에 자외선-가시광선 영역(200~800 nm)의 빛을 주사하여 시료 주사 전후의 빛의 세기(Intensity) 감소율을 측정하면 이를 용액의 농도로 환산할 수 있는데, 이에 대한 이론적 근거는 Beer-Lambert의 법칙이다. 매우 단순하지만 정확히 용액의 농도를 얻을 수 있는 법칙이다. 이 법칙은 아래와 같다.

$$A = abc \qquad\qquad [3.17]$$

$$T = I/I_0, \quad A = -\log T \qquad\qquad [3.18]$$

여기에서 A = 흡광도(absorbance), 단위 없음

$\qquad\quad a$ = 흡광계수(absorptivity), $cm^{-1} \cdot M^{-1}$

$\qquad\quad b$ = 셀상수 또는 광경로길이(cell constant or the light path length), cm

$\qquad\quad c$ = 시료 농도(sample concentration), M

$\qquad\quad I_0$ = 초기광세기(incident intensity), 단위 없음

$\qquad\quad I$ = 투과광세기(transmitted intensity), 단위 없음

$\qquad\quad T$ = 투과도(transmittance), 단위 없음

분광기에 적용되는 샘플셀의 폭(b)이 일정하고, 흡광계수(Absorptivity, a)도 용액에 따라 일정하므로, 용액의 흡광도(A)를 알면, 즉시 용액의 농도(c)를 계산할 수 있다. 이때, 적용 파장은 동일 농도에서 보다 높은 흡광도를 나타내고, 용액 내 다른 성분의 흡광도 영역과 가급적 독립된 파장을 사용한다. 빛의 세기를 측정하는 센서의 감도가 매우 우수하여, 최대 10억분의 1 농도(ppb, parts per billion)까지 측정이 가능하다. UV-VIS 분광기는 다른 분석장비

에 비해 매우 저렴한 것도 큰 장점 중 하나이다.

입자 현탁액 시료의 농도를 UV-VIS 분광기로 분석할 경우, 입자(지름 0.1 µm 이상)로 인한 빛의 산란, 반사, 회절 등 빛의 흡수 이외 다른 요인에 의해 빛이 손실되어 센서까지 도달하는 빛의 세기가 줄어들어 결과적으로 흡광도 값이 증가할 수 있으므로, Beer-Lambert 법칙과의 오차를 감안해야 한다. 입자 현탁액 시료의 농도를 UV-VIS 분광기로 측정할 경우, Beer-Lambert 법칙을 사용하지 않고, 농도를 알고 있는 입자 현탁 표준액을 여러 농도 범위로 제조하여 농도별 흡광도의 검량선(Calibration curve)을 사전 확보해 이 검량선으로 현탁액 미지시료의 농도를 찾아야 한다.

또 하나의 차이점은, 용액 내 고분자의 분자량 분포, 즉 입자 크기 분포이다. 입자 현탁액을 표준용액으로 사용할 땐 단분산의 입자 현탁액을 사용하여, 이들이 단일 크기의 입자로 구성되어 있다 가정하고 실험하기 때문에 최종 입자 크기 vs. 배제율 곡선에서 하나의 입자 현탁액은 한 점의 정보만 줄 수 있다. 따라서 여러 시료와 시료 수만큼의 분리막 배제 실험이 필요하다. 그러나, 고분자용액을 표준시료로 사용할 경우, 고분자의 넓은 분자량 분포를 인정하고, 분리막에 의한 배제 전후의 분자량 분포의 차이로 분자량(입자 크기) vs. 배제율 곡선을 한 번에 얻는다. 따라서 고분자 배제 평가는 입자 배제 평가처럼 몇 개의 점을 오차를 감안해 보정곡선을 그려 기공 크기 분포도

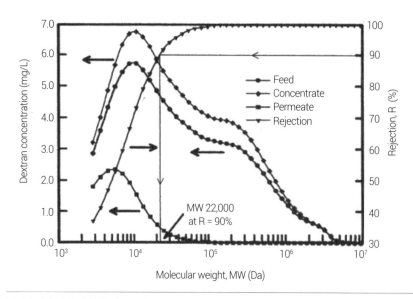

분리막 여과 전/후의 용액 내 고분자 분자량 분포곡선 및 분리막에 의한 고분자의 배제율 곡선.   그림 3.14

분리막, 모듈, 카세트

를 얻지 않고, 한 번의 분리막 배제 실험을 통해 연속된 기공 크기 분포도를 바로 얻을 수 있다. 용액 내 고분자의 분자량 분포는 겔 여과 크로마토그래피 (Gel permeation chromatography, GPC)로 얻는다. GPC를 이용할 경우, 고분자의 크기를 직접 알 수 없고, 분자량만을, 그것도 함께 측정하는 표준 고분자 시료와의 상대적인 분자량을 알 수 있기 때문에, 기공 크기 분포도의 가로축이 기공 크기가 아닌 분자량으로 구성된다. 이 분포도를 적분하여 분리막의 기공 크기를 나타낼 때도 차이를 알 수 있는데, 누적 기공 크기 90%에 해당하는 분자량을 Molecular weight cur-off (MWCO)라고 한다. 공칭공경과 유사하게 분리막은 MWCO에 해당하는 고분자를 90% 제거할 수 있다고 이해할 수 있다.

Example 3.13

아래 그림 3.15에 시료의 농도와 흡광도의 상관관계를 그래프로 나타내었다. 그래프에서 시료 용액의 흡광계수를 계산하시오. 흡광도 측정셀의 길이(b)는 1.00 cm이다.

Solution

그림 3.16에서 흡광도 0.45인 시료 용액의 농도가 2.8×10^{-3} M이므로, 식 3.17에 대

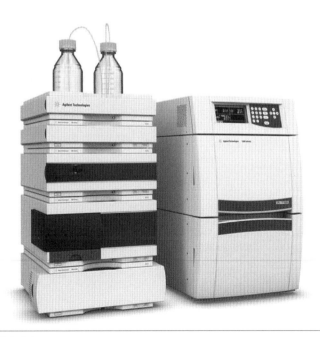

| 그림 3.15 | GPC 분석장비 사진. |

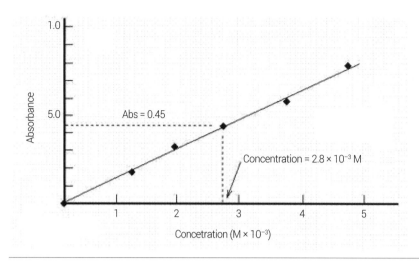

UV-VIS 분광법 결과: 시료 용액의 흡광도 vs. 농도 곡선.

그림 3.16

입하면,

$$(0.45) = a \times (1.00 \text{ cm})(2.8 \times 10^{-3} \text{ M})$$

그러므로, 시료 용액의 흡광계수(a)는 아래와 같이 계산된다.

$$a = \frac{0.45}{(1.00 \text{ cm})(2.8 \times 10^{-3} \text{ M})} = 1.6 \times 10^{2} \text{ cm}^{-1} \cdot \text{M}^{-1}$$

Example 3.14

그림 3.17을 보면 동일 농도 용액 내 시료의 흡광도가 분광기의 유입 파장에 따라 크게 달라짐을 알 수 있다. 동일 농도의 시료 용액에서 최대 흡광도를 나타내는 파장(λ_{max})을 찾아라. UV-VIS 분광법 분석 시 시료 용액의 λ_{max}를 먼저 찾고 이 파장에서 흡광도를 측정하는데 그 이유가 무엇일지 논의하시오.

Solution

그림 3.17에서 시료 용액의 λ_{max}는 304 nm이다. 스펙트럼 내 200~600 nm 유입파장 중 λ_{max}는 동일 농도의 시료에서 가장 큰 흡광도 값을 가지므로, 가장 높은 감도를 나타낼 수 있다. 즉, 더 낮은 농도의 시료까지 정량 분석이 가능하다.

Example 3.15

식 3.18을 이용하여, 아래 투과도(Transmittance)를 흡광도로 바꾸시오. 투과도와 흡광도의 장단점에 대해 논하시오.

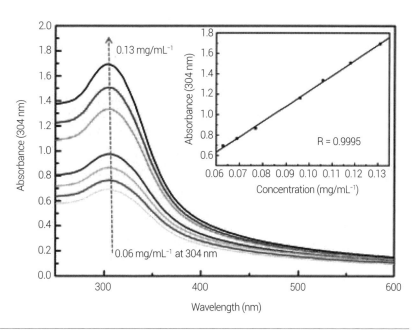

그림 3.17   시료 용액의 농도에 따른 흡광도 vs. 유입파장 차이.

(a) T=10%

(b) T=25%

(c) T=50%

(d) T=75%

(e) T=100%

Solution

투과도는 식 3.18을 이용해 흡광도로 바꿀 수 있다.

$$A = -\log T$$

(a) $A = -\log 0.10 = 1.0$

(b) $A = -\log 0.25 = 0.60$

(c) $A = -\log 0.50 = 0.30$

(d) $A = -\log 0.75 = 0.12$

(e) $A = -\log 1.0 = 0.00$

Remark

흡광도는 바로 용액의 몰 농도로 바꿀 수 있으나, 투과도는 그렇지 않다. 반면에 투과도는 흡광도와 역수관계이므로, 매우 낮은 농도(작은 흡광도 값)를 가진 용액에 대해 보다 큰 값을 가지므로, 더 민감하다.

Sample Concentration ($\times 10^{-3}$ M)	Absorbance
0.0	0.00
1.22	0.18
2.00	0.32
2.80	0.45
3.80	0.60
4.80	0.80

표 3.6

UV-VIS 측정 예: 시료 용액의 흡광도 vs. 농도

Example 3.16

그림 3.16과 표 3.6 모두 시료 용액의 흡광도 vs. 농도를 나타내고 있다. 표 3.6으로부터 검량곡선(Calibration curve)을 그리고 추세선 및 R²값을 구하여라. 둘 사이의 선형관계가 있다고 말할 수 있는가?

Solution

독립변수는 흡광도(A)이고, 종속변수는 시료용액농도(C)이다. 표 3.6으로부터 f(A, C) 함수(추세선)를 공학계산기나 마이크로소프트 사의 엑셀과 같은 스프레드시트 프로그램을 이용해 구하면 아래와 같다:

$$C=6.03 \times A + 0.0753, \ R^2=0.998$$

R²값이 1에 매우 가까우므로, 이 추세선을 이용해 시료 용액의 흡광도를 측정, 농도를 얻는 것이 매우 신뢰도가 높음을 판단할 수 있다.

Example 3.17

그림 3.14에서 고분자 크기 vs. 분리막 배제율 그래프를 보고, 분리막의 MWCO를 구하여라. 배제율 기준은 90%이다.

Solution

그림 3.14에서 90% 분리막 배제율에 해당하는 분자량은 22,000 Da이다. 따라서, 분리막의 MWCO는 22,000 Da이다.

3.4.3 친수성(접촉각)

대부분의 고분자 분리막은 소수성이다. 이들은 물에 쉽게 젖지 않는다. 반대로 젖어 있는 막은 쉽게 공기가 통과할 수 없다. 건조 상태의 분리막이 젖지 않는다면 물을 투과시킬 수 없다. 대부분의 분리막 제조사는 분리막 제조(NIPS)

분리막, 모듈, 카세트

후 글리세린과 같은 보습제 수용액을 기공 내외부에 접촉시킨 뒤 건조한다. 글리세린의 끓는점은 290℃로 분리막 건조 시 증발되지 않고 남아 분리막의 친수성을 유지시킨다. 반대의 경우, 분리막 기공 내 액체를 기체로 치환하는, 기체의 압력이 필요하며, 그 압력은 앞서 소개했던 식 3.13과 같이 표현된다.

하기 식 3.13은 두 가지 관점에서 많이 활용된다. 첫째, 분리막 내 특정 기공이 액체(또는 기체)로 차 있을 때, 이를 기체(또는 액체)로 밀어내 치환하는 데 필요한 기체(또는 액체)의 압력을 통해 기공의 직경(기공 크기)을 계산할 수 있다. 기공의 크기가 감소할수록 이 압력은 증가한다. 둘째, 동일한 액체와 기체를 사용하더라도 더 친수성을 가진 분리막을 적용하면 기체의 압력은 낮아진다. 친수성이 클수록 접촉각은 작아지며, 이는 동일 기공 내 동일 액체를 밀어내기 위해 필요한 기체의 압력이 감소하기 때문이다.

$$P = \frac{4k\sigma\cos\theta}{d} \qquad [3.13]$$

젖음성보다 소수성 분리막의 더 큰 단점은 내오염성이 약하다는 것이다. MBR에서 분리막의 주요 오염원은 활성슬러지 내 미생물 군집과 이들이 생성하는 각종 유기물이다. 이들 또한 소수성인 경우가 많아 운전 중 분리막 표면에 쉽고 강하게 달라붙어 쌓이게 되고, 분리막 내·외부에서 가역적 또는 비가역적 오염원으로 작용한다. 이와 같은 문제를 감소시키기 위해 분리막 제조 시 고분자용액에 친수성 첨가제를 함께 혼합, 분리막에 남게 함으로써 분리막의 접촉각을 낮춘다.

평막의 접촉각은 각도계로 쉽게 측정 가능하다. 그림 3.18과 같이 분리막 위에 물방울을 떨어뜨려 물방울의 측면 사진을 찍고, 사진 내 분리막과 물방울이 이루는 접촉각을 측정하면 된다. 전용 정적방울(Sessile drop) 측정장치에 분리막을 놓고 물방울을 떨어뜨린 뒤, 물방울의 사진을 찍어 여기에 분석 파라미터를 입력하면 자동으로 결과값을 얻을 수 있다.

이 방법은 시료량이 많이 필요하지 않고, 평막의 각 면을 독립적으로 측정할 수 있는 장점이 있으나, 시료 자체 물성이 아닌 표면조도 등에 영향을 받을 수 있고, 표면이 균일하지 않은 시료의 경우 물방울이 접촉하는 부위만을 측정하기 때문에 발생하는 오차를 감수해야 한다는 단점도 있다. 중공사막은 본 방법으로 측정이 불가능하다. 외경이 크고, 기공도 및 습윤성이 높

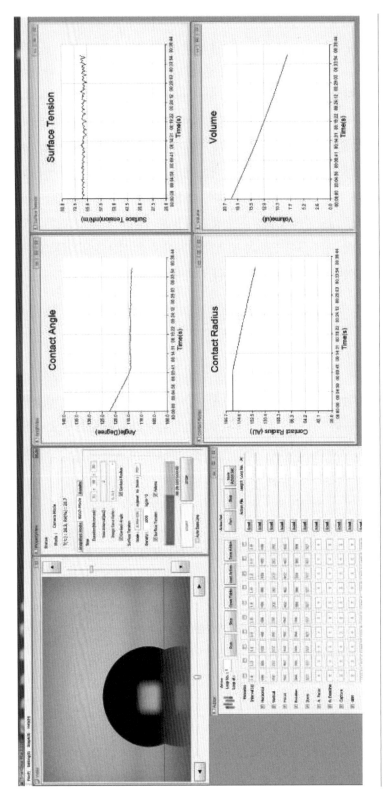

그림 3.18 접촉각 측정장치 위의 정적방울.

분리막, 모듈, 카세트

지 않은 중공사막의 경우는 평막처럼 잘라 펴서 측정이 가능하나, 가능한 다른 방법을 이용하는 것이 좋으며, 대표적으로 동적 접촉각 측정장치가 많이 사용된다. 동적 접촉각 측정장치는 시료를 물에 담갔다가 빼기를 반복하면서 시료의 무게 변화를 관찰하고 이를 접촉각으로 환산하는 장치이다. 중공사막을 세로로 매달아 물속에 담갔다가 빼내면 그 깊이에 따라 시료 상부 로드셀에 느껴지는 무게가 달라진다. 친수성이 클수록 동일한 깊이에서 시료가 머금는 물의 무게가 증가하므로 로드셀값은 더 커지며 접촉각으로 환산할 경우 더 큰 값을 나타낸다. 일반적으로 물속에 담글 때보다 빼낼 때 더 큰 로드셀값이 측정되므로 전진각(물속에 담글 때의 접촉각)이 후진각(물에서 빼낼 때의 접촉각)보다 더 작다. 전진각, 후진각, 두 각의 차이 모두 재료의 특성이다.

Example 3.18

그림 3.19의 5개 서로 다른 재질의 평막 위에 정적방울을 올리고 접촉각을 얻었다면 가장 친수성인 분리막과 소수성인 분리막은 각각 어느 것인지 설명하시오. 단, 모든 분리막의 표면 조도, 기공도는 동일하며, 매우 균일한 표면성질을 가지고 있다고 가정한다.

Solution

접촉각이 작을수록 친수성이 크다. 0도의 접촉각을 보여준 평막은 완전한 친수성이며, 180도의 접촉각을 나타낸 평막은 완전한 소수성이다. 참고로 140도 이상의 접촉각을 가진 소재를 초소수성(Super-hydrophobic) 소재라 부른다. 초소수성 소재는 일반적으로 소유성도 나타낸다. 즉, 물과 기름 모두를 밀어내는 성질을 나타낸다.

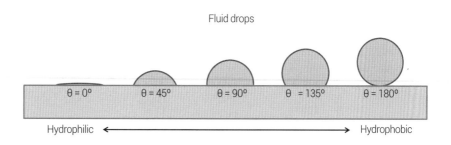

그림 3.19   서로 다른 재질의 5개 분리막 샘플 위의 정적방울들.

3.4.4 전하 성질(제타전위)

용액 내에서 모든 물질은 고유의 표면전하를 띠게 된다. 수처리에서 이 성질을 유용하게 사용하는 분야가 응집공정이다. 물 속 입자에 응집제를 가하고 잘 혼합·반응시켜 주면 입자들의 표면전하가 응집제의 농도 및 pH, 수온에 따라 달라지는데 일정 pH, 수온에서 응집제 주입량을 조절해 입자의 표면전하를 영(0)으로 수렴시키면 입자 간 반발이 최소화하면서 응집이 가속화된다. 이 현상을 분리막 표면과 오염원의 상호작용에 적용하면 어떻게 될까? 분리막 오염원은 크게 네 가지로 구분된다: 1) 입자, 2) 유기물, 3) 이온(스케일), 4) 미생물. MBR에서 사용되는 MF, UF의 주요 오염원은 유기물과 미생물, 특히 미생물이 생성하는 유기물이다. 일반적으로 물 속 유기물의 표면전하는 음의 값을 가진다. 따라서, 물 속 분리막의 표면전하가 큰 음의 값을 가질수록 오염원과의 척력이 강해져 분리막 표면으로의 오염원 흡착 및 오염을

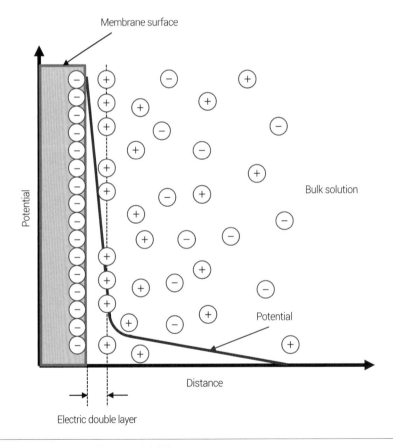

분리막 표면 위 전기 이중층 구조와 제타전위.   그림 3.20

분리막, 모듈, 카세트

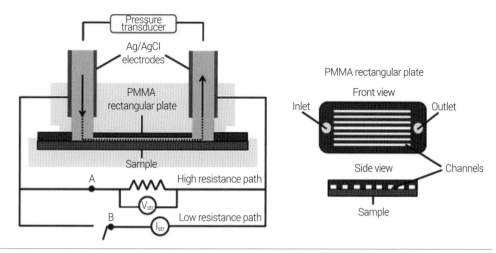

그림 3.21   유동전위 측정의 기본 개념.

줄일 수 있다.

물 속 표면전하를 정성, 정량적으로 나타내는 지표가 제타전위이다. 제타전위는 전기영동, 전기삼투, 유동전위, 침강전위특성 등(Stumm, 1992) 다양한 원리에 의해 측정 가능하다. 최근에는 유동전위 원리가 제타전위 측정에 가장 많이 사용되고 있다.

유동전위란 수용액 내 두 물질 사이에서 전해질이 흐를 때 발생하는 전위차를 말하며 식 3.19로 표현된다:

$$\frac{\Delta E}{\Delta P} = \frac{\varepsilon \zeta}{\eta \lambda}$$ [3.19]

여기에서 ΔE= 전압차(voltage difference), mV

        ΔP= 압력차(pressure difference), mbar

        ε= 전해질 유전상수(dielectric constant of electrolyte), 단위 없음

        ζ= 제타전위(zeta potential), mV

        η= 전해질 점도(viscosity of electrolyte), mPa/s

        λ= 전해질 전도도(conductivity of electrolyte), mS/m

만약 용액의 전도도, 점도, 전해질의 유전상수를 알고, 인가 압력에 대한 전위차를 측정하게 된다면, 제타전위를 얻을 수 있게 된다.

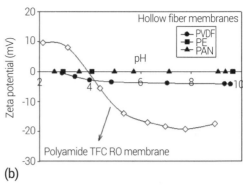

(a)　　　　　　　　　　　(b)

제타전위 측정장치 및 pH 변화에 따른 용액의 제타전위 곡선.　　　　　　　　　그림 3.22

3.4.5. 조도(원자 힘 현미경, Atomic Force Microscopy, AFM)

분리막의 표면 조도는 오염현상과 밀접한 관계가 있다. 일반적으로 분리막 표면이 거칠수록 오염원과의 접촉면적이 넓어지고, 인력도 증가하여 오염이 가속화된다. 따라서, 여과유속, 세정 주기 등 막 여과 공정 설계 시 오염원의 입자분포와 함께 적용할 분리막 표면 조도를 사전 이해할 필요가 있다.

MF, UF 분리막의 표면조도도 원자 힘 현미경(AFM)으로 측정 가능하다. AFM은 주사 탐침 현미경(Scanning probe microscopes, SPM) 중 하나다. SPM은 1982년에 Binning, Roher, Gerber, Welbel에 의해 개발된 전기현미경 중 하나로, 시료의 표면을 주사할 매우 날카로운 탐침을 사용한다. 최근 화학적, 물리적인 성질이 다른 다양한 탐침이 개발되어 시료 표면과 다양한 상호작용을 할 수 있어, 시료 표면의 조도를 포함한 해석폭을 넓힐 수 있게 되었다. 그 용도에 따라 시료 표면의 조도를 측정하기 위한 AFM, 자기력을 측정하기 위한 자기 힘 현미경(Magnetic force microscope, MFM), 원자 배열을 측정하기 위한 주사 터널 현미경(Scanning tunneling microscope, STM), 횡력 현미경(Lateral force microscope, LFM), 힘 변조 현미경(Force modulation microscope, FMM), 정전기 힘 현미경(Electrostatic force microscope, EFM), 주사 용량 현미경(Scanning capacitance microscope, SCM) 등의 다양한 장비들이 개발되었다.

AFM은 탐침 끝이 30 nm인 캔틸레버를 사용하므로, 이 이상의 크기를 가지는 분리막 표면의 조도를 관찰할 수 있다. 탐침 끝과 분리막 표면 간 상호작용의 원리는 큰 극성을 가지지 않은 분자 간 힘인 분산력, 즉 반데르발스 힘(Van der Waals force)이다. 조도 측정 시 가능한 모드로 하나는 분산력 중 척력이 발생하는 거리까지 탐침 끝을 시료 표면 매우 가까이 두어 측정하는 접촉모드가 있고, 다른 하나는 분산력 중 인력을 감지할 수 있는 거리까지 탐침 끝을 시료 표면 가까이 두어 측정하는 비접촉모드가 있다. 거리에 따른 두 비극성 분자 간 분산력은 먼 거리에서 가까워지면서 인력이 서서히 증가하다가 매우 가까운 거리에서부터는 인력이 급감하며 척력이 급상승하는 경향이 있다. 접촉모드는 탐침 끝과 분리막 표면의 거리가 조금만 달라져도 큰 척력차를 나타내기 때문에 매우 민감한 결과를 얻을 수 있으나, 조도차가 큰 시료나 불순물이 많은 시료 표면 분석 시에는 탐침이 파손되기 쉽다. 비접촉모드는 그 반대의 장단점을 가지고 있다.

위 두 모드의 중간에 해당하는 태핑모드가 있다. 캔틸레버에 레이저를 상시 비춰 반사되어 돌아오는 빛의 위상변화를 감지함으로써 캔틸레버의 위치를 읽는다. 이때의 위치변화는 분리막 표면의 조도에 의한 것이다. 태핑모드는 접촉모드와 비접촉모드의 중간 거리에서 분리막 표면 조도를 분석한다. 조도차가 비교적 큰 MF, UF 분리막 표면은 비접촉모드 또는 태핑모드로 측정한다.

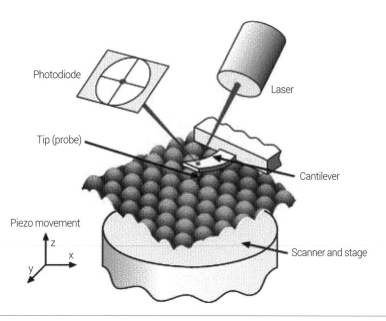

Photodiode

Laser

Tip (probe)

Cantilever

Piezo movement

z

x

y

Scanner and stage

그림 3.23 AFM 캔틸레버와 시료 표면과의 상호작용.

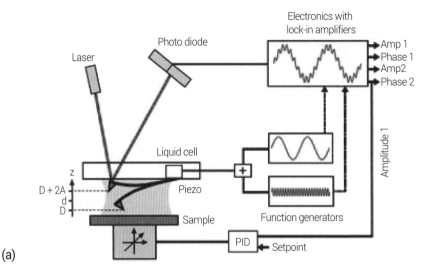

(a)

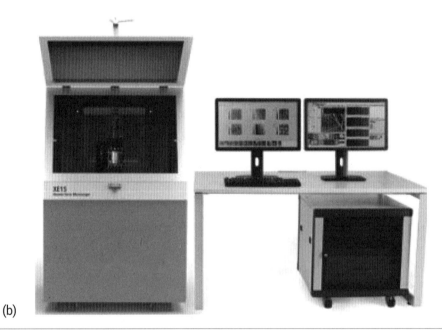

(b)

AFM 측정 원리 및 측정장치.   그림 3.24

3.5 분리막 성능평가

수처리에서 분리막의 핵심 기능은 '분리'이다. 즉, 원하는 것(깨끗한 물)과 원하지 않는 것(오염원)의 혼합물에서 원하는 것만을 '분리'해 얻어내는 것이다. 따라서, 분리막의 주요 성능은 원하는 것을 얼마나 많이 얻어내는가와 원

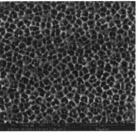

FE-SEM images of different ceramic membranes

AFM images of different ceramic membranes

그림 3.25   MF 세라믹 분리막 표면의 FE-SEM 및 AFM 이미지.

하지 않는 것을 얼만큼 효율적으로 걸러내는가와 직접 관련 있다. 전자를 수 투과도, 후자를 배제율이라는 지표로 정량화할 수 있다.

　운전 중 분리막의 장단기적인 변화를 크게 두 가지로 구분할 수 있다. 단 기적으로는 분리막 안팎으로 가해지는 압력차(뒤에 막간차압, TMP로 설명한 다)에 의해(일반적으로 분리막 활성층의 압력이 높다) 분리막 내 기공이 줄어 들 수 있으며[이를 분리막의 압밀화(Compaction)라 한다], 중장기적으로는 오염원의 분리막 표면 침적으로 인해 분리막 전체 여과저항이 증가할 수 있

다. 본 장에서는 수투과도, 배제율, 압밀화, 내오염성을 분리막의 주요 여과
성능으로 알아보고자 한다.

3.5.1 수투과도

수투과도의 정의는 아래 식 3.20과 같다:

$$L_p = \frac{J}{\Delta P} \qquad\qquad [3.20]$$

여기에서 L_p＝분리막 수투과도(water permeability of membrane), LMH/bar

  J＝분리막 여과유속(the water flux of membrane), LMH, L/m²h

  ΔP＝막간차압(transmembrane pressure, TMP), bar

TMP는 막간차압으로 분리막 내외부 사이에 부가되는 압력으로 정의되며, 아
래 식 3.21과 같이 정의된다.

$$TMP = \Delta P = P_{source\text{-}water\text{-}side} - P_{perm} = \frac{P_{in} + P_{conc}}{2} - P_{perm} \qquad\qquad [3.21]$$

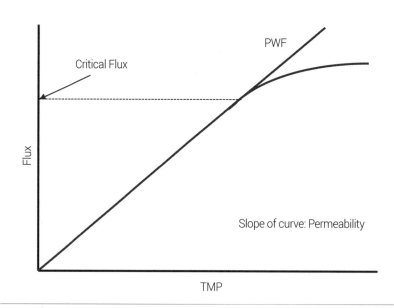

일정 압력에서 TMP 변화에 따른 여과유속.   그림 3.26

여기에서 P_{perm} =분리막 여과측 측정압력(pressure measured at permeate water side of membrane)

$P_{source-water-side}$ =분리막 원수측 측정압력(pressure measured at source water side of membran)

P_{in} =유입수측 측정압력(pressure measured at inlet of source water)

P_{conc} =농축수측 측정압력(pressure measured at concentrate water)

그림 3.12를 보면 분리막 여과 관련 세 개의 흐름이 있다. 원수 유입(In), 여과수 생성(Permeate), 농축수 배출(Concentrate)이다. 농축수 배출이 있는 여과 흐름을 부분여과(Cross-flow filtration) 방식이라 하고, 배출이 없는 여과 흐름을 전량여과(Dead-end filtration) 방식이라 한다. 전자는 여과 흐름에 수직하고, 분리막 표면과 수평한 방향으로의 흐름(Cross-flow)이 분리막 표면 오염을 감소시키는 장점과 낮은 회수율 및 그로 인한 시공·운영비용 부담의 단점이 있으며, 후자인 전량여과 방식은 그 반대의 장단점을 가지고 있다.

전량여과 방식에서는 농축수가 흐르지 않으므로 P_{conc} =0이고, TMP는 단순히 P_{in} − P_{perm} 으로 계산된다. 부분여과 방식에선 원수측의 P_{in} 과 P_{conc} 값이 다른데[유입수가 분리막을 지나 농축수로 이동하면서 압력 강하(Pressure drop) 또는 수두손실(Head loss)이 발생하므로, $P_{in} \geq P_{conc}$], 두 압력의 중간에 위치한 분리막에 인가된 압력은 P_{in} 과 P_{conc} 의 평균값을 취해 구하고, 여기서 P_{perm} 을 빼주면 된다.

분리막 수투과도는 일정 온도에서 TMP에 따른 여과유속의 변화율을 통해 얻는다. 식 3.20을 변형하면 $J=L_p \times \Delta P$ 가 되며, 이는 여과유속(J)이 TMP(ΔP)에 선형으로 의존함을 의미한다. 따라서, 우리가 일정 온도를 유지하면서 몇 개의 TMP에 대한 여과유속(J)을 측정해 그래프를 그린 뒤, 만들어진 직선의 기울기를 구하면 이것이 해당 분리막의 수투과도이다.

MBR에 적용되는 상용 MF, UF 분리막의 청수투과도는 상온에서 각각 200~1,000 LMH/bar, 100~500 LMH/bar의 범위를 가진다.

Example 3.19

네 가지 종류의 분리막이 표 3.7과 같이 주어진 TMP에서 20℃ 일정 온도의 청수를 여과하여 여과유속을 기록하였다. 각 분리막의 수투과도를 계산하시오.

TMP (bar)	(a) MF (LMH)	(b) UF (LMH)	(c) NF (LMH)	(d) RO (LMH)
0.00	0.00	0.00	0.00	0.00
0.25	125	55	1.29	0.42
0.50	252	102	2.60	0.81
0.75	371	151	3.75	1.19
1.00	505	195	5.10	1.60

표 3.7
각 TMP에서의 분리막
청수 여과유속

Solution

각 분리막의 여과유속과 TMP 그래프를 그리고, 각 직선의 추세선을 구하면, 아래와 같은 결과를 얻게 된다. 마이크로소프트 사의 엑셀과 같은 스프레드시트 프로그램을 이용하면 좋다.

(a) MF: $J = 502 \times \Delta P$, MF의 청수 수투과도는 502 LMH/bar. $R^2 = 0.9997$

(b) UF: $J = 199 \times \Delta P$, UF의 청수 수투과도는 199 LMH/bar. $R^2 = 0.9998$

(c) NF: $J = 5.09 \times \Delta P$, NF의 청수 수투과도는 5.09 LMH/bar. $R^2 = 0.9995$

(d) RO: $J = 1.60 \times \Delta P$, RO의 청수 수투과도는 1.60 LMH/bar. $R^2 = 0.9996$

3.5.2 배제율

배제율(Rejection rate)은 식 3.14와 같이 정의된다. MBR 공정에서 MF와 UF 분리막의 주 역할은 고액분리, 즉 미생물 군집과 콜로이드성 입자 배제이다. 콜로이드성 입자의 원수 내 질량(Mass) 관련 수질 항목은 탁도(Turbidity, NTU)나 부유입자(Suspended solids, SS, mg/L)이다. 따라서, 이들 수질 항목과 식 3.14를 이용해 분리막의 배제율을 평가, 계산할 수 있다. 전통적인 하폐수처리 시설의 방류수질은 탁도 1~10 NTU 또는 SS 1~10 mg/L 범위를 보여주며, MBR 시설의 방류수질은 그보다 5~10배 더 낮아 약 0.2 NTU 또는 SS 1 mg/L 이내이다. 침전공정으로 고액분리하는 전통 하폐수처리 시설은 운영 중 슬러지 팽화현상(Bulking)이 발생할 경우 침전지에서 제거되지 못하고 높은 SS로 방류될 수 있는 위기를 가끔 겪으나, MBR 공정은 일정하게 완벽한 SS 제거를 유지할 수 있다.

3.5.3 압밀화(Compaction)

여과 중 분리막은 수압(가압식 모듈) 또는 진공(침지식 모듈)을 받게 되고, 이로 인한 압밀화는 불가피하다. 압밀화는 분리막 오염을 일으키지 않는 청

수를 여과시킬 때 일정 TMP에서 여과유속이 떨어지는 것으로 알 수 있다. 여과 유속 감소는 일정 시간 후에 평형에 도달하는데, 압력이 높을수록 이 평형 후 유속 감소는 크게 일어나며, 부분 가역적이다. 즉, 청수 여과 후 멈춘 뒤 동일 압력에서 다시 여과하면 해당 유속은 멈추기 전의 것보다 높으며, 일정 시간 후에는 동일한 유량에서 다시 평형에 도달한다. 오염현상 등 분리막의 성능 평가 시 반드시 실험에 인가할 TMP보다 10~30% 정도 높은 압력에서 청수를 이용, 사전 압밀화를 진행해, 압밀화에 의한 유속 변동을 최소화해야 한다.

3.5.4 내오염성

분리막의 오염 정도는, 압밀화 영향을 배제할 때, 일정 수온과 TMP에서 여과유속의 감소로 알 수 있다. 모든 분리막은 여과할 원수의 종류에 따라 여과유속의 큰 감소 없이 운전할 수 있는 각각 다른 최대 TMP 값을 가지고 있다. 해당 원수에서 이 압력 이상으로 운전될 경우, 유량 감소 속도가 급격하게 증가하며, 이는 세정으로도 회복되기 어려운 비가역적 오염에 의한 것이다. 비가역적 오염이 심해지면 강한 세정조건에서도 일부 여과성능이 회복되지

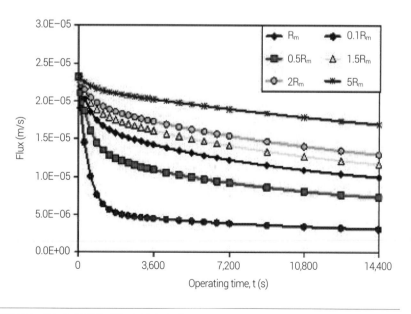

그림 3.27   일정 TMP에서 여과시간에 따른 여과유속 곡선.

않게 된다. 이를 세분화해 약품세정으로 회복되지 않는 오염을 비회복적 오염(Irrecoverable fouling)이라 부르기도 한다. MBR용 상용 분리막은 대부분 고분자로 만들어졌다. 따라서, 장기적으로 세정약품에 노출될 경우 고분자의 변성을 예상할 수 있다. 고분자의 변성은 분리막의 성능저하를 일으켜 수명을 단축시킨다. 따라서 장기간 분리막을 사용하기 위해서는 분리막 세정에 사용할 약품의 적절한 농도와 세정횟수를 잘 조절해야 하며, 이를 위해서는 여과공정에서 분리막의 오염현상을 잘 제어해야 한다.

이와 같이 오염현상은 분리막 공정에서 적절한 운전을 위해 가장 중요하게 조절해야 할 변수이다. 물론 분리막이 여과할 원수의 성상 분석도 못지 않게 중요하다. 상·하·폐수 등, 심지어 상수 공정 내에서도, 원수가 다르면, 이에 따른 분리막의 오염현상은 다르게 나타나며, 불행히도 이를 체계적으로 평가, 해석 또는 사전 예측할 수 있는 방법은 아직 없다. 분리막의 오염강도를 표현하는 변수는 두 가지가 있다. 하나는 여과유속이고 또 다른 하나는 여과저항이다. 여과유속과 여과저항과의 관계는 아래 식 3.22와 같다.

$$J = \frac{\Delta P}{\eta \cdot R} \qquad [3.22]$$

여기에서 J=여과유속(permeation flux), LMH

ΔP=막간차압(TMP), bar

η=물의 점도(viscosity of water), bar·s

R=저항(resistance), m^{-1}

이 식은 수온과 TMP가 일정한 상태에서 여과될 때 적용 가능하다.

식 3.22에서 보면 여과유속과 여과저항은 반비례관계에 있다. 오염현상을 해석하는 관점에서 여과유속은 여과저항보다 운전 초기에 보다 민감하게 변하고, 여과저항은 오염이 많이 일어난 상태, 즉 운전 후반기에 더 민감한 값의 변화를 나타낸다. 따라서, 여과유속 변화는 단기 오염실험에서, 여과저항 변화는 중장기 오염실험에서 더 유용하게 사용될 수 있다. 오염현상을 보다 정량적으로 해석하기 위해서 여과저항이 더 유용한데 이는 여과유속과 달리 직렬저항 모델[Resistance in series (RIS) model]을 적용해 분리막 자체성능, 가역적 오염, 비가역적 오염 등을 정량적으로 구분할 수 있기 때문이다. 이를

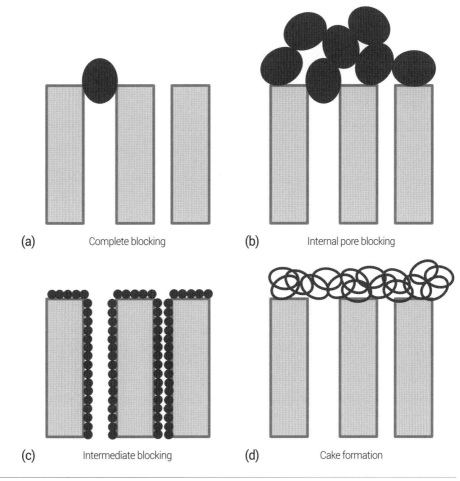

(a) Complete blocking	(b) Internal pore blocking
(c) Intermediate blocking	(d) Cake formation

그림 3.28   Hermia의 분리막 오염 메커니즘.

식 3.23에 나타내었다.

$$R_t = R_m + R_r + R_{ir} \qquad [3.23]$$

여기에서 R_t = 총 오염저항(total fouling resistance)

$\qquad\qquad$ R_m = 분리막 저항(membrane resistance)

$\qquad\qquad$ R_r = 가역적 오염저항(reversible fouling resistance)

$\qquad\qquad$ R_{ir} = 비가역적 오염저항(irreversible resistance)

문헌에 따라, R_r이 케이크 층 저항(Cake layer resistance) R_c로, R_{ir}이 기공막음 저항(Resistance by pore plugging or blocking) R_p 또는 R_b로 표현되기도 한다.

$R_r + R_{ir}$, $R_c + R_p$, $R_t - R_m$과 같은 항을 분리막 오염저항(Membrane fouling resistance, R_f)이라고 부른다.

Example 3.20

Example 3.19에서 계산된 청수 수투과도를 분리막 저항(Membrane resistances, R_m)으로 재계산하시오.

Solution

식 3.22는

$$J = \frac{\Delta P}{\eta \cdot R}$$

이고, 여기서 청수 여과 시 분리막 오염은 무시($R_f = 0$)할 수 있으므로, $R = R_m$으로 가정할 수 있다. 따라서, 식 3.22에서 아래와 같이 R_m을 계산할 수 있다.

$$R_m = \frac{\Delta P}{\eta \cdot J} = \frac{1}{\eta \cdot \dfrac{J}{\Delta P}} = \frac{1}{\eta \cdot L_p}$$

$20°C$에서 물의 점도는 1.002×10^{-7} bar·s이므로,

(a) MF: $L_p = 502$ LMH/bar. 따라서,

$$R_m = \frac{1}{\eta \cdot L_p} = \frac{1}{(1.002 \times 10^{-7} \text{ bar·s})(502 \text{ LMH/bar})(1 \text{ hr}/3{,}600 \text{ s})(1 \text{ m/hr}/1{,}000 \text{ LMH})}$$
$$= \frac{1}{0.140 \times 10^{-10} \text{ m}} = 7.14 \times 10^{10} \text{ m}^{-1}$$

(b) UF: $L_p = 199$ LMH/bar. 따라서,

$$R_m = \frac{1}{\eta \cdot L_p} = \frac{1}{(1.002 \times 10^{-7} \text{ bar·s})(199 \text{ LMH/bar})(1 \text{ hr}/3{,}600 \text{ s})(1 \text{ m/hr}/1{,}000 \text{ LMH})}$$
$$= \frac{1}{0.0554 \times 10^{-10} \text{ m}} = 1.81 \times 10^{11} \text{ m}^{-1}$$

(c) NF: $L_p = 5.09$ LMH/bar. 따라서,

$$R_m = \frac{1}{\eta \cdot L_p} = \frac{1}{(1.002 \times 10^{-7} \text{ bar·s})(5.09 \text{ LMH/bar})(1 \text{ hr}/3{,}600 \text{ s})(1 \text{ m/hr}/1{,}000 \text{ LMH})}$$
$$= \frac{1}{1.42 \times 10^{-13} \text{ m}} = 7.04 \times 10^{12} \text{ m}^{-1}$$

(d) RO: $L_p = 1.60$ LMH/bar. 따라서,

분리막, 모듈, 카세트

$$R_m = \frac{1}{\eta \cdot L_p} = \frac{1}{(1.002 \times 10^{-7}\,bar \cdot s)(1.60\,LMH/bar)(1\,hr/3,600\,s)(1\,m/hr/1,000\,LMH)}$$

$$= \frac{1}{4.45 \times 10^{-14}\,m} = 2.25 \times 10^{13}\,m^{-1}$$

Example 3.21

새 분리막을 이용해 다음과 같은 순서로 여과할 때 분리막 저항(R_m)과 지표수에 의한 오염저항(R_f)을 계산하시오. 단, 여과 시 모든 원수의 온도는 $20.0\,°C$이고, 여과 TMP는 1.00 bar로 일정하였다. 모든 원수는 순수한 물과 동일한 점도를 가지고 있다고 가정하시오.

(a) 청수를 420 LMH 유속으로 여과

(b) 그러고 나서, 지표수를 60.0 LMH 유속으로 여과하여 음용수를 생산하였다.

Solution

(a) 분리막은 청수에 의해 오염되지 않으므로, 총 여과저항은 분리막 저항과 같다.

$$R_m = \frac{\Delta P}{\eta \cdot J} = \frac{1.00\,bar}{(1.002 \times 10^{-7}\,bar \cdot s)(420\,LMH)(1\,hr/3,600\,s)(1\,m/hr/1,000\,LMH)}$$

$$= \frac{1}{0.000117 \times 10^{-7}\,m} = 8.55 \times 10^{10}\,m^{-1}$$

(b) 지표수는 청수보다 깨끗하지 않으므로, 동일한 TMP에서 여과유속은 매우 낮다. 즉, 여과저항은 더 크다. 증가한 여과저항은 오염저항(R_f)과 같다. 우선 총 여과저항(R_t)을 계산하면 아래와 같다.

$$R_t = \frac{\Delta P}{\eta \cdot J} = \frac{1.00\,bar}{(1.002 \times 10^{-7}\,bar \cdot s)(60.0\,LMH)(1\,hr/3,600\,s)(1\,m/hr/1,000\,LMH)}$$

$$= \frac{1}{0.0000167 \times 10^{-7}\,m} = 5.99 \times 10^{11}\,m^{-1}$$

직렬저항 모델에 의거, $R_t = R_m + R_f$ 식이 성립하므로, 이미 계산을 통해 얻은 R_m과 R_t로부터 R_f를 아래와 같이 구할 수 있다.

$$R_f = R_t - R_m = 5.99 \times 10^{11}\,m^{-1} - 8.55 \times 10^{10}\,m^{-1} = 5.14 \times 10^{11}\,m^{-1}$$

3.6 분리막 모듈

분리막을 적용해 모듈을 개발할 때 중요한 고려사항 몇 가지가 있다. 첫째, 규모 확대에 따른 손실(Scale-up factor) 최소화이다. 모듈의 수투과도는 분리막 한 가닥의 수투과도보다 작다. 이는 주로 분리막 길이 및 모듈 구조에 의한 것으로, 이 차이를 최소화하는 것이 모듈 설계의 핵심이다. 둘째, 내구성 확보다. MBR 공정에 한번 적용된 분리막 모듈은 원수 또는 세정제 내 존재하는 다양한 약품에 노출되고, 역세척 등의 수압과 폭기되는 공기방울에 의한 진동 등 물리적인 힘에 노출되는 가운데에서도 장기간(5~10년) 여과성능, 배제성능을 유지해야 한다. 이를 위해 분리막, 모듈 부품 각각의 물리적, 기계적, 화학적 내구성을 확보함과 함께 각 부품 간의 결합, 접착계면의 내구성도 함께 고려되어야 한다. 셋째, 편의성이다. MBR 플랜트를 유지관리하는 입장에서 모듈을 설치, 탈거하는 작업이 쉬워야 한다. 세정하고, 손상이나 리크가 발생했을 때 수리하는 것도 쉽고 간편해야 한다. 물론 작업자의 안전도 함께 고려되어야 한다. 일반적으로 막면적이 큰 모듈이 대형 하폐수처리 시설에 더 적합하다. 이는 모듈의 집합체인 카세트(또는 스키드)의 점유면적 또는 점유부피당 분리막의 유효막면(집적도, 3.6.4항에서 설명한다)이 큰 제품이 유지관리에 더 유리하다는 것과 맥을 같이 한다.

3.6.1 분리막 모듈 재질

모듈 부품으로 널리 사용되는 내구성 우수한 고분자는 PVC (Polyvinylchloride), ABS (Acrylate-butadiene-styrene copolymer), PC (Polycarbonate), PSF (Polysulfone), PES (Polyethersulfone) 등이 있으며, ABS와 PVC가 가장 많이 사용된다. 모듈의 주요 부품으로는 모듈 본체, 여과수 이동채널, 연결부재 등이 있다. ABS는 가장 저렴하면서 사출을 통한 모듈 부품 성형이 매우 용이한 장점을 가지고 있으며, 상대적으로 다른 소재들에 비해 물리적, 화학적 내구성은 다소 떨어지는 단점을 가지고 있다. PVC는 ABS 다음으로 많이 사용되는 소재로 기본 물성은 지나치게 단단하나, 다양한 첨가제, 가소재들과의 혼합 가공을 통해 매우 넓은 물성 변화폭을 구현할 수 있다. 이와 같은 첨가제, 가소재들은 장기간 운전 중 용출되어 독성을 발현하거나 물성이 저하될 수 있어 관련 대비가 필요하며, ABS 대비 사출 성형성이 떨어지는 단점을 가지고 있다. 사출 시 고온, 고압에서 고분자 내 염소가 기체로 발생하며 사출 장비를 부식시키는 문제점도 있다.

포팅 소재(또는 접착제)는 모듈 부품과 함께 또 하나의 중요한 모듈 구성 요소다. 포팅의 기능은 모듈에서 분리막, 모듈 케이스와 함께 여과수와 유입

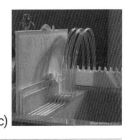

| 그림 3.29 | 일반적인 분리막 모듈 형태: (a) 중공사막 모듈, (b) 나권형 모듈, (c) 평막 모듈 |

수를 구분하는 경계를 형성하는 것이다. 포팅 소재로는 폴리우레탄(Polyurethane, PU)과 에폭시(Epoxy)를 가장 많이 사용한다. 이들은 모두 열경화성(Thermoset) 소재로 열가소성(Thermoplastic) 소재 대비 접착력과 내구성이 매우 우수하다. 폴리우레탄은 상대적으로 경화온도가 낮고, 흐름성이 좋아 더 많은 제품에 적용되고 있으며, 에폭시는 더 높은 온도, 높은 강도, 내구성을 필요로 하는 제품에 사용된다. 일반적으로 이들은 주제와 경화제로 구성되어 있어, 이들의 혼합 후 경화가 일어나 일정 시간 이후에 단단한 성질을 가지게 되어, 혼합 후 즉시 모듈 생산(포팅) 공정에 투입된다.

평막 모듈의 제조 시에 포팅 소재는 접착제로 사용된다. 그림 3.29c가 평막 모듈이다. 플라스틱 프레임 안쪽에 스페이서(Spacer)를 두어 양측 평막이 달라붙어 여과수 유로가 막히는 것을 방지시킨 뒤, 양면(스페이서 양측면)을 분리막 활성층이 밖으로 향하게 평막으로 덮고, 평막과 프레임이 만나는 모든 면을 포팅 소재로 접착하면 평막형 모듈이 완성된다. 여과수는 프레임에 만든 튜브형 집수관을 통해 분리막 모듈 외부로 빠져나간다.

중공사막 모듈 제조 방법은 조금 더 복잡하다. 그림 3.29a가 중공사막 모듈이다. 포팅이라는 용어도 중공사막 모듈 제조에서 기인했다. 포팅 후 모습이 모듈 케이스 내 포팅 소재에 분리막이 심어져 있는 것처럼 보이기 때문이다. 실제 순서는 조금 달라서 케이스 내 분리막 다발(번들)을 가지런히 삽입하고, 분리막 사이 공간에 주제와 경화제 혼합액을 주입하여 굳힌다.

3.6.2 분리막 모듈 형태

분리막 모듈의 형태는 크게 두 가지로 나눌 수 있다. 그림 3.30과 같이 실린더형 모듈(a)과 직사각형 모듈(b)이다. 두 모듈 모두 중공사막, 관형막, 평막 중

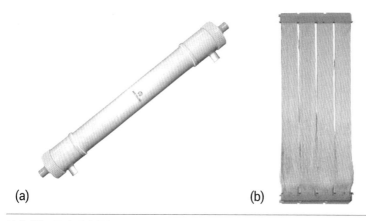

(a) (b)

실린더형 모듈과 직사각형 모듈. 그림 3.30

하나를 적용할 수 있다. 평막이 적용된 실린더형 모듈을 나권형(Spiral-wound) 모듈이라 부르며, 역삼투막 모듈이 대표적인 예이다. 같은 평막을 적용했지만, 나권형 모듈이 직사각형 평막 모듈보다 분리막 집적도가 훨씬 더 높다. 실린더형 모듈은 유입수, 여과수 모두 배관과 같은 유로를 형성하므로 물흐름이 더 균일하고, 외부 배관과 연결하기도 용이하다는 장점을 가지고 있다. 직사각형 모듈은 사공간(Dead space)를 최소화하며 모듈을 배열할 수 있기 때문에 대형 수처리 시설에 유리하다.

3.6.3 분리막 모듈 유효막면적

두 가지 형태의 분리막 모듈의 유효막면적을 계산하는 식은 각 아래 식 3.24, 식 3.25과 같으며, 모듈 내 분리막 한 가닥 또는 한 장의 유효막면적을 계산하고, 여기에 모듈 내 분리막의 총 수를 곱하여 얻는다.

$$A = 2\pi \times r \times L \times N \text{ (중공사막 또는 관형막 적용 모듈)} \qquad [3.24]$$
$$A = W \times L \times N \text{ (평막 적용 모듈)} \qquad [3.25]$$

여기에서 A = 유효막면적(effective membrane surface area), m^2

r = 분리막 단면 반지름(radius of cross-sectional circle of membrane), m

L = 분리막 길이(length of membrane), m

W = 분리막 폭(width of membrane), m

N = 모듈 내 분리막 개수(number of membranes in module), 단위 없음

일반적으로 MBR에 적용되는 상용 분리막 모듈 한 개의 막면적은 중공사막형 5~100 m², 평막형 0.4~1 m² 범위 내에 있다.

Example 3.22

다음 두 가지 형태의 분리막 모듈의 유효막면적을 계산하시오.

(a) 중공사막 모듈: 내경 0.80 mm, 외경 1.20 mm, 분리막 길이 50 cm. 모듈 내 총 분리막 가닥수 3,600가닥. 분리막은 외부에서 내부로 여과한다(분리막 활성층이 분리막 외부에 있다).

(b) 평막 모듈: 폭 0.50 m, 길이 1.0 m, 두께 0.70 mm. 양면 모두 분리막으로 사용한다. 총 분리막 모듈수 100장.

Solution

(a) 중공사막 모듈의 유효막면적(A)은 아래와 같이 계산된다.

$$A = 2\pi \times r \times L \times N$$

r=0.6 mm, L=50 cm, N=3,600.
그러므로, $A = (2\pi) \times (0.6 \times 10^{-3} \text{ m}) \times (50 \times 10^{-1} \text{ m}) \times (3,600) = 6.8 \text{ m}^2$.

(b) 양면을 모두 여과에 사용하는 평막 모듈의 유효막면적(A)은 아래와 같이 계산된다.

$$A = W \times L \times N \times 2$$

W=0.50 m, L=1.0 m, N=100. 양면 모두 여과에 사용하는 모듈이므로 유효막면적에 2를 곱한다.
그러므로, $A = (0.50 \text{ m}) \times (1.0 \text{ m}) \times (100) \times (2) = 1.0 \times 10^2 \text{ m}^2$.

3.6.4 집적도

최근 MBR 시설이 대형화되면서, 분리막 세정의 편의성을 위해 분리막조를 호기조에서 분리하고 있다. 과거 소형 MBR 시설에서는 분리막 카세트(스키드)를 하나씩 꺼내 외부 수조에서 세정했다면, 대형 시설에서는 유지관리 용이성을 극대화하기 위해 카세트를 꺼내지 않고 분리막조 전체를 한꺼번에 세정하기 위함이다. 이때 분리막 세정이 호기조 전체에 영향을 주지 않게 하기 위해 분리막조를 호기조에서 분리하는 것이다. 분리막조를 추가로 공사해야 하는 만큼 분리막의 집적도가 높을수록 시공비를 줄일 수 있어, MBR 시설의 대형화는 분리막 모듈 카세트의 대형화, 고집적화를 야기하고 있다. 분리막 모듈의 집적도를 계산할 때 모듈 내 총 유효막면적을 모듈이 점유하고 있는 면적 또는 공간으로 정규화(Normalization)할 수 있다. 보다 논리적인 비교를 위해 모듈의 점유공간으로 정규화하는 것이 옳으나, 실제 MBR 시설에서 분리막조의 높이는 분리막 종류에 관계 없이 충분히 높게 설계되기 때문에 분리막 모듈만의 변수인 점유면적으로 정규화하여 집적도를 비교하는 것이 시공비 등 경제성 검토에 더 도움이 된다. 아래 Example 3.23을 통해 분리막 모듈의 점유면적당, 점유공간당 집적도를 계산하며 개념을 이해하도록 하자.

Example 3.23

다음 각 분리막 모듈의 규격이 아래와 같을 때, 점유면적당, 점유공간당 집적도를 계산하시오.

(a) 중공사막 모듈: 내경 0.80 mm, 외경 1.20 mm, 분리막 길이 50 cm. 모듈 내 총 분리막 가닥수 12,379 가닥. 분리막은 외부에서 내부로 여과한다(분리막 활성층이 분리막 외부에 있다). 모듈 치수: 폭 0.10 m, 길이 1.0 m, 높이 0.70 m.

(b) 평막 모듈: 폭 0.50 m, 길이 1.0 m, 두께 0.70 mm. 양면 모두 분리막으로 사용한다. 총 분리막 모듈수 20장. 모듈 치수: 폭 0.10 m, 길이 1.0 m, 높이 0.70 m.

(c) 관형막 모듈: 내경 1.6 mm, 외경 3.2 mm, 분리막 길이 50 cm. 모듈 내 총 분리막 가닥수 1,741 가닥. 분리막은 외부에서 내부로 여과한다(분리막 활성층이 분리막 외부에 있다). 모듈 치수: 폭 0.10 m, 길이 1.0 m, 높이 0.70 m.

(d) 나권형 평막 모듈: 폭 0.50 m, 길이 20.0 m, 두께 0.70 mm, 양면 모두 분리막으로 사용한다. 분리막 한 장을 말아 실린더형 모듈을 만들었다. 모듈 치수: 폭 0.10 m, 길이 1.0 m, 높이 0.70 m.

Solution

(a) 중공사막 모듈 내 분리막 유효막면적(A)은 아래와 같다.

$$A = 2\pi \times r \times L \times N$$

r=0.6 mm, L=50 cm, N=12,379.
그러므로, $A = (2\pi) \times (0.6 \times 10^{-3} \text{ m}) \times (5.0 \times 10^{-1} \text{ m}) \times (12,379) = 23 \text{ m}^2$.
모듈이 직사각형이므로, 점유면적(F) 및 점유공간(V)은 아래와 같다.

$$F = W \times L = (0.10 \text{ m}) \times (1.0 \text{ m}) = 0.10 \text{ m}^2$$
$$V = W \times L \times H = (0.10 \text{ m}) \times (1.0 \text{ m}) \times (0.70 \text{ m}) = 0.070 \text{ m}^3$$

따라서, 점유면적, 점유공간당 집적도(PD_F 및 PD_V)는 아래와 같다.

$$PD_F = \frac{A}{F} = \frac{23 \text{ m}^2}{0.10 \text{ m}^2} = 2.3 \times 10^2 \text{ m}^2/\text{m}^2$$

$$PD_V = \frac{A}{V} = \frac{23 \text{ m}^2}{0.070 \text{ m}^3} = 3.3 \times 10^2 \text{ m}^2/\text{m}^3$$

(b) 평막 모듈 내 분리막 유효막면적(A)은 아래와 같다.

$$A = W \times L \times N \times 2$$

W=0.50 m, L=1.0 m, N=20. 양면 모두 여과에 사용하는 모듈이므로 유효막면적에 2를 곱한다.
그러므로, $A = (0.50 \text{ m}) \times (1.0 \text{ m}) \times (20) \times (2) = 2.0 \times 10^1 \text{ m}^2$.
모듈이 직사각형이므로, 점유면적(F) 및 점유공간(V)은 아래와 같다.

$$F = W \times L = (0.10 \text{ m}) \times (1.0 \text{ m}) = 0.10 \text{ m}^2$$

$$V = W \times L \times H = (0.10 \text{ m}) \times (1.0 \text{ m}) \times (0.70 \text{ m}) = 0.070 \text{ m}^3$$

따라서, 점유면적, 점유공간당 집적도(PD_F 및 PD_V)는 아래와 같다.

$$PD_F = \frac{A}{F} = \frac{2.0 \times 10^1 \text{ m}^2}{0.10 \text{ m}^2} = 2.0 \times 10^2 \text{ m}^2/\text{m}^2$$

$$PD_V = \frac{A}{V} = \frac{2.0 \times 10^1 \text{ m}^2}{0.070 \text{ m}^3} = 2.9 \times 10^2 \text{ m}^2/\text{m}^3$$

(c) 관형막 모듈 내 분리막 유효막면적(A)은 아래와 같다.

$$A = 2\pi \times r \times L \times N$$

r=1.6 mm, L=50 cm, N=1,741.
그러므로, $A = (2\pi) \times (1.6 \times 10^{-3} \text{ m}) \times (5.0 \times 10^{-1} \text{ m}) \times (1,741) = 8.8 \text{ m}^2$.
모듈이 직사각형이므로, 점유면적(F) 및 점유공간(V)은 아래와 같다.

$$F = W \times L = (0.10 \text{ m}) \times (1.0 \text{ m}) = 0.10 \text{ m}^2$$

$$V = W \times L \times H = (0.10 \text{ m}) \times (1.0 \text{ m}) \times (0.70 \text{ m}) = 0.070 \text{ m}^3$$

따라서, 점유면적, 점유공간당 집적도(PD_F 및 PD_V)는 아래와 같다.

$$PD_F = \frac{A}{F} = \frac{8.8 \text{ m}^2}{0.10 \text{ m}^2} = 8.8 \times 10^1 \text{ m}^2/\text{m}^2$$

$$PD_V = \frac{A}{V} = \frac{8.8 \text{ m}^2}{0.070 \text{ m}^3} = 1.3 \times 10^2 \text{ m}^2/\text{m}^3$$

(d) 나권형 모듈 내 분리막 유효막면적(A)은 아래와 같다.

$$A = W \times L \times N \times 2$$

W=0.50 m, L=20.0 m, N=1. 양면 모두 여과에 사용하는 모듈이므로 유효막 면적에 2를 곱한다.

그러므로, A=(0.50 m)×(20.0 m)×(1)×(2)=2.0×10¹ m².

모듈이 직사각형이므로, 점유면적(F) 및 점유공간(V)은 아래와 같다.

$$F = W \times L = (0.10 \text{ m}) \times (1.0 \text{ m}) = 0.10 \text{ m}^2$$

$$V = W \times L \times H = (0.10 \text{ m}) \times (1.0 \text{ m}) \times (0.70 \text{ m}) = 0.070 \text{ m}^3$$

따라서, 점유면적, 점유공간당 집적도(PD_F 및 PD_V)는 아래와 같다.

$$PD_F = \frac{A}{F} = \frac{2.0 \times 10^1 \text{ m}^2}{0.10 \text{ m}^2} = 2.0 \times 10^2 \text{ m}^2/\text{m}^2$$

$$PD_V = \frac{A}{V} = \frac{2.0 \times 10^1 \text{ m}^2}{0.070 \text{ m}^3} = 2.9 \times 10^2 \text{ m}^2/\text{m}^3$$

Example 3.25를 통해 각 분리막 모듈 형태별(중공사막 모듈, 평막 모듈, 관형막 모듈, 나권형 모듈) 집적도를 계산하였다. 네 종류의 분리막 모듈 모두 7.0×10^{-3} m³의 점유공간을 가지고 있으나, 중공사막 모듈이 가장 높은 집적도를 나타내었고, 실제 상용 분리막 모듈도 그렇다.

3.6.5 운전 방식

MBR 공정에서 분리막 운전 원동력은 수압차다. 원수측 수압이 여과측 수압보다 높을 경우 원수측 입자가 분리막에 의해 배제된 채 물만 분리막을 통해 여과측으로 이동하는 체거름 기작(Sieving mechanism)이다. 여과 전 분리막 전후 압력차는 없다. 여과를 위해 압력차를 한쪽만 바꾼다면(양쪽 다 바꾸려면 동력에너지 관련 시공비가 너무 크므로), 원수측 압력을 높이는 방법과, 여과측 압력을 낮추는(진공을 거는) 방법이 있을 것이다. 전자를 가압식(Pressurized) 운전이라 하고, 후자를 침지식(Submerged or immersed) 또는 흡인식 운전이라 한다. 후자는 흡인식보다는 침지식이라 불리는데 이는 동력원보다 분리막 모듈을 원수에 직접 담그는 형태를 강조한 것이다. 각 방식은 장점과 단점이 명확하며, 뒤에 다시 설명하기로 한다. 지금까지는 MBR 방식에 해당 장점이 더 적합한 침지식 운전 방식이 더 많이 보급되었다. 그림 3.31에 MBR 공정 내 적용된 가압식(a) 및 침지식(b) 운전 방식을 나타내었다. MBR 공정에 가압식 모듈 운전 방식을 적용하려면 그림 3.31a와 같이 호기조 내 활성슬러지를 외부에 있는 가압식 모듈로 공급하고 농축수를 다시 호기조로 돌려보내는 흐름이 필요하다. 이를 지류(Side stream) 여과라고 한다. 그림 3.31b의 침지

분리막, 모듈, 카세트

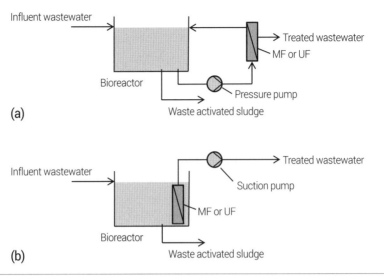

그림 3.31   가압식(a)과 침지식(b) 모듈이 적용된 분리막 공정도.

식 운전 방식은 분리막을 호기조에 직접 담가 진공펌프로 여과수를 빨아내는 방식이다.

3.6.5.1 침지식

MBR 공정에 적용된 침지식 모듈은 호기조 후단 또는 호기조와 독립된 분리 막조에 설치된다. 두 가지 모두 활성슬러지에 분리막·모듈이 담긴 상태로 외부 여과펌프가 생성하는 감압 진공에 의한 압력차에 의해 여과수를 생산 한다. 여과펌프의 진공생성도, 즉 흡인양정이 높을수록 소요 에너지 및 펌 프 가격이 크게 상승하기 때문에, 저렴한 대신 자흡력이 약한 로터리 펌프 를 사용하며 분리막과 펌프 사이에 진공챔버 및 진공펌프를 설치, 부족한 진공도를 확보하는 기술이 많이 적용되고 있다. 흡인펌프는 대부분 동일 온 도에서 동일 유량의 여과수를 이송시킬 때 가압펌프 대비 에너지를 적게 사 용한다.

    원수(활성슬러지)에 직접 분리막을 담근다는 것 이외에 침지식 모듈에 서 주목해야 할 또 하나의 특징은 분리막이 외부로 노출되어 있다는 점이다. 가압식 모듈은 분리막 원수측에 수압을 인가하기 위해 분리막이 케이스에 덮 여 있다. 침지식 모듈은 오염이 일어나는 분리막 외부가 노출이 되어 있기 때 문에 운전 중 분리막 오염을 최소화할 수 있는 부가 공정을 함께 운영할 수 있다는 장점이 있다. 대표적인 부가 공정이 폭기 공정이다. 분리막 하부에 공기 공급장치를 달아 공기방울에 의해 운전 중에도 상시 오염원이 분리막 표면에서 떨어지게 할 수 있다. 침지식 모듈이 가압식 모듈에 비해 내오염성이 우수한 매우 중요한 원인이다. 공기 공급을 위해 별도의 블로워 및 공기 공급 배관이 필요하지만, 가압식 모듈이 적용된 지류 공정과 비교 시 오염속도 지연을 위한 매우 낮은 회수율 적용으로 인한 여과 유량 대비 5~15배 큰 원수펌프를 사용하고, 별도의 농축수 배관을 설치해야 하는 가압식 모듈 공정 대비 유사한 에너지 소모로 볼 수 있다.

가압식 모듈 공정 대비 침지식 모듈 공정의 단점은 좁은 범위의 운전 TMP 및 여과 유속이다. 분리막 모듈 제조사에서 허용하는 MBR 공정 내 한계 TMP는 보통 0.6 bar이고, 설계유속은 10~40 LMH 범위에 있다. 가압식 모듈 공정은 TMP 1 bar 이상, 유속 20~80 LMH 범위를 가지기 때문에 침지식 모듈의 설치·운영상 상대적 공정 한계범위는 감수해야 한다.

침지식 모듈 간 비교도 필요하겠다. 침지식 모듈에 적용되는 분리막은 평막과 중공사막이다. 앞서 Example 3.23에서 모듈의 집적도를 계산, 비교했지만 평막 모듈의 투영면적 대비 집적도는 중공사막 모듈의 집적도의 10~20% 수준이다. 평막 모듈은 이를 극복하기 위해 적층형 카세트(스키드)를 개발, 동일 점유 면적에서 더 높은 집적도를 보여주고 있다. 평막 모듈 한 장당 유효막면적은 0.5~1 m² 정도로 모듈 단위로 유지관리하기 어렵다. 중공

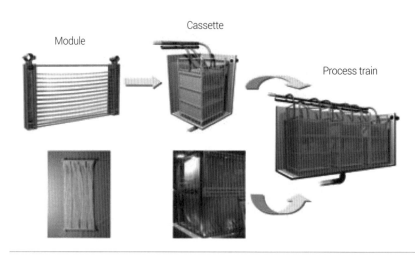

수평형, 수직형 침지식 중공사막 모듈, 카세트(스키드), 트레인(계열).　　　　　　　　그림 3.32

　　　　　　　　분리막, 모듈, 카세트

사막 모듈의 막면적은 15~50 m² 범위에 있다. 단위 모듈의 평막 모듈의 장점은 경제성이다. 앞서 분리막 및 모듈 제조공정에서 설명했지만, 저렴한 원료와 단순한 제막 및 모듈 제조공정으로 중공사막 모듈 대비 매우 높은 경제성을 가지고 있다. 평막 모듈은 중소형 MBR 시설에 적합하다 볼 수 있다.

모든 MBR 적용 평막은 분리막이 호기조 내 수직한 방향으로 설치, 운전된다. 중공사막은 수평인 제품과 수직인 제품이 모두 상용화되었다. 수평형 모듈은 집수 케이스가 양측에 있어 상하 방향으로는 분리막이 100% 노출되어 있다. 즉, 하부 폭기관으로부터 올라오는 공기방울을 모두 분리막에 접촉시킬 수 있어 모듈간 밀착배열이 가능해 수직형 모듈 대비 집적도를 더 높일 수 있다. 수직형 모듈은 집수 케이스가 상하부에 있기 때문에 이들이 공기방울 접촉로부터 사각지대를 만든다. 이를 극복하려면 모듈 간격을 띄워 카세트를 제작할 수밖에 없다. 따라서 수평형 모듈 대비 집적도는 낮아진다. 수직형 모듈의 가장 큰 장점은 내오염성이다. 중공사막, 평막 모두 수직으로 배열되어 있을 때 슬러지가 분리막 표면에 쌓일 기회가 줄어들고, 하부로부터 분리막 표면을 따라 여과방향에 수직으로 올라오는 공기방울이 이중으로 오염을 막아준다.

3.6.5.2 가압식

가압식 모듈은 대부분 실린더형이며, 분리막은 평막, 관형막, 중공사막을 적용할 수 있다. 수압을 가해 여과하는 가압식 모듈 특성상 내압성이 우수하고, 평막을 단단히 말아 삽입하거나, 중공사막, 관형막을 높은 집적도로 포팅하기 적절한 형태가 실린더형이기 때문이다.

나권형 모듈 제조방법은 다음과 같다. 우선 평막 위에 여과수 유로 확보용 스페이서를 올리고, 중앙에 옆면에 여과수 집수구가 뚫린 튜브를 위치시킨 뒤 다른 평막으로 덮어 모든 테두리를 접착한다. 접착된 평막 위에 유입수 유로 확보용 스페이서를 다시 올리고 중앙 여과수 튜브를 중심으로 단단히 말아 끝과 외부를 에폭시로 코팅하면 나권형 모듈이 완성된다(그림 3.29b 참조). 여과를 위해선 나권형 모듈이 다시 가압용 하우징에 삽입, 시설 배관과 연결되어야 한다(그림 3.35 참조). 나권형 모듈은 일반적으로 수평으로 설치되나, 유입수, 여과수 모두 모듈 내 이동 단면적이 좁아 선속도가 빠르기 때문에 유입수가 모듈 내로 고르게 분배될 수 있어 수직형으로 설치되어도 무방하다.

　중공사막이나 관형막이 적용된 가압식 모듈의 경우도 유사하다. 유입수가 내경으로 흐르는(Inside to out type) 분리막이 적용되었을 때는 상대적으로 유입수 선속도가 빠르기 때문에 수평, 수직 모두 설치 가능하나, 유입수가 외경으로 흐르는 경우(Outside to in type) 유입수 분배 균형을 위해 모듈을 수평형보다는 수직형으로 설치하고, 가급적 유입수가 아래에서 위로 흐르도록 설계된다.

　침지식 모듈과 비교해 가압식 모듈의 가장 큰 장점은 높은 여과유속이다. 이 장점으로 인해 정수장, 하수 방류수의 재이용, 수질이 우수한 해수의 담수화 등의 공정에 널리 적용되고 있다. MBR에 적용되는 분리막은 우선 5,000~15,000 mg/L의 높은 활성슬러지(Mixed liquor suspended solid, MLSS) 농도에서 여과를 수행하면서 오염에 잘 견뎌야 한다. 심지어 이 오염원은 분리막 표면에 부착해 생물막(Biofilm)을 형성할 수 있어 중장기적으로 분리막 오염을 더 크게 가속시킬 수 있다. 가압식 모듈의 케이스로 인해 여과 중 분리막 표면을 외부에서 공기방울을 공급해 깨끗하게 유지할 수도 없다. 가압식 모듈을 MBR에 적용하기 위해서는 매우 낮은 회수율로 부분여과 방식으로 운전되어야 한다. 가압식 모듈의 정수공정 회수율이 90~95%라면, MBR공정 회수율은 5~20%이다. 이는 원수측 유입수 공급펌프 용량이 여과유량 대비 5~15배로 커야 함을 의미하며, 이는 곧 높은 에너지 소모와 직결된다. 최근 이를 해결하기 위해 여러 MBR용 가압식 모듈 제조사들이 고회수율 모듈 및 여과 공정을 개발 중이다.

3.7 분리막 카세트(스키드)

2013년 기준으로 분리막 가격이 20년간 500에서 50 USD/m²로 급격히 낮아졌고 지금도 계속 낮아지고 있다. 이에 대응하기 위해 분리막 제조사는 생산용량을 늘리고, 제조공정을 자동화하고 있다. 분리막 모듈이 장착되어 실제 필터 역할을 하기 위한 최소 형태를 카세트 또는 스키드라 한다. 스키드의 크기도 대형화되고 있는데, 분리막면적당 스키드의 원가를 줄일 수 있고, 스키드당 연결되는 자동·수동 밸브, 연결부재, 계측기 개수를 줄일 수 있기 때문이다. 이는 100,000 m³/일 이상의 대형 상·하·폐수시설들이 분리막 공정으로 적용되는 추세에도 부합한다. 최근 분리막 스키드 개발 방향은 대형화, 원가절감, 폭기량 절감 및 폭기균형 최적화 등의 폭기관 개선, 장기내구성 강화, 모듈 탈부착 등 유지관리 편의성 향상 등에 초점을 맞춰 진행되고 있다.

3.7.1 부품 및 재질

침지식 모듈용 분리막 스키드는 주프레임, 분리막 모듈, 모듈 연결·고정부, 폭기관, 폭기 및 여과 본시설 배관과의 연결부재, 리프팅지그 등으로 구성되어 있으며, 가압식 모듈용 분리막 스키드는 주프레임, 분리막 모듈, 모듈 연결·고정부, 공기공급부, 원수·여과수·드레인·농축수 배관, 본시설 배관과의 연결부재 등으로 구성되어 있다.

주프레임으로 가장 많이 사용되는 재질은 스테인리스스틸(Stainless steel, SUS)이다. 해수담수화 등 부식 위험이 매우 큰 상황이 아니라면 일반적으로 SUS 304 재질이 널리 사용되고 있다. 스키드 외부 골격을 구성하여, 장기간 운전 중 외부 진동이나 충격으로부터 플라스틱 재질의 분리막 모듈 및 부품들을 보호해 준다. 제조사에 따라 스키드 프레임을 여과수 또는 폭기용 공기 이동 배관으로 사용하는 경우도 있다. 여과수 또는 폭기용 공기 이동 배관은 주로 PVC 재질을 많이 사용한다. 이는 우수한 화학적 내구성 등 전통적인 상·하수도 시설에서 오랜 기간 검증된 소재이다.

3.7.2 조립 및 유지관리

스키드 조립은 제조사에서도 될 수 있고, MBR 현장에서도 가능하다. 제조사 조립의 경우, 품질 관리 안정성이 보장되나, 대형 스키드의 경우 이송 차량의 허용 규격을 감안해야 하고, 이송 시 충격방지를 반드시 감안해야 하며, 동·하절기 이송 시에는 지나치게 낮거나 높지 않은 온도 확보도 필요하는 등 이송에 어려움을 겪게 된다. 현장에서 설치할 경우 조립 전 부피를 최소화하여 현장에 이송할 수 있어 제약을 덜 받으나, 조립 후 완결성 평가 등 재확인 작업이 고려되어야 한다. 전자는 대형 시설에, 후자는 소형 시설에 좀더 적합하다. 그림 3.33, 그림 3.34, 그림 3.35는 순서대로 조립된 가압식 모듈 스키드, 침지식 모듈 스키드, 역삼투막 모듈 스키드 사진 또는 이미지를 보여주고 있다.

중공사막 모듈은 수백~수만 가닥의 분리막으로 이뤄져 있고, 분리막 스

가압식 중공사막 모듈, 트레인(계열). 그림 3.33

침지식 분리막 카세트 설치. 그림 3.34

키드는 수십~수백 개의 모듈로 구성된다. MBR 시설 내에 수 개~수백 개의
스키드가 설치된다. 대형 MBR 시설은 수십억 가닥의 분리막이 설치될 수 있
다. 만약 MBR 시설 내 분리막 한 가닥이 끊어진다면 시설 운영자는 이를 어
떻게 찾아 꺼내어, 어떻게 수리 또는 교체할 수 있을까? 운영 중 분리막의 손

분리막, 모듈, 카세트

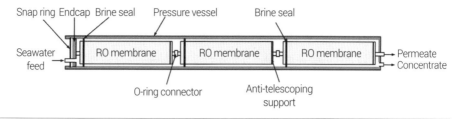

그림 3.35 가압식 역삼투 분리막의 스키드(압력베셀) 내 설치.

상은 다양한 원인에 의해 발생하며, 주로 원수 내 이물질에 의한 손상, 허용치 이상 폭기로 인한 분리막 피로손상, 스키드 이동작업 중 부주의로 인한 손상이 대표적인 예이다. 10,000 m^3/d 규모의 시설은 1년 운영 중 대략 십여건의 분리막 손상을 겪게 된다고 한다. 작은 손상은 운전 중 활성슬러지에 의해 자연스럽게 막혀 별다른 조치가 필요하지 않다. 그러나 막이 잘리거나 평막이 찢어지는 등 큰 손상이 발생했을 땐 즉각 조치가 필요하다. 대부분의 MBR 시설은 복수 계열로 운전되고, 계열별로 수질이 관측되므로, 분리막 손상이 일어난 계열의 수질 변화로 해당 계열을 쉽게 찾을 수 있다. 계열 내 해당 스키드는 어떻게 찾을까? 일반적인 방법은 스키드별로 공기압을 이용해 리크검사를 하는 것이다. MBR에서는 비교적 큰 손상만 확인하면 되기 때문에 0.3 bar (버블포인트 식 3.13에 의하면 10 μm 크기의 손상에 해당) 이하의 압력으로도 충분히 원하는 손상부위를 찾아낼 수 있다. 이 검사과정에서 스키드 내 해당 모듈 또는 이웃한 모듈 포함 세 개 정도의 모듈을 골라낼 수 있다. 골라낸 모듈은 스키드에서 탈거하여 정밀 진단 및 보수·교체 작업을 수행할 수 있다. 이는 주로 분리막 제조사에서 제공한다. 전체 MBR 시설 방류수질 기준에 문제가 되는 경우가 아니라면 실제 현장에서는 리크 계열의 회복세정시 스키드를 꺼내 세정조에 담근 상태에서 리크 검사를 하면서 수리·교체까지 함께 하곤 한다. 이는 많은 MBR 시설들이 계외세정(Clean out-of-place) 방식을 채택하고 있기 때문에 가능하다. 회복세정 주기는 주로 3~6개월이다.

분리막의 손상부를 보수하는 방법은 자외선경화형 레진이나 실리콘을 사용하여, 현장에서 분리막이 물에 젖은 상태에서도 바로 손상부를 메꿀 수 있도록 하고 있다. 앞서 소개한 폴리우레탄이나 에폭시 등 대부분의 접착제들은 물에 젖은 상태에서는 사용이 불가하다. 모듈 포팅부에서 막이 뽑힌 경우에는 위에 소개한 보수제를 사용할 수도 있지만, 보수핀(Repair pin)을 분리막 제조사로부터 공급받아 막을 수도 있다. 보수핀은 가압식 모듈 수리에서 더 보편적으로 사용되는 부품이다. 가압식 모듈은 케이스로 인해 분리막이 끊어지거나 손상되었을 때 분리막을 직접 수리할 수 없다. 따라서 해당 분리막이 포팅된 여과측 구멍을 보수핀으로 막아 수리한다.

3.7.3 분리막 유효막면적 및 집적도

분리막 스키드 내 유효막면적 계산은 어렵지 않다. 지금까지 분리막과 모듈의 유효막면적을 계산했으니, 스키드 내 설치된 모듈 개수를 안다면, 모듈의 유효막면적에 모듈 개수를 곱해 얻을 수 있다. 분리막 스키드의 집적도를 계산하기 위해서 스키드의 점유면적 및 점유공간을 계산해야 한다. 대부분의 분리막 스키드는 직육면체이므로 가로, 세로, 높이를 측정해 점유면적 및 점유공간을 계산하고, 분리막 유효막면적을 이들로 정규화(Normalization)하여 계산할 수 있다.

3.7.4 폭기

3.7.4.1 폭기장치

침지식 MBR 공정에서 폭기공정은 분리막 성능 안정화를 위한 핵심 기술(부분여과, 역세척, 휴지, 유지세정, 회복세정, 폭기) 중 하나이다. 특히 세정약품을 사용하지 않는 온라인 공정 기술 중에서는 가장 우수한 효과를 보여준다. MBR 공정에 처음 폭기공정이 분리막 오염방지 기술로 적용되었을 때는 기존 호기조 공기방울 공급과 큰 차이가 없었다. 다만, 좀 더 많은 양을 분리막에 집중함으로써 분리막 오염속도를 크게 낮출 수 있었다. 이후 개발된 폭기공정은 조대기포(Coarse bubble) 공급기술이다. 기존 미세기공보다 상승속도가 빨라 분리막 표면에 전단력(Shear force)을 증가시켜 더 효율적으로 오염물질을 분리막 표면에서 떼어낼 수 있었다. 조대기공은 막 파단을 유발할 수 있어 단일막에는 적용하기 어렵고, 인장강도가 강한 보강막에서 주로 적용된다. 조대기공 공급의 단점은 공기량이 많이 필요해 폭기에너지가 커진다는 점이었다. 이를 극복하기 위하여 순환 폭기(Cyclic aeration) 기술이 적용되었다. 주기적으로 폭기 공급을 단속하여 공급이 멈춘 시간만큼 폭기에너지를 줄일 수 있었다. 다만, 폭기 단속을 위한 자동밸브가 추가되어야 하는 이슈(시공비 및 유지관리비 부담)는 있었다. 최근 공기사이폰(Air siphon)을 폭기장치에 적용한 기술이 소개되었다. 공기사이폰이란 일반적인 사이폰현상과 원리가 같으나 배관을 채우는 방향과 그 매질이 상반된 것으로 이해하면 된다. 일반 사이폰현상은 공기로 차 있는 꺾인 배관에 유체를 채워올려 일정 수위 이상에서 유체를 높은 곳에서 낮은 곳으로 한꺼번에 이송하는 것이라면, 공기사이폰은 물로 차 있는 배관에 공기를 위에서부터 아래로 채워나가 일정 공기레벨 이하에서 공기를 한꺼번에 이송하는 것이다. 이는 조대기공보다 더 큰 기공을 공급할 수 있고, 별도의 자동밸브 없이 교대폭기 효과를 보일 수 있어 가장 혁신적인 기술이라 볼 수 있다. 폭기공정은 스키드의 수평이 완전하지 않을 때 그 오염방지 효과가 현저히 감소한다는 문제를 아직 해결하는 중이다. 폭기관 단면적, 폭기관 간격, 폭기구 크기 및 간격, 폭기관과 분리막과의 거리 등 다양한 변수의 최적화가 필요하다. 완전히 다른 관점에서 폭기공정을 없애고, 분리막을 좌우로 흔들어 관성력을 이용해 분리막 표면 오염물질을 털어내는 기술도 소개되어 상용화 준비 중이다.

3.7.4.2 폭기량

분리막 오염을 완화하기 위한 폭기에 소모되는 에너지는 전체 MBR 공정 운전 에너지의 20~40%에 이를 만큼 상당하다. 따라서 이에 대한 최적화는 불가피하다. 폭기량을 제어하기 위해 우선 폭기량(Specific air demand, SAD)을 정의해야 하는데 모듈, 스키드의 집적도와 마찬가지로 정규화할 변수에 따라 여러 가지로 구분된다. 정규화 변수는 분리막 유효막면적과 여과수량이 대표적이다. 전자를 SAD_m [SAD per membrane area, $Nm^3/(h \cdot m^2)$]이라 하고, 후자를 SAD_p (SAD per permeate volume, m^3 air/m^3 permeate)라 한다. 대부분의 분리막 제조사들은 MBR에 적용되는 SAD_m은 0.3~0.8 $Nm^3/(h \cdot m^2)$, SAD_p는 10~90 m^3 air/m^3 permeate 범위의 값을 제공한다.

Example 3.24

스키드 내 각 모듈에 15 Nm^3/h의 유속으로 공기가 공급되고 있다. SAD_m 및 SAD_p를 계산하시오. 각 분리막 모듈이 0.5 m^3/h의 유속으로 여과하고 있다. Example 3.25에 있는 각 분리막의 유효막면적을 이용하여라.

Solution

(a) 중공사막 모듈의 유효막면적(A)은 23 m^2이다.

그러므로, SAD_m 및 SAD_p는

$$SAD_m = \frac{Q_a}{A} = \frac{15 \text{ Nm}^3/\text{h}}{23 \text{ m}^2} = 0.65 \text{ Nm}^3/\text{h} \cdot \text{m}^2$$

$$SAD_p = \frac{Q_a}{Q_w} = \frac{15 \text{ Nm}^3/\text{h}}{0.5 \text{ m}^3/\text{h}} = 30 \text{ Nm}^3/\text{m}^3$$

(b) 평막 모듈의 유효막면적(A)은 2.0×10^1 m²이다.

그러므로, SAD_m 및 SAD_p는

$$SAD_m = \frac{Q_a}{A} = \frac{15 \text{ Nm}^3/\text{h}}{2.0 \times 10^1 \text{ m}^2} = 0.75 \text{ Nm}^3/\text{h} \cdot \text{m}^2$$

$$SAD_p = \frac{Q_a}{Q_w} = \frac{15 \text{ Nm}^3/\text{h}}{0.5 \text{ m}^3/\text{h}} = 30 \text{ Nm}^3/\text{m}^3$$

(c) 관형막 모듈의 유효막면적(A)은 8.8 m²이다.

그러므로, SAD_m 및 SAD_p는

$$SAD_m = \frac{Q_a}{A} = \frac{15 \text{ Nm}^3/\text{h}}{8.8 \text{ m}^2} = 1.7 \text{ Nm}^3/\text{h} \cdot \text{m}^2$$

$$SAD_p = \frac{Q_a}{Q_w} = \frac{15 \text{ Nm}^3/\text{h}}{0.5 \text{ m}^3/\text{h}} = 30 \text{ Nm}^3/\text{m}^3$$

(d) 평막 나권형 모듈의 유효막면적(A)은 2.0×10^1 m²이다.

그러므로, SAD_m 및 SAD_p는

$$SAD_m = \frac{Q_a}{A} = \frac{15 \text{ Nm}^3/\text{h}}{2.0 \times 10^1 \text{ m}^2} = 0.75 \text{ Nm}^3/\text{h} \cdot \text{m}^2$$

$$SAD_p = \frac{Q_a}{Q_w} = \frac{15 \text{ Nm}^3/\text{h}}{0.5 \text{ m}^3/\text{h}} = 30 \text{ Nm}^3/\text{m}^3$$

Problems

3.1 [막 분리 이론] Dr. M 박사는 MF, UF 분리막의 기공도를 혁신적으로 높이는 데 성공했다. 이 기술을 적용하여 MF 분리막의 단위면적당 기공수를 두 배로 늘렸다. 기공 크기 변화는 없었다. 개선 전후의 분리막을 가지고 2,000 mg/L의 NaCl 수용액을 여과하고 수투과도를 측정해 아래 표 및 그래프에 나타내었다.

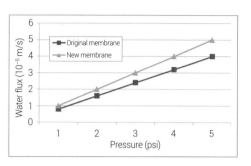

Water flux (10^{-5} m/s)		
Pressure (bar)	Original membrane	New membrane
0.10	0.8	1.0
0.20	1.6	2.0
0.30	2.4	3.0
0.40	3.2	4.0
0.50	4.0	5.0

새로 개발된 MF 분리막의 비틀림도(Totuosity)를 계산하시오. 개발 전 분리막은 분리막 표면에 수직한 실린더형 기공을 가지고 있다고 가정하시오.

3.2 [분리막 소재 및 제조] 표 A에 분리막을 제조할 수 있는 세 가지 다른 고분자 및 그들의 기계적, 열적, 물리적, 화학적 성질을 비교해 나타내었다. 우리가 이들 고분자로 분리막을 아래와 같은 조건으로 만들거나 운전할 때 어느 고분자가 가장 적합할지 각 질문에 답하고 이유를 말하시오.

1) NIPS 제막 공정에 가장 적합한 고분자는 어느 것인지 말하시오. 그 이유는 무엇일까?

2) MSCS 제막 공정에 가장 적합한 고분자는 어느 것인지 말하시오. 그 이유는 무엇일까?

3) 80°C의 물을 여과하는 데 필요한 분리막을 제조할 때 어느 고분자가 적합하고, 어느 고분자가 적합하지 않을까? 그 이유는 무엇일까?

4) 하수처리장에서 최소 5년 이상의 장기간 운전 시 기계적, 물리적, 열적, 화학적 내구성은 매우 중요하다. 어느 고분자로 만든 분리막이 가장 내구성이 우수할까? 이유는 무엇일까? 단, 모든 분리막의 기공크기 및 분포는 동일하며 운전기간 처리한 원수의 종류 및 온도조건도 동일했다.

5) 친수성은 수투과도 및 내오염성과 관계있다. 어느 고분자로 만든 분리막이 가장 큰 수투과도를 나타낼까? 이유는 무엇일까? 어느 고분자로 만든 분리막이 가장 우수한 유기물에 대한 내오염성을 보여줄

까? 이유는 무엇일까? 단, 모든 분리막의 기공크기 및 분포는 동일하며 여과수의공극률(Porosity) 종류 및 온도도 동일하다.

표 A 분리막 제조용 고분자 및 고분자의 기계적, 물리적, 열적, 화학적 성질

고분자	A	B	C
T_g, ℃	80	120	180
T_m, ℃	100	150	250
용매 용해도	Good	Medium	Bad
인장강도, mPa	100	200	300
인장 신도, %	100	50	30
접촉각, °	180	90	30
화학적 내구성	Good	Good	Good

3.3 [분리막 성능] 식 3.2와 식 3.4는 여과유량, 여과유속을 정의하는 식이다. 식 3.22는 여과유속이 여과저항에 반비례함을 보여준다. 식 3.2와 식 3.4으로부터 여과저항을 유도하시오.

3.4 [분리막 모듈, 카세트] 아래 시설 용량 25,000 m³/일인 G 하수처리장의 기본 운전 정보가 있다. 하기 표 내용을 참조하여 아래 값을 구하시오.

1) 25℃에서의 청수 수투과도
2) 최소 취수 유속
3) 하수처리장 내 설치된 총 유효막면적
4) 비상시 운전 여과유속
5) 정상 운전조건에서의 회수율(유입수 탁도 <200 NTU)

표 A 분리막 모듈 개요

항목	내용	비고
기공 크기	0.05 μm	
유효막면적	72 m²/module	
청수 여과유속	4.60 m³/m²·d (1℃) 8.95 m³/m²·d (25℃)	TMP 0.5 kg$_f$/cm²

표 B 분리막 장치 개요

항목	설계	비고
여과수 공급	30,000 m³/d	
회수율	최소 90%	
여과유속	0.95 m³/m² d (TMP 1.0 kg$_f$/cm², 1°C)	Normally 4 systems online Emergency 3 systems online
분리막 모듈 개수	4 system (6 unit/system, 20 module/unit)	

표 C 운전조건 차이

항목	일반 운전조건	고탁도 운전조건
여과 방식	전량여과(below 200 NTU)	전량여과(200~400 NTU) 부분여과(above 400 NTU)
여과유속	0.94 m³/m² d	0.98 m³/m² d

참고문헌

Allen, M. D., and Raabe, O. G. (1982) Re-evaluation of Millikan's oil drop data for the motion of small particles in air, *Journal of Aerosol Science*, 13: 537.

Carman, P. C. (1939) Permeability of saturated sands, soils and clays, The Journal of Agricultural Science, 29(2): 262-273.

Chheryan, M. (2000) *Ultrafiltration and microfiltration handbook*, 2nd edition, CRC Press, Inc., Florida, USA.

Cunningham, E. (1910) On the velocity of steady fall of spherical particles through fluid medium, *Proceedings of the Royal Society A*, 83(563): 357-365.

Davies, C. N. (1945) Definitive equations for the fluid resistance of spheres, *Proceedings of the Physical Society*, 57: 259-270.

Gorley, S. V. (2009) *Handbook of membrane research: properties, performance and applications*, Nova Science Publishers, Inc., New York, USA.

Hildebrand, J. H., and Scott, R. L. (1950) *The Solubility of Non-Electrolyte*, 3rd edn. Reinold, New York, USA, pp. 123-124.

Hillis, P. (2000) *Membrane technology in water and wastewater treatment*, Royal Society of Chemistry, Lancaster, UK.

Hoffman, E. J. (2003) *Membrane separations technology: Single-stage, multi-stage, and Differential Permeation*, Elsevier Science, Inc., MA, USA.

Matsuura T. (1994) *Synthetic membranes and membrane separation processes*, CRC Press, Inc., Florida, USA.

Mueller, A., Guieysse, B., and Sarkar, A. (2009) *New membranes and advanced materials for wastewater treatment, ACS symposium series 1022*, Oxford University Press, USA.

Scott, K. (1995) *Handbook of industrial membranes*, 1st edition, Elsevier science publishers, Inc.,

Oxford, UK.

Scott, K. and Hughes, R. (1996) *Industrial membrane separation technology*, Blackie Academic & Professional, Glasgow, UK.

Stumm, W. W. (1992) Dissolution kinetics of kaolinite in acidic aqueous solutions at 25°C, *Geochimica et Cosmochimica Acta*, 56: 3339-3355.

분리막, 모듈, 카세트

제 4 장

막 오염

Principles of
Membrance Bioreactors for
Wastewater Treatment

막 오염현상은 수처리 및 하폐수처리를 위한 막 분리 공정의 활용과정에서 마주치게 되는 중요한 문제점 중의 하나이다. 압력을 구동력으로 하는 모든 막 분리 공정과 마찬가지로 MBR 공정에서도 역시 막 오염현상이 필연적으로 발생하며 해결해야 할 문제점으로 지목되고 있다. MBR 공정의 막 오염은 여러 가지 변수, 이를테면 유입수와 사용된 막의 특성, 생물반응기의 운전조건 및 막 세정방법 등에 의하여 크게 영향을 받는다. 따라서 MBR 공정의 성공적인 운전을 위해서는 막 오염에 적절하게 대처해야 한다.

본 장에서는 막 오염현상의 완벽한 이해를 위하여 막 오염현상의 분류, 중요한 막 오염 유발물질 및 막 오염에 결정적인 영향을 미치는 인자 등 막 오염현상의 기본에 대해 서술하고자 한다. 아울러 MBR 공정에서 발생한 막 오염을 정량화하는 방법에 대해서도 기술하고자 한다.

4.1 막 오염현상(Fouling Phenomena)

MBR 공정이 정압(Constant pressure mode)으로 운전되고 있다면 운전시간이 경과함에 따라 막 유출수 플럭스(Flux)가 지속적으로 감소하는 것을 확인하는 것으로 막 오염이 발생하고 있음을 인지할 수 있다. 만약 일정유량 운전방식(Constant flux mode)으로 운전되고 있다면 막간차압(Transmembrane pressure, TMP)의 지속적인 증가로 막 오염이 발생하고 있음을 알 수 있다. 정압 운전조건에서는 초기에 플럭스가 급격히 감소하고 이후에는 완만한 감소를 보이며 정상상태를 보이는 것이 일반적이다.

그림 4.1은 MBR의 운전방식에 따라 나타나는 전형적인 막 오염현상의

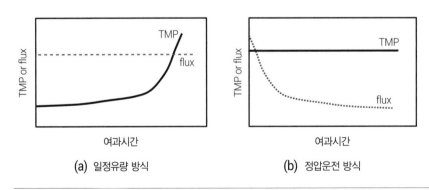

(a) 일정유량 방식   (b) 정압운전 방식

MBR에서 두 가지 운전 방식에 따른 막 오염 추적 방식.   그림 4.1

막 오염

모습이다. 전술한 바와 같이 일정유량 방식(그림 4.1a)으로 운전된다면 시간에 따른 TMP 변화를 관찰하여 막 오염의 진행 정도를 알아볼 수 있으며, 정압운전 방식(그림 4.1b)으로 운전된다면 시간에 따른 플럭스 변화를 직접 관찰하여 막 오염 정도를 평가할 수 있다. 그림 4.1에 보이는 두 가지 선(플럭스와 TMP)이 거의 완벽하게 역의 관계처럼 보이는 것(서로 뒤집어 놓으면 일치하는 것)은 당연하다. 그 이유는 4.5.1항(Resistance in series model)에 설명될 것이다.

대부분의 하폐수처리장의 MBR은 일정유량 방식으로 운영되기 때문에 막 오염은 운전시간에 따른 TMP 변화를 관찰하는 것으로 시작한다. 그림 4.2는 전형적인 2단계 TMP 증가곡선을 나타내고 있다. 즉, 운전초기에는 TMP가 느리지만 점진적으로 증가한다(그림 4.2a - stage I). 적당한 막 세정작업이 수행되었거나 혹은 그렇지 않은 경우라도 운전시간이 경과하게 되면 TMP가 갑자기 증가하는 부분이 나타난다(그림 4.2a - stage II). 이런 형식의 TMP 증가를 2단계(2-stage TMP rise-up)로 구분하여 기술하는 것이 보편적이다. 갑자기 TMP가 증가하는 지점(Breakthrough point)까지 도달하는 시간은 막 세정 정도에 의존한다. 적절한 물리화학적 세정이 수행된다면 이 지점에 이르는 시간이 연장된다.

MBR에서 나타나는 이러한 2단계 TMP 증가는 다음과 같은 두 가지 이론으로 설명된다.

1) 급격한 TMP 증가(TMP jump), 즉 2단계 시작 지점은 국지적인 플럭스(Local flux)가 임계 플럭스(Critical flux)보다 높아지기 때문에 발생한다.

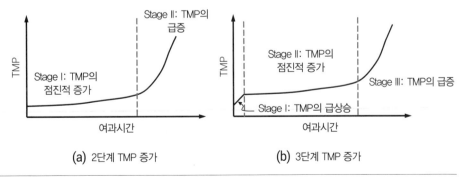

(a) 2단계 TMP 증가   (b) 3단계 TMP 증가

그림 4.2   MBR에서의 전형적인 TMP 증가곡선 형태.

MBR 운전이 시작되면, 즉 1단계에서부터 막 오염은 점진적으로 발생한다. 이 기간은 임계 플럭스 이하(Sub-critical flux)로 운전되고 있다. 즉, 막 표면의 국지적인 플럭스는 임계 플럭스보다 낮은 상태에서 운전되고 있는 것이다. 막 오염이 진행되면서 지속적으로 막의 기공은 막히게 되며 TMP는 비가역적으로 증가하게 된다. 이는 입자상 물질과 용질들이 막의 표면과 기공에 흡착되면서 막의 기공을 막는 현상이 발생하는 것이다. 충분한 시간 동안 운전이 지속되면 막의 기공이 거의 막히게 되고 아직 열려 있는 기공으로 유입되는 플럭스, 즉 국지적 플럭스(Local flux)는 급격히 증가한다. 따라서 갑작스런 TMP 증가가 발생하는데, 이 시점이 국지적인 플럭스가 임계 플럭스보다 높아지게 되는 시점, 즉 2단계의 시작 지점이 되는 것이다.

2) 막 표면에서 세포외고분자물질들(Extra-cellular Polymeric Substance, EPS)의 변화에 의한 급격한 TMP 증가

두 번째 단계에서의 급격한 TMP 증가는 막 표면에서 EPS 농도의 급격한 증가와 관련이 있다. 오랜 시간 동안 운전하면 막 표면과 접해 있는 케이크 층의 바닥면에서의 EPS 농도가 증가하여 TMP의 급격한 증가로 이어진다. EPS는 점액질의 고분자물질로 여과수의 흐름을 방해하는 것으로 알려져 있다.

TMP 증가 형태는 그림 4.2b에 제시된 바와 같이 종종 3단계로 구분되어 설명된다. 종종 MBR의 운전 초기에 짧지만 빠른 TMP 증가 부분이 보인다. 이는 운전 초기에 농도분극(Concentration polarization) 현상과 압력에 의한 막의 수축(Membrane compaction) 현상에 의해 발생하는 것이다. 동시에 생물 반응기의 작은 입자들이 운전 초기에 막 기공을 짧은 시간에 막아버리기 때문이기도 하다. 이러한 첫 번째 단계의 TMP 증가는 종종 두 번째 단계의 느리고 완만한 TMP 증가에 묻혀버려 인지하기 어렵게 만들어 전체적으로 2단계 TMP 증가처럼 보이게 한다. 이후의 2, 3단계 TMP 증가는 앞에서 설명한 이유와 동일하다.

1단계에서의 TMP 증가는 용질과 작은 입자들이 주로 막 기공 벽면이나 막 표면에 흡착되면서 유발된 것이지만, 2단계에서의 느리고 완만한 TMP 증

막 오염

가는 미생물 플록과 입자들이 막 표면에 부착되면서 발생하는 것이다. 3단계에서의 급격한 TMP 증가는 1) 운전시간이 증가하면서 막 표면의 케이크 층이 압착(Compression)되어서, 2) 케이크 층 하단부의 EPS 농도가 증가하여 막과 케이크 층의 전체 공극률이 크게 감소하여 발생하는 것이다.

4.1.1 막 오염속도(Fouling Rate)

막 오염이 진행되는 정도를 기술하기 위해 종종 막 오염속도가 사용되기도 한다. 막 오염이 발생하면 다음과 같은 일련의 4단계를 밟는다. 1) 가장 작은 막 기공의 폐색, 2) 비교적 크기가 큰 기공 내부 표면의 용질 흡착, 3) 그 위에 입자가 중첩 및 입자들이 크기가 큰 기공을 직접 폐색, 4) 케이크 층의 발달. 그러나 이러한 단계들은 쉽게 구분되거나 정량화되기가 어렵기 때문에 각 단계를 구분하여 막 오염을 해석하지는 않는다.

막 오염이 일어나고 있는지 알아보기 위한 가장 손쉬운 방법은 막 오염속도를 구하는 것이다. 그림 4.3a에 나타난 바와 같이 막 오염속도를 표현하는 일반적인 방법은 TMP의 시간에 따른 미분형태, dTMP/dt로 표현하는 것이다. 따라서 막 오염속도의 단위는 kPa/h 또는 psi/h일 것이다. 막 오염 모델식에 의해 계산된 여과저항, R (Resistance, 이후에 설명됨)의 시간에 따른 변화율로도 막 오염 정도를 표현할 수 있다. 이 경우에 막 오염속도의 단위는 $m^{-1} \cdot h^{-1}$이다.

그림 4.3b에서 보듯이 MBR의 막 오염속도는 운영 중인 MBR의 플럭스값에 의존한다. 즉, 운영 플럭스가 높을수록($J_0 > J_{critical} > J_1 > J_2 > J_3 > J_4$) 막 오염속도는 증가한다. MBR 설계 시 설정된 운영 플러스가 J_4에서 J_1쪽으로 증가하면 막

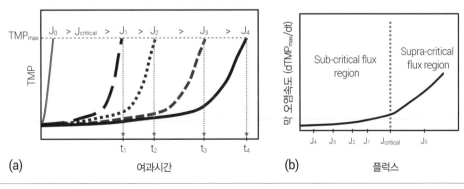

| 그림 4.3 | (a) 전형적인 TMP 증가형태, (b) 플럭스의 함수로 표현된 막 오염속도. |

오염속도는 완만하게 증가한다. 그러다가 임계 플럭스($J_{critical}$)를 지나게 되면 막 오염속도도 급격히 증가한다. 임계 플럭스를 기준으로 막 오염이 완만히 증가하는 지역(Subcritical flux region)과 급격히 증가하는 지역(Supercritical flux region)으로 구분된다. 도시하수를 처리하는 MBR의 전형적인 임계 플럭스값은 10~40 L/m²·h로 알려져 있으나 산업폐수처리를 담당하는 MBR의 임계 플럭스값은 플랜트마다 매우 다른 것으로 알려져 있다.

4.2 막 오염의 분류(Classification of Fouling)

MBR의 막 오염은 여러 가지 원인에 의해서 발생하기 때문에 완벽하게 이해되기는 쉽지 않다. 막 오염현상은 단순히 하나의 메커니즘으로 설명되지 않는다. MBR의 막 오염을 분류하는 기준이 많은 연구자들에 의해 제안되어 왔지만 아직도 막 오염을 설명하는 용어 등이 통일되지 않았다. 따라서 막 오염을 분류하는 기준이 무엇인가에 따라 분류법이 달라질 수밖에 없다.

표 4.1은 MBR의 막 오염현상을 분류하는 몇 가지 방법을 제시하였다. 막 오염을 분류하는 가장 용이한 방법은 막 오염 발생 후 간단한 막 세정을 수행하였을 경우 플럭스를 회복할 수 있는지, 즉 플럭스의 가역성(Reversibility)을 고려하는 것이다. 이 기준을 막 오염에 적용하면 가역적(Reversible), 비가역적(Irreversible), 비회복적(Irrecoverable) 막 오염으로 분류할 수 있다. 두 번째 분류기준은 막 오염이 발생한 장소에 주목하는 것이다. 즉, 이 분류법에 의하면 막 오염은 막힘(Clogging), 케이크 층(Cake layer), 세공 내부(Internal pores) 막 오염 등으로 분류할 수 있다. 막 표면 외부에서 입자성 물질이 막 모듈의 통로에 쌓이게 되어 유체흐름을 막는 '막힘' 현상은 엄격하게 말하면 막 오염 현상은 아니다. 그러나 막힘은 막 오염과 함께 막의 여과성능을 심각하게 훼손하기 때문에 종종 막 오염과 같이 다루어진다. 마지막 분류법으로 입자성 물질이 막에 쌓이는 형식에 의한 분류이다. 즉, 케이크 층 형성, 막 세공 협착(Pore narrowing) 그리고 세공 폐색(Pore blocking)으로 분류할 수 있다. 압력에 의한 막 수축(Membrane compaction) 역시 막 오염현상으로 분류할 수는 없으나 막힘 현상과 마찬가지로 막의 여과성능을 저하시키는 요인 중 하나이다.

막 오염 분류 기준	막 오염현상	설 명
막 세정 후 플럭스 회복	가역적 막 오염	간단한 조작이나 화학세정에 의해 플럭스 회복
	비가역적 막 오염	어떤 세정에도 플럭스 회복이 불가능
	회복가능 막 오염	역세척이나 압력완화 등과 같은 간단한 방법으로 플럭스 회복
	비회복적 막 오염	화학세정에 의해서만 플럭스 회복가능
막 오염이 발생하는 장소	막힘(Clogging)	슬러지가 중공사 또는 평판형 막 번들의 통로에 축적되어 유체흐름이 막히는 현상
	케이크 층 형성	막 표면에 슬러지가 침적되는 현상
	세공 내부 막 오염	막 내부의 세공 벽에 콜로이드성 물질 또는 용존성 물질이 흡착
고형물 침착 형태	케이크 층 형성	막 표면에 수직으로 발생하는 슬러지 침착
	막 세공 협착	막 세공에 용질의 침착으로 인한 세공 크기가 좁아지는 현상
	막 세공 폐색	용질이 막 세공 입구에 침착되어 막혀버리는 현상
용질에 의한 막 오염	농도 분극 현상	막 표면에 근접할수록 농도가 증가하는 현상
	겔층 형성	막 표면에 초기에 접한 용질 또는 고형물이 압밀화되는 현상
비(非) 막 오염	압밀화	막에 가해지는 외부 압력으로 인한 막 구조의 압착

표 4.1
MBR의 막 오염 분류

4.2.1 가역적/비가역적(Reversible, Irreversible), 회복가능/비회복적 (Recoverable, Irrecoverable) 막 오염

전통적으로 막 오염은 가역적(reversible) 막 오염과 비가역적(Irreversible) 막 오염으로 분류하여 왔다. 이런 방법으로 막 오염을 분류하는 기준은 일반적인 막 세정작업 후에 플럭스의 회복 여부이다. 가역적 막 오염은 말 그대로 역세척(Backflushing), 압력완화(Pressure relaxation) 또는 공기세정 등의 간단한 막 세정작업 후 플럭스를 회복할 수 있는 막 오염을 지칭하며 이를 회복가능 막 오염(Recoverable membrane fouling)이라 한다. 그러나 오직 화학적 세정에 의해서만 플럭스를 회복할 수 있는 막 오염은 비회복적(Irrecoverable) 막 오염으로 분류한다. 반면 어떤 수단으로도 플럭스의 회복이 불가능한 막 오염은 비가역적(Irreversible) 막 오염으로 분류한다(그림 4.4). 이런 관계는 다음 식 4.1로 요약할 수 있다.

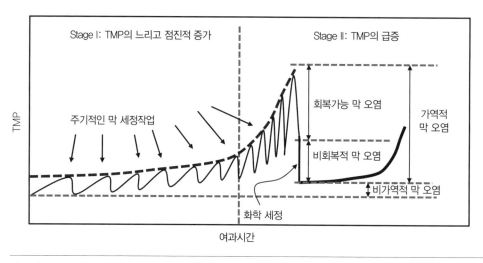

막 오염 분류에 의한 TMP 증가곡선.　　　　　　　　　　　　　　　　　　그림 4.4

총 막 오염=가역적 막 오염+비가역적 막 오염
　　　　　=회복가능 막 오염+비회복적 막 오염+비가역적 막 오염　[4.1]

막 여과가 시작됨과 동시에 막 오염 1단계까지는 TMP는 점진적으로 증가하기 시작한다. 이 기간 동안 회복가능 막 오염은 주기적인 막 세정작업(역세척 또는 공기세정)으로 플럭스를 회복할 수 있으며, TMP는 낮은 수준으로 유지될 수 있다. 막 표면과 케이크 층 사이에 압착되어 형성되는 겔층(Gel layer)과 막 세공에 용질이 강하게 흡착되어 유도되는 비회복성 막 오염은 위에서 언급한 간단한 막 세정작업으로 플럭스를 회복할 수 없으며 화학세정에 의해 플럭스를 회복할 수 있다. 막 오염 초기단계에서는 비가역적 막 오염은 가역적 막 오염보다 적게 발달한다. 그러나 이후 차츰 증가하기 시작한다. 막 오염 2단계 초기단계에서 TMP가 갑자기 증가하는데 이 기간 동안 발달한 막 오염은 대부분 가역적 막 오염(=recoverable fouling+irrecoverable fouling) 이다. 차아염소산나트륨, NaOCl과 같은 산화제를 이용한 화학세정을 통해 갑자기 증가한 TMP를 원상회복시킬 수 있다. 상이한 몇 가지 막 오염 형태가 그림 4.5에 나타나 있다.

　그림 4.5a와 4.5b에 나타난 TMP 증가곡선을 보면, 발생한 총 막 오염 (a+b)의 크기는 동일하지만 총 막 오염에 대한 가역적 막 오염(a)의 비율, 즉 a/(a+b)가 서로 같지 않음(Ratio 1≠Ratio 2)을 알 수 있다. 그림 4.5에서는 비율 1(Ratio 1)이 비율 2보다 큰 것으로 나타나 있으며, 이것은 (a)가 (b)에 비해

　　　　　　　　　　　　　　　　　　　　　　　　　　　　　막 오염

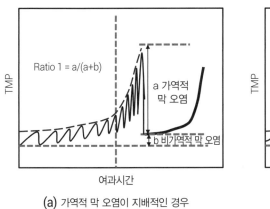
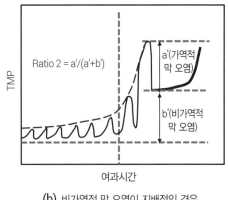

(a) 가역적 막 오염이 지배적인 경우 (b) 비가역적 막 오염이 지배적인 경우

그림 4.5   막 오염 형태에 따른 TMP 증가 형태.

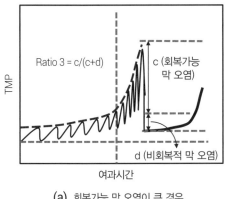
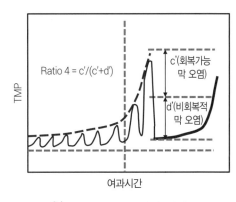

(a) 회복가능 막 오염이 큰 경우 (b) 비회복적 막 오염이 지배적인 경우

그림 4.6   회복가능 막 오염 정도가 다른 경우의 TMP 증가 형태.

서 가역적 막 오염이 지배적임을 시사하고 있다. 이 비율은 어떤 화학세정이 수행되었는지 또는 화학세정 전에 수행되었던 역세척의 빈도 그리고/또는 강도에 따라 달라질 수 있다. 화학세정 이전에 역세척을 강한 강도로 자주 수행할수록 이 비율은 증가할 것이다.

만약 가역적 막 오염($c+d$)이 동일한 경우에도 회복가능한 부분과 비회복적 막 오염 비율이 다른 경우를 생각해 볼 수 있다. 그림 4.6에서 보듯이 가역적 막 오염($c+d$) 중에서 회복가능한 막 오염(c)이 차지하는 비율, 즉 $c/(c+d)$가 다른 두 가지 경우(Ratio 3과 4)가 있을 수 있다. 이 비율의 차이는 어떤 종류의 화학세정이 어느 정도의 세기와 빈도로 수행되었는지에 따라 달라질 수 있다.

4.2.2 막 오염 발생장소에 의한 분류(Classification of Fouling by Location of Fouling)

막 오염을 분류하는 또 다른 방법 중 하나는 막 오염이 발생한 장소를 기준으로 하는 것이다. 막 오염 발생장소에 따라 막힘, 케이크 층, 세공 내부 막 오염 등으로 분류할 수 있다. 막힘 현상은 막의 표면이 아닌 막 모듈 번들 사이 또는 통로 등에 생기는 현상이고 케이크 층은 막 표면에 형성되며 MBR의 막 오염 중에서 가장 중요한 부분으로 여겨진다. 반면 세공 내부 막 오염은 말 그대로 분리막의 세공 내부에서 발생하는 막 오염이다.

4.2.2.1 막힘(Clogging)

폭기조 내부의 활성슬러지 플록, 작은 입자들, 협잡물 등은 중공사형 혹은 평판형 막 모듈 내부 공간에 쉽게 축적되어서 막 표면으로의 유체흐름을 막아 버린다. 그림 4.7에 나타난 바와 같은 이런 현상을 막힘이라고 하며 막 표면으로의 유체의 이송(Convection)을 막아버려서 유출수 플럭스가 감소하게 된다. 막힘 현상은 MBR 공정 전 단계에서 입자성 물질이나 협잡물을 제거해 주는 전처리가 제대로 수행되지 않아서 발생하거나 모듈의 유체흐름에 관한 설

중공사막 모듈에서 발견되는 전형적인 막힘(Clogging) 현상.　　　　　　　　　　　그림 4.7

막 오염

계가 잘못되어서 발생한다. 즉, 막힘 현상이 발생하지 않는다는 것은 막 모듈의 유체흐름이 원활하게 흘러갈 수 있도록 설계되었다는 것을 의미한다. 막힘은 막 오염으로 분류되지 않지만 다른 막 오염현상과 동일한 결과 즉, 플럭스의 감소나 TMP의 증가를 유발한다. 막힘 현상은 지속적인 MBR 운전을 위해서 매우 중요하게 다루어야 할 인자임에도 불구하고, 공학적으로 정량화하기가 어려운 점이 있어서 그동안 광범위한 연구가 수행되지 않았다. 유입하수에 대한 전처리공정, 이를테면 스크린, 바 랙(Bar rack), 침사지 등이 적절하게 수행된다면 막힘 현상은 어느 정도 줄어들 수 있다.

4.2.2.2 케이크 층(Cake Layer)

막 표면에 형성되는 케이크 층에 의한 막 오염이 MBR 공정의 주요한 막 오염 메커니즘으로 알려져 있다. 막과 폐수의 종류 및 운전조건 등 막 오염에 영향을 미치는 인자들에 관계없이 MBR의 주된 막 오염현상으로 인식되고 있다. 폭기조 내부의 부유물질과 슬러지는 막 여과가 시작됨과 동시에 막 표면으로 이송되어 막에 침착되기 시작한다. 케이크 층의 두께는 여과가 진행됨에 따라 차츰 증가하다가 더 이상 증가하지 않고 일정하게 유지된다. 막 표면에서의 수리학적 조건, 즉 조대폭기에 의해 케이크 층이 더 이상 비대해지는 것이 억제된다. 케이크 층의 두께는 막에 가해진 압력이나 폭기 강도에 따라 다르지만 보통 수 마이크로미터에서 수백 마이크로미터(μm)의 범위에 있다. 일반적으로 케이크 층이 두꺼울수록 케이크 층에 의한 여과저항이 증가하는 것이 사실이지만 케이크 층의 두께가 막 여과성능을 결정하는 유일한 요소는 아니다. 이를테면, 막 여과성능에 직접적인 관계가 있는 케이크 층 저항(Cake resistance, R_c)은 비저항(Specific cake resistance, α)과 케이크 층에 침적된 미생물층 질량(m)의 함수이다.

$$R_c = \frac{\alpha m}{A_m} \qquad [4.2]$$

여기에서 α: 비저항(specific cake resistance of biofilm), m/kg

m: 미생물 총 질량(mass of biofilm), kg

A_m: 막 표면적(membrane surface area), m²

Carman-Kozeny 식(식 4.3)에 의하면, 케이크 층을 이루는 입자 크기(즉, 미생물의 크기)와 공극률(Porosity)이 비저항, α를 결정한다.

$$\alpha = \frac{180(1-\varepsilon)}{\rho_p \cdot d_p^2 \cdot \varepsilon^3}$$ [4.3]

여기에서 ε: 공극률(porosity of cake layer)

ρ_p: 입자의 밀도(density of particles), kg/m^3

d_p: 입자 직경(particle diameter), m

위 식에서 활성슬러지 혼합액의 밀도(ρ_p)는 여과 중 크게 변하지 않기 때문에 일정하다고 볼 수 있다. 따라서 비저항(α)을 결정짓는 가장 중요한 요소는 입자 크기(d_p)와 공극률(ε)이라고 볼 수 있다. 결국 작은 입자로 이루어진 얇은 케이크 층의 여과성능이 큰 입자로 이루어진 두꺼운 케이크 층의 여과성능보다 좋지 않을 수도 있는 것이다.

　　그림 4.8은 공초점 레이저 주사현미경(Confocal laser scanning microscopy, CLSM)으로 촬영한 중공사막 표면의 케이크 층 이미지 중 한 컷(b)과 그 이미지들을 조합하여 만든 케이크 층의 3차원 구조(a)이다. 케이크 층의 구조를 분석하는 다양한 기술 중 하나인 CLSM은 케이크 층을 파괴하지 않고 존재하는 상태 그대로 분석할 수 있는 방법이다. 이 기법은 케이크 층 내부의 미생물이 분비하는 성분을 형광 염색하여 케이크 층의 구조를 효과적으로 가시화

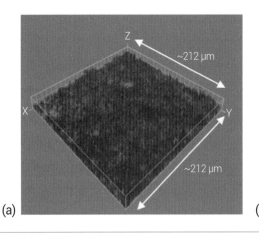 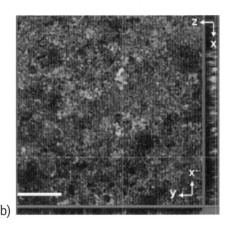

(a) CLSM 이미지로부터 재조합된 3차원 구조, (b) CLSM을 이용하여 분리막 표면에 형성된 케이크 층의 전사 이미지.

그림 4.8

막 오염

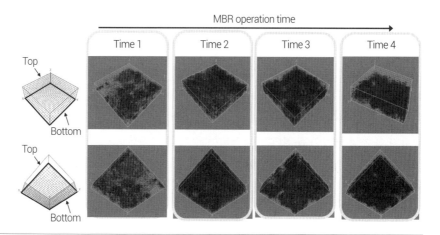

그림 4.9   MBR의 막 표면에 형성된 케이크 층에 존재하는 다당류와 세균 세포 이미지들로부터 재조합된 3차원 구조.

하거나 정량화할 수 있는 도구로 사용할 수 있다(Bressel et al., 2003). 즉, 케이크 층 내부에 존재하는 세포의 핵산(Nucleic acid)을 상용화된 염색제를 이용하여 염색한다. 암실에서 염료를 투입하고 상온에서 30분 방치한 후 인산염 완충용액(Phosphate-buffer solution)으로 세척한다. 염색된 케이크 층은 즉시 CLSM으로 관찰한 후 이미지 자료를 저장한다. 수집된 이미지를 이용하여 케이크 층의 3차원 구조를 보여주는 영상자료로 만들기 위해서는 상용화된 소프트웨어의 도움을 받아야 한다. 즉, 케이크 층의 윗부분부터 바닥까지의 이미지 자료를 이용하여 3차원의 케이크 층 구조를 볼 수 있게끔 재조합하는 과정이 필요하다. 상용화된 소프트웨어를 이용하여 케이크 층의 구조를 3차원으로 재조합하여 보여주는 한 예를 그림 4.9에 제시하였다. Beyenal 등(2004)에 의해 개발된 이미지 분석 소프트웨어 ISA-2가 재조합된 케이크 층의 공극률 등과 같은 케이크 층의 중요한 정보를 계산할 수 있게 한다.

4.2.2.3 세공 내부 막 오염(Internal Pore Fouling)

용존성 물질과 미세한 입자들이 막 내부 벽에 흡착되는 현상이 세공 내부 막 오염의 주된 메커니즘이다. 여과 초기부터 용존성 물질과 콜로이드성 작은 입자들은 막 세공 입구와 내부 벽에 부착(Adhesion)되기 시작하여 막 세공의 직경을 좁아지게 만든다. 케이크 층이 충분히 발달한 후에는 용존성 물질과 미세입자들이 막 세공보다는 점착성이 큰 케이크 층에 부착(Cohesion)되기를 선호한다. 일반적으로 세공 내부 막 오염(R_f)보다는 케이크 층에 의한 막 오염(R_c)이 더 큰 역할을 하는 것으로 알려졌다. 대부분의 MBR에서 R_c가 R_f보다 수 배에서 수십 배 큰 것으로 보고되고 있다.

4.2.3 고형물 침착 형태(Solids Deposit Pattern)

입자와 용존성 물질이 분리막에 침착하는 형태를 기준으로 막 오염을 분류하면 다음과 같이 세 가지로 분류된다(그림 4.10). 1) 케이크 층 형성, 2) 막 세공 협착(Pore narrowing), 3) 세공 폐색(Pore blocking).

앞서 설명하였듯이 케이크 층 형성은 막의 표면과 세공 입구에서 발생한다. 세공폐색은 그 이름에서 알 수 있듯이 입자성 물질이 막 세공 입구를 꽉 막아버려 생기는 현상이다. 막의 세공 크기와 같거나 약간 큰 크기를 가지는 입자성 물질(주로 활성슬러지 플록)과 또는 미생물 세포들이 막의 입구를 막아버리는 현상이다. 막 세공 협착은 막의 세공 크기보다 작은 크기를 가지는 입자성 또는 용존성 물질이 막 세공 내부에 부착되어 막의 입구가 좁아지는 현상이다. 이런 세 가지 형태의 막 오염은 절대로 독립적으로 발생하지 않으며 항상 동시에 발생한다. 즉, 각각의 막 오염 형태가 별도로 발생하지 않고 항상 동시에 발생함을 의미한다.

4.2.4 용질에 의한 막 오염(Solute Fouling)

4.2.4.1 농도분극(Concentration Polarization)

막 표면에 가까워질수록 용질의 농도가 증가하는 농도분극 현상은 모든 막 분

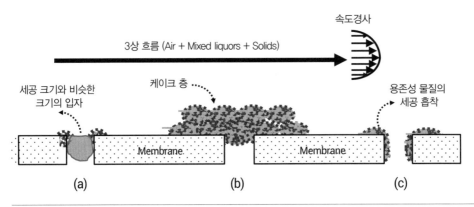

MBR에서의 막 오염 형태: (a) 세공 크기와 비슷한 크기의 입자로 인해 발생한 세공 폐색(또는 세공 막힘), (b) 케이크 층 형성, (c) 용존성 물질에 의해 발생한 막 세공 흡착.　　　　그림 4.10

리 공정에서와 마찬가지로 MBR에서도 발생한다. 그러나 MBR에서의 농도분극 현상은 막 표면에 근접한 매우 제한된 범위에서만 존재하기 때문에 케이크 층에 묻혀버린다. 따라서 케이크 층과 구별하기가 쉽지 않기 때문에 MBR 공정에서는 농도분극 현상을 중요한 막 오염현상으로 취급하지 않는다.

4.2.4.2 겔층 형성(Gel Layer Formation)

겔층(Gel layer)은 종종 케이크 층과 혼동되어 사용되는 경향이 있다. 엄격히 말해서 겔층은 입자성 물질보다는 고농도 용질과 고분자물질로 이루어졌다. 농도분극 현상이 막 표면에서 모 용액 쪽으로 진행되면서 겔층이 형성되고 확장되는 것이다. 그러나 겔층은 케이크 층 하단으로 쉽게 편입되기 때문에 그 둘을 구분하기는 쉽지 않다. 즉, 겔층은 단순히 단단하게 고착된 케이크 층 정도로 간주한다.

4.3 막 오염물질(Types of Foulants)

MBR에서의 막 오염은 분리막과 그에 접하는 생물유체(Biofluids) 간의 물리화학적인 상호관계에서 유래한다. 막 오염 유발 가능물질의 실체에 관한 인식을 갖기 위해서는 생물유체의 구성요소를 알아야 한다. 구성요소나 화학적 특징이 잘 알려진 분리막과는 달리 폭기조의 혼합액(Mixed liquor)은 명확하게 정의되지 않는 다양한 구성 요소들이 존재하기 때문에 복잡한 특성을 가지고 있다.

　　그림 4.11에 폭기조 내 혼합액의 구성 요소를 요약하였다. 기본적으로 분리막 모듈이 침지되어 있는 폭기조 내부의 혼합액은 입자성 물질(Insoluble parts)과 용존성 물질(Soluble matters)로 구분할 수 있다. 입자성 물질은 다시 1) 슬러지 플록, 2) 개별 미생물 세포, 3) 협잡 잔해물(Debris)로 세분된다. 용존성 물질은 1) 이화되지 않은 유입수 성분, 2) 용해성 미생물 산물(Soluble microbial products, SMP), 3) 용존성 무기물질로 구분된다.

4.3.1 입자성 물질들(Particulates)

MBR의 분리막 공정은 기본적으로 고·액 분리가 목적이기 때문에 폭기조 내 입자성 물질을 1차적인 막 오염물질로 중요하게 다루어야 한다. 질량을 기준

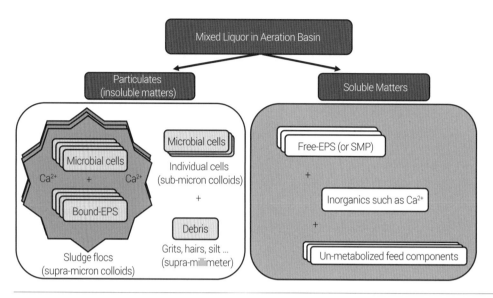

활성슬러지 혼합액의 구성 요소 개념도.   그림 4.11

으로 본다면 개별 미생물 세포 및 협잡 잔해물보다는 활성슬러지 플록이 폭
기조 내 입자성 물질의 대부분을 차지한다.

4.3.1.1 활성슬러지 플록(Flocs)

활성슬러지 플록은 다양한 종들로 이루어진 미생물 집합체로 규정지을 수 있
다. 개별 미생물 세포들은 세포외고분자물질들(이하 EPS)과 Ca^{2+}와 같은 양이
온에 의해 서로 연결되어 있다. 이러한 결합이 확대되어 3차원 매트릭스를 만
들어 소위 '플록'을 형성한다. 플록의 구성 성분들은 EPS의 고분자 그물망에
걸려 갇히게 된다. 혼합부유 미생물 농도를 지칭하는 혼합액부유물(Mixed li-
quor suspended solids, MLSS)은 활성슬러지를 구성하는 주요 성분이다. 따라
서 MLSS 농도가 막 오염에 미치는 영향은 지난 몇십 년 동안 중요하게 연구
되어 왔다. MLSS 농도가 증가하면 막 오염이 증가한다는 식으로 서로 밀접한
관계를 가지고 있다고 믿어왔다. 왜냐하면 MLSS 농도가 증가하면 혼합액의
점도가 증가하여 여과저항이 증가할 것이기 때문이다(직렬여과저항, 즉 RIS
모델은 4.4절에서 설명될 것임). 그러나 MLSS 농도가 막 오염 증가와 상관관
계가 없다는, 또는 막 오염이 오히려 감소한다는 반대인 경우의 연구들도 보
고되고 있다. 이런 경우는 MLSS가 막 오염을 지배하는 주요 인자가 아닌 경
우로 볼 수 있다.

그릿(Grit), 머리카락, 플라스틱 물질들과 같은 협잡 잔해물 역시 입자성 물질이다. 종종 침지형 MBR 공정에서 머리카락과 같은 협잡물과 잔해물에 의해 중공사막이 엉켜버려 전체 시스템이 중단되는 심각한 결과를 초래하기도 한다. 스크린이나 침사지와 같은 전처리공정에 의해 협잡 잔해물에 의해 발생하는 문제를 해결할 수 있다.

4.3.1.2 플록 크기(Floc Size)

그림 4.12는 서로 다른 MLSS 농도를 가진 활성슬러지 혼합액의 입자 크기 분포도의 한 예를 보여주고 있다. 그림에서 보듯이 개별세포가 뭉쳐서 생긴 플록의 크기는 MLSS 농도와 관계없이 적게는 수 마이크로미터(μm)에서 크게는 수백 마이크로미터의 분포를 보인다. 크기가 1에서 100 마이크로미터 범위에 있는 입자들은 통상 거대콜로이드고형물(Supra-colloidal solids), 100 마이크로미터보다 큰 입자들은 침전가능 고형물(Settleable solids), 0.001에서 1 마이크로미터 범위의 입자들은 콜로이드성 고형물(Colloidal particles)이라 구분한다(Guo et al., 2012).

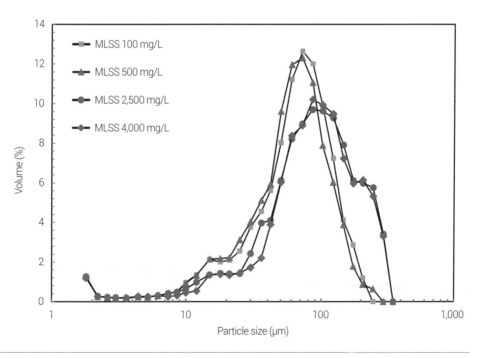

그림 4.12   서로 다른 MLSS 농도를 가진 활성슬러지의 전형적인 입도분석 결과.

활성슬러지 플록 입자의 크기를 부피에 근거하여 분석한 분포도에서는 침전가능 고형물이 대부분이다. 그러나 10 μm보다 작은 입자들과 1 μm보다 작은 콜로이드성 입자들의 수를 비교하면 침전가능 입자들보다 훨씬 많다. 특히 개별 미생물 세포들의 크기는 일반적인 세균의 크기와 마찬가지로 서브 마이크로미터(<μm)에서 수 마이크로미터 범위에 든다. 개별 세포들과 작은 입자들을 포함한 콜로이드성 입자들은 막의 여과성능에 부정적인 역할을 한다. MBR에 사용되는 대부분의 분리막은 정밀여과막(MF)이거나 한외여과막 (UF)이어서 입자 크기와 유사한 서브마이크론 범위의 세공 크기를 가지고 있기 때문에 심각한 막 오염, 특히 세공폐색(Pore blocking)을 유발한다. 이러한 형태의 막 오염은 일반적인 물리화학적 막 세정방법으로 회복시키기가 쉽지 않다.

막 오염을 이해하는 데 서브마이크론 범위에 있는 작은 입자들의 역할이 중요한 또 다른 이유가 있다. 케이크 층을 구성하는 입자들은 막 표면으로 향하는 이송(Convection flow)에 의해 항상 압착되고 있다. 그러나 농도차이(또는 농도분극) 때문에 발생하는 확산(Diffusion)에 의해 역방향으로의 흐름도 동시에 존재한다. 이를 역이동(Back transport)이라고 정의한다. 일반적으로 작은 입자들의 역이동 속도가 큰 입자들보다 느리다. 즉, 입자 크기가 작을수록 역이동 속도는 늦어지는 것이다. 이 현상은 막 표면을 지나치는 유체(혼합액 또는 공기 포함)의 소류효과(Scouring effect)가 작은 입자들에는 잘 미치지 못하기 때문이며, 결국 작은 입자들로 이루어진 케이크 층은 세정이 충분하게 수행될 수 없으며 이로 인해 막 오염은 심화되는 것이다.

따라서 입자 크기는 MBR의 막 오염에 영향을 미치는 가장 중요한 인자로 평가 받는다. 미생물의 생리적 특성에 따라 다소 차이가 있긴 하지만 일반적으로 침지형 MBR의 입자의 평균 크기는 80~160 μm이다. 그러나 활성슬러지 혼합액을 폭기조 외부의 막 모듈로 순화시키는 외부형(Side-stream) MBR의 경우에는 침지형의 입자 크기보다 작다. 펌프를 이용한 순환과정에서 발생하는 전단력(Shear force)으로 인해 플록이 해체되거나 깨지는 현상(Floc dis-integration or deflocculation)이 발생하기 때문이다. 따라서 외부형 MBR은 입자 크기가 작아서 발생하는 막 오염에 대한 대비책을 설계 단계에서 반드시 고려하여야 한다.

입자의 부피(Volume frequency)에 근거하여 측정된 입자 크기로 막 오염 정도를 예측하는 것은 자칫 잘못된 판단이 될 수도 있다. 왜냐하면 평균(또는 중간값) 입자 크기는 개수는 많지 않아도 부피가 큰 입자들에 의해 결정되기 때문이다. 즉, 막 오염에 더 큰 영향을 주는 작은 입자들은 개수가 많지만 부피로는 얼마 안 되기 때문에 전체 부피에서 차지하는 퍼센트로 계산될 때는 무시할 정도로 작게 나타난다. 따라서 부피를 기준으로 산정된 평균 입자 크기에 의해 막 오염을 예단하는 것이 종종 실패할 수도 있는 것이다.

그림 4.13은 막 오염을 평가하기 위해서 입자 크기를 표현하는 방법을 올바로 선택하는 것이 얼마나 중요한지를 보여주는 한 예이다. 동일한 분리막으로 운용 중인 두 개의 생물반응기(그림에서 슬러지 1과 2로 표현됨)는 막 오염 정도가 다르며 슬러지 1이 슬러지 2보다 막 오염이 심각한 경우이다. 부피를 근거로 한 입자 크기 분포도(그림 4.13a)는 입자 크기 분포를 통해 막 오염 경향을 해석하기 용이하지 않다. 그러나 부피근거 입자 크기 분포도를 개수근거 분포도로 변환(그림 4.13b)하면 부피근거 분포도에서는 무시할 정도로 적었던 0.1~10 μm 부근의 작은 입자들이, 개수근거 분포도에서는 슬러지 1이 슬러지 2보다 매우 많음을 알 수 있다. 즉, 슬러지 1의 미세입자의 비율이 슬러지 2보다 매우 크기 때문에 막 오염이 심각하게 발생했다고 유추할 수 있는 것이다. 본 예는 입자 크기 분포를 부피가 아닌 개수로 분석해야 할 때가 필요함을 강조하고 있다.

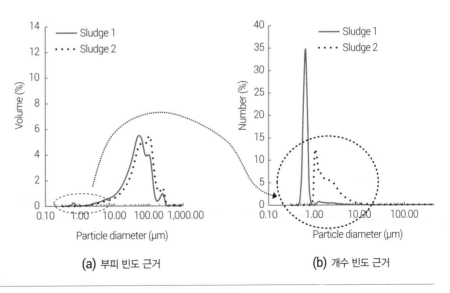

(a) 부피 빈도 근거   (b) 개수 빈도 근거

그림 4.13   활성슬러지 입자의 입도분포 표현 방법.

4.3.1.3 세포외고분자물질(Extra–cellular Polymeric Substances)

미생물의 EPS는 미생물이 분비하는 점착성 고분자물질이다. EPS는 개별 세포들, 고분자물질인 다당류(Polysaccharides), 단백질(Proteins), 지질(Lipids), 휴믹유사물질(Humic-like substances)이 중요한 구성 성분이며 이들이 슬러지의 플록 형성에 중요한 역할을 한다. 아울러 인지질(Phospholipids), 핵산(Nucleic acids), DNA와 RNA와 같은 성분도 포함한다. 막 오염에 중요한 역할을 하는 성분은 다당류와 단백질이다. EPS는 케이크 층 내부에서 막 표면으로 향하는 유체의 흐름을 방해하는 장벽(Barrier)으로 작용할 수 있는 수화된 고분자성 겔 그물체(Gel matrix)이다. 따라서 EPS는 MBR 공정에서 중요한 막 오염물질로 간주되어 왔다. 임계 플럭스 이하 조건(Sub-critical condition)에서 운전되는 MBR의 초기에 완만하게 TMP 상승이 되는 원인을 다당류 성분이 막 표면에 침착하는 것으로 설명하기도 한다. 일반적으로 슬러지 플록 내부 및 혼합액에 EPS의 농도가 높으면 막 오염속도가 증가한다. 혼합액 속에 존재하는 용존성 EPS (Free-EPS 또는 Soluble-EPS)와 구분하기 위해 플록 내부에 존재하는 EPS를 종종 Bound-EPS로 부른다.

세공이 좁아지거나 막힘에 의해 발생하는 세공 내부 막 오염(Internal pore fouling)은 중요한 막 오염 유발 메커니즘임에는 틀림없다. 그러나 적절한 전처리를 수행하거나 적당한 세공 크기의 막을 선택하는 방법으로 막 오염을 어느 정도 저감시킬 수 있다. 막 여과저항의 대부분은 막 표면의 케이크 층으로 향하는 이송(Convection flow)에 의해 발생한다. 결국 플록 내부 구성 성분들을 강하게 구속하고 있는 Bound-EPS가 케이크 층을 통해 흐르는 여과수를 방해하는 장벽으로 작용한다. 따라서 Bound-EPS의 양은 MBR의 중요한 막 오염 인자로 취급 받는다.

4.3.1.4 EPS의 추출 및 구성 성분의 정량분석(EPS Extraction and Quantitative Analysis of EPS Components)

막 오염을 제어하기 위한 전략을 수립하기 위해서는 막 오염물질들의 정량적인 분석이 우선되어야 한다. 따라서 막 오염 제어의 첫 번째 단계는 중요한 막 오염물질이 무엇인지 파악하고 Bound-EPS의 구성성분에 대한 정량적 분석이 수행되어야 한다.

그림 4.14는 MBR의 오염된 막으로부터 EPS를 추출하는 과정을 보여주고

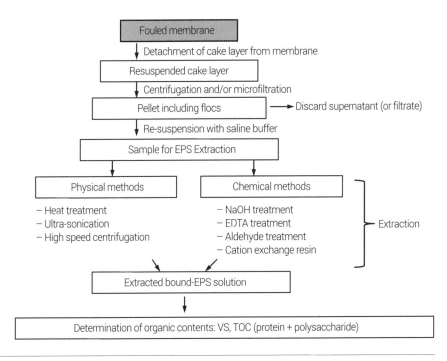

그림 4.14   오염된 막으로부터 EPS를 추출하는 방법.

있다. 막 표면의 케이크 층에 존재하는 Bound-EPS를 분석하기 위해서 우선 막으로부터 케이크 층을 탈리 하여야 한다. 이렇게 하기 위해서는 MBR 반응기로부터 오염된 막을 꺼내어 식염완충용액(Saline buffer solution)으로 세척하여 모든 케이크 층이 재현탁 되도록 한다.

다음 단계에서는 재현탁용액으로부터 4,000×g 정도의 원심분리와 또는 0.2 μm 공경의 여과를 이용하여 입자상 물질을 분리한다. 미생물 세포의 열로 인한 파괴 손상을 최소화하기 위해 원심분리는 4℃ 이하에서 수행하는 것이 보통이다. 원심분리 후 상징액은 버린다. 슬러지 플록과 미생물 세포로 이루어진 남아있는 펠렛은 다시 TRIS 용액과 같은 생리완충용액으로 재현탁 한다. 여기까지가 EPS 추출의 첫 단계이고 이렇게 만들어진 재현탁용액을 이용하여 추가적인 추출과정을 거친다.

활성슬러지로부터 EPS를 추출하는 다양한 방법이 알려져 있다. EPS 추출법은 크게 물리적인 방법과 화학적인 방법으로 구분할 수 있다. 열처리, 초음파, 고속원심분리 등이 물리적인 방법이며, 수산화나트륨(NaOH), 알데히드(Aldehyde), 양이온교환수지(Cation exchange resin, CER), EDTA (Ethylenediaminetetraacetic acid)를 이용하여 추출하는 화학적 방법이 있다. 열처리법은 재현탁용액을 80℃에서 100℃로 한두 시간 방치하여 재현탁용액으로부터 EPS를 추출하는 방법이다. 재현탁용액에 40 W 정도의 초음파를 2~10분 부여하여 추출하기도 한다. 고속원심분리는 20,000×g로 원심분리하여 EPS를 추출하는 것이다. EPS 추출 전 단계에서 입자상 물질을 분리하기 위해 4,000×g의 원심분리를 하였던 것을 기억할 것이다. 그러나 4,000×g 정도의 원심력으로는 충분히 EPS가 추출되지 않기 때문에 추출 단계에서는 20,000×g의 고속으로 원심분리하여 EPS를 추출하는 것이다.

수산화나트륨과 같은 강염기를 재현탁용액에 첨가하여 알칼리성 가수분해를 유도하면 세포와 세포외고분자물질 간의 결합을 약하게 만들어 EPS를 추출할 수 있다. 알데히드(Formaldehyde or glutaraldehyde) 첨가는 화학적 추출법이나 초음파 조사법 등에 보조적으로 추가되기도 한다. EPS는 Ca^{2+}와 같은 다가 양이온에 의해 서로 연결되어 있다. 따라서 CER (Cation Exchange Resin, 양이온교환수지) 또는 EDTA를 첨가하면 Ca^{2+}가 제거(또는 치환) 되면서 EPS와 Ca^{2+} 사이의 결합이 약해져서 EPS를 추출할 수 있다.

좋은 추출법은 세포 및 세포외고분자의 파괴를 최소화하여야 한다. 세부적인 추출법과 각 추출법의 장단점은 문헌에 잘 정리되어 있다. 각 추출법은 추출수율(Yield)과 세포파괴 정도에 장단점을 지니고 있기 때문에 현재 표준화된 방법이 제안되고 있지 않다.

어떤 추출법을 사용하더라도 재현탁 펠렛으로부터 EPS가 추출되어 용액상(Aqueous phase)으로 이동되며 이 상태가 그림 4.14의 '추출된 Bound-EPS 용액(Extracted bound-EPS solution)'이 된다. 이렇게 얻은 용액의 유기물 함량을 측정하는 것이 최종 단계이다. 예를 들면, 휘발성고형물(Volatile solids, VS), 총 유기탄소(Total organic carbon, TOC), 또는 단백질과 다당류의 합(Protein+polysaccharide)을 측정하는 것이 추출된 EPS의 유기물 함량을 표현하는 일반적 방법이다. 따라서 Bound-EPS의 농도를 표현하는 데에는 몇 가지 다른 단위가 사용된다. 분석에 사용된 시료의 미생물 질량에 따라서 추출된 양이 다르기 때문에 이를 보정하기 위하여 분석된 유기물 함량을 시료의 MLSS (또는 MLVSS) 농도로 나누어야 한다. 따라서 Bound-EPS의 농도는 다음과 같은 단위로 표현된다.

- mg VS/g MLVSS
- mg TOC/g MLSS
- mg (proteins + polysaccharides)/g MLSS

만약 막 오염을 이해하기 위해서 Bound-EPS의 화학적 조성에 대한 정보가 필요하다면 추출된 Bound-EPS 용액의 정량분석이 수행되어야 한다. 전술한 바와 같이 막 오염에 영향을 미치는 EPS의 주성분은 단백질과 다당류이다. 탄소의 방사성 동위원소인 ^{13}C을 이용한 핵자기공명(^{13}C-NMR) 분석을 통해 막 오염물질은 단백질과 다당류를 다량 포함하고 있음이 확인되고 있다. 푸리에변환적외선분광법(Fourier transform infrared, FTIR)에 의한 분석 역시 아미드(Amide) I과 II 피크(1,638 cm^{-1}, 1,421 cm^{-1})의 존재를 확인하여 이를 뒷받침하고 있다(Yamamura et al., 2007). 현재까지 보고된 단백질 농도는 대부분 10~120 mg/g·MLSS 정도이며, 다당류는 6~40 mg/g·MLSS 범위에 있다(Le-Clech et al., 2006).

단백질 분석은 Lowry 법(Lowry et al., 1951)이, 다당류 분석은 Phenol-sulfuric acid 법(Dubois et al., 1956)이 기본적인 정량 분석법으로 활용되고 있다. 두 분석법의 기본원리는 흡광광도법이기 때문에 단백질과 다당류의 표준물질을 이용한 검량선 작성이 필요하다. 일반적으로 단백질의 표준물질로는 BSA (Bovine serum albumin)가, 다당류의 표준물질로는 포도당(Glucose)이 사용된다. 그러나 EPS는 다양한 종류의 단백질과 다당류를 포함하고 있기 때문에 두 가지 표준물질로 정량된 EPS 농도를 막 오염과 연관 짓는 것은 태생적으로 한계가 있다.

막 오염을 해석하기 위해 Bound-EPS 총량도 중요하지만 단백질과 다당류의 비율도 막 오염 해석에 중요하게 사용된다. Yao 등(2010)은 여러 편의 연구를 검토하여 단백질/다당류의 비율이 1에서 10 정도임을 보고했다. 또한 Bound-EPS의 단백질/다당류의 비율이 높아질수록 높은 점착성을 가지게 되어 케이크 층 형성을 자극하고, 이는 곧바로 막 오염이 심화되는 결과로 이어진다고 보고하였다.

크기배제 크로마토그래프(Size-exclusion chromatograph 또는 Gel permeation chromatograph)와 같은 크로마토그래프 연구를 통해 Bound-EPS의 분자량 분포(Molecular weight distribution)도 확인되었다. Gorner 등(2003)은 단백

질의 분자량은 45~670 kDa 정도임을 밝혔다. 반면 다당류는 1 kDa보다 작은 분자량을 가지며 단백질 성분보다 적은 양이 존재한다고 밝혔다.

Example 4.1

MBR 공정의 활성슬러지 혼합액으로부터 Bound-EPS의 농도를 분석하기 위해 폭기조에서 1,000 mL의 혼합액을 취해서 실험실로 운송하였다. 혼합액을 즉시 3,500 rpm으로 원심분리하고 상징액은 따라 버렸다. 펠렛은 TRIS 완충용액을 이용하여 수 회 세척한 후 재현탁 하였다. 2시간 동안 재현탁용액을 90℃ 오븐에 방치한 후 꺼내어 방랭 하였다. 완전히 식은 200 mL 재현탁용액을 도가니로 옮긴 후 Standard Methods (APHA, AWWA, WEF, 2015)에 준하여 VS 농도를 측정하였다. 다음의 자료를 이용하여 활성슬러지의 Bound-EPS 농도를 계산하여라.

- MLVSS 농도: 8,000 mg/L
- 도가니 질량: 20.000 g
- 건조기에서 건조 후 도가니 무게: 21.050 g
- 전기로에서 강열 후 도가니 무게: 20.330 g

Solution

1. 추출된 용액으로부터 VS의 계산

$$VS\left(\frac{mg}{L}\right) = \frac{\text{mass of volatile solids}}{\text{sample volume}} = \frac{21.050 - 20.330 \text{ g}}{200 \text{ mL}} \cdot \frac{10^3 \text{ mg}}{g} \cdot \frac{10^3 \text{ mL}}{L} = \frac{3,600 \text{ mg}}{L}$$

2. Bound-EPS의 농도 계산

$$bound\text{-}EPS\left(\frac{mg \text{ VS}}{g \text{ MLVSS}}\right) = \frac{\text{VS of extracted solution}}{\text{sample MLVSS}}$$

$$= \frac{3,600 \text{ mg VS}}{L} \cdot \frac{L}{8,000 \text{ mg MLVSS}} \cdot \frac{10^3 \text{ mg}}{g}$$

$$= 450 \frac{mg \text{ VS}}{g \text{ MLVSS}}$$

Remark

계산된 Bound-EPS의 농도는 450 mg VS/g MLVSS인데 다소 많아 보인다(1 g의 MLVSS 중에 450 mg, 즉 45%의 Bound-EPS가 존재한다는 말이다). 이는 EPS를 추출하는 방법 때문이다. 90℃에서 2시간 동안 가해진 열처리는 세포 구조를 충분히 파괴하였기 때문에 Bound-EPS뿐 아니라 세포 내 물질, 각 세포와 세포 파편들(Debris)까지도 추출되었기 때문이다. 결국 열처리에 의해 세포 및 세포 파편까지도 EPS로 측정되는 결과를 가져오게 된다. 따라서 용출된 용액에 포함되어 있는 세포 및 파편을 EPS에서 제외하기 위해서는 EPS solution에서 EPS만을 석출시키는 과정이 필요하다. 예를 들면, 아세톤이나 에탄올과 같은 용매가 이런 목적으로 사용될 수 있다. 이후 석출된 Bound-EPS를 용액으로부터 분리하고 분석하면 좀 더 정확한 Bound-EPS의 농도를 얻을 수 있다.

4.3.2 용존성 물질들(Soluble Matters)

용존성 물질은 두 가지로부터 유래한다. 즉, 아직 대사과정을 거치지 못해 잔존하는 유입수 성분과 용해성 미생물 산물(Soluble microbial products, SMP)로 구분된다(SMP는 Soluble-EPS 또는 Free-EPS로도 불린다). 모두 폭기조 현탁 용액 속에 존재하는 미생물이 분비한 용존성 유기물질을 표현하는 데 사용된다. 두 가지 표현은 종종 같은 의미로 사용된다. 그러나 SMP가 Soluble-EPS보다 미생물로부터 기인한 용존성 물질을 표현하는 데 적합하다고 볼 수 있다. 왜냐하면 Soluble-EPS는 미생물 기인 용존성 물질 중에서 고분자성 물질만을 지칭하기 때문이다. 두 가지 모두 화학적 조성(단백질과 다당류)이 비슷하기 때문에 분석을 통하여 서로 구분하기는 쉽지 않다.

4.3.2.1 SMP or Free-EPS (Soluble-EPS)

MBR의 중요한 막 오염 인자로 지적되는 SMP와 Free-EPS는 종종 혼동되어 사용된다. 기본적으로 SMP는 미생물이 분비하는 단(單)분자들, 올리고 분자들과 고분자들을 모두 지칭한다. 그러나 EPS는 분명히 고분자 성분만을 지칭한다. 그러나 어디부터가 고분자인지 그 경계가 분명하지 않기 때문에 둘 사이의 구분이 쉽지 않다. 게다가 유입수 성분 중 대사과정을 거치지 않고 남아있는 유기물은 미생물이 분비하는 성분과는 관계가 없지만 화학적으로 분석할 경우 SMP 또는 EPS로 측정될 수 밖에 없다. 즉, SMP와 EPS가 유입수 성분에서 기인하였는지 미생물 세포로부터 기인하였는지 구분하여 분석하기가 어렵다. 따라서 어떤 연구자 그룹은 모든 SMP와 EPS를 합하여 Bio-polymeric cluster (BPC)라고 부르기도 한다.

EPS와 관련된 여러 가지 용어 즉, EPS, Bound-EPS, Loosely bound-EPS, Extracted EPS (eEPS), Soluble-EPS, Free-EPS, BPC 그리고 SMP 들이 분명하게 정의되지 못한 채 혼동되어 사용되고 있다. 그림 4.15에서 보듯이 Le-Clech 등 (2006)은 EPS와 SMP를 실험적으로 구분할 수 있는 방법을 제안하고 있다. 즉,

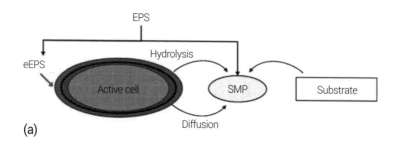

(a)

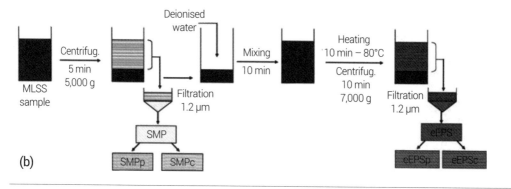

(b)

(a) 간략화된 EPS, eEPS, SMP의 모식도, (b) 제안된 EPS와 SMP의 추출과 측정 방법(출처: Le-Clech, P. et al., J Membr. Sci., 284, 17, 2006).

그림 4.15

EPS를 미생물 플록으로부터 추출한 eEPS와 SMP로 구분한다. 그들은 SMP는 활성슬러지 혼합액을 원심분리 후 1.2 μm 막에 의한 여과를 통해 얻을 수 있다고 보고하고 있다.

그러나 이렇게 얻은 SMP는 아직 대사되지 않은 유입수 성분을 포함하고 있기 때문에 엄격하게 말해서 순수한 미생물 대사산물, 즉 SMP라고 말하기에는 부족하며 유입수 성분, Soluble-EPS 및 SMP를 서로 구분할 수 없다. SMP 중의 단백질과 다당류 성분을 분석하여 SMPp 또는 SMPc로 각각 지칭한다. 원심분리 후 남아있는 펠렛을 재현탁하고 앞서 언급한 추출법 중의 하나를 선택하여 추출과정을 거치면 eEPS (즉, Bound-EPS)가 얻어진다.

MBR의 막 오염에 EPS가 중요한 역할을 한다는 것은 잘 알려져 있다. 그러나 모든 EPS의 구성 성분과 막 오염 간의 상관관계를 밝히기는 어렵다. 왜냐하면 Bound-EPS, Free-EPS 및 Loosely bound-EPS을 각각 정성 및 정량 분석하는 것 자체가 쉽지 않기 때문이다.

전술한 바와 같이 막 표면의 케이크 층 내부 및 표면에 고착되어 있는

Bound-EPS 막 유출수의 흐름을 방해하는 역할을 한다. 따라서 Bound-EPS의 농도는 케이크 층에 의한 막 오염과 직접적인 관련성이 있지만, 모 용액 속에 존재하는 Free-EPS는 케이크 층에 의한 막 오염보다는 막의 내부에 오염을 일으키는 역할을 한다. 즉, Free-EPS가 막 내부 벽에 흡착하여 세공이 좁아지게 되는 형태의 막 오염을 유발한다.

많은 연구들이 Free-EPS의 농도가 높을 경우 막의 여과성능을 저하시킨다고 보고하고 있다(즉, Free-EPS가 막 오염과 상관관계가 높다). 그러나 Free-EPS에 의해 발생한 막 오염은 Bound-EPS에 의해 발생한 막 오염보다 심각하지 않다. 왜냐하면 MBR에서의 막 오염은 대부분 케이크 층에 의한 막 오염에 의존하는 것으로 알려져 있기 때문이다.

Free-EPS의 농도를 결정하는 방법은 Bound-EPS의 추출방법에서 전술한 방법과 유사하다. 우선 폭기조에서 활성슬러지 혼합액을 채취한 후 원심분리하거나 여과하여 입자성 물질을 제거한다. 원심분리 후 상등액(여과했을 경우에는 여과액)을 아세톤과 에탄올(1:1) 혼합액과 섞은 후 냉장고에 넣어 $40^{\circ}C$에서 하루 동안 방치한다. 이 기간 동안 Free-EPS는 용액 속으로 석출된다. 마지막으로 석출된 EPS는 크로마토그래프와 같은 이후 화학적 분석과정을 거친다.

막 오염과 Free-EPS의 분자량과의 연관성을 찾으려는 시도는 계속되어 왔다. 고분자물질의 분자량은 겔 투과 크로마토그래프(Gel permeation chromatography)와 같은 방법으로 분석할 수 있다. Wang과 Wu (2009)는 MBR에서 EPS의 분자량이 2.2~2,912 kDa의 분포를, 전통적인 활성슬러지 공정에서는 2.4~18,968 kDa의 분자량 분포를 가진다고 보고했다. 그들은 SRT, 온도, 폭기, 기질 조성, 부하율 등과 같은 다양한 요소들이 MBR과 활성슬러지 공정에서의 EPS의 농도와 조성에 영향을 미친다고 지적했다. EPS의 분자량 역시 위와 같은 요소들에 의해 영향을 받는다고 볼 수 있다. 따라서 막 오염과 Free-EPS의 분자량과의 일반적 연관성을 찾기란 쉽지 않다.

용존성 유기물질의 화학적 구조를 판명하는 데 형광 여기(Excitation) 및 방출(Emission) 원리를 이용한 Fluorescence excitation emission matrix (FEEM) 법을 사용할 수 있다. FEEM은 자연환경 속에 존재하는 유기물의 구조적 화학 변화를 빠르고, 선택적으로 감응할 수 있는 유용한 기술로 평가 받고 있다. FEEM은 시료의 여기(Excitation)와 방출(Emission) 파장을 동시에 변화시켜 가며 형광분석 정보를 알려준다.

FEEM은 시료를 파괴하지 않고 분석하면서 높은 선택성과 감응성으로 인해 용존성 유기물질(DOM)의 물리화학적인 특성을 파악하고 DOM의 형광 특성을 표현하는 데 있어 유용한 방법으로 알려져 있다. 따라서 FEEM은 MBR 유입수와 화학적 구조의 유사성이 있는 막 오염물질들을 구분하는 데 사용되어 왔다. 즉, SMP와 막 오염물질들에 존재하는 FEEM 형광특성이 유입수의 그것과 다른 구역에 존재하기 때문에 서로 구분할 수 있다.

Henderson (2011) 등은 활성슬러지 시료의 FEEM 여기/발광 파장($\lambda_{ex/em}$) 분석을 통해 7개의 중요한 유기물 성분이 있음을 제안하였다. 그들은 폭기조 내부의 혼합용액과 막 오염물질들의 FEEM 스펙트럼을 비교 분석함으로써 유기물질이 막 오염에 미치는 영향을 파악하고자 했다. 예를 들면,

1) 390/472 nm: 육상 부식질 형광(Terrestrial humic-like fluorescence)

2) 310/392 nm: 미생물 기인 부식질 형광(Microbially derived humic-like fluorescence)

3) 350/428 nm: 폐수/영양물질로부터 강화된 표지(Wastewater/nutrient enrichment tracer)

4) 250/304 nm: 타이로신 표준물질과 동일한 구역에서 나타나는 단백질 기인 형광(Associated with proteins, fluorescing in the same region as tyrosine standard)

5) >250/348 nm: 트립토판 표준물질과 동일한 구역에서 나타나는 단백질 기인 형광(Associated with proteins, fluorescing in the same region as tryptophan standards)

6) 290/352 nm: 트립토판 표준물질과 동일한 구역에서 나타나는 단백질 기인 형광(Associated with proteins, fluorescing in the same region as tryptophan standards)

7) 270/304 nm: 타이로신 표준물질과 동일한 구역에서 나타나는 단백질 기인 형광(Associated with proteins, fluorescing in the same region as tyrosine standards)

FEEM의 기본원리는 미지 시료의 스펙트럼을 이미 알려져 있는 표준물질의

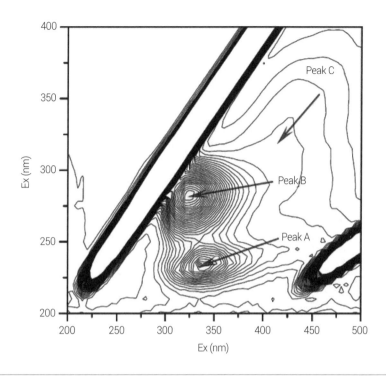

그림 4.16   MBR에서 막 오염물질의 FEEM 스펙트럼의 한 예(출처: Wang et al., Wat. Res., 43(6), 1533, 2009).

스펙트럼과 비교하여 어떤 특성의 물질이 있는지 유추해 내는 것이다. EPS는 막 오염에 중요한 역할을 하며 주요 막 오염물질로 알려져 있다. 따라서 MBR 의 용존성 EPS의 형광특성을 주요한 막 오염 대상물질의 FEEM 스펙트럼과 비교해 볼 수 있다.

예를 들면, 막 오염물질의 스펙트럼에서 발견되는 피크 A (그림 4.16)는 활성슬러지 폭기조의 용존성 유기물 성분에서 발견되는 형광피크와 비슷한 형광특성을 보이고 있다(Wang et al., 2009). 그림에서 두 피크 A와 B(단백질 유래 성분)는 다른 EPS의 FEEM 스펙트럼에서도 볼 수 있는 비슷한 위치(즉, 동일한 여기와 방출 파장)에 존재하고 있다. 그러나 세부적인 정확한 위치는 약간씩 다르다.

4.4 막 오염에 영향을 미치는 인자들(Factors Affecting Membrane Fouling)

MBR의 막 오염을 규정하는 일반적 법칙을 세우기는 힘들지만, 막 오염 정도와 막 오염에 영향을 미치는 인자는 세 가지로 분류할 수 있다(Chang et al., 2002). 즉, 1) 폭기조 혼합용액의 특성, 2) 분리막과 모듈의 특성, 3) 운전조건이다. 이후 각각의 인자들에 대해 설명이 이어질 것이다.

막 오염에 영향을 미치는 각 인자들은 서로에게도 영향을 미칠 수 있다. 예를 들면 HRT나 SRT와 같은 중요한 운전조건은 막 오염에 직접적인 영향을 주는 인자들이다. 이들은 막 오염에 중요한 영향을 미치는 EPS 생산 또는 MLSS와 같은 미생물의 중요한 생리적 특성을 변화시킨다.

4.4.1 막과 막 모듈(Membrane and Module)

MBR에서 막 오염에 영향을 미치는 막 자체의 특성으로는 세공 크기(Pore

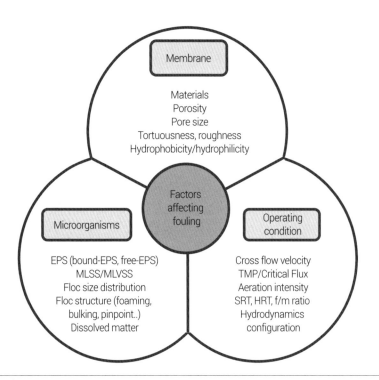

MBR의 막 오염에 영향을 미치는 인자들.　　　　　　　　　　　　　　　　그림 4.17

size), 공극률(Porosity), 표면에너지(Surface energy), 전하(Charge), 표면 거칠기(Roughness), 막 재질(Raw materials) 및 친수성/소수성(Hydrophilicity/hydrophobicity) 등이 있다.

4.4.1.1 세공 크기(Pore Size)

막의 세공 크기가 막 오염에 미치는 영향은 유입수 성상과 밀접한 관련이 있다. 특별히 활성슬러지 혼합용액의 입자 크기 분포와 밀접한 관련이 있다. 세공 크기가 증가할수록 플럭스가 증대되지는 않는다. 즉, 작은 세공 크기를 가진 분리막의 플럭스가 큰 세공 크기를 가진 분리막의 플럭스보다 클 수 있다. 그 이유는 분리막의 세공 크기와 여과액의 입자 크기의 유사성에서 기인한다. 만약 분리막의 평균 세공 크기가 여과액에 존재하는 입자들의 평균 크기와 비슷하다면 그림 4.10에서 설명하였던 여과속도를 급격히 감소시킬 수 있는 세공폐색(Pore plugging) 현상이 발생할 수 있다. 활성슬러지 혼합용액은 마이크로미터보다 작은 크기(Submicron)를 가지는 작은 입자들이 존재한다. 이런 크기는 MBR에 사용되는 전형적인 정밀여과(Microfiltration) 분리막의 세공 크기와 유사하다. 따라서 MBR에서 이런 서브마이크론 입자 크기보다 작은 세공 크기를 갖는 한외여과(Ultrafiltration) 분리막을 종종 사용하는 이유도 여기에 있다.

4.4.1.2 친수성/소수성(Hydrophilicity/Hydrophobicity)

일반적으로 친수성 막이 소수성이 강한 분리막보다 높은 플럭스를 확보할 수 있다. 왜냐하면 소수성 막이 여과액 성분과 더 강한 소수성 상호작용(Hydrophobic interaction)을 하기 때문에 막 오염이 심해지는 것이다. 최근 세라믹 막의 사용이 점차 증가하고 있는 추세이기는 하지만 시판 중인 분리막은 대부분 고분자 재질이다. MBR에 사용되는 막 역시 소수성이 강한 고분자물질을 원재료로 사용한다. 이를테면 폴리에틸렌(Polyethylene), 폴리프로필렌(Polypropylene)과 불소가 함유된 PVDF (Polyvinyledendifluoride) 등이 사용된다. 이런 고분자물질들은 분자구조 내에 극성을 띠는 관능기가 없기 때문에 선천적으로 소수성을 띨 수 밖에 없다. 따라서 여과액 중의 소수성 성분이 막 표면에 우선적으로 흡착된다. 소수성 상호작용에 의한 막 오염을 최소화하기 위해 막 표면을 친수성으로 개조하여 사용하면 바이오파울링(Biofouling)은 감소되며 용질 배제율은 증가하는 결과를 가져오기도 한다.

분리막의 소수성 정도(또는 친수성 정도)는 막 표면과 그 위에 떨어뜨린 물방울 간의 접촉각을 측정하여 정량화 한다. 반면 활성슬러지 혼합용액 중 플록 입자의 소수성 정도는 4.4.2항에서 설명된 상대 소수성(Relative hydro-phobicity)을 측정하여 얻어진다. 결국 소수성은 분리막과 활성슬러지 모두 막 오염에 영향을 미치는 중요한 인자로 볼 수 있다.

4.4.1.3 분리막 재질(Membrane Raw Materials)

MBR에 사용되는 대부분의 분리막은 고분자 재질이기 때문에 극한조건에서의 사용이 제한될 수 밖에 없다. 특히, 고분자막은 pH에 민감하며, CIP (Cleaning in places)와 같은 화학 세정이 수행될 때 사용되는 산화제에도 취약한 경우가 있다. 따라서 고분자 막보다 수리학적, 열적 그리고 화학적 내성이 강한 세라믹 막(또는 무기 막)의 사용에 대한 관심이 높아질 수 밖에 없다.

산화알루미늄(Alumina, Al_2O_3), 산화지르코늄(Zirconia, ZrO_2), 실리콘카바이드(Silicon carbide, SiC) 및 산화티타늄(Titanium oxide, TiO_2)과 같은 무기(Inorganic) 재질로 제조된 세라믹 막은 주로 식품산업과 낙농산업 등에서 사용되어 왔다. 무기 막은 비싸기도 하고 막 모듈 제조가 용이하지 않아 MBR에 무기 막을 사용하는 것은 제한적이다. 대부분의 무기 막 모듈은 튜브 형태 (Tubular type, 또는 monolith 구조)로 만들어져 있어서 집적도(Packing density)가 동일 부피의 중공사형 모듈보다 현저히 낮기 때문에 MBR에서 활용되기 어렵다. 만약 이런 단점을 극복할 수 있다면 MBR에 광범위하게 무기 막 사용이 가능할 것이다. 왜냐하면 무기 막은 높은 온도나 넓은 범위의 pH에서 간단하면서도 강력한 세정작업이 가능하기 때문이다.

4.4.1.4 전하(Charge)

분리막의 전하는 나노여과 또는 역삼투 공정에서 전하를 띤 이온들의 여과성능을 결정하는 중요한 인자로 간주된다. 왜냐하면 이들 공정에서 이온배제 메커니즘은 분리막과 막을 투과하는 이온들 간의 정전하 상호작용(Static Charge interaction)과 관련 있기 때문이다. MBR의 활성슬러지 혼합용액의 플럭 및 입자들은 약간의 음전하를 띠고 있기는 하지만, 막과 입자들 간의 상호작용은 가압상태의 이송(Convection) 흐름과 비교했을 때 매우 미미하기 때문에 중요하게 다루어지지 않는다.

4.4.1.5 막 모듈(Membrane Module)

MBR의 중공사형 막 모듈을 설계할 때 중요하게 고려해야 하는 것은 집적도(Packing density)이다. 집적도는 막의 표면적과 모듈의 단면적 비율(m^2/m^2)로 정의된다. 또는 막 표면적과 모듈의 부피 비율(m^2/m^3)로도 표현될 수 있다. 고집적도의 MBR은 막 모듈 수와 폭기조의 단위부지 면적(Footprint)을 감소시킬 수 있다. 그러나 막 모듈을 적정 수준 이상의 과한 집적을 하게 되면 중공사 번들 내부의 물질전달을 방해하게 되어 설계 플럭스를 확보할 수 없다. 게다가 막 표면으로 향하는 폭기가 방해 받아서 모듈 내부에 슬러지가 침적되어 꽉 막히는 현상(Clogging)이 발생할 우려가 있다. 따라서 최적의 집적도를 찾는 것이 모듈 내 막힘 현상을 방지하고 플럭스를 높게 유지 가능하게 하는 중요한 설계인자이다.

최근 전산 유체역학(Computational Fluid Dynamics, CFD) 기술의 발전이 적절한 집적도 탐색을 가능하게 하고 있다. 그림 4.18은 MBR에 적용된 CFD 분석이다. 집적도가 플럭스에 미치는 영향을 단적으로 보여주는 한 예이다. 수치해석 즉, CFD 모사로 해석된 자료와 실제 여과 자료를 동시에 비교하였으며 두 자료가 비교적 잘 들어맞는다. 집적도가 55%를 넘어서면 플럭스가

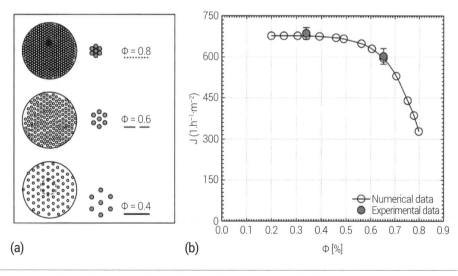

그림 4.18   (a) 막 모듈 집적도의 개념도, (b) 집적도가 플럭스에 미치는 영향(출처: Gunther, J et al., J Membr., Sci., 348, 277, 2010).

갑자기 감소하는 것을 알 수 있다. 따라서 막 모듈의 설계 시 여과 플럭스 감소를 상쇄하는 적절한 집적도(즉, 막면적)를 찾는 노력이 필요하다. 위 그림에서 적절한 집적도는 0.5와 0.6 사이의 값을 선정하면 된다.

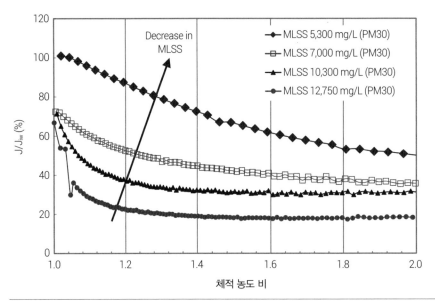

MLSS 농도가 정규화된 플럭스(J/J_{iw})에 미치는 영향: PM30 분리막으로 서로 다른 MLSS를 가지고 있는 활성슬러지를 여과.

그림 4.19

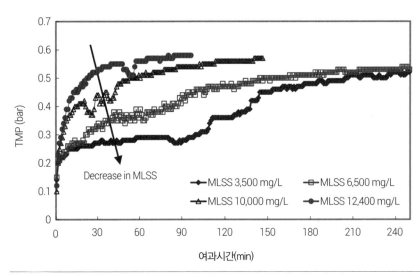

MLSS 농도가 연속 여과 시스템의 TMP에 미치는 영향.

그림 4.20

4.4.2 미생물 혼합액의 특성(Microbial Characteristics)

활성슬러지 혼합액은 대사과정을 거치지 않은 유입수 성분, 대사과정에서 생산된 대사물질과 다양한 미생물 군집으로 구성되어 있다. 각각의 구성성분은 또한 입자성 성분과 용존성 성분으로 구분할 수 있다. 특히 용존성 EPS와 미생물 입자들은 막 오염에 직접적인 영향을 준다.

이미 언급한 것처럼 각 미생물 관련 인자들은 MBR의 운전조건에 영향을 받는다. 수리학적 체류시간(HRT)과 같은 운전조건이 변한다면 MLSS와 EPS 농도와 같은 미생물 특성이 변화한다. 즉, 막 오염에 가장 영향을 미치는 미생물 혼합액의 특성은 운전조건에 민감할 수밖에 없다(두 가지 중요한 인자, 운전조건과 미생물 특성은 서로 영향을 미치는 관계이다).

4.4.2.1 미생물 혼합액 농도(MLSS Concentration)

MBR 폭기조의 미생물 농도는 MLSS (Mixed liquor suspended solids)로 표현된다. 그림 4.19는 회분식 여과실험의 결과로 MLSS가 증가할수록 표준화된 플럭스, J/J_{iw} (Normalized flux, J=활성슬러지 여과 플럭스, J_{iw}=초기 물 플럭스)가 감소하고 있다. 그림 4.20은 침지형 MBR에서 MLSS 농도가 증가할수록 막 간차압, TMP (Transmembrane pressure)가 급하게 증가하고 있음을 보여주고 있다.

미생물의 중요한 특성이 동일하게 유지된다면, MLSS 농도가 증가할수록 막 오염이 증가하는 것이 일반적이다. 왜냐하면 미생물 농도 즉 MLSS가 증가한다면 MBR의 막 오염에 가장 큰 기여를 하는 케이크 층의 두께가 두꺼워지거나 단단해질 것이고 이로 인해 막 오염이 심화될 수 있기 때문이다. 그러나 이 가정은 MLSS가 막 오염 유발에 결정적인 역할을 하는 매우 제한된 경우에만 적용할 수 있다. 즉, MLSS가 증가해도(또는 감소해도) 막 오염이 증가하지(또는 감소하지) 않을 수 있다.

MBR 초기(1990년대)의 다수 연구들이 여과 플럭스를 MLSS의 함수로 표현하려고 하였다. 예를 들면, Krauth와 Staab (1993)는 외부식(Side-stream) MBR에서 여과 플럭스를 MLSS, MLVSS 및 레이놀즈 수(Re)의 함수로 표현하는 식을 제안하였다.

$$J = J_0 \cdot e^{k(MLSS-MLVSS)Re/MLVSS} \qquad [4.4]$$

여기에서 J_0=초기 플럭스(initial flux), $1/\text{m} \cdot \text{h}$

　　　　k=TMP에 의존하는 실험상수(empirical constant depending on TMP)

　　　　Re=레이놀즈 수(Reynolds number)

Chang과 Kim (2005)은 MLSS 농도가 감소할수록 케이크 층에 의한 저항, R_c가 감소한다고 보고하였다. 전통적인 여과이론에서 언급되는 케이크 비저항 (Specific cake resistance), α는 R_c와 비례관계에 있다. 결국 MLSS 농도가 케이크 층 저항, R_c에 직접 영향을 미치는 인자로 이해할 수 있다. $R_c(\text{m}^{-1})$는 다음과 같이 표현된다.

$$R_c = \alpha \cdot v \cdot C_b = \alpha \cdot (m/A) \qquad\qquad [4.5]$$

여기에서 α=케이크 비저항(specific cake resistance), $\text{m} \cdot \text{kg}^{-1}$

　　　　v=단위 막면적당 막 여과수 부피(permeate volume per unit membrane area), $\text{m}^3 \cdot \text{m}^{-2}$

　　　　C_b=활성슬러지 모 용액의 MLSS 농도(bulk MLSS concentration), $\text{kg} \cdot \text{m}^{-3}$

그러나 막 오염은 항상 MLSS 농도와 비례해서 발생하지 않으며 이를 뒷받침하는 연구들도 많이 보고되었다. 예를 들면, Wu와 Huang (2009)은 MLSS 농도가 10,000 mg/L 이상일 경우에는 막의 여과성능에 영향을 미치지만 그 이하일 경우에는 MLSS 농도와 아무런 상관관계가 없다고 보고하였다. 그들은 다음과 같은 MLSS와 점도와의 관계식을 제안하며 증가되는 막 오염을 점도의 증가로 추정하였다.

$$\log(\mu) = 0.043(\text{MLSS}) - 0.294 \qquad\qquad [4.6]$$

여기에서 μ=점도(viscosity), $\text{Pa} \cdot \text{s}$

　　　　MLSS 농도, g/L

그들은 MLSS 농도가 10,000 mg/L를 넘어서면 점도가 90 mPa·s 이상으로 가파르게 증가하여 여과성능이 심각하게 감소한다고 보고하였다. 전형적인 MBR의 MLSS 농도는 5,000에서 15,000 mg/L이지만 경우에 따라서는 20,000 mg/L가

넘는 경우도 있다. 이런 플랜트에서는 활성슬러지 혼합액의 점도가 갑자기 상승할 수 있으며 이는 심각한 막 오염으로 이어질 수 있다.

대부분의 침지형 또는 외부형 MBR 플랜트는 막 표면을 향해 조대폭기를 수행하기 때문에 케이크 층은 항상 공기에 의한 전단력을 받고 있다. 따라서 막 표면에서는 케이크 층이 쌓이는 과정(Deposition)과 케이크 층이 모 용액으로 쓸려나가는 과정(Sloughing)을 계속 반복하게 된다. 따라서 케이크 층이 막 표면에 무한정 쌓이는 것이 방지되기 때문에 케이크 층의 두께는 일정하게 유지된다. 결국 MLSS 농도가 높다고 해서 막 표면의 케이크 층의 두께가 선형적으로 계속 증가하는 것은 아니다. 따라서 MLSS 농도는 비가역적 막 오염(Irreversible membrane fouling)과는 직접적 연관성이 적다. 그러나 MLSS 농도가 케이크 층 두께에 미치는 직접적인 영향은 적지만, MLSS 농도가 증가한다면 EPS나 SMP의 생산량이 증가하기 때문에 비가역적 막 오염이 증가할 수 있는 원인이 될 수도 있다.

4.4.2.2 입자 크기(Flocs Size)

MBR의 막 오염에 영향을 미치는 다양한 인자들 중에서 가장 주도적인 역할을 하는 것은 활성슬러지 플록의 입자 크기이다. 전통적인 여과이론에 의하면 수두손실(Head loss)은 여재(Media)의 크기에 비례한다. 많은 MBR 연구자들이 이 원리에 근거하여 막 오염을 해석하고자 하였다. 즉, 여재를 이용한 여과에서 수두손실, h_L를 여과저항으로 간주하는 것이다.

$$h_L = \frac{f}{\varphi} \cdot \frac{1-\varepsilon}{\varepsilon^3} \cdot \frac{L}{d} \cdot \frac{v^2}{g} \qquad [4.7]$$

여기에서 f=마찰계수(friction factor)

φ=형상계수(shape factor)

ε=여재 공극률(media porosity)

d=여재 직경(media diameter), m

L=여과층 길이(filter length), m

g=중력가속도(gravity acceleration), m/s^2

v=접근유속(superficial velocity), m/s

여재를 이용한 여과에 사용되는 Carman-Kozeny 식(식 4.8)에 의하면 비저항
(α)는 여재 직경(d_p), 여재 층의 공극률(ε)과 여재의 밀도(ρ)의 함수로 표현
된다.

$$\alpha = \frac{180(1-\varepsilon)}{\rho \cdot d_p^2 \cdot \varepsilon^3}$$ [4.8]

비저항, α는 다음 식 4.9와 같이 직렬여과저항 모델의 케이크 층에 의한 저항
(R_c)와 연결할 수 있다.

$$R_c = \frac{180(1-\varepsilon)}{\rho \cdot d_p^2 \cdot \varepsilon^3} \cdot v \cdot C_b$$ [4.9]

따라서 케이크 층에 의한 저항(R_c)는 케이크 층을 구성하는 입자 크기(d)에 의
존함을 알 수 있다. 즉, 입자 크기가 작아질수록 R_c는 증가한다. 일반적으로
활성슬러지 플록의 크기는 서브마이크론 크기에서 수백 마이크로미터의 분
포를 보이는 것으로 알려져 있다. 외부 순환형(Side stream) MBR의 경우 순환
펌프의 전단력으로 인해 입자 크기는 이보다 작아지며, 이는 밀도가 높은
(Dense) 케이크 층을 형성하게끔 한다. 침지형 MBR에서도 과도한 조대폭기
(Coarse aeration)로 인해 플록이 해체되어 입자 크기가 콜로이드 정도의 크기
로 작아지는 효과가 생길 수 있다.

　　Wisniewski 등(2000)은 활성슬러지 혼합액의 플록이 해체되어 2 μm 전후
의 크기를 가지는 입자들이 플럭스 감소를 유발한다고 보고하였다. Cicek 등
(1999)은 전통적인 활성슬러지 공정의 플록 크기는 20~120 μm의 범위를 가지
는 반면, 외부순환형 MBR에서 평균 입자 크기는 3.5 μm 전후이며 97%의 입
자들이 10 μm보다 작다고 밝혔다. 한편, 플록에 작용하는 전단력이 외부 순
환형보다 적은 침지형 MBR의 플록 크기는 외부순환형 MBR의 플록 크기보
다 큰 것으로 알려져 있다.

　　케이크 층의 공극률(ε) 역시 케이크 층 저항에 영향을 미치는 중요한 인
자 중 하나이다. 그림 4.21은 공극률이 케이크 층 저항(R_c)에 미치는 효과를
나타낸 그래프이다. 케이크 층 저항을 나타내는 식 4.9에서 $(1-\varepsilon)/\varepsilon^3$ 값을 y축
값으로 놓고 공극률(ε)을 x축으로 놓아서 자료 분석한 결과이다. 공극률이
1에서 0으로 감소할 때 $(1-\varepsilon)/\varepsilon^3$ 값이 매우 급격하게 증가하는 것을 알 수 있

막 오염

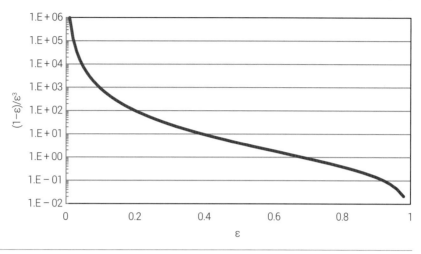

그림 4.21 　　　　　　　케이크 층의 공극률(ε)에 따른 $(1-\varepsilon)/\varepsilon^3$ 비의 변화.

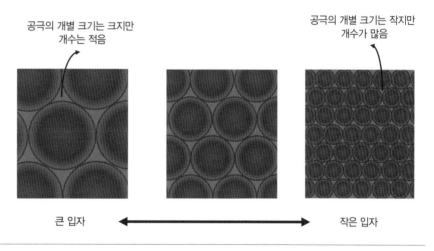

그림 4.22 　　　　　　여재의 입자 크기와 공극률 간 상관관계.

다. 즉, 공극률의 적은 감소에도 케이크 층 저항(R_c)은 급격히 증가한다. 결국 입자 크기와 함께 공극률은 케이크 층 저항을 결정하는 중요한 인자이다.

　　케이크 층 저항을 결정하는 두 가지 중요한 인자인 입자 크기(d)와 공극률(ε)은 서로 영향을 미치는 관계임을 알아야 한다. 만약 입자 크기가 증가한다면 공극률도 증가하는 것이 일반적인 관측이다. 그러나 케이크 층의 총 부피가 일정하다면 입자 크기가 증가하거나 감소하여도 공극률은 일정하다. 그림 4.22에서 보듯이 입자 크기의 변화는 공극률에 변화를 주지 않는다.

　　그림 4.22는 크기가 다른 입자들로 이루어진 케이크 층의 공극률이 서로

211

다르지 않음을 보여주고 있다. 큰 입자들로 이루어진 케이크 층은 공극의 크기가 크지만 개수는 적고, 작은 입자들로 이루어진 케이크 층은 공극의 개별 크기는 작지만 개수가 많기 때문에 전체적으로 총 공극의 부피는 동일하게 된다. 즉, 케이크 층의 총 부피가 동일하다면 공극률은 입자 크기와 상관없이 동일함을 보여주고 있다.

Example 4.2

입자 크기에 관계없이 케이크 층의 빈 공간 즉, 총 공극의 부피는 일정하다는 그림 4.22를 증명하기 위해 다른 입자 크기를 가진 두 케이크 층의 공극률을 계산하고 비교하시오. 활성슬러지 입자는 구형(형상계수, $\varphi=1$)이고 평균 크기는 각각 2, 5, 10, 50, 100, 500 μm로 가정하라. 활성슬러지 현탁액은 전량여과 방식(Dead end type membrane filtration)으로 막 여과되었다. 모든 활성슬러지 현탁액의 부피는 1 L였고, 밀도는 1,003 kg/m³이며, MLSS 농도는 3,000 mg/L였다. 막 여과를 위해 가압하여 발생한 압밀화 정도는 모두 동일하다고 가정한다.

Solution

1) 먼저 막 표면에 침적된 케이크 층의 부피, V_{cake}를 계산한다.
   - Cake layer volume,

$$V_{cake} = \frac{3,000 \text{ mg}}{L} \cdot 1 \text{ L} \cdot \frac{\text{kg}}{10^6 \text{ mg}} \cdot \frac{\text{m}^3}{1,003 \text{ kg}} = 3 \times 10^{-6} \text{ m}^3$$

2) 평균직경 2 μm(반지름=1×10^{-6} m)의 입자로 만들어진 케이크 층의 공극률, ε을 계산하기 위해 다음과 같은 순서로 필요한 계산을 수행한다.
   - 개별 구형입자 부피,

$$V_s = \frac{4}{3} \times \pi \times (10^{-6} \text{ m})^3 = 4.19 \times 10^{-18} \text{ m}^3/\text{sphere}$$

정육면체 안에 하나의 구가 들어간다고 가정한다. 정육면체의 길이(또는 높이나 너비)는 구형 입자의 직경과 동일하다고 가정한다.
   - 정육면체 하나의 부피,

$$V_{cube} = (2 \times 10^{-6} \text{ m})^3 = 8.00 \times 10^{-18} \text{ m}^3/\text{cube}$$

   - 정육면체 내부의 빈 공간,

$$V_{c,v} = V_c - V_s = 8.00 \times 10^{-18} - 4.19 \times 10^{-18} = 3.81 \times 10^{-18} \text{ m}^3/\text{cube}$$

   - 케이크 층 내 축적 가능한 정육면체의 개수,

$$N_{cube} = \frac{V_{cake}}{V_{cube}} = \frac{3 \times 10^{-6} \, \text{m}^3}{8.00 \times 10^{-18} \, \text{m}^3/\text{cube}} = 3.79 \times 10^{11}$$

– 케이크 층 내 총 공극의 부피,

$$V_{void} = V_{c,v} \times N_{cube}$$

$$= 3.81 \times 10^{-18} \frac{\text{m}^3}{\text{cube}} \times 3.79 \times 10^{11} \, \text{cube} = 1.42 \times 10^{-6} \, \text{m}^3$$

– 따라서 케이크 층 내 공극률,

$$\varepsilon = \frac{V_{void}}{V_{cake}} = \frac{1.42 \times 10^{-6} \, \text{m}^3}{3 \times 10^{-6} \, \text{m}^3} = 0.476$$

3) 다른 크기(5, 10, 50, 100, 500 μm)의 입자들도 동일한 방법으로 계산하여 다음의 표를 완성한다.

Floc size (μm)	2	5	10	50	100	500
Radius of floc, r (m)	1.00E-06	2.50E-06	5.00E-06	2.50E-05	5.00E-05	2.50E-04
Volume of 1 floc sphere, V_s (m³/cube)	4.19E-18	6.54E-17	5.24E-16	6.54E-14	5.24E-13	6.54E-11
Volume of 1 floc cube, V_{cube} (m³/cube)	8.000E-18	1.250E-16	1.000E-15	1.250E-13	1.000E-12	1.250E-10
Void volume of one cube, $V_{c,v}$ (m³)	3.811E-18	5.955E-17	4.764E-16	5.955E-14	4.764E-13	5.955E-11
Number of cube in cake, N_{cube} (ea)	3.739E+11	2.393E+10	2.991E+09	2.393E+07	2.991E+06	2.393E+04
Total void volume of cake, V_{void} (m³)	1.42E-06	1.42E-06	1.42E-06	1.42E-06	1.42E-06	1.42E-06
Cake porosity, ε	0.476	0.476	0.476	0.476	0.476	0.476

표에서 보듯이 입자 크기가 다른 모든 경우에도 공극률은 모두 0.476으로 계산된다. 즉, 공극률은 입자 크기에 의해 변하지 않는다. 큰 입자는 거대한 공극을 가지나 그 수는 적은 반면, 작은 입자는 조그마한 공극을 가지고 있으니 그 수가 많기 때문이다.

Example 4.3

서로 다른 입자 크기를 가진 6개의 활성슬러지 혼합용액을 0.1 m²의 면적을 가진 분리막으로 여과하였다. 플록 입자 크기가 케이크 층 저항(R_c)에 미치는 영향을 단적으로 보여주기 위해, 다음 자료를 이용하여 입자 크기(d_p)에 따른 케이크 층 저항(R_c) 그래프를 그려보시오.

- 평균 플록 입자 크기: 2, 5, 10, 50, 100 and 500 μm
- 모든 활성슬러지 현탁용액의 밀도(ρ_p): 1,003 kg/m³
- 모든 활성슬러지 현탁용액의 MLSS 농도: 3,000 mg/L
- 전 여과 방식으로 모든 활성슬러지 1 L를 여과하였음

Solution

다음 식 E4.1을 이용하여 평균 플록 크기 2 μm인 활성슬러지의 여과로 발생한 케이크 층의 비저항, α_1을 계산한다.

$$\alpha = \frac{180(1-\varepsilon)}{\rho_p \cdot d_p^2 \cdot \varepsilon^3} \qquad [E4.1]$$

$$\alpha_1 = \frac{180(1-\varepsilon)}{1,003 \text{ kg/m}^3 \cdot (2.0\times10^{-6})^2 \text{ m}^2 \cdot \varepsilon^3} = 4.487\times10^{10} \frac{1-\varepsilon}{\varepsilon^3} \text{ m/kg}$$

계산된 α_1과 식 4.5를 이용하여 2 μm 입자로 이루어진 케이크 층 저항, R_{c1}를 계산한다.

$$R_c = \frac{\alpha \cdot M}{A_m} \qquad [E4.2]$$

$$R_{c1} = \frac{\alpha_1 \cdot M}{A_m} = 4.487\times\frac{10^{10}\text{ m}}{\text{kg}} \cdot \frac{3\text{ g}}{0.1\text{ m}^2} \cdot \frac{\text{kg}}{1,000\text{ g}} \cdot \frac{1-\varepsilon}{\varepsilon^3} = 1.346\times10^9 \frac{1-\varepsilon}{\varepsilon^3} \text{ m}^{-1}$$

동일한 방법으로 다른 입자 크기에서 각각 α와 R을 계산한다.

$$\alpha_2 = \frac{180(1-\varepsilon)}{1,003 \text{ kg/m}^3 \cdot (5.0\times10^{-6})^2 \text{ m}^2 \cdot \varepsilon^3} = 7.178\times10^9 \frac{1-\varepsilon}{\varepsilon^3} \text{ m/kg}$$

$$R_{c2} = \frac{\alpha_2 \cdot M}{A_m} = 2.154\times10^8 \frac{1-\varepsilon}{\varepsilon^3} \cdot \frac{M}{A_m} \text{ m}^{-1}$$

$$\alpha_3 = \frac{180(1-\varepsilon)}{1,003 \text{ kg/m}^3 \cdot (1.0\times10^{-5})^2 \text{ m}^2 \cdot \varepsilon^3} = 1.795\times10^9 \frac{1-\varepsilon}{\varepsilon^3} \text{ m/kg}$$

$$R_{c3} = \frac{\alpha_3 \cdot M}{A_m} = 5.384\times10^7 \frac{1-\varepsilon}{\varepsilon^3} \cdot \frac{M}{A_m} \text{ m}^{-1}$$

$$\alpha_4 = \frac{180(1-\varepsilon)}{1,003 \text{ kg/m}^3 \cdot (5.0\times10^{-5})^2 \text{ m}^2 \cdot \varepsilon^3} = 7.178\times10^7 \frac{1-\varepsilon}{\varepsilon^3} \text{ m/kg}$$

$$R_{c4} = \frac{\alpha_4 \cdot M}{A_m} = 2.154\times10^6 \frac{1-\varepsilon}{\varepsilon^3} \cdot \frac{M}{A_m} \text{ m}^{-1}$$

막 오염

$$\alpha_5 = \frac{180(1-\varepsilon)}{1{,}003 \text{ kg/m}^3 \cdot (1.0\times10^{-4})^2 \text{ m}^2 \cdot \varepsilon^3} = 1.795\times10^7 \frac{1-\varepsilon}{\varepsilon^3} \text{ m/kg}$$

$$R_{c5} = \frac{\alpha 5 \cdot M}{A_m} = 5.384\times10^5 \frac{1-\varepsilon}{\varepsilon^3} \cdot \frac{M}{A_m} \text{ m}^{-1}$$

$$\alpha_6 = \frac{180(1-\varepsilon)}{1{,}003 \text{ kg/m}^3 \cdot (5.0\times10^{-4})^2 \text{ m}^2 \cdot \varepsilon^3} = 7.178\times10^5 \frac{1-\varepsilon}{\varepsilon^3} \text{ m/kg}$$

$$R_{c6} = \frac{\alpha 6 \cdot M}{A_m} = 2.154\times10^4 \frac{1-\varepsilon}{\varepsilon^3} \cdot \frac{M}{A_m} \text{ m}^{-1}$$

위의 계산 결과를 다음 표로 정리하였다.

Particle size (μm)	2	5	10	50	100	500
$\alpha \cdot ((1-\varepsilon)/\varepsilon^3)$ (m/kg)	4.487×10^{10}	7.178×10^9	1.795×10^9	7.178×10^7	1.795×10^7	7.178×10^5
$R_c \cdot ((1-\varepsilon)/\varepsilon^3)$ (m^{-1})	1.346×10^9	2.154×10^8	5.384×10^7	2.154×10^6	5.384×10^5	2.154×10^4

표의 자료를 활용하여 입자 크기와 계산된 $R_c \times ((1-\varepsilon)/\varepsilon^3)$를 그래프로 그리면 다음과 같다.

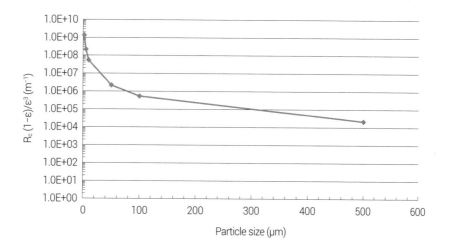

앞에서 전술한 바와 같이 공극률(ε)은 입자 크기(d)에 영향을 받지 않기 때문에, 공극률(ε)=0.5라고 가정하면 다음 표를 완성할 수 있고, 이를 바탕으로 입자 크기(d) vs. R_c 그래프를 얻게 된다.

Particle size (μm)	2	5	10	50	100	500
α (m/kg)	1.79×10^{11}	2.87×10^{10}	7.18×10^9	2.87×10^8	7.18×10^7	2.87×10^6
R_c (m^{-1})	5.38×10^9	8.61×10^8	2.15×10^8	8.61×10^6	2.15×10^6	8.61×10^4

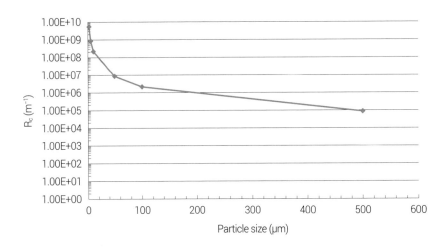

4.4.2.3 케이크 층의 압축(Compressibility of Cake Layer)

모래나 무연탄과 같은 여재를 사용하는 일반적인 여과 공정에서는 케이크 비저항(Specific cake resistance, α)이 여과성능을 표현하는 데 사용되었다. 식 4.8에서 소개한 것과 마찬가지로 α는 여재의 입자 크기(d), 공극률(ε), 밀도(ρ)의 함수이다.

$$\alpha,\ m/kg = \frac{180(1-\varepsilon)}{\rho \cdot d_p^2 \cdot \varepsilon^3} \qquad [4.10]$$

만약 분리막에 높은 압력이 가해지는 여과가 수행된다면, 막 표면의 케이크 층은 압착될 것이다. 따라서 케이크 층의 압축되는 정도를 나타내는 지표가 필요하며 다음 식으로 표현할 수 있다.

$$\alpha = \alpha_o \cdot P^n \qquad [4.11]$$

여기에서 n=케이크 층 압축도(cake compressibility index)

　　　　P=가해진 압력(applied pressure), kPa

이 식은 케이크 층의 압축도를 실험적으로 구할 수 있게 한다. 압축도를 나타내는 상수, n은 위 식의 양 변에 로그를 취한 뒤, $\log\alpha$ vs. $\log P$ 그래프에 나타나는 직선의 기울기에 해당한다.

막 오염

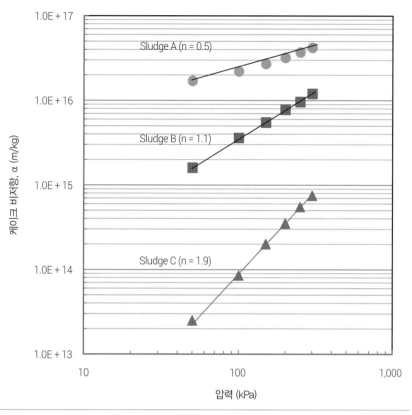

그림 4.23 식 log(α)=log(α₀)+n·log(P)를 이용한 케이크 층의 압축도(n) 결정 방법: 직선의 기울기=n.

$$\log(\alpha) = \log\alpha_0 + n \cdot \log P \qquad [4.12]$$

압축도, n은 서로 다른 압력 하에서 얻어진 일련의 여과실험 자료를 이용하여 구할 수 있다. 그림 4.23은 압축도, n을 구하는 방법을 설명하고 있다. 즉, $\log(\alpha)$ vs. $\log(P)$ 그래프에 나타나는 직선의 기울기에 해당한다.

4.4.2.4 용존성 물질들(Dissolved Matters)

MBR 폭기조 내에 존재하는 용존성 유기물질들(Dissolved organic matters, DOM)은 미생물에 의한 대사과정을 아직 거치지 않은 유입수 성분과 SMP와 Free-EPS와 같은 미생물 대사산물을 포함하고 있다. 그러나 막 오염의 관점에서 본다면 이들은 화학구조상 서로 구분할 수 없다.

폭기조 내의 DOM은 막 오염에 지대한 영향을 미치며, 막 내부와 외부 오염 모두에 영향을 준다. DOM은 막 세공의 벽(Walls)과 표면에 흡착될 수 있으며, 이는 케이크 층 형성과 같은 외부 막 오염보다는 세공 내부 막 오염에

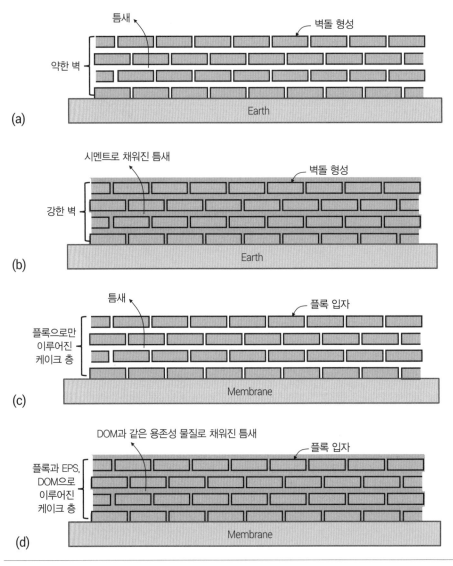

벽돌 벽(a와 b)과 케이크 층(c와 d)의 유사성.　　　　　　　　　　　　　　　그림 4.24

영향을 주는 것이다. 이 현상은 막 여과의 초기 단계에서 주로 발생한다. 그러나 DOM은 케이크 층이 충분히 형성된 이후에는 케이크 층 내부 공간에 흡착될 수 있다. 이렇게 되면 케이크 층이 보다 단단해지며 막 오염은 더욱 심화된다.

　　그림 4.24에서 보듯이 활성슬러지 플록은 막 표면의 케이크 층을 만들어내는 벽돌과 같은 역할을 한다. 케이크 층 내부 빈 공간을 DOM과 같은 용존성 물질이 채운다면 케이크 층은 더욱 밀도가 높아질 것이다. 마치 DOM은

벽을 쌓는 블록을 연결해 주는 시멘트와 같은 역할을 하여 케이크 층을 더욱 단단하게 만드는 역할을 한다.

MBR 개발 초기단계에서 용존성 유기탄소(Dissolved organic carbon, DOC) 농도가 막 오염에 미치는 영향에 관한 몇 가지 연구가 보고되었다. 예를 들면, Ishiguro 등(1994)은 플럭스(J)와 DOC 사이에 다음과 같은 관계가 있음을 보고하였다(a와 b는 실험 상수).

$$J = a + b \cdot \log(DOC) \tag{4.13}$$

그러나 상기 식은 보편적으로 적용할 수 없다. 왜냐하면 플럭스(또는 막 오염)는 오직 DOC만의 함수가 아니고 다른 여러 가지 요소에 의해 결정되기 때문이다. 즉, 위와 같은 종류의 식은 특별한 조건에서만 유효한 식이다. 즉, 다른 모든 막 오염 인자들이 일정하게 작용할 경우에만 위 식은 플럭스와 DOC와의 관계를 설명할 수 있다. Sato와 Ishii (1991)는 MLSS, COD, 막간차압(TMP)과 점도(η)가 여과저항(R)에 미치는 영향을 정리하여 다음과 같은 경험식을 제안하기도 하였다.

$$R = 842.7 \, TMP(MLSS)^{0.926}(COD)^{1368}(\eta)^{0.326} \tag{4.14}$$

그러나 DOC (또는 용존성 COD)보다는 Soluble-EPS (또는 SMP)가 막 오염을 설명하는 보다 중요한 요소로 알려져 있다. Soluble-EPS의 막 오염에 미치는 영향은 이미 설명한 바 있다.

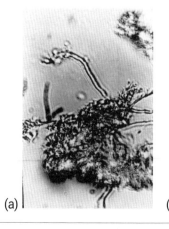 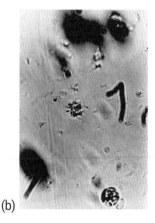 

그림 4.25   활성슬러지 플록의 대표적인 세 가지 구조: (a) 정상 슬러지, (b) 핀포인트 플록, (c) 팽화된 슬러지.

4.4.2.5 플록의 구조: 거품, 핀포인트 플록, 팽화(Flocs Structure: Foaming, Pinpoint-floc and Bulking)

활성슬러지 플록의 구조는 미생물의 물리화학적 특성, 영양염류(Nutrients) 상태 및 유입수 성상 등 여러가지 요인에 따라서 변화한다. 그림 4.25에서 보는 바와 같이 활성슬러지 플록의 구조는 플록형성균(Floc forming bacteria)과 사상성균(Filamentous bacteria)의 비율에 따라 세 가지 형태 즉, 팽화된 슬러지 (Bulking sludge), 핀포인트 플록(Pin-point floc), 이상적인 슬러지(Ideal normal sludge)로 구분할 수 있다.

사상성균의 번성은 슬러지 팽화를 유도하며, 핀포인트 플록에서는 사상성균이 발견되지 않는다. 반면에 사상균과 플록 형성균이 적절한 조화를 이루면 정상적인 슬러지 플록을 형성하는 것으로 알려졌다. 세 가지 형태의 활성슬러지 플록의 구조는 수리학적 체류시간(HRT), 고형물체류시간(SRT)이나 F/M비 등을 조절함으로써 얻을 수 있다. 플록의 구조는 슬러지의 침강성과 깊은 연관성을 가지고 있으며, 침강성은 다음 식과 같이 슬러지부피지표 (Sludge volume index, SVI) 로 표현된다.

$$SVI, \ mL/g = SV_{30} \times 1,000/MLSS \qquad [4.15]$$

여기에서 SV_{30}=30분 침강 후 침강된 슬러지의 부피(sludge volume after 30 minutes settling), mL/L

MLSS=mixed liquor suspended solids, mg/L

핀포인트 플록이 발생하였을 경우의 전형적인 SVI는 50 mL/g보다 적은 값을 보인다. 팽화가 발생한 슬러지의 SVI는 200 mL/g보다 큰 경우가 일반적이다. 정상적인 플록의 SVI는 100~180 mL/g의 범위를 갖는다. 핀포인트 플록이 발생하면 유출수의 부유물질 농도(SS)와 탁도가 높게 나타난다. 반면에 팽화가 발생하면 유출수의 탁도는 낮아진다.

Chang 등(1999)에 의하면 막 오염을 유발하는 경향은 정상 슬러지가 가장 낮고, 다음이 핀포인트 플록 그리고 막 오염 정도가 가장 심한 것은 팽화된 슬러지 순이다. 그들은 케이크 층 저항을 결정하는(즉, 막 오염을 결정하는) 가장 중요한 요소로 플록의 모양, 크기 및 공극률에 근거하여 막 오염을 해석하였다. 그러나 Wu와 Huang (2009)에 의하면 제타전위와 SVI는 막의 여과성

막 오염

능에 아무런 영향을 못 미친다고 보고하였다. 즉, 상반된 결과를 보고하고 있으며 이는 MBR 연구에서 종종 일어난다. 왜냐하면 막 분리가 수행되는 미생물 현탁액의 특성을 지나치게 간략화 하여 보고 있기 때문이다. 개별 MBR 연구에서 다룰 수 밖에 없는 운전조건이나 미생물의 생리학적인 조건들은 무시되고 오직 관심의 대상이 되는 요소(위의 예에서는 이를테면 SVI 등)가 막 오염에 미치는 영향을 관찰하기 때문이다. 막 오염에 영향을 미치는 서로 다른 인자들(이를테면, HRT, SRT, F/M비, MLSS, 유입수 성상 등)이 모두 같고 오직 SVI만 다른 활성슬러지를 배양하는 것은 거의 불가능에 가깝다. 따라서 MBR의 막 오염에 영향을 미치는 인자를 추적하는 연구가 쉽지 않은 이유가 여기에 있다.

4.4.2.6 유입수 특성(Influent Characteristics)

MBR에 유입되는 유입수의 조성은 미생물 대사과정에 직접적인 영향을 미친다. 도시 하수는 지역마다 성상 차이가 크지 않아서 세계적으로도 차이가 나지 않지만, 산업폐수는 발생 장소마다 유입수의 성상 차이가 크다. 미생물이 성장하기 위해 필요한 영양물질의 전형적인 비율, 즉 인(P):질소(N):탄소(C)의 비는 1:5:100으로 알려져 있다. 좀 더 실질적인 의미로 C/N비, 즉 유입수 중 탄소와 질소의 비율이 제안되기도 한다. 분명한 것은 영양물질의 균형비가 맞지 않는 유입수 성분은 미생물의 활성도를 감소시키고 이는 결국 불완전한 하폐수처리로 귀결될 것이다.

4.4.2.7 슬러지의 소수성 정도(Sludge Hydrophobicity)

활성슬러지 플록의 표면에는 EPS의 주요성분인 단백질과 다당류의 다양한 관능기들(Functional groups)이 노출되어 있다. 따라서 플록 사이에는 소수성 상호작용이 존재한다. 플록의 소수성이 증가할수록 분리막 표면에 흡착되기 쉽다. 분리막은 원래 소수성이 강한 재료로 만들어졌기 때문이다. 플록의 소수성 정도는 플록의 표면에 노출되어 있는 관능기의 소수성 부분과 친수성 부분의 상대적인 비율에 의해 결정된다.

　유입수 성분 중에 지질(Lipid) 성분이 다량 포함되어 있을 경우 흔히 발생하는 거품 슬러지(Foaming sludge)는 물론 소수성이 강하다. 거품 슬러지는 2차 침전조에서 침전이 잘 안 되며 스컴(Scum)을 발생시키는 등의 문제를 야

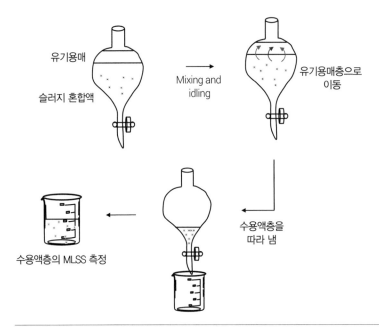

유기용매를 이용한 활성슬러지 플록의 상대적 소수성 측정과정.   그림 4.26

기한다. 또한 거품 슬러지는 소수성이 강하기 때문에 분리막과의 강한 소수성 상호작용으로 인해 MBR의 여과성능을 현저하게 저하시키는 것으로 알려져 있다.

분리막의 소수성은 막 표면에 물방울을 떨어뜨린 후 접촉각을 측정하여 표시한다. 그러나 슬러지 표면의 소수성 정도는 직접 측정하기가 쉽지 않다. 따라서 유기용매를 이용하여 상대적인 소수성(또는 친수성) 정도를 파악할 수 있다. 상대적 소수성 정도의 측정 원리는 용매추출의 원리(수용액 중 특정 성분이 유기용매층으로 이동하는 원리)와 동일하다.

그림 4.26은 슬러지의 상대적 소수성 정도를 측정하는 기본 절차를 보여주고 있다. 분액 깔때기에 활성슬러지 시료를 채운 다음 옥탄올(Octanol) 또는 디에틸에테르(Diethyl ether)와 같은 유기용매를 채운다. 충분한 시간 동안 수용액층과 유기용매층이 섞일 때까지 흔들어(또는 기계적인 교반) 섞은 다음 추가시간을 주면 슬러지 플록이 수용액층에서 유기용매층으로 이동하게 된다. 하부의 수용액층은 밑으로 따라 버린다. 수집된 슬러지는 분석을 위해 준비한다.

MLSS 농도를 용매 추출 전과 후에 측정하여 상대적 소수성 정도를 파악

한다. 즉, 용매에 의해 에멀션화된 수용액층의 MLSS 농도($MLSS_f$)를 추출 전의 수용액층의 MLSS 농도($MLSS_i$)와 비교하면 상대 소수성 정도가 측정된다.

상대적 소수성 정도,

$$\text{Relative Hydrophobicity}(\%) = 100 \times (1 - MLSS_f/MLSS_i) \qquad [4.16]$$

Chang 등(1999)은 정상적인 슬러지와 거품이 발생한 슬러지의 상대적 소수성 정도가 각각 54~60%(평균 57%)와 62~93%(평균 81%) 정도라고 보고하였다. 거품이 발생한 슬러지의 상대적 소수성 정도가 정상적인 슬러지보다 매우 높으며 막 오염도 심하다고 보고하였다.

4.4.3 운전(Operation)

이전에도 자주 언급하였듯이 MBR의 운전조건은 MLSS, EPS (또는 SMP) 생산이나 플록 구조와 같은 미생물학적 특성에 직접적인 영향을 행사한다. 즉, MBR의 막 오염에 영향을 미치는 가장 중요한 인자는 여과 대상물인 미생물 현탁액의 특성이지만 운전조건은 이런 생물학적 특성을 변화시키는 중요한 요소이다.

4.4.3.1 수리학적 체류시간(Hydraulic Retention Time)

수리학적 체류시간(HRT)은 반응기의 부피(m^3)를 유입수 유량(m^3/h)으로 나눈 값이다. HRT는 연속흐름 반응기(CSTR) 또는 플러그흐름 반응기(PFR)의 반응기 성능을 결정하는 중요한 운전변수이다. 활성슬러지 폭기조와 같은 생물반응기에서 HRT가 충분하지 않으면 내용물이 반응기 외부로 유출되는 효과, 즉 Washout 현상이 발생한다. 따라서 적절한 HRT를 유지하는 것은 중요하다. MBR의 전형적인 HRT는 4~10시간으로 알려져 있다. 일반적으로 HRT가 증가할수록 미생물에 의한 유기물 분해가 안정적으로 수행된다. 생물반응기의 HRT는 다음 식에서 보는 바와 같이 F/M비와 직접적인 관련이 있다.

$$\text{F/M (kg BOD/kg MLSS·d)} = \frac{QS_o}{VX} = \frac{S_o}{\theta X} \qquad [4.17]$$

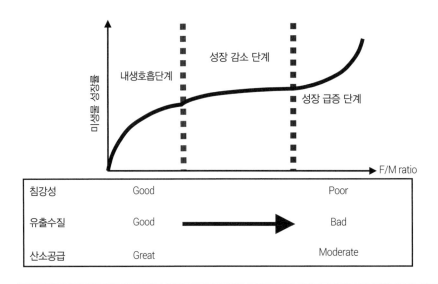

F/M비에 따른 미생물 특성 변화.　　　　　　　　　　　　　　　　　　　그림 4.27

여기에서　Q=유량(flow rate), m³/d

S₀=유입수 기질 농도(influent substrate concentration), kg BOD/m³

V=생물반응기 부피(bioreactor volume), m³

θ=HRT, d

X=미생물 농도(biomass concentration), kg MLSS/m³

위 식에서 보듯이 HRT(θ)가 증가하면 F/M비는 감소한다. 그림 4.27에서 보듯이 미생물 성장속도는 F/M비에 의존하기 때문에 θ의 변화는 곧바로 미생물의 특성을 바꾸는 역할을 한다. F/M비가 증가하면 BOS나 SS와 같은 유출수특성이 나빠지며 침강성도 안 좋아진다. 반면에 F/M비가 낮게 유지되면 미생물이 내생호흡단계(Endogenous phase)에 들어서며 이로 인해 자산화(Auto-oxidation)가 증가되어 산소 소비율은 증대된다. Chang와 Lee (1998)는 다른 성장 상태에 있는 활성슬러지를 막 여과하였을 경우 지수증가 성장 상태에 있는 미생물의 막 오염이 내생호흡 단계에 있는 미생물보다 심각하였다고 보고하였다. 따라서 HRT와 같은 운전인자는 미생물의 특성을 변화시킴으로써 막 오염에 간접적으로 영향을 미친다.

4.4.3.2 SRT

연속흐름반응기(CSTR)에 유입되어 체류하다가 반응기 외부로 유출되는 고형물은 평균체류시간(Mean residence time)을 갖는다. 용질의 상태에 관계없이(즉, 고체, 액체, 기체 또는 입자) 반응기 내 용질의 체류시간(τ_E)은 다음 식과 같이 정의된다.

$$\tau_E = \frac{E}{\left|\dfrac{dE}{dt}\right|}$$ [4.18]

여기에서 E=용질의 질량(mass of solutes), kg

t=시간(time), h

만약 반응기가 어떤 용질도 포함하고 있지 않다면 용질의 체류시간(τ_E)은 다음 식과 같이 수리학적 체류시간(HRT)과 같아지는 것이다.

$$\tau_w = \frac{E}{\left|\dfrac{dE}{dt}\right|} = \frac{V}{\left|\dfrac{dV}{dt}\right|} = \frac{V}{Q} = HRT$$ [4.19]

생물반응기 내부에 미생물이 머무는 시간을 평균세포체류시간(Mean cells' residence time)으로 칭하듯이 표준 활성슬러지 시스템과 같은 반응기에 미생물이 머무는 시간을 SRT (Solids retention time)로 칭한다. SRT는 생물반응기 내부의 미생물 질량($X \cdot V$)과 2차 침전조 하부에서 농축되어 수거되는 슬러지 인발 속도($X_r \cdot Q_w$)와 2차 유출수 상등액 속에 포함되어 인출되는 속도, $X_e \cdot (Q-Q_w)$의 합의 함수이다. 즉, SRT는 다음 식과 같이 표현할 수 있다.

$$SRT_{CAS} = \frac{E}{\left|\dfrac{dE}{dt}\right|} = \frac{X \cdot V}{\left|X_r \cdot Q_w + X_e \cdot (Q - Q_w)\right|}$$ [4.20]

여기에서 X_r=2차 침전조에서 농축되어 폭기조로 반송되는 라인의 미생물 농도(solids concentration of circulating stream from the secondary clarifier to the aeration basin), mg/L

X_e=2차 침전조 상등액 미생물 농도(solids concentration of supernatant flowing out of the clarifier), mg/L

Q=유입유량, m³/d, Q_w=반송유량, m³/d, V=폭기조 부피, m³

225

MBR 플랜트는 완벽한 고·액 분리 성능으로 인해 유출수 중 미생물 농도, X_e는 0이 되고, 폭기조 반송 라인이 없기 때문에 X_r는 X가 된다. 따라서 MBR 플랜트에서의 SRT는 다음 식과 같이 된다.

$$SRT_{MBR} = \frac{E}{\left|\dfrac{dE}{dt}\right|} = \frac{X \cdot V}{\left| X_r \cdot Q_w + X_e \cdot (Q - Q_w) \right|}$$

$$= \frac{X \cdot V}{\left| X \cdot Q_w + 0 \right|} = \frac{V}{\left| Q_w \right|} = \frac{V}{Q_w}$$

[4.21]

생물반응기의 SRT는 MLSS 농도와 직접적인 관련이 있다. SRT가 증가하면 미생물 세포의 반응기 내 체류기간이 증가하고 슬러지 인출이 감소하기 때문에 MLSS 농도의 증가로 이어진다(즉, SRT와 MLSS는 연동되어 있으며 SRT가 직접 MLSS 농도에 영향을 미친다). 전술한 바와 마찬가지로 MLSS 농도는 막 오염에 영향을 미치는 중요한 인자이다. 따라서 SRT를 변화시키는 것은 미생물 특성을 변화시키는 간접적인 경로로 막 오염에 영향을 미친다.

전통적인 활성슬러지 시스템의 일반적인 SRT는 10일 내외이지만 MBR 플랜트의 SRT는 보통 30일이 넘는다. 이렇게 SRT가 길어지면 MLSS 농도가 10,000 mg/L 이상으로 유지되며, 이는 F/M비를 낮추는 결과를 가져오며 미생물은 내생호흡 단계(Endogenous phase)로 유도된다. 따라서 SRT가 길어질수록 막 오염은 감소하게 된다. Chang과 Lee (1998)는 SRT가 3일에서 33일로 증가함에 따라 막 오염이 감소한다고 보고하였다. Broeck 등(2012) 역시 SRT가 10일에서 50일로 증가할수록 활성슬러지의 플록 형성능이 좋아지면서 막 오염이 감소한다고 보고하였다. 그러나 이와는 상반되는 결과들도 보고되고 있다. 다시 한 번 강조하지만 이는 막 오염이 어느 한두 가지 인자에 의해서 지배 받고 있지 않음을 보여주고 있다.

한편 SRT가 계속 증가하게 되면 F/M비는 감소하여 결국 Free-EPS (또는 SMP) 농도가 감소하게 된다. 이는 높은 SRT에서 막 오염이 감소하게 되는 현상을 설명할 수 있는 한 가지 원인이 된다. 그러나 SRT가 증가하면 MLSS 농도가 증가하여 현탁액의 점도(Viscosity)가 증가한다. 점도 증가는 막 오염의 악화를 유발하며 추가적인 폭기를 요구한다. 결국 막 오염을 감소시키기 위한 최적 SRT의 선택이 필요하다.

4.4.3.3 전단응력(Shear Stress)

외부형(Side-stream) MBR에서는 가압펌프(또는 순환펌프)를 이용하여 생물 반응기 외부에 위치한 막 모듈로 유체를 이송한다. 이 과정에서 전단력(Shearing forces)이 발생하며, 막 표면의 케이크 층을 쓸어내는(Scouring) 효과를 유발한다. 이런 외부순환 유체와 생물 반응기 내부의 미생물과 플록은 지속적으로 전단응력(Shear stress, 또는 전단력)을 받게 된다. 전단력은 미생물과 플록의 구조적인 변화, 이를테면 플록의 크기와 형태에 변형을 주어서 세포 내부 및 외부 물질의 방출을 유도하고 미생물 활동도(Viability)의 변화를 유발한다. 이런 미생물 플록의 구조적 변화는 막 오염에 영향을 미치는 것은 물론이다.

뉴턴 역학의 점성 법칙에 따르면 두 판 사이를 지나는 유체의 전단응력(Shear stress, τ)은 다음 식과 같이 정의된다.

$$\tau = \frac{F}{A} = \mu \frac{dv}{dy} \qquad [4.22]$$

여기에서 τ= 전단응력(shear stress), N/m^2

$\quad$ F= 판에 미치는 힘(force acting on a plate), N

$\quad$ A= 판의 면적(surface area of plate), m^2

$\quad$ μ= 점도(viscosity), $N \cdot s/m^2$

$\quad$ dv/dy= 전단율(shear rate), σ 또는 판 사이를 흐르는 유체의 속도경사(velocity gradient), 1/s

위 식은 전단응력(τ)은 속도경사(dv/dy)에 선형적으로 비례하며, 그 비례상수는 유체의 점도(μ)임을 말해주고 있다.

외부형 MBR과 같이 파이프 내부를 흐르는 유체가 관벽에 미치는 전단응력(τ_w)은 다음 식과 같이 구할 수 있다.

$$\tau_w = \frac{f\rho\omega^2}{8} \qquad [4.23]$$

여기에서 f= 마찰계수(friction factor)

$\quad$ ρ= 유체 밀도(density), kg/m^3

ω=관 중앙의 유체속도(flow velocity in the middle of channel), m/s

Example 4.4

생물 반응기 외부에 튜브형 막 모듈이 설치되어 있는 외부형 MBR의 관벽에 미치는 전단응력(τ_w)을 구하시오. 막 모듈을 지나는 유체의 평균유속은 0.12 m/s로 동일하고, 유체의 밀도 역시 999 kg/m³로 동일하다고 가정하시오. 유체가 지나는 튜브형 막 모듈의 내부 직경은 2 cm이다.

Solution

전단응력(τ_w), 마찰계수(f)와 관 중앙 유속(ω)을 구하기 위해 다음 식과 같이 우선 레이놀즈 수(Re)를 계산하고 유체의 흐름 종류를 결정한다.

$$\text{Re} = \frac{\rho \cdot d \cdot v}{\mu} = \frac{(999 \text{ kg/m}^3) \cdot (0.02 \text{ m}) \cdot (0.12 \text{ m/s})}{(1.2 \times 10^{-3} \text{ N} \cdot \text{s/m}^2)} = 1,998$$

레이놀즈 수(Re)가 2,100보다 작기 때문에 유체흐름은 층류(Laminar flow)로 분류할 수 있다.

마찰계수(f)는 레이놀즈 수(Re)에 비례한다. 원형관에 층류가 흐를 경우 $\omega = 2 \times v$ 이고 f=64/Re이다(v는 유입되는 포물선 유속 형태의 평균유속). 따라서 관 벽에 미치는 전단응력(τ_w)은 다음 식과 같이 계산된다.

$$\tau_w = \frac{f \cdot \rho \cdot \omega^2}{8} = \frac{\frac{64}{\text{Re}} \cdot \rho \cdot \omega^2}{8} = \frac{\left(\frac{64}{1,998}\right) \cdot \left(\frac{999 \text{ kg}}{\text{m}^3}\right) \cdot (2 \times 0.12 \text{ m/s})^2}{8} = 0.23 \text{ N/m}^2$$

전단응력, τ_w는 0.23 N/m²이다. 만약 유체흐름이 난류(Turbulent flow)라면 ω는 v와 동일하고 마찰계수, f=0.316/(Re)$^{0.25}$가 된다.

전단응력이 막 오염에 미치는 가장 극적인 효과는 플록의 파괴이다. 비교적 깨지기 쉬운 미생물 플록은 외부 전단력을 받아서 구조가 무너지면서 콜로이드성 입자와 미세한 입자들로 해체될 수 있다. 특히, 외부형 MBR의 운전 초기에 펌프의 전단력으로 인해 플록 구조의 붕괴가 발생하여 플록의 평균 입자 크기가 감소한다. 이후 운전이 계속 진행되면 플록의 해체는 멈춰지고 플록 크기의 감소 현상 역시 멈춘다. Kim 등(2001)은 외부형 MBR의 초기 운전 기간(144시간) 동안 플록의 평균 입자 크기가 수백 마이크로미터에서 20 마이크로미터로 감소하였다고 보고하였다. 이전에 언급하였듯이 플록 입자 크기는 막 오염을 결정하는 중요한 인자 중의 하나이다(플록 입자 크기가 작아질수록 막 오염은 심각해진다). 따라서 전단력에 의한 플록 입자 크기 감소는 막 오염에 부정적인 영향을 미친다.

플록의 해체로 유발되는 또 다른 중요한 효과는 플록 내부에 존재하던 EPS가 현탁 모 용액(Bulk solution)으로 유출되는 현상이다. 플록 내부에서 각 미생물을 연결해주는 역할을 하는 EPS가 플록의 해체로 인해 모 용액으로 유출되는 것이다. 이전에 언급하였던 것처럼 EPS는 막 오염에 영향을 미치는 가장 중요한 인자 중의 하나이다. 결론적으로 전단력에 의한 플록의 해체는 막 오염에 부정적인 영향을 미친다고 볼 수 있다.

외부형 MBR에서 생물반응기의 유체를 막 모듈로 순환시키는 펌프는 여러 종류가 사용되고 있다. Kim 등(2001)은 외부형 MBR에 순환 펌프로 사용된 로타리식 펌프(Rotary type pump)가 원심 펌프(Centrifugal pump)보다 플록 해체 현상이 더 크게 발생한다고 보고하였다. 즉, 외부형 MBR의 막 오염을 제어하기 위해서는 적절한 펌프의 선택도 중요하다고 볼 수 있다.

4.4.3.4 폭기(Aeration)

침지형 MBR에서는 유체의 순환에 의해 발생하는 전단력은 없다. 대신 막 오염을 제어하기 위해 막 표면으로 가해지는 조대폭기(Coarse aeration)에 의한 전단력이 존재한다. 조대폭기는 막 표면의 케이크 층의 발달을 방해하거나 막 표면에서 케이크 층을 수월하게 떨어뜨릴 목적으로 사용된다. 따라서 막 표면에 큰 전단력을 제공하기 위해서 조대폭기는 항상 과도하고 격렬하게 수행된다. 그러나 이런 조대폭기는 미생물에 좋지 않은 영향을 미친다. 예를 들면, 조대폭기에 의한 플록 해체가 가장 빈번하게 언급되는 문제점 중의 하나이다. 이미 언급하였다시피 플록 해체에 의한 입자 크기 감소는 막 오염을 심화시키므로 조대폭기는 과도하게 또는 너무 격렬하게 수행되어서는 안 된다. 따라서 침지형 MBR의 성공적인 조대폭기는 수립된 막 오염 제어 전략과 조화를 이루어야 한다. 만약 조대폭기가 과도해진다면 운전비용의 상승과 플록 해체는 피할 수 없다. 반면에 조대폭기가 충분하지 않다면 막 오염은 심각해질 수 밖에 없다.

단위 막면적(m^2) 당 공급되는 공기공급량(m^3/h), 즉 폭기 세기(Aeration intensity, m/h)는 침지형 MBR을 설계하는 데 있어서 매우 중요한 요소이다. 폭기 세기를 한 단위 상승시킨다고 동일한 정도의 플럭스 상승을 기대할 수 없다. 따라서 케이크 층의 발달을 저해하는 정도의 최적 폭기 세기를 결정하는 것이 필요하다.

4.4.3.5 플럭스 및 임계 플럭스(Flux and Critical Flux)

1990년대 중반 필드(Robert W. Field)에 의해 제안된 임계 플럭스의 개념은 MBR을 포함한 거의 모든 분리막 분야에 유행처럼 활용되었다. 요점은 MBR의 초기 플럭스가 가능한 낮게 유지되어 운전된다면 막 오염속도를 최대한 늦출 수 있다는 점이다. 임계 플럭스의 정확한 의미를 둘러싸고 꽤 오랫동안 논쟁이 있어온 것이 사실이지만 MBR에서의 임계 플럭스 개념은 간단하다—MBR의 운전 중 TMP를 안정적으로 유지하는 가장 높은 초기 플럭스값을 의미한다.

임계 플럭스를 결정하기 위한 여러 가지 방법이 개발되어 있으나 표준화된 방법은 아직 없다. 플럭스를 단계적으로 증가시켜 가면서 안정적인 TMP를 유지하는지 관찰하는 단계 플럭스법(Flux step method)이 가장 일반적인 방법으로 평가되고 있다. 만약 TMP가 시간이 경과함에 따라 증가한다면 직전 단계의 플럭스값이 임계 플럭스가 되는 것이다. 즉, TMP 증가는 케이크 층의 압밀화 또는 내부 막 오염 발달에 의해서 증가하는 것이기 때문에 TMP가 증가하지 않고 안정적으로 유지되는 플럭스 중에서 제일 높은 플럭스가 임계 플럭스가 되는 것이다. 임계 플럭스값은 MLSS, 막 재질, 수리학적 조건 등 막 오염에 영향을 주는 다양한 인자들에 의해 결정된다.

4.5 막 오염의 정량분석(Quantitative Determination of Fouling)

막 오염 경향성을 정량적으로 해석하는 것은 막 오염 제어를 위한 전략 수립에 가장 중요한 첫 번째 단계이다. MBR에 발생하는 막 오염을 정량적인 방법을 이용하여 지속적으로 관찰하는 것은 MBR 관리자가 미래에 발생할 문제점들에 대해 정확하게 예측하고 적절한 막 오염 대책을 수립할 수 있도록 한다. 막 오염 정도를 표현하는 몇 가지 이론적인 방법과 실증적인 방법을 소개하고자 한다.

4.5.1 직렬여과저항 모델(Resistance in Series Model)

MBR의 막 오염현상을 일련의 여과저항의 합으로 이해하는 것이 편리할 수 있다. 직렬여과저항 모델(Resistance in series model)은 실험실 규모 MBR의 막 오염 메커니즘을 해석하기 위해서 빈번하게 사용하는 막 오염 정량화 방법 중 하나이다. 직렬여과저항 모델은 일련의 여과실험을 통해 얻은 자료를 분석하여 각 여과저항을 알아내어 어떤 막 오염 메커니즘이 우세하게 작용하고 있는지 알아낼 수 있게 하는 실험적 모델의 한 종류이다.

이 모델의 기본원리는 여과 플럭스(J)는 여과가 발생하게끔 하는 구동력(Driving force)에 비례하고 여과를 방해하는 모든 저항(Resistance)에 반비례하는 사실을 식으로 정리한 것이다.

$$J = \frac{\text{driving force}}{\sum \text{resistances}} \qquad [4.24]$$

막 여과 모델에서 구동력은 TMP이고 저항은 점도와 모든 여과저항의 합이다.

$$J = \frac{\Delta P_T}{\eta \cdot R_t} \qquad [4.25]$$

여기에서 J = 여과 플럭스(permeation flux), $l/m^2 \cdot h$

ΔP_T = 막간차압(transmembrane pressure, TMP), $kg \cdot m/s^2 \cdot cm^2$

η = 여과수의 점도(viscosity of the permeate), $kg/m \cdot s$ ($= N \cdot s/m^2$)

R_t = 총 여과저항(total resistance), m^{-1}

총 여과저항(R_t)은 분리막 자체저항(R_m)과 여과과정에서 발생하는 모든 저항의 합인 막 오염저항($R_{fouling}$)으로 표시된다.

$$J = \frac{\Delta P_T}{\eta \cdot (R_m + R_{fouling})} \qquad [4.26]$$

막 오염저항($R_{fouling}$)은 막 오염을 정의하는 여러 가지 기준에 의해 세부적인 저항으로 구분된다. 가장 일반적인 세분법으로는 그림 4.28에서 보는 바와 같이 케이크 층에 의한 저항(Cake layer resistance, R_c)과 막 내부오염에 의한 저항(Internal fouling resistance, R_f)으로 나누는 것이다.

따라서 직렬저항 모델식은 다음과 같이 정리할 수 있다.

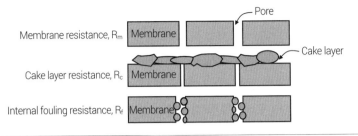

직렬여과저항 모델의 개념도(출처: Chang et al., 2009). 그림 4.28

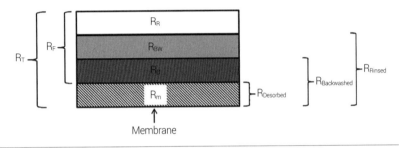

막 표면의 오염물질로부터 연유하는 각 저항의 개념도(출처: Henderson R. J. et al., J. Membr. Sci., 382, 50, 2011). 그림 4.29

$$J = \frac{\Delta P_T}{\eta \cdot (R_m + R_{fouling})} = \frac{\Delta P_T}{\eta \cdot (R_m + R_c + R_f)} \qquad [4.27]$$

여기에서 R_c=케이크 층 저항(cake layer resistance by the cake layer deposited on the membrane surface), m^{-1}

R_f=내부 막 오염저항(internal fouling resistance caused by solute adsorption onto the membrane pores and walls), m^{-1}

직렬여과저항 모델이 말하는 것은 "여과속도인 플럭스는 막간차압에 비례하고 여과액의 점도와 각 저항의 합에는 반비례한다"이다. 막 오염저항($R_{fouling}$)을 두 저항, 즉 R_c와 R_f로 구분하는 것은 이해하기도 쉬울 뿐 아니라 몇 번의 여과실험 자료로부터 각 저항값을 얻어내기가 용이하다. 그러나 막 오염저항($R_{fouling}$)을 두 가지 저항 이상으로 세분하는 것도 가능하다. 예를 들면 Henderson 등(2011)은 그림 4.29에 나타난 것처럼 $R_{fouling}$을 세 가지 저항의 합(R_{Rinsed}+$R_{Backwashed}$+$R_{Desorbed}$)으로 구분하였다.

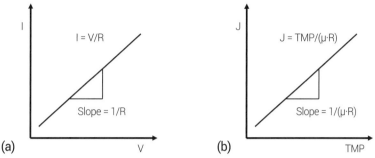

그림 4.30   옴의 법칙(a)과 직렬여과저항 모델(b)의 유사성.

직렬여과저항 모델식(식 4.25)은 잘 알려진 Ohm의 법칙과 유사하다. Ohm의 법칙은 "저항(Resistance)을 가지고 있는 도선을 흐르는 전하량 속도(Flow rate of electrical charge), 즉 전류(Current)는 전위차(Difference in voltage)에 비례하고 저항에 반비례한다"는 것이다.

$$I = \frac{V}{R}$$ [4.28]

여기에서 I = 전류(current = flow rate of electrical charge), A
V = 전위차(potential = difference in voltage across the resistor), V
R = 저항(resistance), Ω

직렬여과저항 모델의 플럭스(J)는 전류(I)에 해당한다. 왜냐하면 플럭스와 전류 모두 속도의 개념이다. 즉, 플럭스는 여과수의 유속(L/s)이고, 전류는 전하량의 유속(Coulombs/s)이다. 직렬여과저항 모델의 막간차압(ΔP_T, 즉 TMP)은 전위차(V)에 해당한다. 두 가지 모두 여과 또는 통전이 일어나게 하는 구동력 역할을 하기 때문이다. 직렬여과저항 모델의 총 저항(R_t)은 여과를 방해하는 모든 저항의 합이므로 Ohm 법칙의 저항(R)에 해당함은 물론이다. 그림 4.30은 직렬여과저항 모델과 Ohm 법칙의 유사성을 분명하게 보여주고 있다.

직렬여과저항 모델의 각 저항(R_m, R_c, R_f)값은 여과실험 자료에서 얻은 플럭스 자료(J_{iw}, J_{fw}, J)와 식 4.29, 4.30 4.31을 이용하여 계산할 수 있다.

$$R_m = \frac{\Delta P_T}{\eta \cdot J_{iw}} \qquad [4.29]$$

$$R_f = \frac{\Delta P_T}{(\eta \cdot J_{fw}) - R_m} \qquad [4.30]$$

$$R_c = \frac{\Delta P_T}{(\eta \cdot J) - (R_m + R_f)} \qquad [4.31]$$

J_{iw}는 초기 순수 플럭스이다. 즉, 새로운 분리막에 순수를 여과하였을 때 측정되는 플럭스이다. J는 여과대상 물질을 여과하여 얻은 최종 플럭스값이다. J_{fw}는 최종 순수 플럭스이다. 즉, 여과대상 물질을 여과하고 이후에 오염된 막을 적절한 세정법으로 세정한 후에 순수로 측정한 플럭스이다.

Example 4.5

다음 식은 막 여과 자료인 여과수의 부피(V)와 여과시간(t)을 이용하여 막 오염 경향을 쉽게 평가할 수 있게 개발된 식이다.

$$\frac{t}{V_p} = \frac{\mu \cdot R_m}{A \cdot \Delta P} + \frac{\mu \cdot C_0 \cdot \alpha}{2A^2 \cdot \Delta P} V_p$$

여기에서 V_p＝여과수 부피(permeate volume), mL

t＝시간, s

μ＝점도 kg/m·s or Pa·s

A＝막의 표면적, m^2

C_0＝여과액의 초기오염물 농도(initial concentration of feed solution),
kg/m^3

ΔP＝막간차압(transmembrane pressure), kPa

직렬여과저항 모델을 기본으로 하고 여과에 관련된 식들을 이용하여 위 식을 유도하시오. 단, 막 여과실험은 일정 압력 하에서 수행되었고, 오직 케이크 층 저항(R_c)만 존재하고 내부 막 오염(R_f)은 존재하지 않는다고 가정하시오.

Solution

직렬여과저항 모델식($J = \Delta P / \mu R$)과 플럭스의 미분식($J = dV_p/Adt$)에 의하면 여과수 플럭스, J는 다음과 같이 표현될 수 있다.

막 오염

$$J = \frac{\Delta P}{\mu R} = \frac{dV_p}{A dt}$$

여기에서 V_p＝총 여과부피(total permeate volume), m³

여과압력이 일정함을 상기하면 ΔP는 시간에 따른 변수가 아니다. 따라서 위 식의 변수를 정리하고 양 변을 적분하면 다음 식이 얻어진다.

$$\Delta P \cdot A \int dt = \int \mu \cdot R \cdot dV_p$$

오직 케이크 층 저항(R_c)만 존재하고 내부 막 오염(R_f)은 존재하지 않는다고 한 가정을 상기하면

$$R = R_m + R_c$$

앞에서 소개되었던 식 4.5을 가져온다.

$$R_c = \frac{\alpha \cdot m}{A} \qquad [4.5]$$

여기에서 m＝용질의 질량(solute mass), kg
A＝막의 표면적(membrane surface area), m²
α＝케이크 비저항(specific cake resistance), m/kg

총 저항(R)에 $R_m + R_c$를 치환하고, R_c는 $\alpha \cdot m/A$를 치환하여 정리하면 다음과 같다.

$$\Delta P \cdot A \int dt = \int \mu \cdot (R_m + R_c) \cdot dV_p$$
$$\Delta P \cdot A \int dt = \int \mu \cdot \left(R_m + \frac{\alpha \cdot m}{A}\right) \cdot dV_p$$

초기 용질 농도(initial concentration, kg/m³), $C_0 = m/V_p$이므로, $m = C_0 V_p$이다. 위 식에 m을 대입하면

$$\Delta P \cdot A \int dt = \int \mu \cdot \left(R_m + \frac{\alpha \cdot C_0 \cdot V_p}{A}\right) \cdot dV_p$$

양 변을 적분하고 정리하면

$$\Delta P \cdot A \cdot t = \mu \cdot R_m \cdot V_p + \frac{\mu \cdot \alpha \cdot C_0}{2A} V_p^2$$

양 변을 $\Delta P \cdot A \cdot V_p$로 나누고 정리하면 다음 식을 얻는다.

$$\frac{t}{V_p} = \frac{\mu \cdot R_m}{A \cdot \Delta P} + \frac{\mu \cdot C_0 \cdot \alpha}{2A^2 \cdot \Delta P} V_p$$

Remark

위 식은 종종 수정된 막 오염 지수(Modified fouling index, MFI)를 실험적으로 구할 때 사용된다. 막 여과 자료를 이용하여 t/V_p vs. V_p로 그래프를 그리면 다음 그림과 같은 전형적인 MFI 그래프를 얻는다.

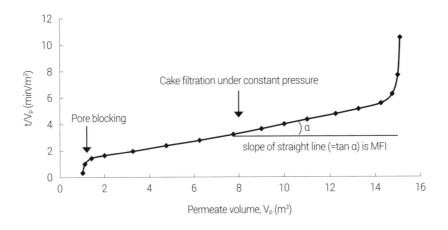

그래프의 중간에 위치하는 직선 구간이 케이크 여과에 해당되는 부분이고, 이 직선의 기울기가 MFI이다. 위 식의 우변의 두 번째 항의 계수 즉, $\mu \cdot C_0 \cdot \alpha/2A^2 \cdot \Delta P$가 직선의 기울기에 해당한다. 위 그래프는 세 구간으로 나뉘어져 있다. 첫 번째 구간은 세공 막힘(Pore blocking)이 발생하고 있으며, 동시에 케이크 여과가 시작되는 곳이다. 두 번째 구간은 일정 압력 하에서 케이크 여과가 진행 중인 곳이며, 마지막 단계에서는 케이크 층이 압밀 또는 압축되어 겔(Gel)화 되는 구간이다. MFI는 SDI (Silt density index)와 마찬가지로 RO (역삼투) 공정의 전처리가 필요한지 여부를 판단하는 기준으로 종종 사용된다.

4.5.1.1 회분식 교반 여과셀(Stirred Batch Filtration Cell)

MBR 플랜트에서 막 오염 경향을 예측하기 위해 사용되는 가장 쉽고 간편한 방법은 여과저항을 실험실에서 꾸준히 측정하는 것이다. 폭기조에서 실험실로 운송된 활성슬러지 현탁액을 그림 4.31과 같은 회분식 교반여과셀(Stirred batch filtration cell, 이하 교반셀)을 이용하여 일련의 여과실험을 통해 각 저항값을 구할 수 있다. 교반셀은 통상 250 mL 정도의 적은 양의 시료를 담을 수 있다.

막 오염

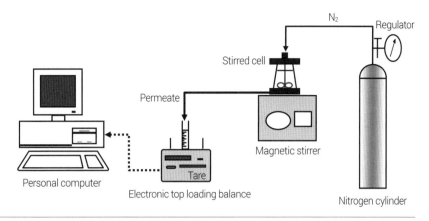

그림 4.31　　　　　실험실에서 사용하는 회분식 여과셀 시스템 개략도.

여과에 사용될 새 분리막의 표면 층에 묻어있는 보존용액과 같은 화학물질을 제거하기 위해 막 표면이 순수에 닿게끔 하여 1시간 가량 물에 담가두고 세정한다. 이 세정기간 동안 새로운 물로 두세 번 갈아준다. 세정된 분리막을 교반셀 바닥에 위치하게 한다. 교반셀에서 나오는 여과수는 전자저울 상부의 용기에 떨어지게 하여 여과수 질량을 실시간으로 측정할 수 있게 한다. 저울에서 측정된 질량자료는 컴퓨터로 전송하여 여과수의 플럭스를 계산하는데 사용한다. 막간차압, 즉 TMP는 교반셀에 연결된 질소 실린더의 압력 조절기를 통해 조정 가능하다. 교반셀 내부에 부착되어 있는 교반기의 회전 속도는 교반셀 하부에 위치한 자석 교반기로 조정 가능하다.

Example 4.6 교반셀을 이용한 저항값의 산출(Determining Resistance Values Using a Stirred-batch Filtration Cell)

활성슬러지의 막 여과성을 평가하기 위해서 교반셀 장치를 이용하여 실험실에서 일련의 막 여과실험을 수행하였다. 순수와 활성슬러지를 여과하여 얻은 다음의 여과 자료를 이용하여 여과저항 R_m, R_c, R_f를 각각 구하시오.

- 막 표면적(the membrane surface area)$=30.2$ cm^2
- 교반셀에 가해진 압력(applied pressure)$=9.8$ kg $\cdot$ m/s$^2 \cdot$ cm^2
- 온도$=20°$C
- 여과액의 점도(permeate viscosity)$=1.009 \times 10^{-3}$ kg/m $\cdot$ s
- 여과수의 밀도(permeate density)$=1$ g/mL

Time (s)	Mass of permeate, g		
	Pure water filtration before the sludge filtration	Activated sludge filtration	Pure water filtration after cleaning the cake layer on the membrane surface
15	5.23126	5.18117	6.79102
30	12.69046	10.37136	14.25824
45	20.07453	14.69701	21.60023
60	27.40851	18.44565	29.03840
75	34.70142	21.78456	36.29023
90	41.96227	24.80591	43.50300
105	49.19608	27.58182	50.57151
120	56.39782	30.15538	57.60396
135	63.58555	32.56163	64.60034
150	70.75524	34.82965	71.57669
165	77.89888	36.97444	78.52499
180	85.03050	39.01606	85.46026
195	92.14209	40.96150	92.36248
210	99.23565	42.81779	99.26069
225	106.31718	44.61497	106.27110
240	113.38770	46.34603	113.12523
255	120.44419	48.02000	119.83711
270	127.47062	49.64086	126.67522
285	134.49005	51.21265	133.47225
300	141.49845	52.74035	140.28130
315	148.49484	54.22097	147.07132
330	155.49122	55.67254	153.83028
345	162.45955	57.09506	160.58624
360	169.42789	58.51758	167.33819
375	176.39622	59.94009	174.09014
390	183.36456	61.36261	180.84209
405	190.33289	62.78513	187.59404

Solution

각 저항값(R_m, R_c, R_f)을 산출하기 위해서는 세 가지 플럭스값—초기 순수 플럭스(J_{iw}), 활성슬러지 여과 플럭스(J) 및 여과 직후 막 표면 세정 후 측정한 순수 플럭스(J_{fw})—이 필요하다.

막 오염

우선 초기 순수 플럭스(J_{iw})는 표 E4.2를 통해 계산할 수 있다. 반복적인 계산이므로 엑셀과 같은 스프레드시트 프로그램을 이용하면 편리하다.

초기 순수 플럭스(J_{iw})를 결정하기 위해 위의 자료를 이용하여 그림 E4.1과 같이 시간에 따른 플럭스 그래프를 그린다. 순수(또는 증류수)를 사용하여 여과하였기 때문에 여과시간이 경과함에 따라 플럭스가 감소하지 않을 것이라고 예상할 수

표 E4.2
순수 플럭스(J_{iw})의 결정

| Time, s | Initial pure water flux, J_{iw} (L/h·m²) calculation | | | | |
	Volume, mL	Volume difference, mL	mL/s	L/h	Flux, L/h·m²
15	5.23126	7.459	0.497	1.790	592.784
30	12.69046	7.384	0.492	1.772	586.813
45	20.07453	7.334	0.489	1.760	582.833
60	27.40851	7.293	0.486	1.750	579.569
75	34.70142	7.261	0.484	1.743	577.021
90	41.96227	7.234	0.482	1.736	574.872
105	49.19608	7.202	0.480	1.728	572.324
120	56.39782	7.188	0.479	1.725	571.210
135	63.58555	7.170	0.478	1.721	569.777
150	70.75524	7.144	0.476	1.714	567.707
165	77.89888	7.132	0.475	1.712	566.751
180	85.03050	7.112	0.474	1.707	565.159
195	92.14209	7.094	0.473	1.702	563.726
210	99.23565	7.082	0.472	1.700	562.771
225	106.31718	7.071	0.471	1.697	561.895
240	113.38770	7.056	0.470	1.694	560.781
255	120.44419	7.026	0.468	1.686	558.392
270	127.47062	7.019	0.468	1.685	557.835
285	134.49005	7.008	0.467	1.682	556.959
300	141.49845	6.996	0.466	1.679	556.004
315	148.49484	6.996	0.466	1.679	556.004
330	155.49122	6.968	0.465	1.672	553.775
345	162.45955	6.968	0.465	1.672	553.775
360	169.42789	6.968	0.465	1.672	553.775
375	176.39622	6.968	0.465	1.672	553.775
390	183.36456	6.968	0.465	1.672	553.775
405	190.33289				J_{iw}=554

239

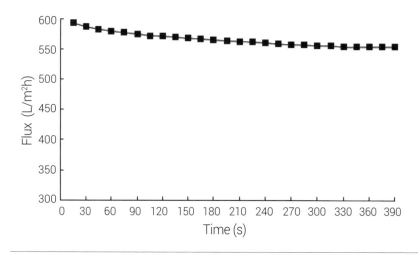

여과시간에 따른 순수 플럭스(J_{iw}). 그림 E4.1

있다. 그러나 물 플럭스는 그림에서처럼 작지만 점진적으로 감소하여 300초 이후에서 더 이상 감소하지 않는 구간에 들어선다. 순수의 여과에서 이처럼 플럭스가 감소하는 것은 막 오염에 의한 것은 아니고 여과 초기에 발생하는 막의 압착(Compaction)에 의한 것으로 자연스러운 현상이다. 게다가 여과 초기에는 전자저울 위에 놓여져 있는 용기로 집수되는 여과수가 매우 빨리 떨어지기 때문에 저울의 감응이 늦어질 수 밖에 없다. 따라서 여과 초기의 데이터는 매우 불안정하므로 어느 정도 여과가 진행되어 안정적인 값을 보이는 여과 후반부의 플럭스 자료를 활용하여야 한다. 따라서 초기 순수 플럭스(J_{iw})를 554 L/h·m²로 결정한다.

두 번째는 활성슬러지 여과 플럭스(J)를 결정한다. 동일한 방법으로 표 E4.3을 완성한다.

그림 E4.2는 위의 표를 이용하여 시간(t)에 따른 활성슬러지 현탁액의 여과 플럭스(J) 그래프이다.

여과 초반에 플럭스는 급격히 감소하다가 점차 완만하게 감소한다. 이런 현상은 막 분리 공정의 일반적인 현상이다. 막 여과가 수행된 후 330초가 지난 이후에 플럭스는 안정화되어 일정한 값을 보이며 활성슬러지 여과 플럭스(J)를 114 L/h·m²로 결정한다.

여과 직후 막 표면을 적당한 방법(이후 본문에서 상세히 설명될 예정임)을 이용하여 세정한 후 측정한 순수 플럭스(J_{fw})를 얻기 위하여 앞에서 기술한 동일 방법으로 표 E4.4를 얻는다.

그림 E4.3은 위의 표를 이용하여 얻은 그래프이다. 여과 시작 후 300초가 지난 이후에 안정적인 플럭스를 보인다. 여과 직후 막 표면을 세정하고 측정한 순수 플럭스(J_{fw})를 537 L/h·m²로 결정한다.

이상의 결과를 요약하면 J_{iw}=554 L/h·m², J=114 L/h·m², J_{fw}=537 L/h·m²이다.

직렬여과저항 모델(RIS model)과 위에서 계산한 플럭스 자료를 이용하여 각

Time (s)	Activated sludge suspension flux, J (L/h·m²) calculation				
	Volume, mL	Volume difference, mL	mL/s	L/h	Flux, L/h·m²
15	5.18117	5.190	0.346	1.246	412.465
30	10.37136	4.326	0.288	1.038	343.761
45	14.69701	3.749	0.250	0.900	297.905
60	18.44565	3.339	0.223	0.801	265.344
75	21.78456	3.021	0.201	0.725	240.107
90	24.80591	2.776	0.185	0.666	220.602
105	27.58182	2.574	0.172	0.618	204.521
120	30.15538	2.406	0.160	0.578	191.226
135	32.56163	2.268	0.151	0.544	180.240
150	34.82965	2.145	0.143	0.515	170.447
165	36.97444	2.042	0.136	0.490	162.247
180	39.01606	1.945	0.130	0.467	154.605
195	40.96150	1.856	0.124	0.446	147.519
210	42.81779	1.797	0.120	0.431	142.822
225	44.61497	1.731	0.115	0.415	137.568
240	46.34603	1.674	0.112	0.402	133.030
255	48.02000	1.621	0.108	0.389	128.811
270	49.64086	1.572	0.105	0.377	124.910
285	51.21265	1.528	0.102	0.367	121.407
300	52.74035	1.481	0.099	0.355	117.665
315	54.22097	1.452	0.097	0.348	115.356
330	55.67254	1.423	0.095	0.341	113.048
345	57.09506	1.423	0.095	0.341	113.048
360	58.51758	1.423	0.095	0.341	113.048
375	59.94009	1.423	0.095	0.341	113.048
390	61.36261	1.423	0.095	0.341	113.048
405	62.78513				J = 114

저항값을 계산한다.

1) $R_m = \Delta P / \eta \cdot J_{iw}$ 관계식을 이용하여 순수한 막 자체의 저항(R_m)을 계산한다.
   – 다음 값을 대입하여 계산한다: $J_{iw} = 554$ L/h·m², $\Delta P = 9.8$ kg·m/s²·cm²,
   $\eta = 1.009 \times 10^{-3}$ kg/m·s

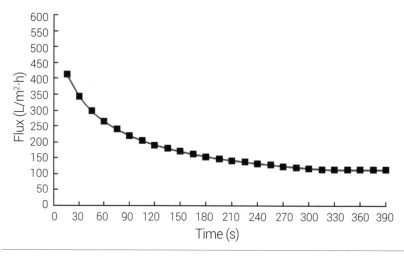

활성슬러지의 여과에 따른 플럭스값(J)의 변화.   그림 E4.2

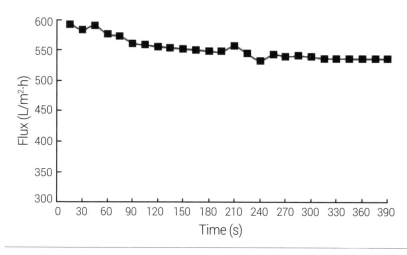

여과시간에 따른 최종 순수 플럭스(J_{fw}).   그림 E4.3

$$R_m = \frac{\Delta P}{\eta \cdot J_{iw}} = \frac{9.8 \text{ kg} \cdot \text{m}}{\text{s}^2 \cdot \text{cm}^2} \cdot \frac{\text{m} \cdot \text{s}}{1.009 \times 10^{-3} \text{ kg}} \cdot \frac{\text{m}^2 \cdot \text{h}}{554 \text{ L}} \cdot \frac{3,600 \text{ s}}{\text{h}} \cdot \frac{10^3 \text{ L}}{\text{m}^3} \cdot \frac{10^4 \text{ cm}^2}{\text{m}^2}$$

$$= 0.6 \times 10^{12} \text{ m}^{-1}$$

$$\therefore R_m = 0.6 \times 10^{12} \text{ m}^{-1}$$

2) $R_f = (\Delta P / \eta \cdot J_{fw}) - R_m$ 관계식을 이용하여 내부 막 오염저항(R_f)을 계산한다.
   – 다음 값을 대입한다: $J_{fw} = 537 \text{ L/h} \cdot \text{m}^2$

막 오염

Time (s)	Flux after backwashing, J_{fw} (L/h·m^2) calculation				
	Volume, mL	Volume difference, mL	mL/s	L/h	Flux, L/h·m^2
15	6.79102	7.668	0.511	1.840	609.343
30	14.45859	7.442	0.496	1.786	591.431
45	21.90076	7.438	0.496	1.785	591.112
60	29.33893	7.051	0.470	1.692	560.383
75	36.39041	7.113	0.474	1.707	565.239
90	43.50300	7.069	0.471	1.696	561.736
105	50.57151	7.032	0.469	1.688	558.870
120	57.60396	6.996	0.466	1.679	556.004
135	64.60034	6.976	0.465	1.674	554.412
150	71.57669	6.948	0.463	1.668	552.183
165	78.52499	6.935	0.462	1.664	551.148
180	85.46026	6.902	0.460	1.657	548.521
195	92.36248	6.898	0.460	1.656	548.202
210	99.26069	7.010	0.467	1.682	557.119
225	106.27110	6.854	0.457	1.645	544.699
240	113.12523	6.712	0.447	1.611	533.394
255	119.83711	6.838	0.456	1.641	543.425
270	126.67522	6.797	0.453	1.631	540.161
285	133.47225	6.809	0.454	1.634	541.117
300	140.28130	6.790	0.453	1.630	539.604
315	146.06954	6.759	0.451	1.622	537.136
330	153.83028	6.756	0.450	1.621	536.897
345	160.58624	6.752	0.450	1.620	536.579
360	167.33819	6.752	0.450	1.620	536.579
375	174.09014	6.752	0.450	1.620	536.579
390	180.84209	6.752	0.450	1.620	536.579
405	187.59404				J_{fw} = 537

$$R_f = \frac{\Delta P}{\eta \cdot J_{fw}} - R_m = \frac{9.8 \text{ kg} \cdot \text{m}}{\text{s}^2 \cdot \text{cm}^2} \cdot \frac{\text{m} \cdot \text{s}}{1.009 \times 10^{-3} \text{ kg}} \cdot \frac{\text{m}^2 \cdot \text{h}}{537 \text{ L}} \cdot \frac{3,600 \text{ s}}{\text{h}} \cdot \frac{10^3 \text{ L}}{\text{m}^3} \cdot \frac{10^4 \text{ cm}^2}{\text{m}^2} - R_m$$

$$= 0.7 \times 10^{12} \text{ m}^{-1} - R_m$$

$$\therefore R_f = (0.7 - 0.6) \times 10^{12} \text{ m}^{-1} = 0.1 \times 10^{12} \text{ m}^{-1}$$

3) $R_c = (\Delta P / \eta \cdot J) - (R_m + R_f)$ 관계식을 이용하여 케이크 층 저항(R_c)을 계산한다.

  – 다음 값을 대입한다: $J = 114 \text{ L/hr} \cdot \text{m}^2$

$$R_c = \frac{\Delta P}{\eta \cdot J} = \frac{9.8 \text{ kg} \cdot \text{m}}{s^2 \cdot \text{cm}^2} \cdot \frac{m \cdot s}{1.009 \times 10^{-3} \text{ kg}} \cdot \frac{m^2 \cdot h}{114 \text{ L}} \cdot \frac{3,600 \text{ s}}{h} \cdot \frac{10^3 \text{ L}}{m^3} \cdot \frac{10^4 \text{ cm}^2}{m^2} - (R_m + R_f)$$

$$= 3.1 \times 10^{12} \text{ m}^{-1} - (R_m + R_f)$$

$$\therefore R_c = [3.1 - (0.6 + 0.1)] \times 10^{12} \text{ m}^{-1} = 2.4 \times 10^{12} \text{ m}^{-1}$$

요약하면 다음과 같다.

  Total resistance, $R_T = 3.1 \times 10^{12} \text{ m}^{-1}$

  membrane resistance, $R_m = 0.6 \times 10^{12} \text{ m}^{-1}$

  cake layer resistance, $R_c = 2.4 \times 10^{12} \text{ m}^{-1}$

  fouling resistance, $R_f = 0.1 \times 10^{12} \text{ m}^{-1}$

Example 4.7

벤치 규모의 침지형 MBR이 일정 플럭스 (일정 유량) 운전 모드로 실험실에서 운영 중이다. 순수와 활성슬러지 현탁액을 여과한 실험 자료, 표 E4.5를 이용하여 R_m, R_c와 R_f 값을 각각 구하시오.

- MLSS 농도: 3,500 mg/L
- 막의 표면적: 0.05 m^2
- 막의 세공 크기: 0.4 μm
- 초기 순수 플럭스(J_{iw}): 30 L/$m^2 \cdot$ h
- 활성슬러지 여과 플럭스(J): 20 L/$m^2 \cdot$ h(LMH)
- 최종 순수 플럭스(J_{fw}): 24 L/$m^2 \cdot$ h
- 온도: 20°C
- 여과수의 점도: 1.009 $\times 10^{-3}$ kg/m $\cdot$ s
- 유출수의 밀도: 1 g/mL

Solution

각 저항값(R_m, R_c, R_f)을 계산하려면 세 가지의 TMP 값— 1) 순수로 여과했을 때의 안정화된 TMP (TMP_i), 2) 활성슬러지로 여과했을 때의 TMP (TMP), 3) 케이크 층을 제거한 후 순수로 여과했을 때의 안정화된 TMP (TMP_f)— 이 필요하다. 먼저 각 저항값을 구하기 앞서 안정화된 세 종류 TMP 값을 결정해야 한다.

  TMP_i를 결정하기 위해 순수를 여과한 자료를 분석한다. 압력 자료의 단위, bar를 kg $\cdot$ m/$s^2 \cdot$ cm^{2}로 환산한다(1 bar=9.996 kg $\cdot$ m/$s^2 \cdot$ cm^2). 반복적인 계산이 많으므로 스프레드시트 프로그램을 활용한다. 표 E4.6에 SI 압력 단위로 변환된 자료를 정리하였다.

  위의 자료를 이용하여 시간에 따른 TMP 변화를 그래프로 그려서 그림 E4.4

Time (s)	Monitored pressure, bar		
	Pure water filtration before the MBR run	MBR run with activated sludge	Pure water filtration after cleaning the cake layer on the membrane surface
15	0.020	0.656	0.039
30	0.042	1.675	0.045
45	0.046	2.389	0.068
60	0.061	3.199	0.079
75	0.063	3.918	0.091
90	0.070	4.631	0.121
105	0.071	5.348	0.137
120	0.073	5.953	0.145
135	0.073	6.361	0.149
150	0.073	6.662	0.191
165	0.076	6.863	0.192
180	0.077	6.862	0.195
195	0.077	6.861	0.198
210	0.077	6.862	0.199
225	0.078	6.862	0.201
240	0.078	6.863	0.203
255	0.078	6.863	0.204
270	0.078	6.862	0.204
285	0.078	6.861	0.203
300	0.078	6.863	0.203
315	0.078	6.862	0.204
330	0.078	6.863	0.203

에 제시하였다. 순수로 여과하였기 때문에 TMP가 증가하지 않을 것으로 예상되지만 실제로는 막의 압착 등의 이유로 인해 초기에 급격히 증가하고 차츰 완만히 증가하다가 결국 안정화된 값을 보인다. R_m 값을 계산하기 위한 TMP_i는 0.7797 $kg \cdot m/s^2 \cdot cm^2$로 결정한다.

동일한 방법으로 활성슬러지를 여과한 자료를 이용하여 안정화된 TMP 값을 구한다. 표 E4.6의 세 번째 열(Column)이 SI 단위로 변환된 TMP 자료이다. 동일한 방법으로 시간에 따른 압력 그래프를 그린다(그림 E4.5). 여과 초기에 TMP가 증가하다가 150초가 경과한 후에 안정화된 TMP 값에 도달한다. 막 오염저항 $(R_c + R_f)$을 계산하기 위해 필요한 TMP 값은 68.6025 $kg \cdot m/s^2 \cdot cm^2$로 결정한다.

Time (s)	TMP		
	Pure water filtration before the MBR run	MBR run with activated sludge	Pure water filtration after cleaning the cake layer on the membrane surface
	Pressure, kg·m/s^2·cm^2	Pressure, kg·m/s^2·cm^2	Pressure, kg·m/s^2·cm^2
15	0.1999	6.5574	0.3898
30	0.4198	16.7433	0.4498
45	0.4598	23.8804	0.6797
60	0.6098	31.9772	0.7897
75	0.6297	39.1643	0.9096
90	0.6997	46.2915	1.2095
105	0.7097	53.4586	1.3695
120	0.7297	59.5062	1.4494
135	0.7297	63.5846	1.4894
150	0.7297	66.5934	1.9092
165	0.7597	68.6025	1.9192
180	0.7697	68.5926	1.9492
195	0.7697	68.5826	1.9792
210	0.7697	68.5926	1.9892
225	0.7797	68.5926	2.0092
240	0.7797	68.6025	2.0292
255	0.7797	68.6025	2.0392
270	0.7797	68.5926	2.0392
285	0.7797	68.5826	2.0292
300	0.7797	68.6025	2.0292
315	0.7797	68.5926	2.0392
330	0.7797	68.6025	2.0292
TMP	TMP$_i$ = 0.7797 kg·m/s^2·cm^2	TMP = 68.6025 kg·m/s^2·cm^2	TMP$_f$ = 2.0292 kg·m/s^2·cm^2

활성슬러지를 여과한 후 적당한 방법—이를테면 역세척(Backwashing)—으로 케이크 층을 제거한 후 순수로 여과하면서 얻은 압력 자료(표 E4.6의 네 번째 열)를 이용하여 그림 E4.6을 완성한다. 그림 E4.6에서 TMP$_f$ 값은 2.0292 kg·m/s^2·cm^{2}로 결정한다.

이상에서 각 저항값을 계산하기 위해 필요한 세 가지 TMP 값을 결정하였다. 요약하면 TMP$_i$=0.7797 kg·m/s^2·cm^2, TMP=68.6025 kg·m/s^2·cm^2, TMP$_f$=2.0292 kg·m/s^2·cm^{2}이다. 다음 단계는 직렬저항 모델을 이용하여 각 저항을 계산한다.

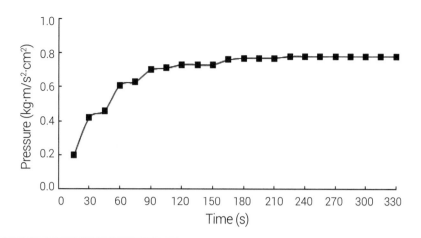

그림 E4.4   순수의 여과시간에 따른 TMP 변화.

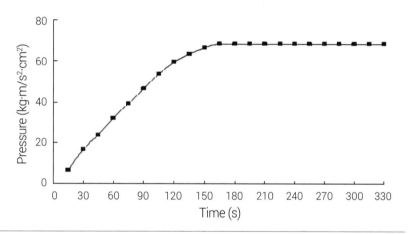

그림 E4.5   활성슬러지의 여과시간에 따른 TMP 변화.

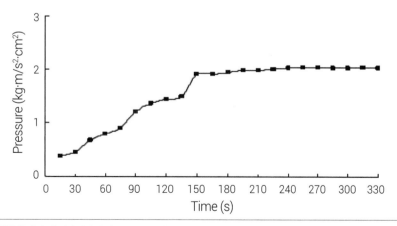

그림 E4.6   세척 후 순수의 여과시간에 따른 TMP 변화.

1) 다음 관계식, $R_m = \Delta P / \eta \cdot J_{iw}$를 이용하여 막 저항($R_m$)을 계산한다.
   – 다음 값을 식에 대입한다:

   $$J_{iw} = 30 \text{ L/h} \cdot \text{m}^2,\ TMP_i = 0.7797 \text{ kg} \cdot \text{m/s}^2 \cdot \text{cm}^2,\ \eta = 1.009 \times 10^{-3} \text{ kg/m} \cdot \text{s}$$

   $$R_m = \frac{0.7797 \text{ kg} \cdot \text{m}}{\text{s}^2 \cdot \text{cm}^2} \cdot \frac{\text{m} \cdot \text{s}}{1.009 \times 10^{-3} \text{ kg}} \cdot \frac{\text{m}^2 \cdot \text{h}}{30 \text{ L}} \cdot \frac{3{,}600 \text{ s}}{\text{h}} \cdot \frac{100^2 \text{ cm}^2}{\text{m}^2} \cdot \frac{10^3 \text{ L}}{\text{m}^3}$$

   $$R_m = 0.09 \times 10^{13} \text{ m}^{-1}$$

2) 다음 관계식, $R_f = (\Delta P / \eta \cdot J_{fw}) - R_m$을 이용하여 내부 막 오염저항($R_f$)을 계산한다.
   – 다음 값을 식에 대입한다:

   $$J_{fw} = 24 \text{ L/h} \cdot \text{m}^2,\ TMP_f = 2.0292 \text{ kg} \cdot \text{m/s}^2 \cdot \text{cm}^2,\ \eta = 1.009 \times 10^{-3} \text{ kg/m} \cdot \text{s}$$

   $$R_f = \frac{2.0292 \text{ kg} \cdot \text{m}}{\text{s}^2 \cdot \text{cm}^2} \cdot \frac{\text{m} \cdot \text{s}}{1.009 \times 10^{-3} \text{ kg}} \cdot \frac{\text{m}^2 \cdot \text{h}}{24 \text{ L}} \cdot \frac{3{,}600 \text{ s}}{\text{h}} \cdot \frac{100^2 \text{ cm}^2}{\text{m}^2} \cdot \frac{10^3 \text{ L}}{\text{m}^3} - 0.09 \times 10^{13}$$

   $$R_f = 0.3 \times 10^{13} \text{ m}^{-1} - 0.09 \times 10^{13} \text{ m}^{-1}$$

   $$\therefore R_f = 0.21 \times 10^{13} \text{ m}^{-1}$$

3) 다음 관계식, $R_c = (\Delta P / \eta \cdot J) - (R_m + R_f)$을 이용하여 케이크 층 저항($R_c$)을 계산한다.
   – 다음 값을 식에 대입한다:

   $$J = 20 \text{ L/h} \cdot \text{m}^2,\ TMP = 68.6025 \text{ kg} \cdot \text{m/s}^2 \cdot \text{cm}^2,\ \eta = 1.009 \times 10^{-3} \text{ kg/m} \cdot \text{s}$$

   $$R_c = \frac{68.6025 \text{ kg} \cdot \text{m}}{\text{s}^2 \cdot \text{cm}^2} \cdot \frac{\text{m} \cdot \text{s}}{1.009 \times 10^{-3} \text{ kg}} \cdot \frac{\text{m}^2 \cdot \text{h}}{20 \text{ L}} \cdot \frac{3{,}600 \text{ s}}{\text{h}} \cdot \frac{100^2 \text{ cm}^2}{\text{m}^2} \cdot \frac{10^3 \text{ L}}{\text{m}^3} - (0.09 + 0.21) \times 10^{13}$$

   $$R_c = 12.2 \times 10^{13} \text{ m}^{-1} - (0.09 + 0.21) \times 10^{13} \text{ m}^{-1}$$

   $$\therefore R_c = 11.9 \times 10^{13} \text{ m}^{-1}$$

이상의 결과를 요약하면,

$$R_m = 0.09 \times 10^{13} \text{ m}^{-1},\ R_c = 11.9 \times 10^{13} \text{ m}^{-1},\ R_f = 0.21 \times 10^{13} \text{ m}^{-1}\text{이다.}$$

$\therefore$ Total resistance,

$$R_T = R_m + R_c + R_f = 0.09 \times 10^{13} \text{ m}^{-1} + 11.9 \times 10^{13} \text{ m}^{-1} + 0.21 \times 10^{13} \text{ m}^{-1} = 12.2 \times 10^{13} \text{ m}^{-1}$$

4.5.1.2 직렬여과저항 모델 사용 시 주의점(Cautious Use of the Resistance in Series Model)

직렬여과저항 모델(이하 RIS 모델)은 막 오염을 정량적으로 진단하고 향후의 막 오염 경향을 예측하는 데 있어서 매우 쉽고 편리한 모델이다. 그러나 활성 슬러지를 여과하여 주요 막 오염 인자를 평가하고자 할 때 주의해야 할 점이 하나 있다.

$$J = \frac{\Delta P_T}{\eta \cdot R_T} = \frac{\Delta P_T}{\eta \cdot (R_m + R_c + R_f)} \qquad [4.27]$$

위 식에서 보듯이 총 저항(R_T)은 각 저항의 합($R_T = R_m + R_c + R_f$)이다. 그러나 이런 식으로 각 여과저항을 항상 합산할 수 있는지 확인하여야 한다. 각 저항이 합산 가능하기 위해서는 각 저항이 서로에 영향을 미치지 않으면서 독립적으로 작용하여야 한다.

직렬여과저항 모델을 이용하여 활성슬러지 현탁액의 구성 성분별 저항을 각각 구하려는 시도가 종종 있었다. 예를 들면 활성슬러지 구성 성분 중에서 어떤 성분이 막 오염에 가장 큰 저항으로 작용하는지 알아보기 위한 시도들이 있었다. 이전에 그림 4.11에서 밝힌 바와 같이 MBR의 활성슬러지 현탁액은 부유물질(Suspended solids), 콜로이드성 물질(Colloidal solids) 및 용존성 물질(Soluble solutes)로 구분할 수 있다. 따라서 다음 식과 같이 활성슬러지 현탁액의 막 여과 시 발생하는 총 저항(R_{AS})은 각 구성성분의 저항의 합($R_{SS} + R_{COL} + R_{SOL}$)으로 생각할 수 있다.

$$R_{AS} = R_{SS} + R_{COL} + R_{SOL} \qquad [4.32]$$

여기에서 R_{AS}＝활성슬러지의 여과 총 저항(resistance of the activated sludge)

R_{SS}＝부유물질의 여과저항(resistance of the suspended solids)

R_{COL}＝콜로이드의 여과저항(resistance of the colloids)

R_{SOL}＝용존성 물질의 여과저항(resistance of the solutes)

많은 연구자들이 활성슬러지를 여과할 때 발생하는 총 저항이 각 구성성분을 개별적으로 여과할 때 발생하는 저항의 합으로 보았다(Bae et al., 2005; Bouhabila et al., 2001; Defrance et al., 2000; Lee et al., 2003; Meng et al., 2007; Wisniewski et al., 1998). 그리고 각 성분의 저항이 총 저항에 기여하는 상대적인 비율을 계산하여 막 오염이 어떤 성분이 주도적인 역할을 하는지 알아보려고 하였다. 이런 시도는 일견 그럴듯해 보인다. 그러나 "활성슬러지의 막 여과 시 발생하는 총 저항(R_{AS})은 각 구성 성분의 여과저항의 합($R_{SS} + R_{COL} + R_{SOL}$)이다"라는 기본 전제는 합산 가능한지 확인을 필요로 한다.

Chang 등(2009)은 활성슬러지 구성 성분의 여과저항의 합이 활성슬러지의 막 여과 시 발생하는 총 저항과 같지 않다고 보고하였다. 그들은 대부분의 연구에서 활성슬러지의 세 가지 구성 성분의 저항(R_{SS}, R_{COL}, R_{SOL}) 중에 두 개만 측정한 뒤, 나머지 한 가지 저항은 측정하지 않고 총 저항(R_{AS})에서 빼 줌으로써 저항을 계산하는 방식으로 연구가 진행되었다고 지적하였다. 이렇게되면 세 가지 저항이 합산 가능함을 미리 인정하는 결과가 되어 측정하지 않고 계산된 저항(즉 전체 저항에서 두 가지 저항을 빼 준 저항)은 실제 저항값과 다르게 된다. 활성슬러지 혼합액은 단순히 세 가지 구성 성분의 합이 아니고 각 성분 간에 서로 영향을 미치기 때문에 이런 방식으로 성분별 저항을 더하는 합산이 불가능하다. 실제로 각 성분별 저항을 실험적으로 구하여 더해보면 총 저항보다 매우 큰 값을 갖는 것이 일반적이다.

단백질과 미생물 세포로 이루어진 혼합액을 막 여과한 연구에서도 각각—단백질과 미생물 세포—을 여과한 저항의 합과 이들의 혼합액을 여과하여 얻은 저항이 매우 다름을 보고하고 있다. Guell 등(1999)은 효모균과 단백질 혼합액을 막 여과한 연구에서 각각을 여과하여 발생한 저항의 합이 혼합액의 여과저항보다 크다고 보고하였다. Hughes 등(2006)은 BSA (Bovine serum albumin, 소혈청 단백질)과 Ovalbumin 단백질의 여과저항의 합이 혼합액의저항보다 두 배 이상 크다고 보고하였다. 대부분의 경우 각 성분의 여과저항의 합은 혼합액의 여과저항보다 크다.

RIS 모델이 비록 사용하기는 편리하지만 각 여과저항의 합산이 가능한부분에만 활용하여야 한다. 특히 활성슬러지의 구성 성분별 저항의 합을 총저항으로 인식하는 것은 매우 잘못되었다. 활성슬러지의 세 가지 구성성분을성공적으로 분리하였다고 하더라도(사실은 실험적으로 효과적인 분리가 어렵다), 각 성분별 여과저항의 합산성은 보장되지 않는다. 결론적으로 활성슬러지를 성분별로 분류한 후 각 성분의 저항값 계산을 통해 막 오염 경향을 파악하는 것은 일정 부분 옳지 않다.

4.5.1.3 직렬여과저항 모델의 케이크 층 저항 결정 시 주의점(Cautious Use of the Resistance in Series Model to Determine Cake Layer Resistance, R_c)

직렬여과저항 모델의 케이크 층 저항(R_c)을 결정할 때에도 주의해야 할 사항이 있다. R_c는 케이크 층을 '세정작업'을 통해 제거한 후에 순수로 여과하여얻는 자료를 이용하여 계산한다. 계산된 R_c는 케이크 층을 제거하는 바로 그

'세정방법'에 따라 매우 달라질 수 있다.

Han과 Chang (2014)은 케이크 층을 제거하기 위한 세정 법에 따라 R_c가 매우 다르게 계산되는 것을 밝혔다. 활성슬러지 현탁액의 막 여과를 수행한 후에 막 표면의 케이크 층을 제거하기 위해 다음과 같은 네 가지 세정방법을 채택하여 비교하였다.

1) 흔들리는 병에 담가 놓고 순수 세정(water rinsing in a vibrating shaker)
2) 매뉴얼 방식의 순수 세정(manual water rinsing)
3) 스폰지 문지르기(sponge scrubbing)
4) 강도를 달리한 초음파 조사(ultrasonications at different power levels)

세정방법을 달리하여 각 저항을 계산한 후에 총 오염저항($R_c + R_f$) 중 케이크 층 저항(R_c)이 차지하는 비율, $R_c/(R_c + R_f)$을 그림 4.32에 제시하였다. 동일한 모 용액과 막이 사용되었으므로 총 오염저항($R_c + R_f$)은 세정방법이 다르더라도 모두 동일하다. $R_c/(R_c + R_f)$ 비율은 케이크 층이 얼마나 원활하게 제거되었는지를 나타내는 지표로 사용될 수 있다. 즉, 어느 특정 세정방법의 $R_c/(R_c + R_f)$ 값이 다른 세정법의 그것보다 크다면 케이크 층이 잘 제거되었음을 의미하고, 반대로 작다면 케이크 층이 잘 제거되지 못하였음을 의미한다.

YM30 막의 경우(그림 4.32a) 스폰지 문지르기 방법은 케이크 층을 가장 잘 제거하는 것으로 나타났다: $R_c/(R_c + R_f)$=100%. 다른 방법들은 79%에서 99%의 값을 보이고 있다. 반면에 PM30 막의 경우(그림 4.32b)에는 100% 비율을 보이는 것이 없다. 게다가 YM30 막과는 달리 스폰지 문지르기 방법이 제일 높은 값을 보이지 않는다. 이상의 결과는 세정방법에 따라 케이크 층이 제거되는 정도가 다르다는 것을 의미한다. 또한 막의 재질이나 종류에 따라 동일한 세정력을 보이지 않는다는 뜻이다.

세정방법에 따라 케이크 층의 제거 정도가 달라지면 저항값이 잘못 계산될 것이며 이는 막 오염현상을 잘못 해석하는 결과로 이어진다. 결국 직렬여과저항 모델의 케이크 층 저항(R_c)을 구하기 위해 케이크 층을 제거하는 표준화된 세정방법이 제안되어야 할 것이며, 이를 통해 막 오염에 대한 올바른 정량화가 가능할 것으로 보인다.

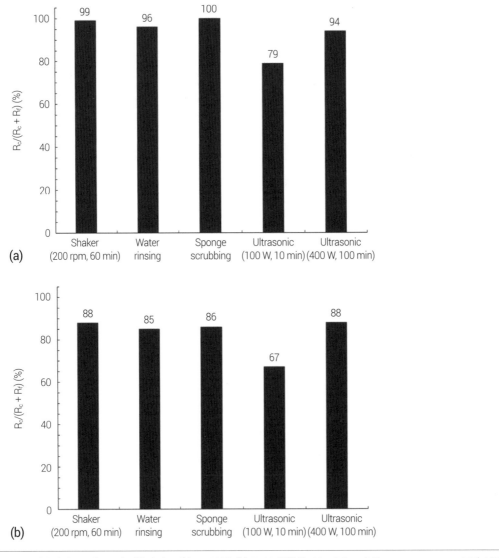

세정방법 차이에 따른 $R_c/(R_c+R_f)$ 비율의 비교: (a) YM30 막, (b) PM30 막(출처: Han S.H. and Chang I.S., Separat. Sci. Technol., 49, 2459, 2014).

그림 4.32

4.5.2 막간차압 상승(TMP Build-up)

MBR의 막 오염 경향을 예측하는 데 있어 가장 중요하고도 일반적인 방법은 시간 경과에 따른 TMP 상승을 관찰하는 것이다. TMP 증가를 시간으로 미분한 값, dTMP/dt는 막 오염속도를 대변한다. 이는 마치 모래여과와 같은 일반 여과에서 수두손실(Head loss, h_l)이 증가하는 것과 유사하다. dTMP/dt 값이 증가할수록 막 오염이 점점 더 심화될 것이다.

막 오염

막 오염속도, dTMP/dt는 운전 중인 MBR의 플럭스에 의존한다. 그림 4.3a에서 보는 바와 같이 J_0의 TMP 증가속도가 다른 플럭스값들(J_1, J_2, J_3, J_4)보다 가장 가파른 증가속도를 보이고 있다. J_0가 다른 플럭스보다 크다($J_0 > J_{critical}$, $> J_1 > J_2 > J_3 > J_4$). 즉, 플럭스가 클수록 막 오염속도, dTMP/dt도 증가한다. Le-Clech 등(2006)은 여러 문헌에서 막 오염속도에 관한 자료를 수집하여 정리 요약하였다. 임계 플럭스($J_{critical}$) 이하에서 운전되는 MBR의 전형적인 막 오염속도는 0.004에서 0.6 kPa/h라고 보고하였다.

외부형 MBR의 경우 플럭스를 막에 가해지는 압력으로 나누어 준 투과도(Permeability)가 종종 여과성능을 표현하는 데 사용된다. 투과도의 단위는 L/($m^2 \cdot h \cdot bar$) 또는 m/($m \cdot h \cdot kPa$) 등이 사용된다. 투과도는 서로 다른 막의 여과성능을 비교하는 데 유용하다. 외부형 MBR의 경우 플랜트마다 서로 다른 유체 순환속도 및 압력이 가해지기 때문에 플럭스만으로 여과성능을 비교하기에는 무리가 있다. 그래서 가해준 압력을 나누어 정규화(Normalize)하는 것이다. 반면에 침지형 MBR에 투과도 개념을 적용하는 것은 다소 혼란스럽다. 흡입 압력은 시간에 따라 계속 변하고 게다가 항상 음수(−)로 표시되기 때문에 투과도로 막의 여과성능을 표현하지는 않는다.

4.6 막 오염 제어 전략(Fouling Control Strategy)

안정적이고 신뢰할 만한 MBR 플랜트로의 성공 여부는 막 오염을 어떻게 관리하느냐에 달려 있다. 왜냐하면 어떤 막 분리 공정이라도 막 오염을 피해갈 수 없기 때문이다. 최근의 막 오염 제조기술의 발전으로 인하여 막의 수명은 연장되고 있으며 유지관리 비용이 현저하게 감소하고 있다.

막 오염 제어기술의 기본 원칙은 운전되는 플럭스를 애초 설계한 플럭스만큼 가능한 높게 유지하는 것이다. MBR에 앞선 전처리가 훌륭한 막 오염 전략으로 인정받을 수 있다. MBR 플랜트에 매우 다양한 막 오염 제어방법이 개발되어 있다. 막 오염 제어 전략은 크게 네 가지로 분류할 수 있다. 물리적, 화학적, 생물학적 그리고 기타 방법(전기적인 방법 및 막 모듈의 변형 등)이다. 화학적으로 막을 세정하는 것은 막의 성능을 분명히 회복시킨다. 강산, 염기 그리고/또는 산화제의 사용은 감소된 막의 성능을 확실하게 회복시킨다. 그러나 화학세정은 약품 사용에 따른 2차 오염이 발생하고, 추가로 발생한 오염물질을 처리 또는 처분하기 위한 별도의 공정을 필요로 한다. 또한 화학약품의 이송, 보관 및 사용에 관한 안전 규제가 날로 강화되어 가고 있는 현재 시점에서 보면, 화학세정을 대체할 수 있는 방법에 대한 요구가 증가하고 있다.

따라서 2차 오염물질의 발생이 없고 추가적인 처리공정의 필요성이 적은 물리적 세정방법이 추천되고 있다. 자주 사용되는 물리적 세정법은 역세척이 있다. 역세척에서 발생하는 역세척 폐수(Backwashing wastes)는 폭기조로 다시 반송하면 된다. 그러나 빈번한 역세척은 막의 구조에 손상을 일으켜서 특히 비등방성(Anisotropic) 분리막의 구조를 무너뜨리는 결과를 초래한다. 한편, 침지형 MBR의 물리적 세정법으로 광범위하게 사용되는 조대폭기(Coarse aeration)는 에너지 소비가 매우 높은 것으로 알려져 있다. MBR 플랜트의 대부분의 유지관리비(O&M costs)는 바로 조대폭기에 사용되는 전력비에서 기인하는 것으로 알려졌다.

생물학적 막 오염 제어방법은 비교적 최근에 개발되기 시작했다. 분자생물학의 눈부신 발전으로 인해 MBR의 막 오염을 제어할 수 있는 역량이 이전보다 매우 커졌다. 예를 들면 미생물 간의 정족수인식(Quorum sensing) 기술을 활용하여 막 오염을 최소화하는 기술이 시도되고 있다. 정족수인식 기술을 MBR의 막 오염 제어에 활용하는 기본 아이디어는 정족수인식 억제(Quorum quenching) 원리이다. 막 표면의 케이크 층 내부의 미생물들은 미생물 층(Biofilm)을 구성하기 위해 신호를 주고받는데 이를 방해하는 화학물질인 Auto-inducer가 투입되면 미생물 층의 형성이 지연되거나 멎는 원리를 이용하는 것이다. 또 다른 생물학적 막 오염 제어방법으로는 1) 생물막 층을 분산시키기 위한 Nitric oxide의 사용, 2) 효소를 이용한 EPS의 파괴, 3) 박테리오파지에 의한 생물막 파괴 등이 개발되고 있다. 그러나 이런 생물학적 막 오염 제어는 아직 실험실 규모에 머물고 있으며 연구 및 개발이 진행 중에 있다. 여기서 소개된 모든 막 오염 제어방법 및 기타 자세한 막 오염 제어법은 5장에서 보다 자세하게 설명될 예정이다.

Problems

4.1 막 오염 정도를 파악하기 위해서 여과 그래프를 확보하는 것이 필요하

다. y축에는 플럭스(또는 TMP)를, x축에는 시간(또는 여과수 부피) 그래프를 그리는 것이 일반적이다. 여과 중에 유입수가 농축되는 정도를 파악하기 위해 가끔 x축에 시간 대신 부피농축도(Volume concentration ratio, VCR)가 사용되기도 한다.

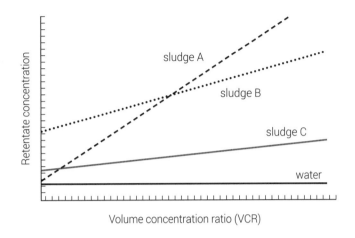

위의 그림에 나타난 바와 같이 여과 자료를 이용하여 x축에는 VCR을, y축에는 농축수의 농도 그래프를 그리려고 한다. 여과 수행 후 얻는 원 자료 즉, 여과수 부피(V) vs. 여과시간(t)을 스프레드시트 프로그램에 옮겨놓고, VCR과 농축수 농도(C_c)를 구하는 식을 유도하고 적당한 표기법을 이용하여 각 셀에서 자동 계산할 수 있도록 함수 형태로 적어 넣으시오. 유출수 부피(V_p), 농축수의 부피(V_c), 유입수 부피(V_F), 유입수 초기농도(C_o), 유출수 농도(C_p), 시간(t).

	A	B	C	D
1	Time (t), s	Volume (V_p), mL	VCR	Retentate concentration (C_R)
2	.	.	.	.
3	..	..	..	..

4.2 MBR의 막 여과수는 2차 유출수(Secondary effluent)가 된다. MBR에 사용되는 분리막은 세공 크기가 마이크로미터 이하인 정밀여과막 또는 한외여과막이 사용되기 때문에 막 여과수의 TSS 농도는 0 mg/L가 되어야 한다. 왜냐하면 TSS를 측정할 때 사용되는 여과지의 세공 크기는 1~2 μm

정도이다(흔히 사용되는 GF/C 여과지의 공경은 1.2 µm). 그러나 MBR 막 유출수의 TSS 농도는 보통 1~4 mg/L로 알려져 있다. 왜 이런 일이 발생하는지 그 이유에 대해 논의하시오. 단, 분리막에 결함이 있어서 또는 TSS 측정과정의 실험 오차라고 가정하지 마시오.

4.3 수정 막 오염 지수(Modified fouling index, MFI)는 유입수의 막 오염 가능성을 평가하는 지표로 자주 이용된다. MFI는 많은 비용과 시간이 요구되는 파일럿 플랜트 실험을 대신하여 유입수의 전처리 여부를 판가름할 수 있는 지표로 사용된다. 어떤 물의 전처리 여부를 판단하기 위하여 직경 47 mm, 공경 0.45 µm인 정밀여과막을 이용하여 30 psi의 압력으로 전량여과(Dead end)를 수행하였다. 여과수행 중 시간에 따른 막 여과수의 부피를 측정하여 다음 표와 같은 자료를 얻었다. 이 자료를 이용하여 MFI를 구하시오.

Time (min)	Volume (m³)
0.33	1.00
1.83	1.10
2.78	1.40
4.58	2.00
9.46	3.25
17.40	4.75
27.65	6.25
40.16	7.75
52.33	9.00
63.17	10.00
75.09	11.00
91.42	12.25
105.58	13.25
120.76	14.25
130.53	14.75
142.86	15.00
167.78	15.10

막 오염

4.4 외부형 MBR에 튜브형 막 모듈을 통과하는 활성슬러지 현탁액이 벽에 미치는 전단응력(Wall shear stress, τ_w)을 구하시오. 유체가 흘러가는 파이프의 직경은 10 cm이고, 유속은 34 L/min이다. 튜브형 막의 외부직경은 7 cm이고 내부 직경은 1.5 cm이다. 막 모듈은 아래 그림처럼 10개의 튜브로 구성되어 있다. 현탁액 유체의 밀도는 1,012 kg/m³이고 점도는 1.14×10^{-3} N·s/m²이다.

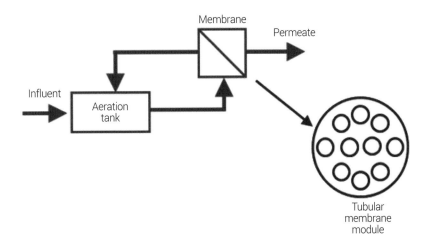

4.5 MBR은 CAS에 비해 많은 장점이 있다. 그 중의 하나는 CAS의 2차 침전지에서 흔히 발생하는 여러 가지 문제, 이를테면 슬러지 벌킹, 핀포인트 플록, 슬러지 부상, 거품 발생 등에 의한 침전 효율 저하와 같은 문제점 등을 걱정할 필요가 없는 것이다. 그러나 2차 침전지에서 발생한 문제점들은 생물학적 원인에 기인하기 때문에 이로 인해 MBR의 막 오염이 심화되는 결과를 가져오기도 한다. 실제로 슬러지 벌킹이나 거품 생성과 같은 문제가 발생하면 막의 여과성능은 현저히 감소한다. 따라서 MBR을 운전하는 엔지니어는 침전지를 운영할 필요가 없음에도 불구하고 슬러지의 침강성을 주의 깊게 관찰하여야 한다. SVI (Sludge volume index)는 활성슬러지의 침강성을 평가하는 지표로 자주 사용된다. MBR 플랜트로부터 수집된 활성슬러지 현탁액을 침강 실험을 통해 다음과 같은 자료를 얻었다. 이 자료를 이용하여 SVI를 계산하고, 이를 활용하여 각 슬러지가 막 여과성능에 미치는 영향을 평가하시오.

	MLSS, mg/L	SV$_{30}$, mL/L
Sludge 1	2,000	450
Sludge 2	3,500	480
Sludge 3	8,000	530

4.6 직조되지 않은 폴리프로필렌과 같은 부직포는 미세기공을 가지고 있기 때문에 여과 용도로 사용할 수 있다. 또한 부직포는 동일한 재료로 만든 합성유기 고분자막보다 저렴하다. 부직포를 이용하여 MBR의 분리막 대신 사용한 연구들이 있긴 하지만 현재 MBR 플랜트에서 이런 부직포를 사용하는 경우는 없다. 왜 그런지 이유를 생각해 보시오.

4.7 실험실 규모의 외부형 MBR의 튜브형 막 모듈이 설치되어 있다. 막면적은 100 cm²이다. 15℃에서 순수로 측정한 초기 물 플럭스가 23.5 mL/min이었다. 막 모듈의 입구와 출구에서 측정된 압력은 각각 2,500과 2,200 kPa이었다. 15℃와 20℃에서의 순수한 막의 저항(R_m)을 구하시오.

4.8 운영 중인 MBR 플랜트의 막 여과성능을 체크하기 위해서 폭기조에서 활성슬러지 시료를 채취하여 실험실로 운반하여 회분식 막 여과 셀 장치를 통해 여과실험을 수행하였다. 다음의 자료를 이용하여 세 저항 (R_m, R_c, R_f)을 각각 구하시오.

- 막 표면적=32.1 cm²
- 가해진 압력=9.5 kg·m/s²·cm²
- 온도=20℃
- 여과수 점도=1.013×10^{-3} kg/m·s

막 오염

Time (s)	Mass of permeate, g		
	Pure water filtration before the sludge filtration	Activated sludge filtration	Pure water filtration after cleaning the cake layer on the membrane surface
15	4.154	4.275	5.964
30	12.682	9.188	14.502
45	21.117	13.226	22.918
60	29.480	16.720	31.248
75	37.789	19.804	39.515
90	46.056	22.575	47.730
105	54.291	25.133	55.905
120	62.502	27.505	64.044
135	70.693	29.719	72.152
150	78.871	31.801	80.232
165	87.033	33.764	88.286
180	95.183	35.629	96.322
195	103.316	37.401	104.334
210	111.434	39.089	112.325
225	119.539	40.724	120.300
240	127.633	42.300	128.261
255	135.713	43.823	136.209
270	143.784	45.298	144.138
285	151.848	46.727	152.052
300	159.902	48.117	159.955
315	167.948	49.462	167.851
330	175.979	50.778	175.738
345	183.998	52.073	183.621
360	192.017	53.368	191.499
375	200.036	54.663	199.377
390	208.055	55.958	207.255
405	216.074	57.253	215.133

4.9 직렬여과저항 모델에서 총 저항(R_T)은 막 여과에 저항으로 작용하는 모든 저항의 합이다. 총 저항을 3가지의 저항의 합($R_m + R_c + R_f$)으로 표현하는 것이 MBR에서 가장 일반적이다.

$$J = \frac{\Delta P_T}{\eta \cdot R_T} = \frac{\Delta P_T}{\eta \cdot (R_m + R_c + R_f)} \qquad [4.27]$$

R_m=순수 막 저항, R_c=케이크 층 저항, R_f=내부 막 오염저항

위의 모델식에서 각 저항을 구하는 방법은 4장에서 이미 설명하였다. 직렬여과저항 모델에서 총 저항을 $R_m + R_{rev} + R_{irr}$인 경우 각 저항을 구하는 방법을 설명하시오. 즉, 막의 순수 저항(R_m)을 제외한 여과에 의한 저항을 가역적 저항(R_{rev})과 비가역적 저항(R_{irr})으로 구분한 것이다. 저항을 $R_m + R_{rev} + R_{irr}$로 구분한 것과 $R_m + R_c + R_f$로 구분한 것의 차이를 논의하여 보시오.

4.10 용수 부족으로 인하여 물 재이용(재사용)에 관한 관심이 증대되고 있다. 특히, 2차 유출수를 막 분리 기술을 이용하여 재처리하는 공정이 광범위하게 응용되고 있다. TSS 농도가 15 mg/L인 도시하수의 2차 유출수를 한외여과막으로 재처리하는 파일럿 플랜트가 40 LMH의 일정 플럭스 모드로 운전되고 있다. 막 오염이 발생하지 않은 상태에서 TMP는 0.25 bar 이었지만 여과 개시 60분만에 TMP는 0.3 bar로 상승하였다. TMP 증가가 완전히 케이크 층에 의한 증가라고 가정하고 케이크 비저항(α)을 구하시오. 온도는 $20^\circ C$로 가정하시오.

참고문헌

Bae, T. H. and Tak, T. M. (2005) Interpretation of fouling characteristics of ultrafiltration membranes during the filtration of membrane bioreactor mixed liquor, *Journal of Membrane Science*, 264: 151-160.

Beyenal, H., Donovan, C., Lewandowski, Z., and Harkin, G. (2004) Three-dimensional biofilm structure quantification, *Journal of Microbiological Methods*, 59: 395-413.

Bouhabila, E. H., Ben Aim, R., and Buisson, H. (2001) Fouling characterization in membrane bioreactors, *Separation and Purification Technology*, 22-23: 123-132.

Bressel, A., Schultze, J. W., Khan, W., Wolfaardt, G. M., Rohns, H. P., Irmscher, R., and Schoning, M. J. (2003) High resolution gravimetric, optical and electrochemical investigation of microbial biofilm formation in aqueous systems, *Electrochimica Acta*, 48: 3363-3372.

Chang, I.-S., Field, R., and Cui, Z. (2009) Limitations of resistance-in-series model for fouling analysis in membrane bioreactors: A cautionary note, *Desalination and Water Treat-*

ment, 8(1): 31-36.

Chang, I.-S. and Kim, S. N. (2005) Wastewater treatment using membrane filtration-Effect of biosolids concentration on cake resistance, *Process Biochemistry*, 40: 1307-1314.

Chang, I.-S., Le-Clech, P., Jefferson, B., and Judd. S. (2002) Membrane fouling in membrane bioreactors for wastewater treatment, *Journal of Environmental Engineering*, 128(11): 1018-1029.

Chang, I.-S. and Lee C. H. (1998) Membrane filtration characteristics in membrane coupled activated sludge system-the effect of physiological states of activated sludge on membrane fouling, *Desalination*, 120(3): 221-233.

Chang, I.-S., Lee, C. H., and Ahn, K. H. (1999) Membrane filtration characteristics in membrane coupled activated sludge system: The effect of floc structure on membrane fouling, *Separation Science Technology*, 34: 1743-1758.

Cicek, N., Franco, J. P., Suidan, M. T., Urbain, V., and Manem, J. (1999a) Characterization and comparison of a membrane bioreactor and a conventional activated sludge system in the treatment of wastewater containing high molecular weight compounds, *Water Environment Research*, 71: 64-70.

Defrance, L., Jaffrin, M. Y., Gupta, B., Paullier, P., and Geaugey, V. (2000) Contribution of various constituents of activated sludge to membrane bioreactor fouling, *Bioresource Technology*, 73: 105-112.

Dubois, M., Gilles, K. A., Hamilton, J. K., Rebers, P. A., and Smith, F. (1956) Colorimetric method for determination of sugars and related substances, *Analytical Chemistry*, 28: 350-356.

Gorner, T., de Donato, P., Ameil, M.-H., Montarges-Pelletier, E., and Lartiges, B. S. (2003) Activated sludge exopolymers: Separation and identification using size exclusion chromatography and infrared micro-spectroscopy, *Water Research*, 37: 2388-2393.

Guell, C., Czekaj, P., and Davis, R. H. (1999) Microfiltration of protein mixtures and the effects of yeast on membrane fouling, *Journal of Membrane Science*, 155: 113-122.

Gunther, J., Schmitz, P., Albasi, C., and Lafforgue, C. (2010) A numerical approach to study the impact of packing density on fluid flow distribution in hollow fiber module, *Journal of Membrane Science*, 348: 277-286.

Guo, W., Ngo, H.-H., and Li, J. (2012) A mini-review on membrane fouling, *Bioresource Technology*, 122: 27-34.

Han, S.-H. and Chang, I.-S. (2014) Comparison of the cake layer removal options during determination of cake layer resistance (Rc) in the resistance-in-series model, *Separation Science and Technology*, 49: 2459-2464.

Hendersona, R. K., Subhi, N., Antony, A., Khan, S. J., Murphy, K. R., Leslie, G. L., Chen, V., Stuertz, R. M., and Le-Clech, P. (2011) Evaluation of effluent organic matter fouling in ultrafiltration treatment using advanced organic characterisation techniques, *Journal of Membrane Science*, 382: 50-59.

Hughes, D., Cui, Z. F., Field, R. W., and Tirlapur, U. (2006) In situ three-dimensional membrane fouling by protein suspension using multiphoton microscopy, *Langmuir*, 22: 6266-6272.

Ishiguro, K., Imai, K., and Sawada, S. (1994) Effects of biological treatment conditions on permeate flux of UF membrane in a membrane/activated sludge wastewater treatment system, *Desalination*, 98: 119-126.

Kim, J.-S., Lee, C.-H., and Chang, I.-S. (2001) Effect of pump shear on the performance of a crossflow membrane bioreactor, *Water Research*, 35(9): 2137-2144.

Kim, J.-Y., Chang, I.-S., Shin, D.-W., and Park, H.-H. (2008) Membrane fouling control through the change of the depth of a membrane module in a submerged membrane bioreactor for advanced wastewater treatment, *Desalination*, 231: 35-43.

Krauth, K. H., and Staab, K. F. (1993) Pressurized bioreactor with membrane filtration for wastewater treatment, *Water Research*, 27: 405-411.

Le-Clech, P., Chen, V., and Fane, T. A. G. (2006) Fouling in membrane bioreactors used in wastewater treatment, *Journal of Membrane Science*, 284: 17-53.

Lee, W., Kang, S., and Shin, H. (2003) Sludge characteristics and their contribution to microfiltration in submerged membrane bioreactors, *Journal of Membrane Science*, 216: 217-227.

Lowry, O. H., Rosebourgh, N. J., Farr, A. R., and Randall, R. J. (1951) Protein measurement with the folin phenol reagent. *Journal of Biological Chemistry*, 193: 265-275.

Ma, B., Lee, Y., Park, J., Lee, C., Lee, S., Chang, I.-S., and Ahn, T. (2006) Correlation between dissolved oxygen concentration, microbial community and membrane permeability in a membrane bioreactor, *Process Biochemistry*, 41(5), 1165-1172.

Meng, F., and Yang, F. (2007) Fouling mechanisms of deflocculated sludge, normal sludge and bulking sludge in membrane bioreactor, *Journal of Membrane Science*, 305: 48-56.

Sato, T. and Ishii, Y. (1991) Effects of activated sludge properties on water flux of ultrafiltration membrane used for human excrement treatment, *Water Science and Technology*, 23: 1601-1608.

van den Broeck, R., van Dierdonck, J., Nijskens, P., Dotremont, C., Krzeminski, P., van der Graaf, J. H. J. M., van Lier, J. B., van Impe, J. F. M., and Smets, I. Y. (2012) The influence of solids retention time on activated sludge bioflocculation and membrane fouling in a membrane bioreactor (MBR), *Journal of Membrane Science*, 401-402: 48-55.

Wang, Z. and Wu, Z. (2009) Distribution and transformation of molecular weight of organic matters in membrane bioreactor and conventional activated sludge process. *Chemical Engineering Journal*, 150(2-3): 396-402.

Wang, Z., Wu, Z., and Tang, S. (2009) Characterization of dissolved organic matter in a submerged membrane bioreactor by using three-dimensional excitation and emission matrix fluorescence spectroscopy. *Water Research*, 43(6): 1533-1540.

Wisniewski, C. and Grasmik, A. (1998) Floc size distributuion in a membrane bioreactor and consequences for membrane fouling, *Colloids and Surfaces A: Physicochemical and Engineering Aspects*, 138: 403-411.

Wu, J. and Huang, X. (2009) Effect of mixed liquor properties on fouling propensity in membrane bioreactors, *Journal of Membrane Science*, 342: 86- 96.

Yamamura, H., Kimura, K., and Watanabe, Y. (2007) Mechanism involved in the evolution of physically irreversible fouling in microfiltration and ultrafiltration membranes used for drinking water treatment, *Environmental Science and Technology*, 41: 6789-6794.

Yao, M., Zhang, K., and Cui, L. (2010) Characterization of protein-polysaccharide ratios on membrane fouling, *Desalination*, 259: 11-16.

막 오염

제 5 장

MBR 운전

**Principles of
Membrance Bioreactors for
Wastewater Treatment**

본 장에서는 MBR의 생물학적 처리과정과 막 분리 공정에 관한 운전인자 및 운전원리에 대해 다룰 것이다.

5.1 운전인자(Operation Parameters)

기본적으로 MBR은 2차 침전조를 분리막 시스템으로 대체한 것 이외에는 생물학적 폐수처리공정과 다를 바 없다. 분리막은 활성슬러지 공정의 2차 침전지와 마찬가지로 고·액 분리 역할을 할 뿐이다. 따라서 MBR의 운전은 전통적인 활성슬러지 공정과 크게 다를 바 없으며, 미생물 특성과 관계가 깊은 운전인자 역시 유사하다.

막 분리에 관련된 운전인자들이 본 장에서 다루어질 것이다. 그러나 생물학적 인자 역시 막 분리 성능에 영향을 준다. 예를 들면 전통적인 활성슬러지(Conventional activated sludge, CAS) 공정의 2차 침전조에서 발생하는 문제들—슬러지 팽화, 핀포인트 및 거품 현상들은 막의 여과성능에 악영향을 주는 것으로 알려졌다. 이런 현상들은 낮은 용존산소 농도(Low DO) 또는 낮은 영양물질(Low N and/or P) 농도에 의해 발생하지만, 이들이 분리막 공정의 운전인자로 인식되지는 않는다. 따라서 MBR 공정의 생물학적 운전인자들도 막 오염 관점에서 본다면 중요하게 다루어져야 한다.

5.1.1 수리학적 체류시간(HRT)

수리학적 체류시간(이하 HRT)은 생물학적 공정에서 중요하게 다루어지는 운전인자이다. CAS의 설계 HRT는 유입수 성상에 따라 다르지만 도시하수의 경우 보통 4시간에서 10시간 가량이다. 만약 산업폐수 또는 난분해성 폐수를 처리하거나 영양물질 제거 목적의 생물학적 처리(BNR 공정)라면 HRT는 더 늘어나야 한다.

MBR의 HRT는 CAS의 HRT와 크게 다르지 않다. 다만 MBR에서는 미생물 농도가 높기 때문에 유기물 제거속도가 CAS보다 빠른 편이므로 짧은 HRT로 운전할 수 있다. 또한 설계 F/M비(F/M=S_o/HRT·X)가 일정하게 유지된다면 MBR 플랜트의 미생물 농도(X)는 CAS보다 높기 때문에 HRT를 줄일 수 있다. 그러나 유기물 제거에 충분한 시간을 주기 위해서 MBR의 HRT는 CAS와 거의 같은 시간으로 운전되는 것이 보통이다.

5.1.2 고형물체류시간(SRT)

고형물체류시간(Solids retention time, SRT)은 생물 반응기 내부의 미생물(고형물) 농도를 일정하게 유지하고 슬러지 생산량을 조절할 수 있는 중요한 운전인자이다. CAS의 전형적인 SRT는 4일에서 10일 정도이다. 이는 미생물이 생물반응기와 2차 침전조에서 보통 4일에서 10일간 머무름을 의미한다. 반면에 MBR은 분리막의 완벽한 고·액 분리 성능으로 인해 SRT를 길게 유지할 수 있으며 일반적으로 30일 정도이다. 만약 MBR에서 슬러지 인출이 없다면 SRT는 무한대(∞)가 될 것이다.265 CAS에서는 2시간에서 4시간 가량의 체류시간으로 운영되는 2차 침전조의 상등액으로 빠져 나가는 부유물질로 인해 SRT가 무한대가 되는 상황을 만들 수는 없다.

폐수처리장 엔지니어는 공정의 성능을 유지하기 위해 HRT는 가급적 짧게, SRT는 길게 유지하려고 한다. 이런 상황(Short HRT, long SRT)에서 유입수의 유량이나 농도 변경에 유연하게 대처할 수 있기 때문이다. 그러나 전통적인 CAS에서는 2차 침전조의 불완전한 고·액 분리 성능으로 인해 이런 짧은 HRT와 긴 SRT 상황을 만들기가 쉽지 않다. 즉, HRT와 SRT가 긴밀히 관련되어 있다(서로 영향을 미친다). 그러나 MBR에서는 HRT와 SRT를 서로 떼어놓고 제어할 수 있다(Decoupling).

MBR에서는 SRT를 길게 유지하기 때문에 CAS보다 폐슬러지 발생량이 적다. 폐슬러지의 처리와 처분에 대한 규제가 점점 강화되고 있기 때문에 폐슬러지의 처분에 소요되는 비용 역시 증가하고 있다. 따라서 SRT를 길게 유지하여 슬러지 발생량을 감소시킬 수 있는 것이 MBR의 또 다른 장점이라 볼 수 있다.

MBR에서 SRT를 길게 유지하면 미생물은 내생호흡 단계(Endogenous phase)에 머무르며 자산화(Auto-oxidation) 과정이 활발해져 산소 소모가 많아지게 된다. 그러나 MBR에서는 막 오염 제어를 위해 조대폭기가 수행되고 있기 때문에 자산화로 인한 산소 부족 염려는 없다.

사실 MBR에서 SRT를 길게 유지하면서 발생하는 중요한 문제는 인(P) 제거에 관련되어 있다. BNR 공정(Biological Nutrients Removal processes)을 채택한 대부분의 MBR 플랜트는 인 제거 문제에 직면해 있다. CAS의 폭기조에서 인은 미생물 세포 내에 과잉 축적되며, 2차 침전조에서 폐슬러지 반출과정을 통해 인이 제거된다. 그러나 SRT가 길게 유지되는 MBR에서는 폐슬러지 반출이 적을 수 밖에 없으며, 이로 인해 인 제거가 낮게 나타날 수 밖에 없다. 즉, SRT가 증가할수록 인 제거율은 감소한다. 따라서 대부분의 MBR에서는 인의 제거를 위한 추가 보완 공정을 설치한다. 예를 들면, MBR 유출수에 석회, $Ca(OH)_2$를 첨가하여 다음과 같이 수산화인산칼슘(Hydroxylapatite), $Ca_{10}(PO_4)_6(OH)_2$로 인을 석출시켜 제거한다.

$$10Ca^{2+} + 6PO_4^{-3} + 2OH^- \leftrightarrow Ca_{10}(PO_4)_6(OH)_2 \downarrow \qquad [5.1]$$

그러나 첨가된 석회는 중탄산염(HCO_3^-)이나 탄산염(CO_3^{-2})과 같은 알칼리도와 먼저 반응(식 5.2)하기 때문에 pH가 10~11이 될 정도의 충분한 양의 석회가 첨가되어야 한다.

$$Ca(OH)_2 + H_2CO_3 \leftrightarrow CaCO_3 \downarrow + 2\,H_2O \qquad [5.2]$$

$$Al^{+3} + PO_4^{-3} \leftrightarrow AlPO_4 \downarrow \qquad [5.3]$$

만약 인의 제거를 위해 황산알루미늄(Alum, aluminum sulfate)이 첨가된다면 인은 인산알루미늄($AlPO_4$)로 침전 제거된다. 식 5.3에서 보듯이 알루미늄과 인의 이론적 몰 비는 1:1이지만 알칼리도 및 기타 이온의 방해작용으로 인해 1.3~2.4:1 정도의 몰 비율로 알루미늄염을 첨가한다. 실험실 규모의 자 테스트를 거쳐 최적의 Alum 투입량을 결정한다. 종종 전기응집(Electro-coagulation)을 결합한 MBR 공정이 도입되는 것도 이런 인 제거 목적에 연유한다.

5.1.3 순환비율(Recirculation Ratio), α

순환비율(Recirculation ratio), $\alpha = Q_r/Q$는 2차 침전조에서 생물 반응기로 순환되는 유량(Q_r)과 유입수 유량(Q)의 비율로 정의된다. CAS 공정에서 α는 폭기조로 반송되는 흐름(Returned activated sludge, RAS)의 유량을 결정하는 매우 중요한 운전 변수로 작용한다. 생물학적 처리를 하는 하폐수처리장의 엔지니어는 α와 SRT를 조절함으로써 시스템의 성능을 관리한다. 전형적인 α 값은 0.1~0.4이다. α가 증가할수록 안정적인 생물 반응기 성능을 기대할 수 있으나 유체의 반송에 소요되는 전력비용은 증가한다.

침지형 MBR에서는 슬러지 반송이 없기 때문에 α에 대한 개념이 있을 수 없다. 그러나 그림 5.1과 같이 외부형 MBR (Side stream MBR)의 경우에 분리막 모듈이 침전조와 동일한 역할을 하기 때문에 반송률과 유사한 개념이 있을 수

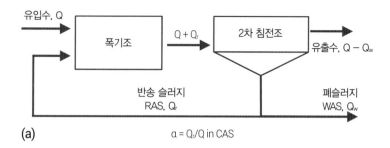

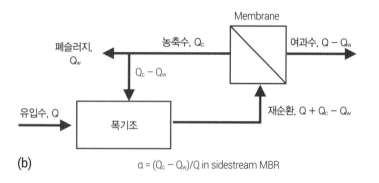

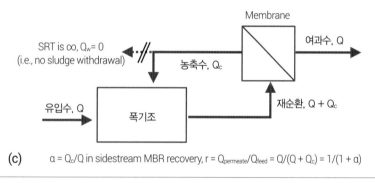

그림 5.1　(a) CAS, (b) 외부형 MBR, (c) SRT가 무한대(슬러지 인출 없음)인 외부형 MBR에서의 유체흐름 분석.

있다.

　유체의 흐름을 분석해 보면 유사성이 분명해진다. 그림 5.1b와 같이 외부형 MBR에서 슬러지 인출이 Q_w의 유량으로 수행된다면 폭기조로 되돌아가는 유체의 유량은 $Q_c - Q_w$이며 이는 CAS의 Q_r과 동일한 개념이다. 따라서 외부형 MBR의 순환율, α는 $(Q_c - Q_w)/Q$로 정의될 수 있다.

　그림 5.1c와 같이 외부형 MBR에서 슬러지 인출이 없다면(즉, SRT가 무한대), 폭기조로 되돌아가는 유체의 유량은 Q_c이며 순환율, α는 Q_c/Q로 정의된다. 막 여과에서는 유입유량(Q_{feed})과 유출수량($Q_{permeate}$)의 비를 표시하기 위

해 회수율(Recovery), r=Q$_{permeate}$/Q$_{feed}$ 개념이 종종 사용된다. 만약 그림 5.1c와 같은 상황이라면 회수율, r은 Q/(Q+Q$_c$)이고 다음과 같은 관계식을 얻을 수 있다.

$$r = \frac{Q}{Q+Q_c} \qquad [5.4]$$

역수를 취하고 정리하면

$$\frac{1}{r} = \frac{Q+Q_c}{Q} = 1 + \frac{Q_c}{Q} = 1 + \alpha \qquad [5.5]$$

R에 관하여 정리하면

$$r = \frac{1}{1+\alpha} \qquad [5.6]$$

막 분리 공정에 종사하는 엔지니어라면 회수율, r에 더욱 익숙해 있기 때문에 MBR의 회수율(r)과 순환비(α)는 서로 변환할 수 있는 개념으로 이해하는 것이 편리하다.

5.1.4 온도(Temperature)

온도는 운전인자로 간주할 수는 없다. 그러나 온도는 MBR의 성능을 결정하는 중요한 인자임에는 틀림없다. 특히 온도는 미생물의 대사속도와 관련 있다. MBR과 CAS의 활성슬러지 현탁액은 모두 온도에 영향 받는다.

유입수의 낮은 온도는 미생물 공정의 성능을 악화시키기 때문에 겨울철에는 하폐수처리장이 유출수질 확보에 어려움을 겪는다. 특히 질산화균 및 탈질균은 저온에서의 낮은 성장속도로 인해 겨울철 저온에 의한 질소처리 효율이 저하된다.

기체의 용존성은 온도에 영향을 받는다. Henry의 법칙은 어떤 기체가 대기에서 차지하고 있던 부분 압력에 비례하여 수중에 용존된다고 기술한다. 그러나 Henry의 법칙 상수(K$_H$)는 온도에 의존한다. 일반적으로 포화 용존산소 농도는 기온이 높은 여름철에 감소한다. MBR의 폭기조는 항상 공기가 공급되므로 대기로부터 재폭기되는 과정에서 발생하는 온도 변화에 의한 산소 농도의 변화보다는 산소전달속도가 중요하다. 온도가 증가하면 산소전달속도는 증가한다. 예를 들면, 기체이전속도를 결정하는 총괄 기체이전속도 상수(K$_{L,a}$)는 반트호프-아레니우스(Van't Hoff-Arrhenius) 식을 따른다.

$$k_{L,a(T)} = k_{L,a(20)} \cdot \theta^{T-20} \qquad [5.7]$$

여기에서 $k_{L,a(T)}$＝온도 $T^\circ C$에서의 총괄 기체이전속도 상수(overall gas transfer
rate coefficient at temperature $T^\circ C$), s^{-1}

  $k_{L,a(20)}$＝온도 $20^\circ C$에서의 총괄 기체이전속도 상수(overall gas transfer
rate coefficient at $20^\circ C$), s^{-1}

  θ＝온도 상수(temperature activity coefficient), 전형적인 범위 1.013~
1.040

  T＝온도, $^\circ C$

5.1.5 플럭스의 온도 의존성(Temperature Dependence of Flux)

막 여과수의 점도는 온도에 따라 변화하기 때문에 여과 플럭스도 역시 온도
에 크게 영향을 받는다. 따라서 플럭스의 온도 의존성은 다음 식 5.8과 같이
점도의 온도 의존성에 의해 보정될 수 있다.

$$J_{T1} = J_{T2} \left(\frac{\eta_{T2}}{\eta_{T1}} \right) \qquad [5.8]$$

여기에서 J_{T1}＝온도 T_1에서의 플럭스, J_{T2}＝온도 T_2에서의 플럭스

  η_{T1}＝온도 T_1에서의 점도, η_{T2}＝온도 T2에서의 점도

막 여과저항(R)을 측정하는 여과실험을 몇 번 수행하였을 때 각 실험에서 용
액의 온도가 같지 않을 수 있다. 만약 활성슬러지를 여과하고 순수를 여과하
는 일련의 여과실험에서 용액과 수온이 각각 다르다면 저항값을 계산하기에
앞서 각 플럭스값의 온도 보정을 수행하여야 한다.

Example 5.1

새로운 분리막이 도착하여 실험실에서 순수 플럭스를 측정하였다. 초기 순수 플
럭스는 100 LMH로 측정되었다. 순수의 온도는 실내 온도와 충분히 동일하도록
방치하여 $25^\circ C$가 되도록 하였다. 그러나 실험실 외부에서 실제 운전 중인 MBR
의 수온은 $15^\circ C$이다. 측정된 순수 플럭스의 값을 $15^\circ C$의 값으로 변환하시오.

Temperature (°C)	Viscosity (centipoise)	Temperature (°C)	Viscosity (centipoise)
11	1.2735	21	0.9843
12	1.2390	22	0.9608
13	1.2061	23	0.9380
14	1.1748	24	0.9161
15	1.1447	25	0.8949
16	1.1156	26	0.8746
17	1.0876	27	0.8551
18	1.0603	28	0.8363
19	1.0340	29	0.8181
20	1.0087	30	0.8004

Solution

플럭스와 온도는 반비례관계에 있다. 온도에 따른 점도 자료를 이용하여 15°C에서의 순수 플럭스를 계산한다.

$$J_{T1} = J_{T2}\left(\frac{\eta_{T2}}{\eta_{T1}}\right)$$

$$J_{15} = J_{25} \cdot \frac{\eta_{25}}{\eta_{15}}$$

$$J_{15} = 100 \text{ LMH} \cdot \frac{0.8949 \text{ mPa}\cdot\text{s}}{1.1447 \text{ mPa}\cdot\text{s}} = 78.2 \text{ LMH}$$

15°C에서의 초기 순수 플럭스는 78.2 LMH이다.

Remark

플럭스의 온도 의존성은 다음과 같이 점도의 반트호프-아레니우스 식으로 변형하여 사용하여도 무방하다.

$$\frac{\eta_T}{\eta_{20}} = 1.024^{20-T}$$

따라서 20°C가 아닌 다른 온도에서의 플럭스는 다음 식으로 변형될 수 있다.

$$\frac{J_{20}}{J_T} = \frac{\eta_T}{\eta_{20}} = 1.024^{20-T}$$

$$J_{20} = J_T \cdot 1.024^{20-T}$$

5.1.6 TMP와 임계 플럭스(TMP and Critical Flux)

침지형 MBR의 운용에 있어 가장 중요한 운전인자는 TMP 관찰이다. TMP가 갑자기 증가하는 현상 또는 모든 비이상적인 TMP 거동 등을 진단하고 즉각적인 조치를 취하기 위해서는 지속적인 TMP 관찰이 선행되어야 한다.

그림 5.2는 활성슬러지의 막 여과 시 발생하는 TMP와 플럭스의 상관관계를 보여주고 있다. 순수를 여과할 때는 플럭스와 TMP는 선형적인 관계를 보인다(즉, 막 오염이 발생하지 않는다). 이런 현상이 발생하는 조건을 압력제어구역(Pressure controlled region)으로 부른다. 활성슬러지를 여과한다면 TMP가 증가함에 따라 플럭스도 증가하다가 더 이상 증가하지 않는 구역에 다다른다. 이런 현상은 물론 막 오염 때문에 발생하며, 플럭스는 막 표면으로 오염물질이 이동되는 물질전달에 의해 지배 받는다. 이런 현상이 발생하는 지역을 물질전달조절구역(Mass transfer controlled region) 또는 TMP 비의존구역(TMP independent region)으로 부른다. 물질전달조절구역에서도 압력에 의해 플럭스가 약간 증가하는 부분이 존재하기 때문에 두 구역의 경계를 칼로 자르듯이 완벽하게 나누기는 어렵다. 막 오염물질이 막 표면으로 이동하는 물질전달 현상은 다양한 요소에 의해 영향을 받는다. 예를 들면 MLSS와 점도는 낮을수록 그리고 온도, 외부형 MBR에서 유체의 외부 순환속도, 침지형 MBR에서 조대폭기 세기가 증가할수록 활성슬러지 현탁액의 막 오염현상이 줄어드는 (물질전달이 감소하는) 방향으로 이동한다.

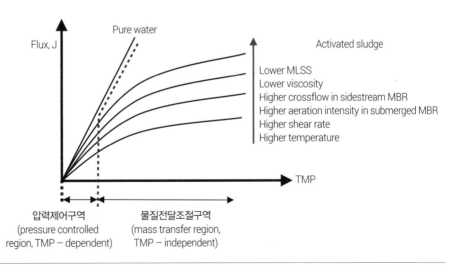

그림 5.2   플럭스와 TMP 상관관계: 압력제어구역과 물질전달조절구역.

MBR의 운전에 있어서 임계 플럭스를 설정하는 것은 매우 중요하다. 임계 플럭스 이하에서 플럭스를 운영하면 막 오염속도가 최소화되어 안정적으로 MBR을 운영할 수 있다. 사실 MBR에서 엄격한 의미의 임계 플럭스(임계 플럭스 상황에서는 막 오염이 발생하지 않음)는 존재하지 않지만 실험적으로 임계 플럭스를 구할 수 있는 몇 가지 방법이 제안되어 있다. 가장 간단하고도 쉬운 방법은 단계별로 플럭스를 증가시켜가며 임계 플럭스를 결정하는 것이다(그림 5.3).

임계 플럭스를 결정하는 실험 방법은 우선 실험실 규모의 MBR에서 운전 플럭스를 가장 낮게 유지하면서 TMP를 관찰하는 것으로 시작한다. 만약 일정 기간 동안 급작스런 TMP의 증가가 나타나지 않는다면(즉, $dTMP/dt=0$) 플럭스를 조금 더 상승시켜 운전한다. 갑작스런 TMP 증가(즉, $dTMP/dt>0$) 현상이 발생할 때까지 동일한 원리로 플럭스를 계속 상승시켜 간다. 급격한 TMP 증가가 발생하면 반대로 플럭스를 그 이전 단계의 값으로 내리고 운전한다. 임계 플럭스($J_{critical}$)는 테스트 전 구간에서 급격한 TMP 증가 없이 일정한 값을 유지한 플럭스값 중에서 가장 높은 플럭스값으로 결정한다.

4.1장에서 언급한 바와 마찬가지로 TMP는 운전 초기에 완만히 증가하다가 어느 시점에서 갑자기 증가하는 경향이 있다. 따라서 이 테스트 방법(Flux stepping method)에서 TMP를 관찰하는 시간이 충분히 길지 않다면 임계 플럭

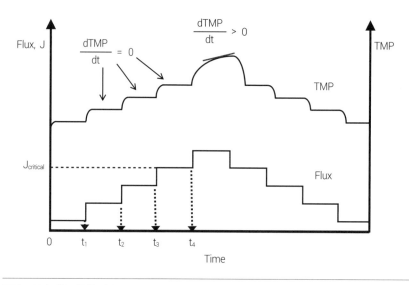

플럭스 증감법을 이용한 임계 플럭스 결정 방법.

그림 5.3

MBR 운전

스값이 잘못 결정될 것이다. 그림 5.4에 임계 플럭스가 잘못 결정될 수 있는 세 가지 가능한 오류를 제시하였다.

우선 'TMP 이력 왜곡(Hysteresis)' 현상이다. 즉, 임계 플럭스를 지나서 다시 플럭스를 하강시키는 과정에서 발생한다. 플럭스를 상승시키는 이력곡선과 정확히 일치하지 않는 현상이다(그림 5.4a). 임계 플럭스를 구하기 위해 플럭스를 오랜 기간 동안 상승시켜 왔기 때문에 이미 막 오염 포텐셜이 증가해 있는 상황이다. 따라서 플럭스를 하강시키는 과정의 이력곡선이 상승시킬 때의 TMP보다 더 높게 나타나는 현상이다. 이렇게 결정된 임계 플럭스값은 문제가 있다.

두 번째 오류는 각 단계별 경과시간을 너무 길게 잡았을 때 발생하며, 이 경우 임계 플럭스는 과소평가된다. 그림 5.4b의 경과시간, t_4는 그림 5.4a의 경과시간 t_4와 동일하지만 플럭스는 낮은 상태로 운전되고 있다. 이렇게 플럭스가 낮은 상태로 그림 5.4a보다 상대적으로 장기간 운전하게 되면 막 오염은 상대적으로 덜 발달한다. 그림 5.4a에서 dTMP/dt>0인 구간이었던 곳에서 아직 dTMP/dt=0을 보이고 있다. 따라서 임계 플럭스, $J_{critical,2}$는 그림 5.4a의 임계 플럭스, $J_{critical,1}$보다 작은 값으로 결정된다.

만약 초기의 플럭스가 임계 플럭스값에 거의 근접한 상태로 설정되었다면 임계 플럭스는 높게 결정될 가능성이 크다(그림 5.4c). t_4까지 도달하는 시간이 그림 5.4a와 동일하다 하더라도 높은 플럭스로 운영되었기 때문에 막 오염이 좀 더 심화되었고 그로 인해 임계 플럭스($J_{critical,3}$)는 그림 5.4a의 $J_{critical,1}$보다 높게 결정될 가능성이 크다.

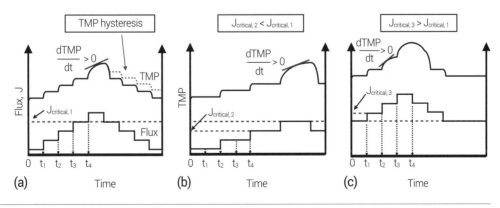

그림 5.4 　　플럭스 증감법 이용한 임계 플럭스 결정과정에서 나타나는 TMP의 비정상적 거동: (a) TMP 왜곡, (b) 평가절하된 임계 플럭스, (c) 과평가된 임계 플럭스.

이상에서 살펴 본 바와 같이 단계 플럭스 증감법은 여러 가지 측면에서 한계가 있기 때문에 이를 극복하기 위해 수정된 두 가지 방법이 제안되었다 (그림 5.5). 첫 번째 방법은 플럭스를 단계별로 증감시키는 과정에 여과를 수행하지 않는 일종의 휴지기(Pause)를 두는 것이다(그림 5.5a). 이렇게 휴지기를 두면 그 전 단계에서 생성된 막 오염을 제거하는 효과가 있다. 즉, 막에 부가되는 압력이 소실되어 막 표면의 오염물질이 모 용액으로 되돌아가는 역이동(Back transport)이 활발해지게 되어 이전 단계에서 생성된 막 오염을 완화하는 역할을 하는 것이다. 그림 5.5b는 휴지기와 더불어 플럭스 증감 초기 단계에 지체기(Lag phase)를 부가하는 것이다. 즉, 플럭스를 증감시키기 앞서 이전 단계의 플럭스값으로 짧은 시간 운전하는 일종의 추가 기간을 주는 것이다. 이렇게 하면 급격한 플럭스 증감으로 인해 막 오염 환경이 악화되는 것을 어느 정도 완화시킬 수 있다.

두 가지 방법 모두 플럭스 증감법이 가지고 있는 한계점을 어느 정도 완화시킬 수 있지만 근본적인 문제점이 완전히 해결되지는 않는다. 임계 플럭스는 활성슬러지 현탁액의 물리화학적 성질에 크게 의존하기 때문에 비정상적인 TMP 거동이 없는 임계 플럭스를 구하는 표준화된 방법을 개발하기는 어렵다. 더군다나 임계 플럭스값이 결정되었다 하더라도 MBR 플랜트의 수리학적 환경에 의해 변경될 수 있다. 또한 중공사형 막 모듈에서 결정된 임계 플럭스값은 평판형 모듈의 값과 다를 수 있다. 정확한 임계 플럭스를 결정하는 것이 이처럼 쉽지 않음에도 불구하고 실제 MBR 플랜트 현장에서는 위에서 열거한 방법들이 사용하기 편리하기 때문에 그 방법대로 임계 플럭스를

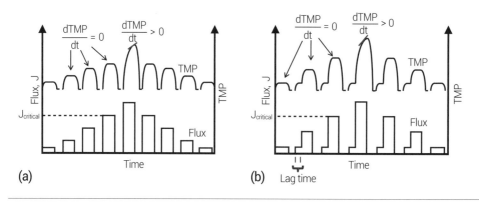

임계 플럭스를 결정하는 개선된 방법: (a) 휴지기가 도입된 방법, (b) 휴지기와 지체기가 도입된 방법.   그림 5.5

결정하고 운전에 도입하여 사용하고 있다.

5.2 폭기(Aeration for Bio-treatment and Membrane Aeration)

폭기는 하폐수처리장에서 다양한 목적으로 사용되고 있다. 예를 들면 황화수소(H_2S)에 의한 냄새 제거 목적, 호기성 미생물에 산소전달, 용존산소부상법(DAF), 폭기식 침사조의 운영, 휘발성유기화합물(VOC)의 제거 등 다양한 용도에 폭기가 사용되고 있다. MBR 플랜트에서 가장 중요한 단위공정 중 하나인 폭기는 산소전달 목적과 막 오염 제어 목적으로 사용되고 있다. 미생물에 산소전달 목적의 폭기는 미세기포(Fine bubbles) 형태로 전달되고 막 오염 제어 목적의 폭기는 조대폭기(Coarse aeration) 형태로 수행된다.

5.2.1 미세기포에 의한 폭기(Fine Bubble Aeration)

유기물을 처리하는 호기성 생물학적 처리공정의 최종 전자 받개(Electron acceptor)는 산소이기 때문에 폭기가 필요한 것이다. 미생물 세포에 산소를 전달하기 위해서는 기/액 접촉면적이 큰 미세기포 생성에 의한 폭기가 효과적이며 대부분의 하폐수처리장에서 이런 방법을 사용하고 있다. 다양한 종류의 폭기기가 개발되어 있지만 압축공기를 수중 확산기(Diffuser)를 통해 폭기하는 방법이 일반적이며 MBR 플랜트에서도 동일한 방법을 사용한다. 다른 형태의 폭기기는 하폐수처리 교과서에 잘 정리되어 있으니 참조하기 바란다.

    미세기포를 발생하게 하는 확산기는 대부분 다공성 세라믹 또는 플라스틱 재질의 튜브나 노즐형 폭기 장치를 사용한다. 공급된 공기는 확산 또는 기계적 교반에 의해 하폐수에 용존되며 최종적으로 미생물에 전달된다. 하폐수의 유기물 함량이나 암모니아 농도에 따라 다르긴 하지만 일반적인 산소요구량은 1 mg/L 정도이다. 실제 플랜트의 폭기조 내부 용존산소 농도는 2~3 mg/L를 유지한다.

    폭기조에서 미생물에 의한 산소소모량을 설계에 반영하기 위해서는 산소전달 속도에 관한 정보가 필수적이다. 산소전달속도는 다음과 같이 표현된다.

$$\frac{dC}{dt} = k_{L,a}(C_s - C) - r_m \qquad [5.9]$$

여기에서 C=하수 속 산소 농도(oxygen concentration in wastewater), mg/L

$\quad$ C_s=Henry의 법칙에 의한 포화산소 농도(saturated oxygen concentration given by Henry's law), mg/L

$\quad$ $k_{L,a}$=총괄 산소전달 계수(overall oxygen transfer coefficient), s^{-1}

$\quad$ r_m=미생물에 의해 소비되는 산소소비속도(rate of oxygen consumed by microorganisms), mg/L · s

폭기조 내부에 계속해서 산소가 공급되기 때문에 산소 농도는 일정하게 유지된다고 할 수 있다. 즉, 산소농도에 관해서 정상상태(Steady state, 즉 dC/dt=0)이다. 따라서 위 식은 다음과 같이 변환된다.

$$r_m = k_{L,a}(C_s - C) \qquad [5.10]$$

산소농도 C는 폭기조 내 일정한 값이기(dC/dt=0) 때문에 시간에 따라 변하는 변수(Variable)가 아니고 상수로 취급할 수 있다. 따라서 r_m은 $K_{L,a}$(Overall oxygen transfer coefficient, 총괄 산소전달 계수)를 결정하면 구할 수 있다. $K_{L,a}$는 다음 Example에서처럼 실험적으로 구할 수 있다

Example 5.2

총괄 산소전달 계수, $K_{L,a}$를 결정하기 위한 폭기시스템 실험이 수행되어 다음 표와 같은 시간 vs. 산소농도(C_t) 자료를 취득하였다. 포화산소 농도(C_s)는 9.0 mg/L로 가정하고 $K_{L,a}$를 결정하시오.

Time (min)	C_t (mg/L)	Time (min)	C_t (mg/L)
0	1.20	32	7.66
4	2.68	36	7.93
8	3.92	40	8.14
12	4.89	44	8.31
16	5.71	48	8.45
20	6.35	52	8.56
24	6.88	56	8.65
28	7.32	60	8.72

Solution

깨끗한 물에서 미생물에 의한 산소소비가 없을 경우 산소전달속도는 다음과 같이 표현된다.

$$\frac{dC}{dt} = k_{L,a}(C_s - C)$$ [E2.1)]

변수분리하고 적분하면

$$\int_{C_o}^{C_t} \frac{1}{C_s - C}dC = \int_0^t k_{L,a}dt$$ [E2.2]

$$\frac{C_s - C_t}{C_s - C_o} = e^{-k_{L,a} \cdot t}$$ [E2.3]

$$\ln\left(\frac{C_s - C_t}{C_s - C_o}\right) = -k_{L,a} \cdot t$$ [E2.4]

식 E2.4에서 $\ln(C_s - C_t/C_s - C_o)$ vs. 시간(t)을 플롯하여 그래프를 그리면 일직선이 나오며 직선의 기울기는 $K_{L,a}$이다. 스프레드시트 프로그램을 이용하여 위의 과정을 완성한다.

C_o는 t=0인 초기 용존산소 농도이며 1.2 mg/L이다. 임의의 시간 t에서의 용존산소 농도는 C_t이며 그래프를 그리기 위한 계산표는 다음과 같다.

Time (min)	C_t (mg/L)	C_s-C_t/C_s-C_o	$k_{L,a}$/min
0	1.20	1.000	–
4	2.68	0.810	0.053
8	3.92	0.651	0.054
12	4.89	0.527	0.053
16	5.71	0.422	0.054
20	6.35	0.340	0.054
24	6.88	0.272	0.054
28	7.32	0.215	0.055
32	7.66	0.172	0.055
36	7.93	0.137	0.055
40	8.14	0.110	0.055
44	8.31	0.088	0.055
48	8.45	0.071	0.055
52	8.56	0.056	0.055
56	8.65	0.045	0.055
60	8.72	0.036	0.055

$\ln(C_s-C_t/C_s-C_o)$ vs. t의 그래프는 다음과 같으며 직선의 기울기는 K_{L_a}이며 그 값은 0.055/min (or 3.3/h)으로 계산된다.

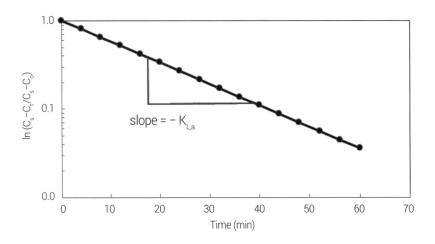

5.2.2 산소전달(Oxygen Transfer)

산소전달속도 계수, K_{L_a}는 교반강도, 폭기조 형상, 온도, 고도($\propto$ 기압), 표면 장력 및 하폐수의 특징에 의해 얼마든지 달라질 수 있다. 상수의 온도에 의한 영향은 이미 다루었으며 식 5.7을 참조하시오. 온도를 제외한 K_{L_a}에 영향을 미치는 모든 인자는 이론적으로 수학적 관계식을 도출하기가 쉽지 않다. 대신 실험적으로 얻은 보정계수를 사용한다. 실질적인 산소요구량은 이런 보정을 통해 얻어지며 상세한 부분은 추후 6.4절에서 다룰 것이다.

5.2.3 산소요구량(Oxygen Demand)

MBR 플랜트는 본질적으로 생물학적 공정이기 때문에 산소요구량은 BOD와 암모니아 농도에 비례한다. CAS의 산소요구량은 유입수와 유출수 사이의 BOD 차이(BOD_i-BOD_e)로 계산된다. 총 산소요구량에서 폐기되는 슬러지에 의한 산소요구량을 차감한다. 미생물 세포의 화학식은 보통 $C_5H_7NO_2$로 표현되며 다음 식과 같이 슬러지 세포에 의한 산소소모량을 계산할 수 있다.

$$C_5H_7NO_2 + 5O_2 \leftrightarrow 5CO_2 + 2H_2O + NH_3 \qquad [5.11]$$

위 식에서 1몰의 세포당 5몰의 산소가 필요하므로 1 g의 세포산화(즉, 자산화)

에 필요한 산소의 질량은 1.42(=5×32/113) g이다. 따라서 탄소계 유기물 제거에 필요한 산소요구량은 다음과 같이 계산된다.

$$O_2 \text{ demand (kg } O_2/d) = Q(BOD_i - BOD_e) - 1.42(P_s) \qquad [5.12]$$

여기에서 O_2 demand=탄소계 유기물 제거에 필요한 산소요구량, kg/d

Q=유량, kg/d

BOD_i=유입수 BOD, mg/L

BOD_e=2차 침전지 유출수의 BOD, mg/L

P_s=슬러지 인출 속도, kg/d

암모니아가 아질산염(NO_3^-) 및 질산염(NO_3^-)으로 산화하는 질산화(Nitrification) 과정에서 2몰의 산소가 소모된다.

$$NH_3 + 2O_2 \leftrightarrow NO_3^- + H_2O + H^+ \qquad [5.13]$$

따라서 1 g의 암모니아성질소가 질산화 과정에서 요구하는 산소는 4.6 g(=2 moles O_2/1 mole of nitrogen=2×32 g O_2/14 g-N)이다. 따라서 총 산소요구량은 다음과 같이 계산된다.

$$O_2 \text{ demand, kg } O_2/d = Q(BOD_i - BOD_e) - 1.42(P_s) + 4.6Q(NO_x) \qquad [5.14]$$

여기에서 NO_x=유입수 중 총 질소 농도(total nitrogen concentration in influent), mg/L

MBR은 비교적 긴 SRT에서 운전되기 때문에 슬러지 발생량(P_s)은 CAS보다 현저히 적은 편이다. 따라서 MBR의 산소요구량은 CAS보다 크다고 할 수 있다. 만약 MBR플랜트의 SRT가 무한대(∞)로 운전된다면 산소요구량은 5.15 식과 같아질 것이다.

$$O_2 \text{ demand in MBR with infinite SRT,}$$
$$\text{kg } O_2/d = Q(BOD_i - BOD_e) + 4.6Q(NO_x) \qquad [5.15]$$

5.2.4 조대폭기(Coarse Aeration)

막 표면으로의 조대폭기는 막의 여과성능을 유지하는 가장 기본적인 수단이다. 조대폭기의 두 가지 목적은 1) 막 모듈 내부의 슬러지가 침적되어 막히는 현상을 방지하기 위함이고, 2) 막 표면에 슬러지가 침적되어 생성되는 케이크 층의 발달을 저해하는 역할을 한다. 두 가지 목적을 동시에 달성하기 위해서는 오리피스(Orifice) 또는 노즐을 이용하여 크고 강력한 기포를 막 모듈로 공급해 주어야 한다. 한다.

조대폭기에 의해 발생하는 전단력의 세기(Shear intensity, 종종 전단속도, σ로 표기됨), G는 다음 식으로 표현된다.

$$G = \sqrt{\frac{\rho \cdot g \cdot U_a}{\mu_s}} \qquad [5.16]$$

여기에서 ρ=슬러지 밀도(sludge density), kg/m³

g=중력가속도, m/s²

U_a=폭기 강도(aeration intensity), L/m²·s

μ_s=슬러지의 점도(viscosity of the sludge suspension), kg/m·s,
Pa·s or N·s/m²

전단력의 세기, G는 교반 강도를 표현하기 위해 사용되는 속도경사(Velocity gradient), G와 동일한 개념이다.

$$
\begin{aligned}
G &= \sqrt{\frac{P}{\mu \cdot V}} \\
&= \sqrt{\frac{\frac{1}{V} \cdot P}{\mu}} = \sqrt{\frac{\frac{1}{V}\left(\frac{Force}{1} \cdot \frac{distance}{time}\right)}{\mu}} = \sqrt{\frac{\frac{1}{V}\left(\frac{mass}{1} \cdot g \cdot \frac{distance}{time}\right)}{\mu}} \qquad [5.17] \\
&= \sqrt{\frac{\frac{mass}{V} \cdot g \cdot \frac{distance}{time}}{\mu}} = \sqrt{\frac{\rho \cdot g \cdot \frac{distance}{time}}{\mu}} = \sqrt{\frac{\rho \cdot g \cdot \left(\frac{m^3}{m^2 s}\right)}{\mu}} = \sqrt{\frac{\rho \cdot g \cdot U_a}{\mu}}
\end{aligned}
$$

여기에서 P=교반기의 동력(the power of the agitator), N·m/s

μ=물의 점도(viscosity of water), kg/m·s, Pa·s or N·s/m²

V=교반탱크의 부피(volume of container), m³

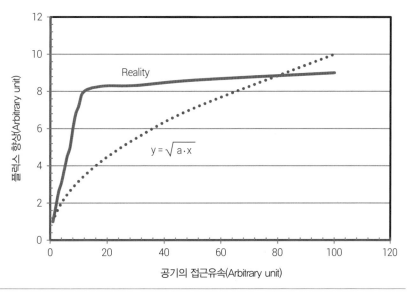

그림 5.6 공기의 접근유속이 MBR의 막 오염 저감에 미치는 영향: 점선은 공기의 접근유속(x-축)과 이에 따른
플럭스 향상(y-축)의 이론적인 관계식(식 5.16)을 그린 것임. 실선은 실제 플랜트에서 공기유속 증가에
따른 플럭스 향상 정도를 그린 것임. 제한된 범위에서만 공기유속 증가에 따른 플럭스 상승이 일어나고
있음에 유의.

식 5.16에서 전단력의 세기(G)는 접근공기유속의 제곱근($U_a^{1/2}$)에 비례한다. 따
라서 여과성능(또는 플럭스)은 공기의 공급유량이 증가함에 따라 비례하여
증가할 것으로 예상된다. 공급공기의 유속에 따른 여과성능을 예측한 그래프
인 그림 5.6의 점선이 이에 해당한다.

그러나 많은 연구들에 의해 밝혀졌듯이 현실(그림 5.6의 실선)에서의 관
계는 이론적인 예측과 같지 않다. 즉, 공급 공기의 유량에 비례하여 계속 여
과성능이 증가하지 않고 제한된 유량 범위에서만 여과성능이 증가한다. 최적
의 폭기 강도를 이론적으로 결정하는 것은 쉽지 않다. 왜냐하면 MBR 플랜트
마다 막 모듈의 형상이나 3상 유체(공기+액체+고체 즉, 슬러지)의 수리학적
환경이 매우 다르기 때문에 폭기 강도에 따른 일반적 모델을 설정하기가 쉽
지 않다. 따라서 조대폭기의 폭기 강도는 전산유체역학(Computational fluid
dynamics, CFD)의 도움을 받거나 파일럿 플랜트 실험을 통해 설정하는 것이
일반적이다.

5.2.5 폭기 요구량과 폭기에너지(Aeration Demand and Energy)

MBR에서 가장 중요한 이슈 중의 하나는 막 오염 제어 목적의 조대폭기에 의

한 막대한 에너지 비용이다. 침지형 MBR의 조대폭기에 소요되는 에너지 비용은 플랜트 전체 에너지 소비량의 30~50% 가량이다.

MBR에서 폭기 요구량을 비교하기 위해 사용되는 개념이 비폭기 요구량(Specific aeration demand, SAD)이다. SAD는 두 가지 방식으로 표현된다. 1) 먼저 SAD_m은 막의 표면적에 근거한 폭기 요구량이다. 단위는 Nm³ of air/(h·m²)이다. 2) 두 번째로 SAD_p는 막 여과수의 부피에 근거하였고 단위는 Nm³ of air/(m³ of permeate)이다(분자 분모 단위가 모두 부피이므로 종종 무차원으로 표현된다). 여기서 "Nm³ of air"는 공기의 표준 상태(0°C, 1기압)에서의 부피를 일컫는다. 힘의 단위 Newton의 N이 아니다. 막 여과 플럭스, J는 m³ of permeate/(h·m²) 단위를 가지므로 둘 사이의 상관관계는 다음과 같다.

$$SAD_p = \frac{SAD_m}{J} \qquad [5.18]$$

플랜트마다 조금씩 다르지만 침지형 MBR에서의 SAD_p는 10에서 50 범위를 보인다(Judd, 2008). 어떤 플랜트는 90을 넘기도 하는데 이는 SAD_p가 모듈 형상, 집적도 및 화학세정 빈도 등에 의해 매우 달라질 수 있음을 시사한다.

침지형 MBR에서 폭기장치 소요동력(Power)은 다음 식과 같이 계산된다.

$$P_{blower} = \frac{p_a \cdot Q_{air}}{\eta} \qquad [5.19]$$

여기에서 P_{blower}=폭기장치의 동력(power of blower), Watt=N·m/s

   p_a=공기압(air pressure), N/m²

   Q_{air}=공기유량(air flow rate), m³/hr

   η: 폭기장치와 펌프의 효율(efficiency of blower and pump, unit-less)

   주의: 여기서 N은 힘의 단위, N(=kg·m/s²)을 의미함, 표준상태
   (normal state) 아님

위 식에서 공기압력(p_a)은 1) 폭기장치의 말단 폭기관에서 발생하는 압력손실과 2) 수중 깊이, h에서의 수압($\chi \cdot h = \rho \cdot g \cdot h$)의 합으로 표시할 수 있다. χ는 물의 비체적(Specific volume)이고 단위는 N/m³이다. 따라서 폭기에 필요한 동력은 다음과 같다.

$$P_{blower} = \frac{p_a \cdot Q_{air}}{\eta} = \frac{(\delta p + \rho \cdot g \cdot h) \cdot Q_{air}}{\eta} \qquad [5.20]$$

여기에서 ρ=물의 밀도(water density), kg/m³

g=중력 가속도(gravity acceleration), m/s²

결국 폭기에 필요한 에너지는 다음과 같이 계산할 수 있다.

$$\text{Energy required for aeration (kWh or 3,600 kJ)}$$
$$= P_{blower} \text{ (kW)} \times \text{operating time (h)} \qquad [5.21]$$

하폐수 단위 부피를 처리하는 데 소비되는 에너지는 비에너지소비량(Specific energy consumption)으로 표현되며 단위는 kWh/m³이다. 이는 처리 하폐수 플랜트의 에너지 효율을 비교하는 데 유용한 지표로 사용될 수 있다. 전체 플랜트의 비에너지소비량에 관한 자료는 쉽게 구할 수 있지만, 오직 폭기에만 사용되는 비에너지소비량에 관한 자료는 따로 축적하지 않는다. MBR 플랜트의 비에너지소비량은 0.5~8 kWh/m³ 범위로 알려져 있다. CAS의 비에너지소비량이 0.2~0.4 kWh/m³임을 감안할 때 MBR 플랜트의 비에너지소비량이 매우 높으며 광범위한 값을 갖는 것이 특징이다. 이는 MBR 플랜트의 조대폭기에 소요되는 에너지가 높기 때문이며 플랜트마다 매우 다른 운전조건으로 운영되고 있기 때문이다. MBR 플랜트는 이러한 에너지 과소비를 줄이기 위한 다양한 노력—막 모듈 및 폭기장치의 최적화, 간헐폭기 등—이 시행되고 있다.

5.2.6 막의 집적도(Packing Density)

막 모듈 또는 카세트 내 막의 집적도(Packing density)는 모듈의 단면적 중 차지하는 막의 표면적의 비로 나타내며 단위는 m²/m²이다. 또는 모듈의 단위 부피당 차지하는 막의 표면적으로 나타내기도 한다(단위는 m²/m³). 집적도는 막 모듈이 침지된 탱크에 공급하는 조대폭기 강도를 결정하는 중요한 인자이다. 집적도가 높으면 분리막 탱크의 부피가 줄어드는 장점이 있지만 공급되는 공기의 수리학적 환경이 좋지 않게 되어 막 오염이 심화되거나 막 모듈 내 슬러지에 의한 막힘(Clogging)이 발생할 가능성이 높아진다. 따라서 더욱 강력한 조대폭기를 요구하게 된다.

침지형 중공사 모듈 MBR의 일반적인 집적도는 141 m²/m³이고, 평판형일 경우 77 m²/m³로 조사되었다(Santos et al., 2011). 그러나 이 조사의 표준편차가 41~48%로 매우 높은데 이는 상용화된 막 모듈과 형상이 제조사에 따라 매우 다르기 때문이다.

5.3 막 오염 제어(Fouling Control)

MBR 플랜트의 유지 관리에서 가장 중요한 것은 막 오염 방지를 위한 점검이다. 막이 오염되지 않은 상태로 여과성능을 유지하지 않으면 전체 플랜트의 가동을 멈춰야 하는 심각한 상태로 발전할 수 있기 때문이다. 따라서 막의 세정은 플랜트 유지관리 중에서 가장 중요한 작업이며, 설계과정에서부터 세부적인 막 오염 전략을 수립하여야 한다.

막의 세정 전략을 수립하기 위해서는 막 오염 메커니즘의 깊은 이해가 선행되어야 한다. 그러나 4장에서 설명한 바와 같이 MBR에서는 물리적, 화학적, 생물학적 요인 이외에도 운전인자에 따라 다양한 막 오염현상이 발생하기 때문에 단순화된 표준 막 오염 메커니즘이 존재하지 않는다. 따라서 단 하나의 표준 막 세정방법은 없으며 MBR 플랜트에서 경험하게 되는 다양한 원인에 의한 막 오염에 대처할 수 있는 세정작업을 수립해야 한다.

실험실 규모나 파일럿 플랜트 규모의 MBR에서 막 오염 제어를 위한 다양한 시도가 있었고 그 결과 다양한 세정방법이 지난 몇 십 년 동안 개발되었다. 제안된 모든 세정법은 크게 두 가지로 분류할 수 있다. 1) 막의 세정과 2) 막 오염 방지이다. 막의 세정은 통상적으로 막 오염이 발생한 이후에 수행되는 세정을 일컫는 데 반해 막 오염 방지는 막 오염을 사전에 방지하거나 예방하는 모든 수단을 지칭한다. 이 분류방법은 막 오염 제어 전략을 수립하는 데 기본적인 원칙으로 사용된다.

막 오염 제어법을 구분하는 좀 더 익숙한 방법은 물리적, 화학적, 생물학적, 전기적 방법 그리고 막 오염을 감소시키는 막과 모듈의 개발이다. 이 분류법은 세정방법이나 세정제의 특징에 좀 더 초점을 맞춰서 구분한 것이다. 물리적, 화학적, 생물학적 세정방법은 이름에서 알 수 있듯이 상세한 세정방법을 구체화하기가 어렵지 않다. 전기적 방법은 전기응집이나 기타 전기적인 수단을 동원하는 세정법을 지칭한다. 막과 모듈의 개발은 막 오염에 저항성

표 5.1

MBR의 막 오염 제어법
분류

Fouling control strategy	Details methods of fouling control	Classification of cleaning methods
Direct membrane cleaning	Chemicals - Acid/Base, Ozone, H_2O_2, NaOCl, PAC - Fouling reducer (polyelectrolytes)	Chemical
	Coarse aeration, intermittent aeration	Physical
	2 phase flow	Physical
	Backwashing	Physical
	Chemically enhanced backwashing	Physical+chemical
	High voltage impulse	Electrical
Fouling prevention	Pre-treatment of debris, hair and grit	Physical
	Critical flux operation	Physical
	HRT, SRT, f/m, DO and MLSS control	Biological
	Development of anti-fouling membrane	Membrane/module
	Development of anti-fouling module	Membrane/module
	Shear (rotating dics, helical membrane⋯)	Membrane/module
	In-situ electro-coagulation	Electrical
	Quorum quenching	Chemical/biological
	Nitric oxide	Chemical/biological
	DC induction	Electrical

이 있는 막 재질과 모듈 형상 개발에 초점이 맞추어져 있다. 표 5.1에 막 오염
제어 전략을 분류하였으며 세부적인 내용은 이후 설명된다.

5.3.1 화학적 제어(Chemical Control)

화학약품을 이용해 막을 세정하면 막의 여과성능을 즉각 회복시키는 탁월한
세정 능력으로 인해 오랫동안 사용되어 왔다. 그러나 화학세정은 필연적으로
2차 오염물질을 발생시킬 수밖에 없다. 세정을 위해 첨가된 화학제는 그 자체
혹은 오염물질과 결합하여 오염물질로 발생되며, 이를 처리 또는 처분하기
위한 추가의 유지관리 비용이 발생한다. 최근 들어 화학약품의 수송, 저장,
사용 시 사용자의 안전에 관한 규제가 증가하고 있는 추세여서 '안전비용' 역
시 증가하고 있다.

화학세정은 여러 가지 문제점이 있음에도 불구하고 MBR의 막 여과성능
을 확실하고 신속하게 회복시킬 수 있는 능력으로 인해 여전히 막 오염 제어
의 중요한 수단으로 사용되고 있다. 즉, 화학약품 사용의 편의성이 그 사용으
로부터 발생하는 여러 문제점 및 환경에 대한 부담을 뛰어 넘고 있다.

막 표면에 발달한 케이크 층에 의한 막 오염은 임계 플럭스 이하로 운전
하거나 공기세정방법을 통해 용이하게 제거할 수 있는 가역적 막 오염이다.

그러나 막 세공 내부에 오염물질의 흡착 및 물리화학적인 결합으로 인해 발생하는 비회복적 막 오염은 공기세정 또는 역세척과 같은 단순한 물리적 세정방법으로는 제거되지 않고 화학세정을 통해서만 제거할 수 있다. MBR 플랜트에서 주기적인 화학세정이 사용될 수밖에 없는 중요한 이유가 여기에 있다.

5.3.1.1 세정 프로토콜(Cleaning Protocol)

화학 세정에는 두 가지 프로토콜이 있다. 1) 오프라인 세정과 2) 현재 장소 세정(Cleaning in place, CIP). 오프라인 세정은 폭기조 밖으로 막 모듈을 들어내어 세정액이 차 있는 별도의 탱크로 옮긴 후 세정이 수행되는 방식이다. 또는 막 모듈이 들어 있는 탱크의 현탁액을 모두 빼낸 후에 화학약품을 채워 넣은 후에 세정을 수행하기도 한다.

반면 CIP는 막 모듈을 옮기지 않고 세정약품을 직접 막 모듈로 주입하여 세정을 수행한다. 오프라인 세정에 비해 간단하고 경제적인 방법으로 평가된다(Wei et al., 2011). 주기적인 CIP를 유지세정이라고 칭하며, 대부분의 MBR 플랜트는 기본적인 막 오염 제어방법으로 유지세정을 수행하고 있다.

Example 5.3 주기적인 유지세정 후 저항값의 계산(Determination of Resistances after Periodic Chemical Cleanings)

파일럿 플랜트 규모의 MBR이 일정 유량(플럭스) 방식으로 운전되고 있다. TMP가 $70 \ kg \cdot m/s^2 \cdot cm^2$에 도달할 때마다 화학세정이 144분(100분 동안 차아염소산나트륨을 이용한 세정을 수행한 후 44분간 물로 세정) 간 수행된다. 다음의 운전자료를 이용하여 5일, 10일, 15일에서의 저항값들을 구하시오. 만약 계산을 위해 추가로 필요한 자료가 있다면 Example 4.7의 자료를 이용하시오.

- 막의 표면적: $0.05 \ m^2$
- MBR 운전 이전에 측정된 초기 순수 플럭스, J_{iw}: $30 \ L/m^2 \cdot h$
- 운전 플럭스(J): $20 \ L/m^2 \cdot h$ (LMH)
- 온도: $20°C$
- 막 투과수 점도: $1.009 \times 10^{-3} \ kg/m \cdot s$
- 투과수의 밀도=1 g/mL 1 bar=$9.996 \ kg \cdot m/s^2 \cdot cm^2$

Solution

저항값을 계산하기 위해 TMP의 압력을 SI 단위로 변환한 후 시간에 따른 TMP 그래프를 그린다.

	Time (d)	TMP (bar)	Cleanings
표 E5.2	0	0.078	–
운전시간에 따른 TMP	1	0.656	–
변화	2	3.875	–
	3	5.759	–
	4	6.496	–
	5	7.012	Chemical cleaning
	5.1	0.524	–
	6	1.463	–
	7	4.214	–
	8	6.012	–
	9	6.573	–
	10	7.041	Chemical cleaning
	10.1	0.857	–
	11	2.015	–
	12	4.861	–
	13	6.247	–
	14	6.762	–
	15	7.104	Chemical cleaning
	15.1	1.024	–
	16	2.312	–
	17	5.041	–
	18	6.351	–
	19	6.817	–
	20	7.111	–

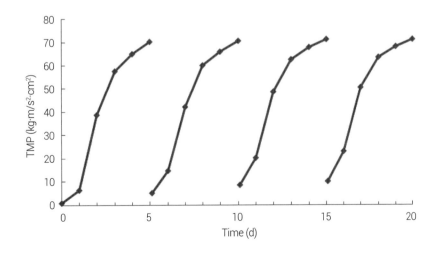

287

Time (d)	Recorded TMP (bar)	Pressure (kg·m/s²·cm²)	Cleaning
0	0.078	0.77969	
1	0.656	6.55738	
2	3.875	38.73450	
3	5.759	57.56696	
4	6.496	64.93402	
5	7.012	70.09195	Chemical cleaning
5.1	0.524	5.23790	
6	1.463	14.62415	
7	4.214	42.12314	
8	6.012	60.09595	
9	6.573	65.70371	
10	7.041	70.38184	Chemical cleaning
10.5	0.857	8.56657	
11	2.015	20.14194	
12	4.861	48.59056	
13	6.247	62.44501	
14	6.762	67.59295	
15	7.104	71.01158	Chemical cleaning
15.1	1.024	10.23590	
16	2.312	23.11075	
17	5.041	50.38984	
18	6.351	63.48460	
19	6.817	68.14273	
20	7.111	71.08156	

표 E5.3
운전시간에 따른 TMP
(SI 단위로 표현) 변화

Example 4.7에서와 마찬가지로 각 저항을 구하기 위한 직렬여과저항 모델식을 준비한다.

$$R_m = \frac{TMP_1}{\eta \cdot J_{iw}} \qquad [E3.1]$$

$$R_f = \frac{TMP_2}{\eta \cdot J_{fw}} - R_m \qquad [E3.2]$$

$$R_c = \frac{TMP_3}{\eta \cdot J} - (R_m + R_f) \qquad [E3.3]$$

J_{iw}는 MBR 운전 시작 이전에 순수로 미리 측정해 놓은 물 플럭스이다. 반면 J는

MBR 운전 시의 플럭스이고, J_{fw}는 케이크 층을 제거한 후 순수로 측정한 물 플럭스이다. 세 가지 저항(R_m, R_c, R_f)을 구하기 위해서는 세 가지 TMP 자료 즉, TMP_1, TMP_2, TMP_3가 필요하다.

우선 R_m을 계산하기 위해 TMP_1과 J_{iw} 자료가 필요하다. Example 4.7을 참조하면 TMP_1은 0.7797 $kg \cdot m/s^2 \cdot cm^2$이었고, J_{iw}는 30 $L/m^2 \cdot h$였다.

- 막의 저항(R_m)은 Example 4.7과 동일하다.
- 막의 저항(R_m)을 구하기 위해 $J_{iw}=30$ $L/h \cdot m^2$, $TMP_1=0.7797$ $kg \cdot m/s^2 \cdot cm^2$, $\eta=1.009 \times 10^{-3}$ $kg/m \cdot s$ 자료를 식 E3.1에 대입한다.

$$R_m = \frac{0.7797 \, kg \cdot m}{s^2 \cdot cm^2} \cdot \frac{m \cdot s}{1.009 \times 10^{-3} \, kg} \cdot \frac{m^2 \cdot h}{30 \, L} \cdot \frac{3,600 \, s}{h} \cdot \frac{100^2 \, cm^2}{m^2} \cdot \frac{10^3 \, L}{m^3}$$

$$R_m = 0.09 \times 10^{13} \, m^{-1}$$

내부 막 오염저항(R_f)을 구하기 위해서는 TMP_2와 J_{fw} 자료가 필요하다. 그러나 본 예제에서는 화학세정 후에 순수를 이용한 여과를 수행하지 않았으므로 J_{fw}에 관한 자료가 있을 리 없다. 즉, 본 예제에서는 스폰지를 이용하여 케이크 층을 제거한 이후 물 플럭스를 측정하는 과정을 거치지 않고 오직 화학세정만 수행하였다. 일반적으로 화학세정은 케이크 층과 막 내부의 오염물질을 일부분 제거할 수 있다. 화학세정에 의해 제거되지 않는 일부 막 내부 오염물질은 비가역적 막 오염에 해당한다.

본 예제에서 화학세정에 의해 케이크 층은 완벽히 제거되었고 막 내부 오염물질은 일부분만 제거되었다고 가정하면 내부 막 오염저항(R_f)은 가역적 내부 막 오염저항($R_{f,re}$)과 비가역적 내부 막 오염저항($R_{f,ir}$)으로 구분할 수 있다.

$$J = \frac{TMP}{\eta \cdot (R_m + R_c + R_f)} \qquad \text{[E3.4]}$$

$$J = \frac{TMP}{\eta \cdot (R_m + R_c + R_{f,re} + R_{f,ir})} \qquad \text{[E3.5]}$$

우선 화학세정 직전까지 발생한 저항의 합으로 정의되는 총 막 오염저항(Total foulnig resistance), $R_c + R_f$은 다음과 같이 계산된다.

- MBR 운전 5일째의 총 막 오염저항($R_c + R_f$)
- $TMP_5 = 5$일째 화학세정 직전의 TMP$=70.09195$ $kg \cdot m/s^2 \cdot cm^2$
- $J_5 = 5$일째 운전 플럭스$=20$ $L/hr \cdot m^2$
- 위 식(E3.4)을 정리하고 해당 자료를 대입하면
- $R_c + R_f = TMP_5/(\eta \cdot J_5) - R_m$

$$= \frac{70.09195 \text{ kg} \cdot \text{m}}{\text{s}^2 \cdot \text{cm}^2} \cdot \frac{\text{m} \cdot \text{s}}{1.009 \times 10^{-3} \text{ kg}} \cdot \frac{\text{m}^2 \cdot \text{h}}{20 \text{ L}} \cdot \frac{3,600 \text{ s}}{\text{h}} \cdot \frac{100^2 \text{ cm}^2}{\text{m}^2} \cdot \frac{10^3 \text{ L}}{\text{m}^3} - 0.09 \times 10^{13}$$

$$= 12.5 \times 10^{13} \text{ m}^{-1} - 0.09 \times 10^{13} \text{ m}^{-1}$$

$$= 12.41 \times 10^{13} \text{ m}^{-1}$$

두 번째로 화학세정 이후 자료를 활용하여 $R_{f,re}$와 $R_{f,ir}$을 구한다. 화학세정 이후 케이크 층은 완전히 제거되었고 가역적 내부 막 오염은 완전히 제거되었다고 가정한다. 화학세정 직후인 5.1일의 TMP를 $\text{TMP}_{5,1}$이라고 하면 다음 식이 성립한다.

$$J_{5,1} = \frac{\text{TMP}_{5,1}}{\eta \cdot (R_m + R_{f,ir})} \qquad \text{[E3.6]}$$

- 비가역적 내부 막 오염저항(irreversible internal fouling resistance), $R_{f,ir}$
- $\text{TMP}_{5,1}$＝화학세정 직후인 5.1일에서의 TMP＝$5.23790 \text{ kg} \cdot \text{m/s}^2 \cdot \text{cm}^2$
- $J_{5,1}$＝화학세정 직후인 5.1일에서의 운전 플럭스＝$20 \text{ L/h} \cdot \text{m}^2$
- 위 식(E3.6)을 정리하고 관련 자료를 대입하면
- $R_{f,ir}＝\text{TMP}_{5,1}/(\eta \cdot J_{5,2}) - R_m$

$$= \frac{5.23790 \text{ kg} \cdot \text{m}}{\text{s}^2 \cdot \text{cm}^2} \cdot \frac{\text{m} \cdot \text{s}}{1.009 \times 10^{-3} \text{ kg}} \cdot \frac{\text{m}^2 \cdot \text{h}}{20 \text{ L}} \cdot \frac{3,600 \text{ s}}{\text{h}} \cdot \frac{100^2 \text{ cm}^2}{\text{m}^2} \cdot \frac{10^3 \text{ L}}{\text{m}^3} - 0.09 \times 10^{13}$$

$$= 0.93 \times 10^{13} \text{ m}^{-1} - 0.09 \times 10^{13} \text{ m}^{-1}$$

$$= 0.84 \times 10^{13} \text{ m}^{-1}$$

계산된 5일째의 저항값을 요약하면, 총 막 오염저항($R_{TF} = R_c + R_f$)과 비가역적 내부 막 오염($R_{f,ir}$)은 각각 $12.41 \times 10^{13} \text{ m}^{-1}$과 $0.84 \times 10^{13} \text{ m}^{-1}$이다.

10일과 15일째의 계산도 동일한 방법으로 수행하여 결과값을 아래 표에 정리하였다.

	Resistance values ($\times 10^{13}$ m^{-1})			
	R_m	$R_{f,ir}$	$R_c + R_f$	R_T
Day 5	0.09	0.84	12.41	12.50
Day 10	0.09	1.44	12.46	12.55
Day 15	0.09	1.73	12.58	12.67

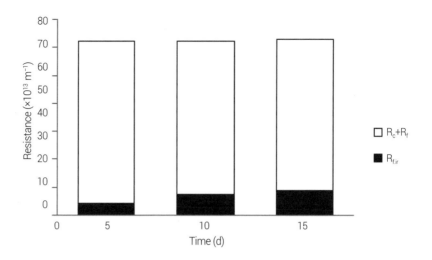

Remark

본 Example에서는 케이크 층 저항(R_c)과 내부 막 오염저항(R_f)을 각각 구할 수 없음에 주목하시오. 위 그림에서 보듯이 총 오염저항(R_c+R_f) 중에서 비가역적 내부 막 오염저항($R_{f,ir}$)이 차지하는 비중이 운전시간이 경과함에 따라 차츰 증가하고 있음에 주목하시오. 이는 화학세정이 내부 막 오염저항을 충분히 제거하고 있지 못함을 시사하고 있다. 총 오염저항(R_c+R_f)은 운전시간이 10일, 15일이 되어도 거의 일정한 값, 12.5×10^{13} m^{-1}을 보이고 있는 반면에, 비가역적 내부 막 오염저항($R_{f,ir}$)은 계속 증가하고 있음에 주목하시오.

5.3.1.2 화학세정제의 분류(Classification of Cleaning Chemicals)

표 5.2에 MBR의 화학세정에 사용되는 세정제를 분류하였다. 화학세정제는 다음과 같이 분류할 수 있다.

- 산화제(Oxidizing agents)
- 산과 염기(Acids and bases)
- 효소(Enzymes)
- 킬레이트제(Chelating agents)
- 계면활성제(Detergents or surfactants)
- 응집제(Coagulants)

표 5.2

MBR의 막 세정에 자주
사용되는 화학제의 종류

Category	Chemicals name	Molecular formula	Molecular weight	Chemical structure
Oxidizing agents	Sodium hypochlorite	NaOCl	74.5	
	Calcium hypochlorite	Ca(OCl)$_2$	143.0	
	Ozone	O$_3$	48.0	
	Hydrogen peroxide	H$_2$O$_2$	34.0	
Inorganic acids	Sulfuric acid	H$_2$SO$_4$	98.0	
	Hydrogen chloride	HCl	36.5	
Organic acids	Citric acid (2-hydroxypropane-1,2,3-tricarboxylic acid)	C$_6$H$_8$O$_7$	192.1	
	Oxalic acid (ethanedioic acid)	H$_2$C$_2$O$_4$	90.0	
Chelating agent	EDTA (Ethylenediaminete traacetic acid)	(HO$_2$CCH$_2$)$_2$NCH$_2$ CH$_2$N(CH$_2$CO$_2$H)$_2$	292.4	
Surfactants	Sodium dodecyl sulfate (SDS)	CH$_3$(CH$_2$)$_{11}$OSO$_3$Na	288.4	
Enzyme	Protease, hydrolase, glycolytic enzyme	–	–	–
PAC	Powdered activated carbon	C	–	–

산화제는 유기물에 의한 막 오염을 대상으로 한다. 차아염소산나트륨(Sodium hypochlorite, NaOCl), 오존(O$_3$)과 과산화수소(Hydrogen peroxide, H$_2$O$_2$) 가 대표적인 산화제이며, 산화전위(Oxidative potential)는 각각 0.9, 207, 1.76 V이다. 오존과 과산화수소는 자체의 산화전위가 높을 뿐 아니라 조건에 따라 수산라디칼(Hydroxyl radical, ·OH)을 생성할 수도 있다. 수산라디칼은 산화전위가 2.8 V로 높아 산화력이 매우 높을 뿐 아니라 다양한 난분해성 유기물질에 비선택적으로 반응하는 것으로 알려져 있다.

오존은 슬러지 감량화 또는 난분해성 물질 제거에 효과적인 것으로 잘 알려져 있다. 이런 이유로 인해 MBR의 막 오염 제어 목적으로 오존을 적용하는 연구가 많이 수행되어 왔다. Huang과 Wu (2008)는 실험실 규모의 MBR 실험을 통에서 0.7 g O$_3$/kg MLSS 정도의 오존 투입량으로 막 여과성능을 회복시킬 수 있는 것으로 보고했다. 장기간 실험을 통해 오존 주입이 유출수의 COD 와 질소 제거 성능에 영향을 미치지 않음을 지적하며 오존 주입이 미생물의 활성도에 영향을 주지 않음을 보고하였다. 후속 연구를 통해 그들은 최적 오존 주입농도가 0.25 g O₃/kg MLSS라고 수정하였다(Wu and Huang, 2010).

그러나 오존 주입은 미생물 세포를 파괴할 수 있는 가능성이 있기 때문에 조심하여 사용하여야 한다. He 등(2006)은 오존이 세포벽을 파괴하여 세포 내 물질이 세포 외부로 쏟아져 나옴을 확인하였다. 결국 세포 파괴로 인해 용존성질소와 인의 농도가 증가한다. 그들은 적정 오존 주입량을 0.16 kg O₃/kg MLSS로 보고하였다. Huang과 Wu (2008)의 결과와 비교하면 적정 오존 주입량에 큰 차이를 보이고 있다. 오존 주입량의 미세조정이 어려움을 감안하면 MBR의 막 오염 제어를 위한 오존 주입의 한계점이 분명히 있음을 주지하여야 한다.

기체 상태의 염소(Cl_2)를 취급할 때의 위험요소를 감안하여 보통 차아염소산나트륨($NaOCl$)이나 차아염소산칼슘[$Ca(OCl)_2$]과 같은 염 형태의 염소계 산화제를 사용한다. 차아염소산이온(OCl^-)의 산화전위는 다른 산화제(O_3, H_2O_2)에 비해 비록 가장 낮지만 MBR의 오프라인 세정 또는 CIP에 가장 자주 사용되는 산화제이다. 차아염소산나트륨은 취급이 간편하고 보관이 쉽다. 반면 오존은 현장에서 제조하여야 하고 전기소모가 많다. 과산화수소는 상온에서 액체이며 차아염소산염보다 비싸다.

MBR 플랜트에서 매 주마다 또는 매 달마다 수행되는 유지세정에서 주입되는 차아염소산나트륨 농도는 사용되는 분리막 재질에 따라 다르지만 일반적으로 300~1,000 mg/L이다. 그러나 비회복적 막 오염을 제거하기 위해서 분기마다 또는 반 년마다 수행하는 세정의 경우에는 2,500~5,000 mg/L 정도로 농도를 증가시켜 세정작업을 수행한다. 차아염소산염의 낮은 산화전위 때문에 비교적 높은 농도로 세정을 수행하는 것이다. 장기간 화학세정을 반복적으로 수행하기 때문에 세정제로 인한 분리막의 손상을 염두에 두어야 한다. 주기적인 CIP로 인한 미생물의 손상도 가능하기 때문에 화학세정을 수행할 때에는 분리막과 미생물 손상에 주의를 기울여야 한다. 특히, 합성 고분자로 만들어진 대부분의 분리막은 염소에 대한 내성에 한계가 있다. 따라서 하/폐 처리용 분리막을 선정할 때 내염소성이 중요한 선택 옵션으로 작용한다. 대부분의 분리막 제조업체는 이런 점을 감안하여 분리막 제품의 사양에 내염소성에 관한 정보를 제공한다.

Wang 등(2010)은 MBR 플랜트에서 가장 많이 사용되는 분리막 재질인 PVDF (Polyvinylidenedifluoride) 분리막을 차아염소산염으로 세정하는 연구를 수행하였다. 전통적인 소독이론과 유사한 방법으로 차아염소산염이 분리막에 미치는 영향을 표준화 하는 작업을 거쳐 C·t 값을 설정하였다. C는 차아염소산염의 농도이고 t는 접촉시간이다. 그들은 차아염소산염에 의해 C·t 값 내에서 PVDF 막에 손상을 입히지 않는다고 보고하였다. 그들의 연구 결과를 다른 모든 MBR 플랜트에 적용하는 일반화는 어렵지만, 차아염소산을 이용하여 PVDF 막에 손상을 입히지 않고 막 세정을 하는 농도와 시간 구간이 존재함을 밝힌 것은 고무적이다.

MBR 운전에서 주기적으로 CIP를 수행하는 것은 TMP가 상승하는 것을 방지하는 중요한 역할을 한다. 유지세정에서 NaOCl 용액 또는 산(Acid)을 섞은 혼합물을 이용한다. NaOCl은 유기물질을 제거하고, 산은 스케일과 산화금속을 용해시키는 역할을 한다. 무기산(황산) 또는 유기산(구연산)이 모두 사용된다. 가끔 CIP는 역세척(Backwashing) 효율을 증가시키기 위해 세정액을 역세척 용액(일반적으로 여과수 사용)에 섞어 역세척을 수행한다.

5.3.1.3 차아염소산 화학(Hypochlorite Chemistry)

MBR 세정에 사용되는 가장 일반적인 산화제는 차아염소산염[NaOCl 또는 $Ca(OCl)_2$]이다. 이들은 수용액상에서 차아염소산이온(OCl^-)과 해당 양이온(Na^+, Ca^{++})으로 해리한다.

$$NaOCl \leftrightarrow Na^+ + OCl^- \qquad [5.22]$$

$$Ca(OCl)_2 \leftrightarrow Ca^{2+} + OCl^- \qquad [5.23]$$

차아염소산이온(Hypochlorite)은 수용액 상에서 수소이온(H^+)과 결합하여 차아염소산(Hypochlorous acid)을 형성할 수 있다.

$$HOCl \leftrightarrow OCl^- + H^+ \qquad [5.24]$$

양 쪽의 평형은 pH, 즉 수소이온 농도에 의해 이동할 수 있다. 평형상수, K_a는 다음과 같이 정의된다.

$$K_a = \frac{[OCl^-] \cdot [H^+]}{[HOCl]} = 2.7 \times 10^{-8} \, mol/L \text{ at } 20°C \qquad [5.25]$$

'유리잔류염소(Free available chlorines)'는 HOCl과 OCl$^-$의 총합으로 표시된다. 반면에 '결합잔류염소(Combined available chlorines)'는 암모니아와 결합된 염소를 의미하며 종종 Chloramine으로 불린다. 암모니아와 결합하는 반응은 다음 식들과 같이 단계적으로 이루어지며, Monochloramine (NH$_2$Cl), Dichloramine (NHCl$_2$), Nitrogen trichloride (NCl$_3$)를 형성한다.

$$NH_3 + HOCl \leftrightarrow NH_2Cl + H_2O \qquad [5.26]$$

$$NH_2Cl + HOCl \leftrightarrow NHCl_2 + H_2O \qquad [5.27]$$

$$NHCl_2 + HOCl \leftrightarrow NCl_3 + H_2O \qquad [5.28]$$

이 반응들은 pH, 온도, 접촉시간에 의존하여 그 평형이 이동될 수 있다. 형성되는 Chloramine은 대부분 Monochloramine (NH$_2$Cl)과 Dichloramine (NHCl$_2$)이며, 둘 사이의 상대적인 비율은 암모니아와 염소의 초기 비율에 의해 결정된다. 염소 대 질소의 비율이 2가 될 때까지는 Nitrogen trichloride는 거의 생성되지 않는다. 클로라민 중 Dichloramine은 상당히 불안정해서 질소(N$_2$)와 염화이온(Cl$^-$)으로 쉽게 분해된다.

$$NHCl_2 + NHCl_2 + H_2O \leftrightarrow HOCl + 3H^+ + 3Cl^- + N_2 \uparrow \qquad [5.29]$$

유리잔류염소와 결합잔류염소 모두 미생물을 사멸시킬 수 있는 소독 능력을 가진다. 각 화학종의 소독 능력의 차이는 다음과 같다.

$$HOCl > OCl^- > Chloramines\,(NH_2Cl, NHCl_2, NCl_3) > Cl^- \qquad [5.30]$$

염화이온(Cl$^-$)은 산화가가 -1이기 때문에 전자를 받아들일 수 없으므로 소독 능력이 없다. 반면에 다른 화합물들(HOCl, OCl$^-$, Chloramines)은 산화가가 $+1$ 또는 0이므로 전자를 수용할 수 있는 산화 능력이 있으므로 소독능력이 있다. 그러나 각 화합물의 소독능력은 차이가 있다. 결합잔류염소의 소독효율은 유리잔류염소보다는 낮으며, HOCl은 OCl$^-$보다 40~80배 소독 효율이 좋은 것으로 알려져 있다. 따라서 효율적인 소독 전략을 수립하기 위해서는 두 화합물(HOCl, OCl⁻) 간의 비율을 결정하는 것이 중요하다.

Example 5.4

차아염소산(HOCl)과 차아염소산이온(OCl⁻) 간의 비율, $[OCl^-]/\{[OCl^-]+[HOCl]\}$을 pH와 pK_a의 함수로 표현하는 식을 유도하시오. 두 가지 온도($0°C$와 $25°C$)에서 pH 변화에 따라 달라지는 HOCl의 비율을 그래프로 그리시오.

Solution

식 5.24에서 보듯이 수용액 상에서 두 화합물의 상대적인 비율, $[OCl^-]/\{[OCl^-]+[HOCl]\}$은 pH의 함수이다. pH가 증가하면(=수소이온 농도가 감소하면) 반응식은 오른쪽 방향으로 움직이므로 OCl⁻의 농도는 증가한다. 반대로 pH가 감소하면 HOCl의 농도가 증가한다. 두 화합물의 상대적인 비율, $[OCl^-]/\{[OCl^-]+[HOCl]\}$은 pH와 K_a의 정의를 이용하여 다음과 같이 구할 수 있다.

두 화합물의 상대적인 비율, $[OCl^-]/\{[OCl^-]+[HOCl]\}$의 분자와 분모를 [HOCl]로 나누어주고 정리하면

$$\frac{[HOCl]}{[HOCl]+[OCl^-]} = \frac{1}{1+[OCl^-]/[HOCl]}$$

차아염소산의 해리에 관한 식 5.25를 정리하면 $[OCl^-]/[HOCl]$을 $K_a/[H^+]$로 치환할 수 있으며 위 식은 다음과 같이 정리된다.

$$\frac{[HOCl]}{[HOCl]+[OCl^-]} = \frac{1}{1+[OCl^-]/[HOCl]} = \frac{1}{1+K_a/[H^+]}$$

pH는 $-\log[H^+]$이므로 위 식 분모의 $K_a/[H^+]$에 대입하여 정리하면

$$\frac{[HOCl]}{[HOCl]+[OCl^-]} = \frac{1}{1+[OCl^-]/[HOCl]} = \frac{1}{1+K_a/[H^+]} = \frac{1}{1+K_a/10^{-pH}}$$

다음 그림은 pH의 함수로 표현된 두 화합물(HOCl, OCl⁻)의 상대적인 비율을 그래프로 그린 것이다.

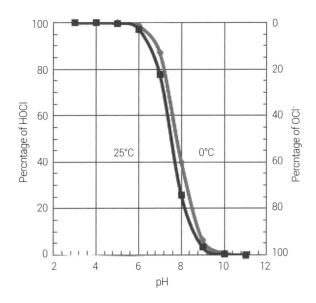

그림에서 보듯이 pH가 증가함에 따라 %로 표현된 HOCl의 상대적인 비율이 감소하고 반대로 OCl⁻은 증가한다. 자연수의 pH가 4.5~7 가량임을 감안하면 대부분 HOCl 형태로 존재함을 알 수 있다. 온도가 0°C에서 25°C로 증가함에 따라 그래프가 왼쪽으로 움직이는 것을 알 수 있다. 즉, 동일한 pH에서 온도가 증가하면 산화력이 떠 뛰어난 HOCl의 비중이 증가하고 이는 소독 효율이 증가함을 의미한다.

5.3.1.4 실제염소와 활용가능염소(Actual Chlorine and Available Chlorine)

실제염소(Actual chlorine)는 염소를 포함하고 있는 화학제의 실제염소의 함유량을 의미하고 염소 함유 소독제의 효율성을 나타내는 지표로 사용된다. %로 표현된 실제염소는 다음 식과 같이 정의된다.

$$(Cl_2)_{actual}, \% = \frac{\text{Weight of chlorine in compounds}}{\text{Molecular weight of compounds}} \times 100 \qquad [5.31]$$

활용가능염소(Available chlorine)는 염소화합물의 산화력을 비교하는 지표로 사용되며 다음 식과 같이 염소당량(Chlorine equivalent)과 실제염소의 곱으로 정의된다.

$$(Cl_2)_{available}, \% = Cl\ equivalent \cdot (Cl_2)_{actual}$$
$$= Cl\ equivalent \cdot \frac{Weight\ of\ chlorine\ in\ compounds}{Molecular\ weight\ of\ compounds} \times 100 \qquad [5.32]$$

염소당량은 염소화합물의 산화력을 대변한다. 즉, 산화과정에 관련되는 전자의 수를 의미한다. 예를 들면, 차아염소산이온의 반쪽반응은 다음과 같다.

$$OCl^- + H_2O + 2e^- \rightarrow Cl^- + 2OH^- \qquad [5.33]$$

또는

$$OCl^- + 2H^+ + 2e^- \rightarrow Cl^- + H_2O \qquad [5.34]$$

식에서 보듯이 OCl^-은 산화반응 과정에서 2개의 전자를 취한다. 따라서 차아염소산이온의 염소당량은 2가 된다. 차아염소산이온의 실제염소는 68.9% ($= 35.5/51.5 \times 100$)이므로 다음 식과 같이 활용가능염소는 137.8%가 된다.

$$Cl_{2\ available}, \% = Cl\ equivalent \cdot (Cl_2)_{actual} = 2 \times 68.9 = 137.8\%$$

Example 5.5

$HOCl$, $NaOCl$ 및 $Ca(OCl)_2$의 실제염소와 활용가능염소를 각각 구하시오.

Solution

1) HOCl

HOCl의 실제염소, %

$$= \frac{Weight\ of\ chlorine\ in\ compounds}{Molecular\ weight\ of\ compounds} \times 100 = \frac{35.5}{(1 + 16 + 35.5)} \times 100 = 67.6\%$$

$$HOCl + H^+ + 2e^- \rightarrow Cl^- + H_2O$$

위 식에서 보듯이 전자 2개가 관련되므로 염소당량은 2이다.

$$Cl_{2\ available}, \% = Cl\ equivalent \cdot (Cl_2)_{actual} = 2 \times 67.6 = 135.2\%$$

2) NaOCl

NaOCl의 실제염소, %

$$= \frac{Weight\ of\ chlorine\ in\ compounds}{Molecular\ weight\ of\ compounds} \times 100 = \frac{35.5}{(23 + 16 + 35.5)} \times 100 = 47.7\%$$

$$NaOCl + 2H^+ + 2e^- \rightarrow Na^+ + Cl^- + H_2O$$

위 식에서 보듯이 전자 2개가 관련되므로 염소당량은 2이다.

$$Cl_{2 \text{ available}}, \% = Cl \text{ equivalent} \cdot (Cl_2)_{\text{actual}} = 2 \times 47.7 = 95.4\%$$

3) $Ca(OCl)_2$

$Ca(OCl)_2$의 실제염소, %

$$= \frac{\text{Weight of chlorine in compounds}}{\text{Molecular weight of compounds}} \times 100 = \frac{35.5 \times 2}{(40 + 16 \times 2 + 35.5 \times 2)} \times 100 = 49.7\%$$

$$Ca(OCl)_2 \rightarrow Ca^{2+} + 2OCl^-$$

$$2OCl^- + 2H_2O + 4e^- \rightarrow 2Cl^- + 4OH^-$$

두 반쪽반응을 더하면 양 변의 OCl^-은 삭제되고 다음의 새로운 반응식이 생겨난다.

$$Ca(OCl)_2 + 2H_2O + 4e^- \rightarrow Ca^{2+} + 2Cl^- + 4OH^-$$

위 식에서 보듯이 전자 4개가 관련되므로 염소당량은 4인 것처럼 보이나 사실은 $Ca(OCl)_2$ 분자 내의 염소 개수가 2개이므로 염소당량은 2(=4 electrons/2 chlorines)이다.

$$Cl_{2 \text{ available}}, \% = Cl \text{ equivalent} \cdot (Cl_2)_{\text{actual}} = 2 \times 49.7 = 99.4\%$$

Example 5.6

MBR 플랜트의 주기적인 유지세정을 위해 한 달간 필요한 차아염소산나트륨($NaOCl$)의 양을 구하시오. $NaOCl$ 용액을 이용한 회분식 세정 실험을 통해 막의 여과성능이 충분히 회복되었음을 확인하였다. 다음 조건을 가정하시오.

- $NaOCl$ 용액을 이용한 회분식 세정실험 조건
  - 0.2% $NaOCl$ 용액으로 2분간 세정 수행하여 이전 단계의 플럭스로 회복
  - 테스트에 사용된 막의 면적: 1 m²
  - $NaOCl$ 세정용액 부피: 0.01 m³
  - $NaOCl$ 세정용액의 순도: 85%
  - $NaOCl$ 세정용액의 밀도: 1,000 kg/m³
- MBR 플랜트의 운전 플럭스: 30 LMH
- 화학세정은 플럭스가 20 LMH 이하로 떨어지는 매 10일마다 시행되었음
- MBR 플랜트 유입수 유량(Q): 10,000 m³/d
- 총 막면적: 500 m².

Solution

초기 운전 플럭스는 30 LMH이었고 막 오염이 진행되면서 10일 후 20 LMH로 감소하였다. 10일간 20 LMH의 플럭스가 감소하였고 분리막 표면적의 1/3(1/3×500

$m^2 = 167\ m^2$)이 막혔다고 볼 수 있다. 따라서 1회 세정에 필요한 NaOCl의 양은 다음과 같이 구할 수 있다.

$$167\ m^2 \cdot \frac{0.01\ m^3\ NaOCl\ solution}{1\ m^2\ membrane\ area} \cdot \frac{NaOCl\ 1{,}000\ kg}{NaOCl\ m^3} \cdot \frac{0.2}{100} \cdot \frac{1}{0.85} = 3.93\ kg$$

한 달마다 3번의 화학세정이 시행된다고 하면 $3.93\ kg \times 3 = 11.8\ kg$의 순수 NaOCl 용액이 필요하다. NaOCl의 순도가 85%이고 0.2% 농도로 조제하여 사용하였기 때문에 1회 세정에 필요한 NaOCl 요구량은 다음과 같다.

$$167\ m^2 \cdot \frac{0.01\ m^3\ NaOCl\ solution}{1\ m^2\ membrane\ area} \cdot \frac{NaOCl\ 1{,}000\ kg}{NaOCl\ m^3} = 1{,}670\ kg$$

따라서 한 달에 3번 세정을 실시하므로, $1{,}670\ kg \times 3 = 5{,}010\ kg$의 0.2% 농도 NaOCl 세정 용액이 필요하다.

5.3.1.5 기타 세정제(Other Chemical Agents)

무기산과 유기산 모두 세정제로 사용할 수 있다. 황산이나 구연산 모두 스케일이나 침적된 무기물을 용해할 수 있다. 염기(Bases)는 유기 오염물 제거에 사용 가능하다. 계면활성제(Detergents)는 유기 오염물질을 유화(Emulsification)시키는 메커니즘으로 제거할 수 있다. 산과 염기를 막 오염 제거에 사용할 때에는 분리막 및 모듈의 내산 및 내염기성을 고려하여야 한다. 또한 산과 염기로 세정 후 중화를 위한 대책도 수립되어 있어야 한다. 효소는 단백질과 다당류와 같은 유기 오염물질을 세정 대상으로 한다. 효소 단독으로 사용되는 경우는 드물며 다른 화학세정제와 혼합하여 사용된다. EDTA (Ethylenediaminetetraaceticacids)와 같은 킬레이트제는 무기 오염물질과 결합하는 리간드 역할을 수행하게 하여 무기물 제거에 사용된다. 그러나 킬레이트제는 pH 조절이 필요하고 수중의 많은 양이온에 의한 방해작용이 있으며 비싸기 때문에 MBR의 막 오염 제어에 사용하는 것은 적합하지 않다.

5.3.1.6 활성탄(Activated Carbon)

MBR의 막 오염 제어 목적으로 분말활성탄(Powdered activated carbon, PAC)을 직접 분리막 탱크에 투입하는 것이 시도되어 막 여과성능이 향상됨이 확인되었다. PAC를 투입하면 슬러지 플록의 압축성(Compressibility)이 감소될 뿐 아니라 플록 내부의 EPS의 양도 감소하고 케이크 층의 공극률(Porosity)이 증가하여 결국 여과성능이 증가하는 것으로 보고되었다(Kim et al., 1998). PAC의 첨가는 막 오염 저감 효과 이외에도 난분해성 물질의 흡착에 의한 제거효율 증가 등이 보고되었다(Satyawali and Balakrishnan, 2009).

5.3.1.7 화학적 전처리 및 첨가물(Chemical Pretreatment and Additives)

정수처리에서는 막의 여과성능 향상 목적으로 화학적 전처리를 하는 것이 보편적이다. 잠재적 막 오염물질을 사전에 화학적 방법으로 제거하고자 하는 것이다. 그러나 하폐수를 처리하는 MBR의 경우에는 막 오염 방지 목적으로 전처리를 수행하지 않는다. 특별한 경우에, 예를 들면 부유물질 농도가 아주 높은 축산폐수를 처리하기 위해 MBR 이전에 전처리로 응집을 수행하는 경우가 보고되고 있다(Kornboonraksa and Lee, 2009). 응집 공정에 의한 전처리를 수행하는 대신에 MBR 탱크 내부에서 전기응집을 수행하는 In-situ electro-co-agulation 공정이 MBR에 적용되는 연구가 수행되고 있다. 이 부분은 추후 설명될 예정이다.

막 오염 제어를 위해 전해성 고분자물질을 사용할 수 있다. 몇 가지 전해성 고분자물질은 상용화되어 MBR의 여과성능을 향상시키기 위해 시판되고 있기도 하다. 예를 들면, 시판되고 있는 양이온성 전해성 고분자는 몇 백 ppm의 농도로 MBR에 사용되어 여과성능을 150% 향상시켰다는 보고도 있다. 이런 화학제의 첨가는 케이크 층의 다공성을 증가시키고 용존성 EPS의 농도를 감소시키는 역할을 하여 여과성능을 향상시키는 것으로 알려졌다. 또한 모 용액 내의 용존성 물질을 플록으로 응집시켜 용존성 물질에 의한 막 오염 잠재력을 낮추기 때문인 것으로 알려졌다. 그러나 실제 MBR 플랜트에서는 이런 상용화된 고분자물질의 사용이 극히 제한되고 있는데 이는 높은 가격 때문이기도 하지만 장기간에 걸친 효과가 아직 입증되지 않았기 때문이기도 하다.

5.3.2 물리적 또는 수리학적 또는 기계적 방법(Physical or Hydrodynamic or Mechanical)

5.3.2.1 예비처리(Preliminary Treatment)

침지형 MBR에서 악명 높은 사건 중의 하나는 분리막 다발과 머리카락 등이 엉켜서 전체 공정이 엉망이 되어버리는 것이다. 이는 곧바로 통제 불가능한 상태로 되어 시스템이 멈추는 일까지 발생한다. 따라서 모래, 그릿(Grit), 머리카락, 플라스틱 조각 등 협잡물을 MBR 공정 이전에 제거하는 예비처리가 중요하다. MBR 공정의 예비처리 설계는 일반적인 하폐수처리공정 설계 시보다 중요하게 다뤄져야 한다. 스크린, 바랙(Bar rack), 침사지 등 예비처리공정에 대한 상세한 설명은 일반 하폐수처리공학 교과서를 참조하기 바란다.

5.3.2.2 역세척(Backwashing or Backflushing)

전통적인 정수처리에 사용되는 여과(모래 또는 안트라사이트 여과) 공정에서 수행되는 역세척과 동일한 원리로 오염물질을 여과 반대 방향으로 밀어내는 역세척이 MBR에서도 응용되고 있다. 역세척은 공정의 운용이 용이하여 막 분리 공정에서도 자주 활용되고 있다. MBR 플랜트에서도 막 오염 제어의 기본적인 수단으로 활용되고 있다.

기본적으로 역세척은 막 여과수 또는 순수로 시행한다. 경우에 따라서는 화학약품을 섞은 용액을 사용하기도 한다. 역세척 압력과 빈도는 사용하는 막과 모듈에 따라 다르다. 막과 모듈 제조사는 역세척 빈도 및 최대 역세척 압력에 관한 정보를 제공한다.

여재(Media)를 이용한 전통적인 여과 공정에서 역세척을 주기적으로 하다 보면 여재의 유실을 피할 수 없다. 예를 들면, 모래여과에서 역세척 과정에서 모래가 유실되기 때문에 보충(Make up) 모래가 필요하다. 마찬가지로 MBR 플랜트에서 주기적인 역세척은 분리막에 손상을 일으킨다. 특히, 구조층과 표면 층으로 이루어진 비대칭 막(Asymmetric membrane)은 다공성 막보다 역세척에 취약하기 때문에 역세척에 주의를 기울여야 한다. 막의 사용 연한을 고려해서 역세척 주기와 강도를 결정해야 한다.

MBR 플랜트의 역세척 시설은 역세척수에 사용되는 물/공기의 밸브, 파이프, 압력계 등이다. 아울러 역세척 펌프와 역세척수 저장 탱크가 필요하다. 역세척 후 발생하는 폐수는 화학제가 사용되지 않았다면 보통 폭기조로 보내어 처리하도록 한다.

5.3.2.3 조대폭기(Air Scouring or Coarse Aeration)

대부분의 침지형 MBR은 조대폭기를 시행함으로써 분리막에 막 오염 방지 목적과 미생물 세포에 산소전달 역할 두 가지를 동시에 수행한다. 강력하고

과도한 공기를 불어넣는 조대폭기는 막 번들을 강하게 흔들어 막 표면의 슬러지를 기계적으로 탈착시켜 막 오염을 방지하는 효과가 있다. 그러나 조대폭기는 과도한 에너지를 필요로 한다. MBR 플랜트마다 다르기는 하지만 전체 에너지 소비량의 49~64% 정도의 에너지가 조대폭기에 사용된다(Barllion et al., 2011; Janot et al., 2011).

막 오염 방지 목적의 조대폭기는 분명히 활성슬러지 플록에도 영향을 미친다. 조대폭기의 큰 전단력으로 인해 슬러지 플록의 해체 현상이 발생할 수 있다. 플록이 해체되어 입자 크기가 작아진다면 막 오염은 심화된다. 따라서 활성슬러지 미생물에 산소전달 목적으로 하는 폭기는 미세기포 형식으로 수행하고, 분리막 번들 바로 밑에서는 조대폭기 형식으로 수행하는 방안이 추진되기도 한다. 그럼에도 불구하고 침지형 MBR에서는 조대폭기가 쉽게 막 오염 방지 목적과 산소전달 목적을 동시에 달성할 수 있어서 가장 기본적인 막 오염 방지 수단으로 광범위하게 사용되고 있다.

조대폭기의 에너지 사용이 많다 보니 이를 극복하기 위한 다양한 종류의 장치와 방법이 개발되어 왔다. 예를 들면, 상용화된 막 모듈인 LEAPmbr™(Suez)은 간헐적으로 폭기를 수행하는 방식이다. MBR 막 모듈에 20~40초 간격으로 공기의 공급 및 중단을 반복하는 방식으로 에너지 비용을 줄이고자 하였다(Adams et al., 2011).

2상 유체(공기+액체) 흐름의 원리를 MBR에 활용한 예도 있다. 그림 5.7에 설명된 것처럼 2가지 상의 유체흐름에서 각 상의 유량에 따라 유체의 흐름방식이 변화한다. 즉, 기체의 유량이 증가함에 따라 2상 유체의 흐름방식이

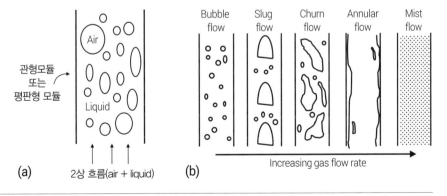

그림 5.7   (a) 막 모듈에서의 2상 흐름(2 phase flow), (b) 기체의 유속에 따른 유체흐름 형태.

Bubble→Slug→Churn→Annular→Mist flow로 달라진다. 많은 연구들에 의해서 슬러그 흐름(Slug flow)이 분리막의 플럭스를 향상시킬 수 있는 최적의 흐름 형태라는 것이 이미 알려져 있다. 달팽이 모양의 에어 포켓이 간헐적으로 관벽을 따라 지나가면서 관형 분리막 표면에 있는 케이크 층의 발달을 억제할 수 있기 때문인 것으로 알려져 있다.

관형 분리막을 채택한 MBR에 슬러그 흐름을 유도하면 플럭스가 43% 가량 상승되는 보고도 있었다(Chang and Judd, 2002). 평판형 분리막을 채택한 MBR에서 2상 흐름을 유도하여 막 오염 제어효율을 평가한 연구에서 단순한 미세기포 형태의 공기 주입보다는 2상 흐름 형태의 주입이 막 오염 방지에 효과적이라는 보고도 있었다(Zhang et al., 2011). 특히 슬러그 흐름 형태가 가역적 및 비가역적 막 오염 제어 모두에 효과가 있었다고 보고하였다. 2상 흐름에서는 관 벽에서의 전단력이 발달하기 때문에 막 오염 방지 효과가 있는 것으로 알려져 있다. 그러나 이런 다상흐름 형태의 막 오염 방지 메커니즘을 이론적으로 완벽히 이해하기는 쉽지 않다. 특히, MBR의 경우 실제로는 2상 흐름이 아닌 3상 흐름(기체+액체+고체 즉, 슬러지) 형태이기 때문에 더욱 그렇다. 미생물 플록(고체)은 시간에 따라 그 특성이 변하기 때문에 모델링하기 더욱 어렵다. 이런 이유로 인해 2상 흐름보다는 종종 'air-lift'라는 용어로 언급되기도 한다. 공기펄스를 이용한 상용화된 MBR 중 하나는 MemPulse™ MBR 시스템(Evoqua Water Technologies, 2014)이다. 간헐적 공기펄스를 만들어 막 모듈로 전달하는 과정에서 유체와 섞여 슬러그 흐름과 유사한 효과를 내는 방식이다.

5.3.2.4 간헐흡입(Intermittent Suction)

막 분리 공정은 기본적으로 압력을 구동력으로 한다. 따라서 갑작스럽게 압력완화(또는 이완)를 시행하면 순간적으로 여과 반대 방향으로의 물질전달(Back transport)이 발생하며 이로 인해 막 표면의 케이크 층을 부분적으로 이완 또는 파괴하는 효과가 생긴다. 침지형 MBR에서는 순간적인 흡인 정지, 외부형 MBR에서는 가압 중지를 시행하면 위에서 설명한 효과를 기대할 수 있다.

침지형 MBR에서 간헐적으로 흡인을 중지하는 조작은 막 오염 발달 속도를 늦추는 방안으로 사용되고 있다. 즉, 주기적으로 흡인을 작동 및 중지함으로써 에너지도 절감할 수 있고 막 오염속도도 늦출 수도 있게 된다. 그러나 이런 작동을 구현하기 위한 별도의 논리회로(이를테면 PLC) 구축 및 솔레노이드 밸브의 추가설치 등 방법의 복잡성으로 인한 추가비용 상승 등의 단점을 감수해야 한다. 막 표면에서의 입자 거동에 관한 이해가 큰 진전을 보이고 있긴 하지만, 간헐흡입의 작동/중지 간격은 여전히 실험적 자료를 바탕으로 설정하고 있다.

5.3.2.5 마식(Abrasion)

MBR의 막 오염 제어를 위한 또 하나의 옵션은 마식(Abrasion)이다. 분리막이 침지된 탱크에 자유롭게 움직이는 물체를 두어 막 표면을 닦아주는 역할을 하도록 유도하는 것이다. 유연한 재질의 스폰지 또는 플라스틱 재질의 볼(또는 큐브 형태)이 자유롭게 유동하면서 막 표면의 케이크 층 발달을 저해하는 원리이다.

생물활성탄(Biological activated carbon, BAC) 또는 입상활성탄(Granular activated carbon, GAC)이 MBR에 첨가되기도 한다. MBR에 투입된 활성탄은 두 가지 목적이 있다. 즉, 1) 원래의 목적대로 미생물의 부착할 수 있는 공간을 제공하고, 2) 마식 목적으로 활용될 수 있다. 활성탄 표면과 내부에 부착된 미생물 층은 유기물질대사 역할을 수행하고, 동시에 활성탄 입자는 탱크에서 자유롭게 유동하며 막 표면의 마식 매체로 작용하여 막 오염을 조절하는 두 가지 역할을 하는 것이다. 이런 형태를 Biofilm-MBR이라고 부른다.

MBR에 유동상 매체를 사용하면 막 표면에 기계적인 마찰을 주어 작은 입자가 축적되는 것을 방지하여 결국 TMP의 급격한 상승을 막을 수 있다. 이런 원리를 이용하여 상용화된 MBR 시스템이 시장에 선보이고 있다. 예를 들면 BIO-CEL®-MCP이 대표적이다. MCP 그래뉼이라는 합성 유기입자를 MBR 탱크에 넣어 자유롭게 유동시키며 위에서 언급한 효과를 얻게 하여 막 오염을 최소화시키는 시스템이다.

5.3.2.6 임계 플럭스 운전(Critical Flux Operation)

Field 등(1995)이 제안한 임계 플럭스 이론은 어떤 특정 플럭스, 즉 임계 플럭스 이하의 조건에서 여과를 수행하면 막 오염을 늦추거나 감소시킬 수 있다는 것이다. 임계 플럭스 이론이 제안된 이후 모든 분리막 공정에서 활용되기 시작하였다. 그들의 탁월한 제안 이후 엄격한 의미에서의 임계 플럭스가 무엇인지에 대한 활발한 논쟁이 계속되었다. 임계 플럭스 이하에서도 막 오염은 발달되기 때문이다. 그러나 엄격한 의미에서의 임계 플럭스가 무엇인지에 대한 논쟁에도 불구하고, MBR에서의 임계 플럭스란 특정 플럭스 하의 운전에서 막 오염이 발생하지 않는 것으로 인식되었고 그렇게 사용되어 왔다. 사실 MBR에서 임계 플럭스 이하에서 운전한다 하더라도 막 오염은 분명히 발생한다. 만약 임계 플럭스 개념을 좀 더 엄격히 적용한다면 아마도 현저히 낮은 초기 플럭스로 운전해야 할 것이다. 대신 현실에서는 여러 가지 막 오염 제어 옵션(역세척 또는 화학세정 등)을 수립하여 막 오염이 크게 발달하지 않도록 유지하도록 노력하고 임계 플럭스를 다소 높게 설정하여 운전한다. 이렇게 설정된 플럭스를 임계 플럭스라 부르지 않고 '지속가능 플럭스(Sustainable flux)'로 부르기도 한다.

　　MBR 플랜트의 전형적인 임계 플럭스는 여러 가지 막 오염을 유발하는 상황에 따라 다르지만 보통 10~40 LMH로 알려져 있다. 그러나 4장에서 언급하였다시피 막 오염에 영향을 미치는 직/간접적인 인자들은 매우 다양하다. 이를테면, 활성슬러지 특성, 막의 특성, 막 모듈 운영모드(침지형 또는 외부형), 모듈 형상(중공사 또는 평판형), 유입수 성상, 적용된 생물학적 처리공정 원리(BNR 공정 또는 CAS) 그리고 수리학적 환경(SRT, f/m ratio와 SRT) 등 막 오염 유발 인자는 매우 다양하므로 일반적 임계 플럭스값을 제안하는 것은 큰 의미가 없다. 또한 임계 플럭스를 측정하는 몇 가지 방법(그림 5.3~5.5)마다 결정된 임계 플럭스값이 다를 수 있기 때문에 일반적 임계 플럭스값을 제안하는 것은 큰 의미가 없다.

5.3.3 생물학적 제어(Biological Control)

지난 몇십 년간 분자생물학의 눈부신 발전으로 인해 생물학적 막 오염 제어가 최근 들어 가능해졌다. MBR의 막 오염 제어 목적으로도 활용이 가능한 기술들이 연구 개발되어 왔으며 그 중에서 가장 대표적인 기술은 미생물의 정족수인식을 억제하는 기술이다.

5.3.3.1 정족수인식 억제(Quorum Quenching)

정족수인식(Quorum sensing, QS) 메커니즘은 세균이 분비하는 신호전달 물질(Auto-inducer, AIs)을 서로 감지하여 소통의 수단으로 삼는다는 것이다. QS는 AIs의 역치값(Critical threshold)이 초과되면 감지되기 시작한다. 그 이후 AIs는 세균의 수용체에 붙어서 세균의 군집에 특정 유전자를 발현하도록 한다. 생물막(Biofilm) 형성이 QS의 대표적인 예이다. 미생물이 표면에 부착하기 위해 서로 신호전달 물질을 주고받으며 통신을 한다. 정족수에 다다르면 접착제 역할을 하는 세포외다당류(Exopolysaccharides) 물질을 분비하게 하는 유전자를 발현시켜 세균들이 서로 들러붙어 생물막이 형성되는 것이다 (Marx, 2014).

QS를 MBR의 막 오염 방지에 활용하는 기본적 아이디어는 정족수인식 억제(Quorum quenching, QQ) 기술이다. 미생물로 이루어진 케이크 층의 형성이 정족수인식에 의해 이루어지므로 미생물 간 신호전달 물질 체계를 방해하여 케이크 층 생성을 억제하자는 것이다. 신호전달 물질을 방해하는 물질 (AIs inhibitors)을 투입하여 QS를 억제하는(식히는, Quenching) 의미로 QQ라는 용어가 사용된다. 신호전달 방해물질을 고정화하고 MBR 탱크에 투입하여 케이크 층 형성을 지연시키는 방법으로 막 오염을 완화하는 연구결과가 보고되었다(Kim et al., 2013). 그들의 연구결과에 의하면 QQ 기술을 이용하여 TMP가 70 kPa에 도달하는 시간이 약 10배 이상 연장되었다고 보고하였다. QQ 기술을 활용한 막 오염 방지연구가 활발하게 진행되고는 있지만, 실제 MBR 플랜트에서 사용하는 상용화 단계에는 이르지 못하였다.

5.3.3.2 기타 생물학적 제어방법(Other Biological Control)

기타 생물학적 방법으로는 1) Nitric oxide로 생물막을 분산시키는 방법, 2) 효소 이용 EPS 역할 방해, 3) 박테리오 파지에 의한 생물막 형성 방해이다. 각각을 상세히 살펴보면

저농도의 Nitric oxide (NO)를 생물막에 주입하면 막의 분산(Dispersal)이 발생한다. 이 현상을 이용하여 막 오염 제어의 한 가지 대안으로 삼을 수 있다. 그러나 아직까지 MBR의 막 오염 제어에 사용되지는 않았고 계속 연구 중이다.

EPS는 단백질과 다당류로 이루어져 있기 때문에 효소를 이용하면 각 구성 성분으로 가수분해될 수 있다. 만약 EPS가 효소 주입에 의해 쉽게 분해된다면 막 오염 발생이 감소할 것이라는 간단한 아이디어에서 출발한다. 몇몇

연구에서 효소를 이용한 세정이 알칼리를 이용한 세정보다 뛰어난 효과를 보였다는 보고가 있다. 그러나 MBR의 막 오염 제어 목적으로 사용하기에는 아직 많은 제한 사항이 존재한다.

박테리오파지(Bacteriophages)에 의한 막 오염 방지기술의 원리는 박테리오파지를 첨가하여 막 표면의 박테리아가 생물막을 형성하지 못하도록 유도하는 것이다. 즉, 박테리오파지에 감염된 박테리아가 생물막 형성 기능이 붕괴되어 막 오염이 저하된다는 메커니즘이다. 그러나 MBR에 적용하기에는 보완해야 할 부분이 많으며 실제 플랜트에 적용한 사례도 보고되고 있지 않다.

최근의 이런 생물학적 막 오염 제어방법이 실효성 있게 다가서려면 추가적인 연구를 통한 보완이 필요하며 특히 MBR 연구에 적용하려면 아직 더 많은 시간이 필요할 것으로 보인다.

5.3.4 전기적 제어방법(Electrical Control)

전기를 이용한 막 오염 제어방법은 전통적인 막 분리 공정에서도 사용되어 왔다. 특히 MBR의 막 오염 제어를 위한 전기 활용은 최근 들어 관심을 받고 있는 분야이다. 여과성능을 향상시키기 위한 전기활용은 다음과 같이 세 가지로 분류할 수 있다.

1) 전기장(Electric field) 인가
2) 전기응집(Electro-coagulation)
3) 고전압 펄스(High voltage impulse)

5.3.4.1 전기장(Electric Field)

분리막 시스템에 전기장을 걸어주면 막 표면에 침적된 전하를 띠고 있는 입자들이 반대 전극으로 이동하게 되어 막 오염이 저감된다. 수용액 상에서 부유물질 및 콜로이드성 물질들은 대부분 표면에 음전하를 띠고 있다. 활성슬러지 플록 입자들도 마찬가지로 음전하를 띠고 있기 때문에 직류 전위가 분리막을 가로질러 인가되어 있다면 막 표면의 음이온성 입자들은 결국 양극(+) 쪽으로 이동하는 힘을 받게 된다(그림 5.8). 이런 막 표면으로부터 반대방향으로의 이동(Back transport)으로 인해 막 오염이 완화될 수 있다.

최근 전기장을 활용하여 MBR의 여과성능을 향상시키기 위한 많은 연구

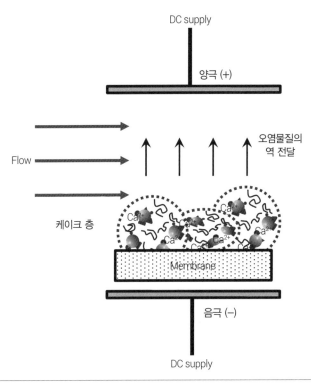

그림 5.8   분리막에 인가된 직류 전원으로 인한 오염물질의 역방향 이동.

가 수행되고 있다. 약한 전기장(0.036~0.073 V/cm)의 도입을 통해 침지형 MBR의 플럭스를 향상시켰다는 연구(Liu et al., 2012a)가 있었다. 또한 전기장이 미생물의 활동도와 성장에 긍정적으로 작용했으며, EPS의 생산이 감소하여서 막 오염이 완화되었다고 보고하였다.

전기장(E)은 전위차(V)를 전극 사이의 거리(d)로 나눈 비율로 정의된다. 전극간 거리가 가까워질수록 전기장의 세기는 커진다.

$$E = \frac{V}{d} \qquad\qquad [5.35]$$

여기에서   E = 전기장(electric fields), V/cm,

V = 전위차(electric potential), V

d = 전극 간 거리(distance between electrodes), cm

전기장을 활성슬러지 현탁액에 인가하면 미생물의 활성도 및 물리화학적 특성에 영향을 미친다. 예를 들면, 입자 크기, SVI와 슬러지 입자의 제타전위

(Zeta potential) 등이 영향을 받는다(Liu et al., 2012b). MBR에 간헐적으로 전기장의 인가와 중지를 반복(Periodic on and off)하는 연구를 통해 전기장을 인가하지 않았을 때보다 3.5배의 높은 플럭스를 얻었다는 보고도 있다(Akamatsu et al., 2010). 향상된 플럭스가 음극에서 발생하는 가스에 의해 막의 세정이 수행되었을 가능성을 염두에 두고 음극의 가스 발생을 조사하였다. 그들은 음극에서 가스가 발생하지 않음을 확인하였고, 즉 물의 전기분해가 일어나지 않았으며 전기장의 힘으로 음전하를 띤 입자들이 막에 부착하는 것이 방해되었기 때문에 여과성능이 향상된 것이라고 설명하였다. Chen 등(2007)은 침지형 MBR에서 15~20 V/cm의 범위에서 전기장의 세기에 비례하여 막의 성능이 향상되지만, 20 V/cm의 전기장 이상에서는 둘 사이에 상관관계가 없음을 확인하였다.

지금까지의 연구를 종합하면 전기장의 인가가 막의 여과성능에 긍정적인 역할을 하는 것은 분명한 것으로 보인다. 그러나 대부분 며칠 내의 짧은 기간 동안의 효과만이 관찰되었다. 따라서 장기적인 전기장 인가가 전체적인 MBR 시스템의 성능 및 특히 미생물에 미치는 영향에 관한 연구의 보완이 필요한 것으로 보인다. 또한 여과성능의 향상이 가져다 주는 장점이 전기장을 인가하는 데 소요되는 비용을 상쇄하고도 남아야 한다. 아직 전기장 인가에 의한 비용을 다룬 연구는 보고되고 있지 않다. 추후 에너지 비용에 관한 자료가 필요한 부분이다. 또 다른 이슈는 사용되는 전극의 수명이다. 대부분의 연구가 실험실에서 짧은 기간 동안 이루어졌기 때문에 전극의 부식으로 인한 문제점 및 전극오염에 따른 세척에 관한 문제점이 지적되고 있지 않다. 장기간 전극 사용에 따른 전극의 부식 및 교체, 전극의 오염으로 인한 세정 문제 등을 해결할 수 있는 방안이 제시되어야 한다.

5.3.4.2 전기응집(Electro-coagulation)

전기응집(Electro-coagulation)은 최근 주목을 받기 시작한 기술로 반응기 안에서(In situ) 운영이 가능하기 때문에 특히 MBR에서 막 오염 방지기술의 일환으로 사용되기 시작했다. 전기응집은 양극에서 발생하는 알루미늄이온(Al^{3+}) 또는 철이온(Fe^{3+})과 같은 금속성 양이온이 응집제 역할을 하여 응집을 유도하는 원리이다. 즉, 전통적인 응집 공정에서 투입된 응집제의 금속 염이 전하 중화 및 스윕플록(Sweep floc)의 메커니즘으로 응집을 유도하는 것과 동일한 원리로 전기응집이 수행된다. 알루미늄이 전기응집의 전극으로 사용된 예를 들어보면 양극과 음극 그리고 용액에서 발생하는 화학반응은 다음과 같다 (Aouni et al., 2009).

$$\text{At anode} : \text{Al(s)} \rightarrow \text{Al}^{3+}(\text{aq}) + 3e^- \tag{5.36}$$

$$\text{In solution} : \text{Al}^{3+}(\text{aq}) + 3\text{H}_2\text{O} \rightarrow \text{Al(OH)}_3 + 3\text{H}^+ \tag{5.37}$$

$$\text{At cathode} : 3\text{H}_2\text{O} + 3e^- \rightarrow (3/2)\text{H}_2(\text{g}) + 3\text{OH}^-(\text{aq}) \tag{5.38}$$

전기응집 메커니즘은 양극에서 알루미늄이온(Al^{3+})이 용액 속으로 산화되고, 반면 음극에서는 양극에서 전달된 전자가 환원되어 수소기체(H^2)가 발생한다. 응집공정에 사용되는 응집제인 알럼(Alum), $\text{Al}_2(\text{SO}_4)_3 \cdot 18\text{H}_2\text{O}$과 마찬가지로 수용액 속으로 용출된 알루미늄이온(Al^{3+})은 다양한 형태의 수화된 알루미늄이온으로 변화하거나 수산화알루미늄, Al(OH)_3을 형성한다. 알루미늄이온과 수화된 알루미늄이온 들은 음전하로 하전된 콜로이드 물질들을 전하중화 메커니즘으로 응집시킨다. 또한 젤라틴 형태의 불용성 염인 수산화알루미늄은 스윕플록 메커니즘으로 응집을 유도한다.

Bani-Melhem과 Lelktorowicz (2010)는 전기응집과 침지형 MBR이 결합된 새로운 형태의 SMEBR (Submerged membrane electro-bioreactor)를 제안하였다. SMEBR은 생물반응기 내부에 직류 전원공급기, 중공사형 분리막 모듈, 원통형 그물형 철 전극이 침지된 구조이다(그림 5.9). 전극과 분리막의 위치를 조절하여 구역 I과 II를 구분하였다. 구역 I에서는 유기물 분해와 전기응집이 발생하고, 구역 II에서는 유기물 분해와 막 여과가 일어나도록 구성되어 있다. 1 V/cm의 전기장을 주기적으로 가동과 중단을 15분간 반복하였다. 막의 여과성능이 역세척 없이도 16.3% 증가하였다고 보고하였다. 또한 혼합액의 제타전위가 −30.5 mV에서 −15.3 mV로 증가하였으며, 이는 콜로이드성 입자들이 응집하였음을 시사하고 있다. 막 오염에 중대한 영향을 미치는 콜로이드성 입자 및 모 용액의 용존성 물질이 응집되었기 때문에 여과성능이 향상된 것이라고 설명하고 있다.

직류 전계 인가와 마찬가지로 전기응집이 미생물 활성에 미치는 영향을 중요하게 다뤄야 한다. Wei 등(2011b)은 전기응집의 전류밀도(Current density) 6.2 A/m² 조건에서 4시간까지는 세균의 활성도가 큰 영향을 받지 않는다고 보고하였다. 그러나 전류밀도가 12.3 A/m²에서 24.7 A/m² 범위에서는 살아 있

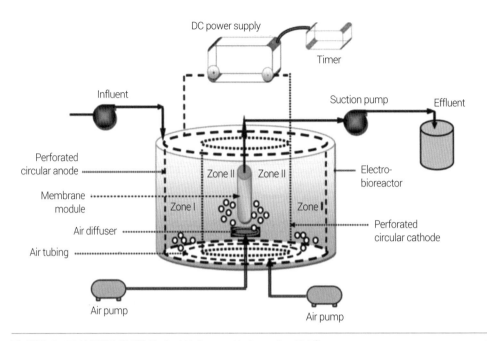

전기응집과 MBR이 결합된 형태(출처: Bani-Melhem and Lelktorowicz, 2010). 그림 5.9

는 미생물 세포의 비율이 15%~29%까지 감소한다고 보고하였다. 그들은 pH
에 주목하였는데 전기응집의 음극 반응에서는 물의 전기분해로 인해 수산이
온(OH^-)이 발생한다. 전류밀도가 높아질수록 용액의 pH는 증가할 가능성이
높아진다. 따라서 미생물 세포의 정상적인 pH 범위를 초과하면 활성도가 감
소할 것으로 예측된다.

전기응집-MBR의 경우 많은 양의 무기 및 유기 슬러지가 발생하는 것에
유의하여야 한다. 전기응집 양극에서 용출된 금속이온, M^{2+}(또는 M^{3+})는 수
산화금속, $Me(OH)_2(s)$ 또는 $Me(OH)_3(s)$ 형태의 침전물을 형성한다. 따라서 금
속을 포함한 무거운 슬러지가 발생할 수 밖에 없다. 또한 금속이온은 수용액
상의 인산염(PO_4^{3-})과 반응하여 $Me_3(PO_4)_2(s)$(또는 $MePO_4(s)$) 형태의 침전물을
형성한다. 예를 들면, 알루미늄 전극을 사용한 전기응집의 경우에는 다음 식
과 같이 $AlPO_4(s)$ 침전물이 생성된다.

$$Al^{3+} + PO_4^{3-} \rightarrow AlPO_4(s)\downarrow \qquad [5.39]$$

결국 전기응집-MBR 공정에서는 $Me(OH)_3$와 $MePO_4$ 형태의 슬러지가 다량 발
생하여 MLSS 농도가 일반 MBR보다 높게 상승한다. Bani-Melhem과 Lelktoro-

wicz (2011)의 전기응집-MBR 연구에 의하면 MLSS 농도가 운전 초기 30일만에 3,500 mg/L에서 5,000 mg/L로 증가하였다고 보고하였다. 또한, MLSS 중 MLVSS가 차지하는 비중, 즉 MLVSS/MLSS 비율이 70%라고 보고하였다. 이는 CAS에서의 비율, 80~93%와 비교하였을 때 현저히 적은 값이다. 이는 위에서 설명한 수산화금속 및 인산금속과 같은 무기성 슬러지가 다량 발생하여서 MLSS는 크게 증가하였지만, 유기성분인 MLVSS는 크게 증가하지 않았기 때문에 MLVSS/MLSS 비율이 작아진 것이다.

발생한 슬러지의 조성은 전극의 재질, pH 및 MBR 슬러지 현탁액의 유기물 함량에 따라 다를 수 있지만 금속성분을 포함한 무기성 슬러지의 처분 전략을 세워야 함은 물론이고 처분에 소요되는 비용도 염두에 두어야 한다.

현재 하수처리공정은 영양물질(N과 P) 제거 목적의 BNR (Biological nutrients removal) 공정으로 상당 부분 대체되었다. 그러나 부영양화의 제한물질인 인(P)의 제거에 어려움을 겪고 있다. 인은 잉여 슬러지의 처분과정을 통해 비로소 수중에서 제거된다. 그러나 MBR은 SRT가 높기 때문에 슬러지 발생량이 적고 따라서 인의 처리가 항상 문제점으로 지목되어 왔다. 따라서 많은 MBR 공정 후단에 응집(또는 전기응집)을 이용한 인의 후처리 장치를 설치한다. 전기응집-MBR 공정을 적용하면 원래 목적인 여과성능 향상도 달성할 뿐 아니라 별도의 후처리 없이 인의 제거[FePO$_4$(s) 또는 AlPO$_4$(s) 형태로]가 가능한 장점이 있다.

5.3.4.3 고전압 펄스(High Voltage Impulse)

고전압 펄스(High voltage impulse, HVI) 기술은 나노 초 또는 마이크로 초(10^{-9}~10^{-6} s) 단위의 고전압 펄스(20~80 kV/cm)를 지칭한다. 애초에 식품의 비열살균(Non-thermal sterilization) 목적으로 개발되어 다양한 분야에 응용되고 있는 기술이다. 식품 산업에서는 PEF (Pulsed electric fields)라는 이름으로 통용된다. 그림 5.10에 나타난 바와 같이 양 전극 사이에 놓인 미생물 세포에 HVI를 인가하면 세포막(또는 세포벽)이 천공되어 미생물이 사멸하는 즉, 전기천공(Electroporation) 메커니즘이다.

Kim 등(2011)은 5~20 kV/cm의 전계 펄스 성능의 HVI를 활용한 대장균 소독 연구를 수행하였다. 이들은 HVI에 의한 소독 동역학을 제시하였고 HVI가 분리막 오염을 제어할 수 있는 가능성을 확인하였다. 이후 Lee와 Chang (2014)

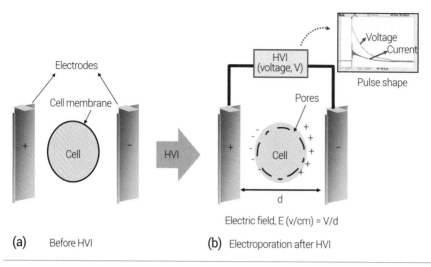

(a) Before HVI   (b) Electroporation after HVI

HVI에 의한 미생물 세포의 전기천공(Electroporation) 현상.   그림 5.10

은 HVI가 MBR의 막 오염 제어 목적으로 활용될 수 있음을 확인하였다. 즉, 활성슬러지로 오염된 분리막에 10~20 kV/cm의 펄스를 인가하여 막 오염이 회복될 수 있음을 밝혔다. HVI가 미생물을 사멸시킴으로써 느슨해진 케이크 층 구조로 인해 막 오염이 완화된 것이다. 또한 HVI가 슬러지 세포를 파괴함으로써 슬러지 가용화(Solubilization)에도 활용될 수 있음을 밝혔다. HVI 기술을 MBR의 막 오염 저감 목적으로 활용하는 기술이 연구개발 되고는 있지만 아직 초기단계이며 극복해야 할 난제들이 있어서 실제 MBR 플랜트에 활용되고 있지는 않다.

5.3.5 분리막과 모듈의 개조(Membranes and Module Modification)

5.3.5.1 분리막 개조(Membranes Modification)

분리막의 성능을 향상시키기 위해 막과 모듈의 물리화학적 개조는 오래 전부터 시도되어 왔다. 분리막의 내오염성 및 플럭스를 향상시키기 위해 막의 친수성(Hydrophilicity)을 향상시키는 것이 가장 일반적인 개조 형태이다. 이를 위해 막 표면의 형태, 구조, 전하와 거칠기 정도를 변화시킨다. 소수성 막을 친수성으로 개조하기 위해서 친수성 관능기를 막 표면에 도입하거나 그래프팅(Grafting)하는 방식을 취한다. 다양한 방법으로 막의 친수성을 향상시키기 위한 연구가 진행되었다. 침지형 MBR에 가장 자주 사용되는 PVDF (Polyvinylidenefluoride) 막의 표면개질에 의한 친수성 도입은 문헌에 잘 정리되어 있다(Liu et al., 2011). 식각 인쇄 기술을 이용하여 피라미드, 프리즘, 엠보싱 형태의 패턴을 막 표면에 도입하여 쉽게 막 오염이 발생하지 않도록 하는 표면개질 연구도 보고되었다(Won et al., 2012).

고분자화학을 기반으로 한 전통적인 표면 개질 방법 이외에도 나노 물질을 도입하여 막의 표면성질을 변화시키는 연구도 보고되고 있다. 은 나노(nAg), 산화티타늄(TiO$_2$) 나노입자, 탄소나노튜브(Carbon nano-tube, CNT), 플러렌(Fullerene, C$_{60}$) 등이 막 표면성질을 개질할 수 있는 후보물질이다.

오랫동안 은 나노는 항균작용을 하는 것으로 잘 알려져 있다. Yang 등(2009)은 RO 분리막과 스페이서(Spacer)에 은 나노 코팅을 함으로써 여과성능과 제거율이 향상됨을 확인하였다. Chae 등(2009)은 플러렌(C$_{60}$)이 정밀여과막에 의한 대장균 여과에 미치는 막 오염 효과를 연구하였다. 즉, 플러렌이막 표면에 부착되려고 하는 대장균을 방해하였고 또한 활성도를 감소하게 하였다고 보고하였다. 즉, 플러렌이 미생물에 의한 막 오염을 줄일 수 있다고결론지었다. Kwak 등(2001)은 폴리아미드 박막에 산화티타늄 나노입자로 이루어진 유기/무기 RO 복합막을 제조하였다. 복합막은 물 플럭스가 증가하였고(친수성 증가) 자외선 조사 시 산화티타늄의 광 촉매 산화효과에 의한 미생물 살균 능력을 보고하였다. Kim 등(2012)은 다벽 탄소나노튜브(Multiwall CNT, MWCNT)와 은 나노 물질을 포함하고 있는 박막 나노 복합 분리막을 합성하였다. 은 나노 입자를 함유한 박막과 MWCNT를 포함한 지지층의 계면중합을 이용하여 복합막을 만들었다. 제조된 막은 은 나노 입자로 인해 친수성이 증가하였으며 여과성능이 향상되었음을 확인하였다. Celik 등(2011)은 상변화(Phase inversion) 법으로 MWCNT와 PES (Polyethersulfone) 혼합막을 제조하였다. PES로만 만들어진 막에 비해서 막의 친수성과 플럭스는 증가하였고막 오염속도는 지연되고 있음을 확인하였다.

이산화티타늄(TiO$_2$)은 카르복실(Carboxyl), 설폰(Sulfone)과 같은 관능기를 가진 고분자 막 표면에서 자기조립(Self-assembly) 과정을 거치는 것으로 알려져 있다. 예를 들면 고분자 막 표면의 설폰기(또는 에테르기)와 Ti^{4+}가 결합하여 복합막을 구성할 수 있다. 그림 5.11은 이산화티타늄 나노입자의 자기조립 과정을 보여주고 있다. 우선 1) 설폰기와 에테르기가 Ti^{4+}와 결합을 이루고, 2) 설폰기와 에테르기와 이산화니타늄 표면의 수산기(OH$^-$)가 수소결합

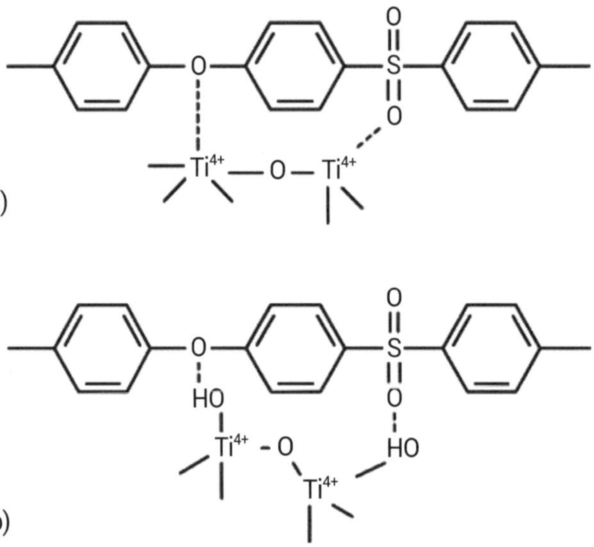

그림 5.11

이산화티타늄(TiO₂) 나노 입자의 자기조립 메커니즘: (a) 설폰기와 에테르기의 Ti⁴⁺와의 결합, (b) 설폰기와 에테르기의 TiO₂의 수산기(OH⁻)와의 수소결합(출처: Luo et al. 2015).

(Hydrogen bonding)을 이룬다. Luo 등(2005)은 이런 방식으로 자기 조립된 분리막의 친수성이 증가하며, 막의 내오염성 역시 증가한다고 보고하였다. Kim과 Bruggen (2010)은 나노 입자로 만들어진 하이브리드 분리막을 만드는 과정 및 평가하는 방법 등에 관한 리뷰를 수행하였다.

　　나노입자 및 나노튜브 등을 이용하여 분리막의 성능을 개선하려는 많은 연구가 수행되어 왔지만 MBR 또는 하폐수처리에 직접 활용된 예는 아직 보고되고 있지 않다. 후속 및 추가연구가 필요한 시점이다.

5.3.5.2 막 모듈 개조(Modification of Membranes Module)

분리막의 성능개선과 막 오염 저감 목적으로 막 모듈의 최적화 및 개조 노력은 꾸준히 지속되어 왔다. 특히 막 표면에 난류(Turbulence) 형성을 증가, 막 모듈(또는 스페이서)을 회전, 또는 나선형으로 분리막을 만드는 등 다양한 방법으로 막 오염을 최소화하기 위한 시도들이 있어 왔다.

　　그림 5.12는 막 모듈의 일부를 회전 가능하게 만들어서 막 표면에서 소용돌이(Vortex)를 일으킬 수 있게 제조된 막 모듈(FMX, BKT Inc.)의 상세도이다. 평판 형 막과 막 사이에 위치한 원판을 회전시키면 막 표면에 소용돌이(Kármán vortices)가 발생하여 막 표면의 오염물질을 휩쓸어버리는 역할을 하게 한다.

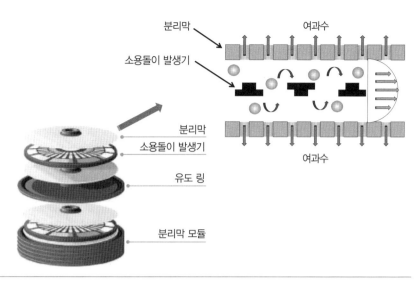

그림 5.12 소용돌이(Vortex) 발생 막 모듈(BKT Inc. 제공).

Kang 등(2011)은 소용돌이를 일으키는 회전원판이 장착된 한외여과 모듈을 이용하여 혐기성 소화액의 여과실험을 수행하였다. 혐기성 소화액은 고형물 농도가 높아 막 오염 발생 위험이 높은데 회전원판을 이용한 모듈로 인해 5%의 고형물 농도까지 막 오염을 제어할 수 있다고 보고하였다. Jie 등(2012)은 나선형(Helical) 구조의 분리막 모듈을 개발하여 폭기 강도를 높이지 않고도 플럭스를 향상시킬 수 있다고 보고하였다. 그들은 나선구조의 막 모듈로 인해 막 표면에서 유체흐름이 회전됨에 따라 전단력이 상승되었고 결과적으로 막의 여과성능이 증가하였다고 보고하였다.

Problems

5.1 다음 테이블을 완성하시오.

Compounds	Molecular weight	Chlorine equivalent	Actual chlorine, %	Available chlorine, %
NaOCl	74.5	2	47.7	95.4
Cl_2				
ClO_2				

5.2 침지형 평판형 모듈 MBR로 운영되는 하수처리장의 유입유량은 2,000 m^3/d
이다. 침지된 분리막 탱크의 폭기에 하루당 필요한 SAD_m, SAD_p 및 비에
너지 소비량(kWh/m^3)을 구하시오. 다음을 가정하시오.

- 폭기장치 말단 압력손실(pressure-loss at outlet of blower)=90,600 N/m^2
- 폭기장치 수중 깊이(depth of the blowers)=3 m
- 폭기장치 및 펌프의 효율(efficiency of the blowers and pump)=0.4
- 공기유량(air flow rate)=120 Nm^3 of air/h
- 평균 운전 플럭스(mean operating flux)=30 LMH
- 폭기조의 HRT=4 h
- 물의 밀도=1,000 kg/m^3

5.3 세 군데에서 운영되고 있는 하수처리장의 활성슬러지를 실험실로 운
송한 후 일련의 여과실험을 수행하여 케이크 비저항(Specific cake resis-
tance)을 측정하였다. 다음 여과 자료를 이용하여 각 슬러지의 압축성
(Compressibility)을 결정하시오.

Pressure (kPa)	Specific cake resistance (α, m/kg)		
	Solution A	Solution B	Solution C
100	1.20E+11	2.00E+13	5.20E+14
200	4.00E+11	3.90E+13	6.40E+14
300	7.40E+11	5.95E+13	7.70E+14
400	1.10E+12	8.06E+13	9.05E+14
500	1.56E+12	1.02E+14	1.03E+15
600	1.92E+12	1.25E+14	1.19E+15

5.4 MBR의 막 세척제로 자주 사용되는 차아염소산나트륨(Sodium hypochlorite,
NaOCl)은 수용액에서 차아염소산이온(OCl^-)과 나트륨이온(Na^+)으로
해리한다. 차아염소산이온은 수중의 수소이온(H^+)과 결합하여 차아염
소산(Hypochlorous acid, HOCl)을 형성하는 평형을 이룬다. 차아염소산
의 총 농도(C_T)가 10 mM인 수용액의 pH를 구하시오. 또한 평형에서의
차아염소산과 차아염소산이온의 농도를 각각 구하시오. 온도는 20°C로
가정하고, 이 온도에서 차아염소산의 평형상수, K_a=2.7×10^{-8} mol/L이다.

5.5 알루미늄 전극에 직류 전원을 인가하여 막 오염 방지 목적으로 운용되는 전기응집-MBR이 실험실 규모로 운전되고 있다. 다음 자료를 이용하여 단위 시간당 소모되는 전기 에너지를 구하시오. 또한 전극으로부터 용출되는 알루미늄의 양을 구하시오.

  – 한 쌍의 알루미늄 전극이 사용됨

  – 전극 면적 = 7×5 cm²

  – 전류 = 0.7 A

  – 인가 전압 = 30 V

  – 전기응집 반응조의 부피 = 1 L

  – 60분간 운전

5.6 MBR 플랜트의 화학세정제로 사용하기 위해 차아염소산염이 선택되었다. 예비실험을 통해 염소 투여량이 1,000 mg/L로 결정되었다. 차아염소산염 용액의 활용가능염소(Available chlorine)는 75%이었고, 비중은 1.25이었다. 만약 하루에 1 m³의 차아염소산염 용액이 MBR 플랜트의 화학세정용으로 사용된다면, 하루 동안 필요한 차아염소산염의 부피는 얼마인지 m³ 단위로 구하시오.

5.7 MBR 플랜트에서 잉여 슬러지가 0.4 kg sludge/m³의 속도로 발생되고 있다. 플랜트의 유입유량은 5,500 m³/d일 때 한 달간 발생되는 슬러지의 부피는 얼마인지 m³ 단위로 구하시오.

5.8 수용하천에서의 부영양화에 대비한 2차 유출수의 영양물질 허용 농도에 대한 규제가 계속 강화되는 추세에 있다. MBR은 SRT가 길게 유지되어 운영되기 때문에 인의 완벽한 처리가 어려워서, 플랜트 후단에 화학제 투입을 통하여 인의 추가 처리를 도모한다. 인의 침전을 위해 염화제이철(Ferric chloride, $FeCl_3$)이 선택되었다. 다음 자료를 이용하여 하루에 필요한 염화제이철과 발생하는 슬러지의 양을 구하시오.

  – 2차 유출수 내 인산염 농도 = 2.5 mg/L

  – 유출 유량 = 12,000 m³/d.

5.9 유입유량 2,000 m³/d로 운영되는 MBR 플랜트의 슬러지 발생량을 kg sludge/d 단위로 구하시오. 폭기조의 MLSS 농도는 4,500 mg/L이고, HRT 는 12시간이다. SRT는 35일로 운전되고 있고 유출수의 TSS는 0 mg/L로 가정하시오.

5.10 분리막이 침지된 탱크에 폭기를 수행하고 있다. 폭기에 의한 전단력의 세기(Shear intensity), G를 구하시오. 공급 공기유량은 2.5 L/min이고, 공기 공급관의 단면적은 0.05 m²이다. 탱크 내 활성슬러지의 점도는 1.005×10^{-3} kg/m·s이고 밀도는 999 kg/m³이다.

5.11 MBR 플랜트가 일정 플럭스 운전모드(Constant flux mode)로 운영되고 있다. 운영되고 있는 플럭스는 15℃에서 45 LMH이다. 플럭스를 20℃에 서의 플럭스값으로 환산하여 보시오.

5.12 여과수 플럭스는 가해지는 압력에 따라 변화한다. 따라서 단위압력당 플럭스를 '막 여과능(Membrane permeability)'으로 정의하고 압력이 다르 게 운영되는 막 플랜트의 플럭스를 상호 비교할 때 사용할 수 있다. 한 다. MBR에서의 '막 여과능'의 유용성과 한계점을 논의하시오.

참고문헌

Adams, N., Cumin, J., Marschall, M., Turák, T. P., Vizvardi, K., and Koops, H. (2011) Reducing the cost of MBR: The continuous optimization of GE's ZeeWeed Technology, *Proceedings of 6th IWA Specialist Conference on Membrane Technology for Water & Wastewater Treatment*, Aachen, Germany, IWA (International Water Association), 4-7 October.

Akamatsu, K., Lu, W., Sugawara, T., and Nakao, S.-H. (2010) Development of a novel fouling suppression system in membrane bioreactors using an intermittent electric field, *Water Research*, 44: 825-830.

Aouni, A., Fersi, C., Ali, M., and Dhabbi, M. (2009) Treatment of textile wastewater by a hybrid electrocoagulation/nanofiltration process, *Journal of Hazardous Materials*, 168: 868-874.

Bani-Melhem, K. and Elektorowicz, M. (2010) Development of a novel submerged membrane electro-bioreactor (SMEBR): Performance for fouling reduction, *Environmental Science and Technology*, 44: 3298-3304.

Bani-Melhem, K. and Elektorowicz, M. (2011) Performance of the submerged membrane electro-bioreactor (SMEBR) with iron electrodes for wastewater treatment and fouling reduction, *Journal of Membrane Science*, 379: 434-439.

Barllion, B., Ruel, S. M., and Lazarova, V. (2011) Full scale assessment of energy consumption in MBRs, *Proceedings of 6th IWA Specialist Conference on Membrane Technology for Water & Wastewater Treatment*, Aachen, Germany, IWA (International Water Association), 4-7th October.

Celik, E., Park, H., Choi, H., and Choi, H. (2011) Carbon nanotube blended polyethersulfone membranes for fouling control in water treatment, *Water Research*, 45: 274-282.

Chae, S.-R., Wang, S., Hendren, Z. D., Wiesner, M. R., Watanabe, Y., and Gunsch, C. K. (2009) Effects of fullerene nanoparticles on Escherichia coli K12 respiratory activity in aqueous suspension and potential use for membrane biofouling control, *Journal of Membrane Science*, 329: 68-74.

Chang, I.-S. and Judd, S. (2002) Air sparging of a submerged MBR for municipal wastewater treatment, *Process Biochemistry*, 37(8): 915-920.

Chen, J.-P., Yang, C.-Z., Zhou, J.-H., and Wang, X.-Y. (2007) Study of the influence of the electric field on membrane flux of a new type of membrane bioreactor, *Chemical Engineering Journal*, 128: 177-180.

Evoqua Water Technologies (2014) http://www.evoqua.com/en/brands/Memcor/Pages/mempulse-mbr.aspx

Field, R.W., Wu, D., Howell, J.A., and Gupta, B. B. (1995) Critical flux concept for microfiltration fouling, *Journal of Membrane Science*, 100: 259-272.

He, S., Xue, G., and Wang, B. (2006) Activated sludge ozonation to reduce sludge production in membrane bioreactor (MBR), *Journal of Hazardous Materials*, B135: 406-411.

Huang, X. and Wu. J. (2008) Improvement of membrane filterability of the mixed liquor in a membrane bioreactor by ozonation, *Journal of Membrane Science*, 318: 210-216.

Janot, A., Drensia, K., and Engelhardt, N. (2011) Reducing the energy consumption of a large-scale membrane bioreactor, *Proceedings of 6th IWA Specialist Conference on Membrane Technology for Water & Wastewater Treatment*, Aachen, Germany, IWA (International Water Association), 4-7th October.

Jie, L., Liu, L., Yang, F., Liu, F., and Liu, Z. (2012) The configuration and application of helical membrane modules in MBR, *Journal of Membrane Science*, 392-393: 112-121.

Judd, S. (2008) The status of membrane bioreactor technology. *Trends in Biotechnology*, 26(2): 109-116.

Kang, S. J., Olmstead, K., Schraa, O., Rhu, D. H., Em, Y, J., Kim, J. K., and Min, J. H. (2011) Activated anaerobic digestion with a membrane filtration system, *Proceedings of 84th Annual Conference and Exhibition of Water Environment Federation (WEFTECH)*, Los Angeles, USA, WEF (Water Environment Federation), 15-19th October.

Kim, E.-S., Hwang, G., El-Din, M. G., and Liu, Y. (2012) Development of nanosilver and multi-walled carbon nanotubes thin-film nanocomposite membrane for enhanced water treatment, *Journal of Membrane Science*, 394-395: 37-48.

Kim, J., and Bruggen, B. V. (2010) The use of nanoparticles in polymeric and ceramic membrane structure: Review of manufacturing procedures and performance improvement for water treatment, *Environmental Pollution*, 158: 2335-2349.

Kim, J.-S., Lee, C.-H., and Chun, H.-D. (1998) Comparison of ultrafiltration characteristics between activated sludge and BAC sludge, *Water Research*, 32: 3443-3451.

Kim, J.-Y., Lee, J.-H., Chang, I.-S., Lee, J.-H., and Yi, J.-W. (2011) High voltage impulse electric fields: Disinfection kinetics and its effect on membrane bio-fouling, *Desalination*, 283: 111-116.

Kim, S. R., Oh, H. S., Jo, S. J., Yeon, K. M., Lee, C. H., Lim, D. J., Lee, C. H., and Lee, J. K. (2013) Biofouling control with bead-entrapped quorum quenching bacteria in MBR: Physical and biological effects, *Environmental Science & Technology*, 47(2): 836-842.

Kornboonraksa, T. and Lee, S. J. (2009) Factors affecting the performance of membrane bioreactor for piggery wastewater treatment, *Bioresource Technology*, 100: 2926-2932.

Kwak, S.-Y., Kim, S., and Kim, S. (2001) Hybrid organic/inorganic reverse osmosis (RO) membrane for bactericidal anti-fouling. 1. Preparation and characterization of TiO$_2$ nanoparticle self-assembled aromatic polyamide thin-film-composite (TFC) membrane, *Environmental Science and Technology*, 35: 2388-2394.

Lee, J.-S. and Chang, I.-S. (2014) Membrane fouling control and sludge solubilization using high voltage impulse (HVI) electric fields, *Process Biochemistry*, 49: 858-862.

Liu, F., Hashim, N.-A., Liu, Y.-L., and Li, M.-A. (2011) Review: Progress in the production and modification of PVDF membranes, *Journal of Membrane Science*, 375: 1-27.

Liu, L., Liu, J., Bo, G., Yang, F., and Chellam, S. (2012b) Fouling reductions in a membrane bioreactor using an intermittent electric field and cathodic membrane modified by vapor phase polymerized pyrrole, *Journal of Membrane Science*, 394-395: 202-208.

Liu, L., Liu, J., Gao, B., and Yang, F. (2012a) Minute electric field reduced membrane fouling and improved performance of membrane bioreactor, *Separation and Purification Technology*, 86: 106-112.

Luo, M.-L., Zhao, J.-Q., Tang, W., and Pu, C.-S. (2005) Hydrophilic modification of poly (ether sulfone) ultrafiltration membrane surface by self-assembly of TiO$_2$ nanoparticles, *Applied Surface Science*, 249: 76-84.

Marx, V. (2014) Stop the microbial chatter, *Nature*, 511: 493-497, 24 July.

Santos, A., Ma, W., and Judd, S. (2011) Membrane bioreactors: Two decades of research and implementation, *Desalination*, 273: 148-154.

Satyawali, Y. and Balakrishnan, M. (2009) Performance enhancement with powdered activated carbon (PAC) addition in a membrane bioreactor (MBR) treating distillery effluent, *Journal of Hazardous Materials*, 170: 457-465.

Wang, P., Wang, Z., Wu, Z., Zhou, Q., and Yang, D. (2010) Effect of hypochlorite cleaning on the physiochemical characteristics of polyvinylidene fluoride membranes, *Chemical Engineering Journal*, 162: 1050-1056.

Wei, C.-H., Huang, X., Aim, R. B., Yamamoto, K., and Amy, G. (2011a) Critical flux and chemical cleaning-in-place during the long-term operation of a pilot-scale submerged membrane bioreactor for municipal wastewater treatment, *Water Research*, 45: 863-871.

Wei, V., Elektorowicz, M., and Oleszkiewicz, J. A. (2011b) Influence of electric current on bacterial viability in wastewater treatment, *Water Research*, 45: 5058-5062.

Wu, J. and Huang, X. (2010) Use of ozonation to mitigate fouling in a long-term membrane bioreactor, *Bioresource Technology*, 101: 6019-6027.

Yang, H.-L., Lin, J.-C., and Huang, C. (2009) Application of nanosilver surface modification to RO membrane and spacer for mitigating biofouling in seawater desalination, *Water*

Research, 43: 3777-3786.

Won, Y.-J., Lee, J., Choi, D.-C., Chae, H. R., Kim, I., Lee, C.-H., and Kim, I.-C. (2012) Preparation and application of patterned membranes for wastewater treatment, *Environmental Science and Technology*, 46(20): 11021-11027.

Zhang, K., Wei, P., Yao, M., Field, R. W., and Cui, Z. (2011) Effect of the bubbling regimes on the performance and energy cost of flat sheet MBRs, *Desalination*, 283: 221-226.

제 6 장

MBR 설계

Principles of
Membrance Bioreactors for
Wastewater Treatment

지난 20년간 세계적으로 MBR 공정이 급격히 보급되면서 이에 대한 설계와 운영 지식도 쌓이게 되었다. MBR 설계의 많은 부분은 일반 활성슬러지 공정과 중복되지만, MBR 공정의 전처리, 폭기 및 분리막 시스템은 일반 활성슬러지 공정과 다소 차이가 있으므로 주의를 요한다. 이러한 시스템의 적절한 설계는 MBR 공정의 고품질 처리수 생산과 안정성에 기여하며 에너지 사용량을 줄이고 분리막의 수명도 연장시킬 수 있다. 이 장의 목적은 MBR 플랜트의 설계를 위해 고려해야 할 사항과 프로토콜을 제시하는 것이다. 여기에는 유입수 전처리, 생물반응조, 폭기 시스템, 분리막 설비를 포함한다. 또한 설계 예시를 이 상 마지막에 제공하여 이해를 돕고자 하였다.

6.1 MBR을 이용한 하수처리 플랜트의 공정 흐름도

MBR을 이용한 하수 혹은 폐수처리 기술은 일반 활성슬러지 기술과는 다소 다른 측면이 있다. 우선 MBR 공정은 일반 활성슬러지 공정에서 필수적인 1차 및 2차 침전지를 생략할 수 있다. 이로 인해 하수 혹은 폐수처리 플랜트를 건설하기 위한 부지를 상당 부분 절약할 수 있다. 그럼에도 불구하고 MBR 공정의 생물반응조에 유기물과 고형물 부하를 경감하기 위해 종종 1차 침전지를 설치하기도 한다. 또한 합류식 하수관거를 도입한 도시의 경우, 1차 침전지는 폭우 시 빗물에 포함된 오염물을 처리하는 기능도 가지고 있어 생물반응조 부하 경감에 기여한다.

그림 6.1은 하수를 처리하는 MBR 플랜트의 전형적인 공정 흐름도를 보여준다. 하수는 차집관거를 통해 하수처리장에 도달하며, 우선 조대(Coarse) 스크린을 통해 하수에 포함된 크기가 큰 협잡물이 제거된다. 처리된 하수는 슬러지 처리계통으로부터 발생한 반송수와 혼합되어 침사지로 이송된다. 침사지에서는 모래 혹은 토사와 같은 무기 고형물이 제거된다. 다음은 유량조정조와 1차 침전지인데 이 두 단위 조작(Unit operation)은 처리장 혹은 유입하수의 특성에 따라 설치되거나 생략될 수 있다. 유량조정조의 주요 기능은 다음 단계에 하수유속 변화를 최소화하기 위한 것이다. 1차 침전지는 하수에 포함된 가라앉거나 부상하는 고형물을 제거하는 것이다.

1차 침전지 상등수(Supernatant)는 미세스크린을 거친 후 생물반응조로 주입된다. 미세스크린은 분리막의 오염을 경감시키기 위해 크기가 작은 협잡

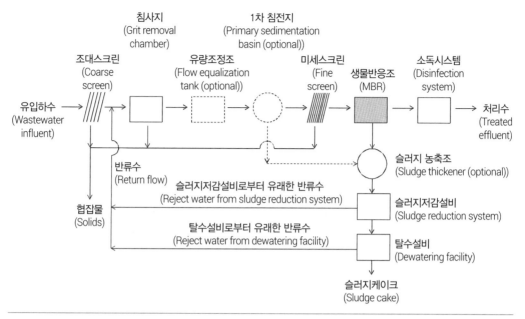

침사지
(Grit removal
chamber)

1차 침전지
(Primary sedimentation
basin (optional))

조대스크린
(Coarse
screen)

유량조정조
(Flow equalization
tank (optional))

미세스크린
(Fine
screen)

생물반응조
(MBR)

소독시스템
(Disinfection
system)

유입하수
(Wastewater
influent)

처리수
(Treated
effluent)

반류수
(Return flow)

슬러지 농축조
(Sludge thickener (optional))

협잡물
(Solids)

슬러지저감설비로부터 유래한 반류수
(Reject water from sludge reduction system)

슬러지저감설비
(Sludge reduction system)

탈수설비로부터 유래한 반류수
(Reject water from dewatering facility)

탈수설비
(Dewatering facility)

슬러지케이크
(Sludge cake)

그림 6.1   MBR 하수처리 시스템의 공정 흐름도.

물을 제거하는 기능을 가진다. 생물반응조에서는 산소를 소모하는 유기물과 무기물이 미생물에 의해 산화된다. 미생물에 의해 정화된 처리수는 침지식 혹은 외부설치식 분리막을 통과하게 된다. 마지막으로 분리막을 통과한 처리수는 소독시스템을 통해 유해 미생물을 사멸시킨 후 공공수역으로 방류되거나 재이용수로 활용된다.

　하수처리과정에서 발생한 고형물은 적절한 방법을 통해 처리되거나 처분된다. 고형물은 조대스크린, 침사지, 1차 침전지, 미세스크린 및 생물반응조에서 발생된다. 일반적으로 조대스크린, 침사지 및 미세스크린에서 발생한 고형물은 수거된 후 매립지로 이동되어 처분된다. 반면 1차 침전지와 생물반응조로부터 발생한 고형물(잉여슬러지)은 바로 처분되지 않고, 농축조와 탈수시설을 거친 후 매립지 혹은 소각로를 통해 처분된다. 탈수된 고형물(슬러지)은 숙성과정을 거쳐 농업 용도의 퇴비로 응용될 수 있다. 국내의 경우 퇴비로 사용되는 슬러지는 읍면 단위의 하수슬러지에 한정된다. 대형 하수처리장의 경우 1차 슬러지와 잉여슬러지는 혐기성 소화를 거쳐 더 감량되며 이 과정에서 발생한 메탄은 연료로 사용된다.

327

6.2 전처리 시스템 설계

6.2.1 유속

하수 혹은 폐수의 유속(Flow rate)은 처리시설의 수리학적 특성, 용량 산정 및 운영에 영향을 미치기 때문에 유속을 결정하거나 예측하는 것은 처리장 설계에 있어서 매우 중요하다(Tchobanoglous et al., 2003). 예를 들어 수리학적 체류시간은 생물반응조를 설계하는 하나의 설계기준이다. 수리학적 체류시간은 생물반응조 부피를 유입수 유속으로 나눈 값으로 계산된다. 적정한 생물학적 처리를 위해서는 일정 범위의 수리학적 체류시간이 확보되어야 한다. 분리막 모듈 개수의 결정 역시 유속에 영향을 받는 중요한 설계기준의 하나이다. 분리막의 개수(혹은 필요한 분리막의 면적)는 분리막 제조사에서 추천하는 설계 플럭스(Water flux) 값을 기준으로 산정할 수 있다. 플럭스는 단위 분리막을 통과하는 투과수 유속으로 정의되며, 투과수 유속은 유입수 유속과 유사한 값을 가지기 때문에 신뢰할 수 있는 유입수 유속 산정은 분리막 개수를 추정하는 데 결정적이라고 할 수 있다.

대부분의 경우 하수와 폐수는 시간에 따라 불균일하게 발생한다. 폐수의 경우 주로 조업 시간에 발생하며 비조업 시간에는 최소의 폐수만 발생한다. 하수의 경우 폐수와 비교해 비교적 균일하게 발생한다. 그럼에도 불구하고 하수의 발생은 자정부터 동이 틀 때까지 줄어드는 경향을 보인다. 그림 6.2는 전형적인 시간유속 변화를 나타낸다. 유속의 변동폭은 상대적으로 작은 도시의 처리장이 큰 도시의 처리장에 비해 큰 편이다.

또한 유속은 날짜, 계절, 연도에 따라 변동한다. 그렇다면 적정한 하수처리장 설계를 위해 어떻게 하수 유속과 유속 변화를 결정할 수 있을까? 가장 좋은 방법은 일정기간 동안 하수 유속을 직접 측정해 변동폭을 결정하는 것이다. 그렇지만 직접 측정하기 어려운 환경에서는 이전 경험 혹은 통계적 방법을 이용해야만 한다. 폐수의 경우 각 제조산업별 데이터가 나와 있으므로 이를 이용하여 예측할 수 있다. 예를 들면 치즈 생산공장의 경우 1톤의 치즈를 생산하는 데 $0.7{\sim}2.0\ m^3$의 폐수가 발생되며 폐수의 농도는 일반적으로 $1{\sim}2\ kg\ BOD_7/m^3$라고 한다(Henze et al., 2000). 이를 바탕으로 치즈 생산량에 대한 폐수 유속과 폐수 부하를 산정할 수 있다.

하수의 경우 인구 데이터와 함께 한 사람이 하루에 생산하는 하수량과 부하를 이용하여 유속과 부하를 추정할 수 있다. 또한 하수 유속 추정에는 지

MBR 설계

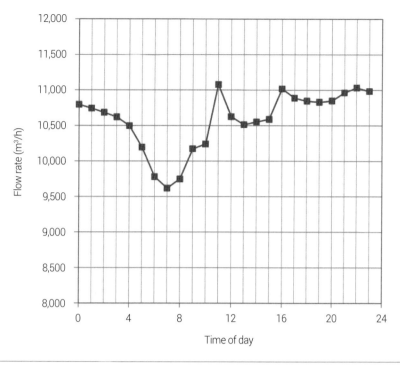

그림 6.2 　　　　하수처리장의 전형적인 시간유속의 변화. 그래프는 서울에 위치한 중랑하수처리장의 2013년 12월
　　　　　　　　데이터이다.

역에 따른 물 소비량과 하수가 발생하는 지역 혹은 원인(예, 거주지역, 산업지
역, 침투, 빗물)도 고려해야 한다. 지역, 산업, 침투, 빗물 등 하수 유속에 영향
을 미치는 자세한 정보는 Tchobanoglous 등(2003)의 『Wastewater Engineering:
Treatment and Reuse』와 Henze 등(2000)의 『Wastewater Treatment』 도서를 참고
하기 바란다.

　　어느 기간 동안 수집된 유속 측정 데이터는 통계적 방법을 통해 일평균
유속과 일최대유속을 포함한 다양한 유속 정보를 제공한다. 하수 유속은 일
반적으로 정규분포 혹은 로그정규분포를 이루고 있으며, 그래프를 이용해 그
분포를 평가할 수 있다. 아래에 설명한 절차를 따라 확률 곡선을 이용해 유속
분석을 할 수 있다.

1. 주기적(예, 일, 주, 월 등)으로 유속을 측정한다.
2. 측정한 유속을 낮은 값에서 높은 값 순으로 나열한다. 그리고 그 값에
　 순위를 매긴다.

3. 각 유속에 대한 백분위수(Percentile, 즉 그 유속과 같거나 낮은 값을 가질 확률)를 아래의 식을 이용해 계산한다.

$$\text{Percentile}\,(\%) = \left(\frac{m}{n+1}\right) \times 100 \qquad [6.1]$$

여기에서 m=순위

n=총 유속 측정 수

4. 백분위수를 매긴 유속 데이터를 산술확률 그래프 혹은 로그확률 그래프에 표시한다. 그래프에서 백분위수는 y축에 해당하며 유속은 x축이 된다.

만약 데이터가 산술확률 그래프에서 선형의 경향성을 보인다면 유속은 정규적으로 분포한다고 추정한다. 만약 선형성이 로그확률 그래프에서 더 우세하다면 유속은 로그정규분포를 가진다고 할 수 있다. 유속의 평균과 표준편차는 확률 그래프를 통해 얻을 수 있다. 정규분포를 나타내는 데이터의 경우 평균($\overline{X}$)과 표준편차(s)는 아래의 식을 이용해 얻는다.

$$\overline{X} = P_{50} \qquad [6.2]$$

$$s = P_{84} - P_{50} \ \text{or} \ P_{50} - P_{16} \qquad [6.3]$$

여기에서 P_{50}=50% 확률에 해당하는 유속

P_{84}=84% 확률에 해당하는 유속

P_{16}=16% 확률에 해당하는 유속

로그확률 그래프에서 선형을 보이는 데이터는 아래의 식을 이용하여 기하평균($\overline{X}$)과 기하표준편차(s)를 구할 수 있다.

$$\log \overline{X} = \log P_{50} + 1.1513(\log s)^2 \qquad [6.4]$$

$$\log s = \log P_{84} - \log P_{50} \ \text{or} \ \log P_{50} - \log P_{16} \qquad [6.5]$$

평균유속은 대개 생물반응조를 설계하는 기준이 되며, 최대유속(확률이 대략 90%에 해당하는 유속)은 스크린 설비나 침사지 등의 전처리 설비 설계의 기

MBR 설계

준이 된다. 평균유속과 최대유속은 모두 1차 침전지와 분리막 시스템을 설계하는 데 사용된다. 그리고 첨두(尖頭) 유속과 첨두 유속의 지속기간은 분리막 시스템의 설계에 중요한 정보가 된다.

Example 6.1

아래 표에 제시된 데이터는 어느 지역의 한 하수처리장 1년간 월평균 유속을 나타낸다. 1) 월평균 유속이 정규분포를 이루는지 혹은 로그정규분포를 이루는지 평가하시오. 이를 위해 월평균 유속과 그 유속의 확률을 각각 산술확률 그래프와 로그확률 그래프에 표시하여 어느 그래프에서 더 선형성이 나타나는지 확인하여 결정하시오. 2) 월평균 유속과 유속의 표준편차는 얼마인가? 만약 유속이 정규분포를 보이면 산술평균과 산술표준편차를 구하고, 유속이 로그정규분포를 나타내면 기하평균과 기하표준편차를 구하시오. 3) 그래프를 이용하여 구한 평균과 표준편차 값을 통계식을 이용한 값과 비교하시오.

월	유속(m³/month)
1월	24,300
2월	30,400
3월	37,800
4월	50,100
5월	42,700
6월	35,500
7월	62,500
8월	54,000
9월	40,000
10월	45,700
11월	33,000
12월	27,500

Solution

그래프를 이용해 해를 구하려면 우선 유속 데이터를 낮은 값에서 높은 값으로 배열한 뒤, 각 유속에 대해 순위를 매기고 식 6.1을 이용하여 같거나 작은 값을 갖는 확률(백분위수)을 구해야 한다. 아래 표에 그 결과를 나타내었다.

순위	확률(%)	유속(m³/month)
1	7.7	24,300
2	15.4	27,500
3	23.1	30,400
4	30.8	33,000
5	38.5	35,500
6	46.2	37,800
7	53.8	40,000
8	61.5	42,700
9	69.2	45,700
10	76.9	50,100
11	84.6	54,000
12	92.3	62,500

유속이 정규분포를 보이는지 혹은 로그정규분포를 보이는지 확인하기 위해서는 위에 나타낸 유속 데이터를 산술확률 그래프와 로그확률 그래프에 표시해 선형성을 평가해야 한다. 아래에 표시된 그래프를 볼 때 유속 데이터는 산술확률 그래프보다는 로그확률 그래프에서 더 선형성을 가지는 것으로 보여 유속 데이터는 로그정규분포를 이루는 것으로 판단된다.

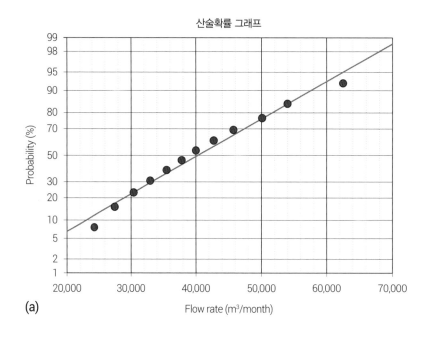

(a)

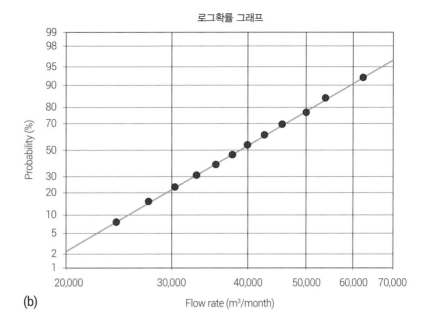

로그확률 그래프

(b) Flow rate (m³/month)

따라서 위에 나타낸 그래프 (b)를 이용하여 기하평균과 기하표준편차를 구하면 아래와 같다.

$$\log s = \log P_{84} - \log P_{50} = \log (53,500) - \log (39,000) = 0.137$$
$$s = 1.37 \, \text{m}^3/\text{month}$$

$$\log \overline{X} = \log P_{50} + 1.1513 (\log s)^2 = \log (39,000) + 1.1513 (\log 1.37)^2 = 4.61$$
$$\overline{X} = 40,738 \, \text{m}^3/\text{month}$$

기하평균과 기하산술평균은 통계식을 이용해 구할 수 있으며 그 해는 아래와 같다.

$$\log \overline{X} = \frac{\sum \log X_i}{n} = 4.590$$
$$\overline{X} = 38,864 \, \text{m}^3/\text{d}$$

$$\log s = \sqrt{\frac{\sum (\log X_i - \log \overline{X})^2}{n-1}} = 0.122$$
$$s = 1.325 \, \text{m}^3/\text{d}$$

이 보기를 통해 알 수 있듯이 그래프를 이용한 방법은 유속 데이터가 정규분포를 갖는지 혹은 로그정규분포를 갖는지 직관적으로 확인 가능하며, 그래프를 통해 얻은 평균유속과 유속의 표준편차가 통계식으로 구한 해와 비교해 볼 때 충분히 유사한 결과를 나타냄을 알 수 있다.

333

6.2.2 스크린(Screen)

유입 하수에 포함된 쓰레기, 종이, 비닐, 금속물 등의 조대물질(Coarse objectives)을 적절하게 제거하지 못하면 이후 시설물을 훼손시킬 수 있으며, 수로를 오염시키며, 하수처리 효율도 떨어진다(Tchobanoglous et al., 2003). 따라서 하수처리장에서는 이러한 물질들을 제거하기 위해 일반적으로 처리공정 전단에 조대스크린을 설치한다.

또한 유입 하수에는 머리카락이나 섬유상 물질이 포함되어 있는데 이들은 분리막 시스템에 영향을 준다. 특히 이러한 물질은 침지식 중공사막에 더 큰 영향을 주는 것으로 알려져 있다. 머리카락이나 섬유상 물질은 중공사막 다발을 휘감아 분리막 모듈 하부로부터 제공되는 공기방울에 의한 중공사막의 흔들림을 방해한다. 스크린을 통한 머리카락이나 섬유상 물질의 제거는 성공적인 MBR 운영에 필수적이라는 것은 잘 알려진 사실이다. 이러한 물질을 제거하기 위해 일반적으로 생물반응조 바로 직전에 미세스크린을 설치한다.

6.2.2.1 조대스크린(Coarse Screen)

조대스크린에서 조대물질을 걸러내는 막대기(Bar)와 막대기의 간격은 6~150 mm이다. 스크린에 쌓이는 조대물질의 제거는 주로 기계식 방법이 사용된다. 작동원리는 유입 하수를 스크린에 통과시켜 하수에 포함된 조대물질을 스크린 표면에 쌓이게 하고, 기계식으로 작동되는 갈퀴(Rake)가 쌓인 조대물질을 제거하는 방식이다. 막대형 조대스크린을 설계하기 위해서는 스크린의 설치위치, 유입수 접근속도, 막대기 사이를 통과하는 유속, 막대기와 막대기 간격, 수두, 갈퀴(Rake) 방법, 갈퀴 컨트롤 등을 고려해야 한다.

조대물질은 하수처리 설비를 오염시킬 수 있을 수 있으므로 조대스크린은 최대한 하수처리 설비의 전단부에 설치된다. 유입 하수의 접근속도는 조대물질이 스크린에 도달하기 전에 가라 않지 않게 하기 위해 충분히 커야 한다(일반적으로 >0.4 m/s). 그렇지만 갈퀴를 통과하는 유속은 조대물질이 스크린의 막대기와 막대기 사이를 통과하지 않을 정도로 작아야 한다(일반적으로 <0.9 m/s). 일반적으로 기계식으로 스크린을 세정하는 조대스크린의 설계 기준을 표 6.1과 그림 6.3에 나타내었다.

조대 물질이 막대기와 막대기 사이에 쌓이게 되면 스크린 전후에 수두(水

설계 요소	값
유입수 접근속도, m/s	0.4-0.6
막대기를 통과하는 유속, m/s	0.6-1.0
막대기 크기 　폭, mm 　깊이, mm	8-10 50-75
막대기와 막대기 간격, mm	10-50
바닥으로부터 기울기(그림 6.3 참조), °	75-85
허용 수두(막힌 스크린), mm	150
최대 수두(막힌 스크린), mm	800

표 6.1
기계식으로 세정하는
조대스크린의 설계 요소
및 추천 설계값

출처: Qasim, S. Wastewater Treatment Plants: Planning, Design, and Operation. 2nd edn., CRC Press, Boca Raton, FL, 1988.

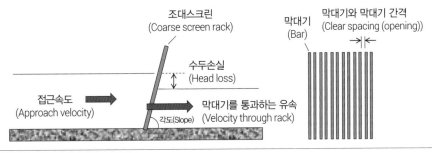

그림 6.3　　조대스크린을 설계하기 위해 고려해야 할 사항을 나타낸 개략도.

頭)를 상승시킨다. 수두가 어느 수준 이상으로 증가하게 되면 스크린의 구조적 안정성을 위협하게 되며 유입수는 스크린이 설치된 수로를 넘칠 수 있다. 이를 방지하기 위해서는 수두를 감지하거나 혹은 일정 시간 간격으로 스크린 표면 혹은 막대기와 막대기에 끼인 협잡물을 청소해야 한다. 스크린을 청소하기위한 최대 수두는 일반적으로 150 mm이다. 수두는 유입수 접근속도와 막대기와 막대기 사이를 통과하는 유속을 바탕으로 아래의 식을 이용하여 계산할 수 있다.

$$h_L = \frac{1}{C}\left(\frac{V^2 - v^2}{2g}\right) \quad\quad [6.6]$$

여기에서　h_L＝수두, m

　　　　　C＝배출계수, 단위 없음

V=유입수 접근속도, m/s

v=막대기 사이를 통과하는 유속, m/s

g=중력가속도, 9.81 m/s

배출계수(Discharge coefficient)는 실험을 통해 얻을 수 있으며, 일반적으로 청수(淸水)일 경우 0.7을, 협잡물이 쌓인 스크린에 대해서는 0.6을 사용한다 (Tchobanoglous et al., 2003).

6.2.2.2 미세스크린(Fine Screen)

미세스크린은 메시와이어(Mesh wire) 스크린의 경우 와이어 사이의 간격이, 타공판 스크린의 경우 구멍 크기가 0.2~0.6 mm 범위에 해당하는 스크린이다. 일반적으로 중공사막을 채택한 MBR 플랜트의 경우 평막에 비해 머리카락과 같은 물질에 더 쉽게 오염되므로 미세스크린 설비를 설치한다. 유럽에서 운영되고 있는 MBR을 조사한 Schier 등(2009)의 보고에 의하면 타공판 혹은 메시와이어 형태의 미세스크린이 머리카락과 같은 물질을 더 효과적으로 제거할 수 있기 때문에 슬릿(Slit) 형태의 미세스크린에 비해 선호된다고 한다 (그림 6.4 참조). 미세스크린의 경우 설계 기준과 스크린 전후에 형성되는 수두의 계산이 조대스크린과 상이해, 일반적으로 제조사의 가이드라인을 따른다. MBR 플랜트에 사용되는 일반적인 미세스크린을 그림 6.5에 나타내었다.

미세스크린은 작은 크기의 협잡물을 제거하면서 협잡물로부터 유래한 생화학적 산소요구량(BOD)과 총 현탁고형물(TSS)도 같이 제거한다. BOD와 TSS 제거율은 하수 혹은 폐수 차집시스템, 이동시간 및 스크린의 형태에 의존하지만, 일반적으로 5~50%의 BOD와 5~45%의 TSS가 미세스크린으로부터

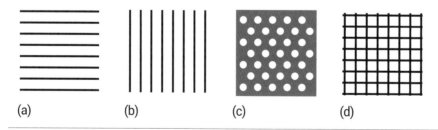

(a)　　　　(b)　　　　(c)　　　　(d)

MBR 플랜트에서 사용되는 미세스크린의 형태: (a) 수평 슬릿(Horizontal slit), (b) 수직 슬릿(Vertical slit), (c) 타공판(Perforated hole), (d) 메시와이어(Mesh wire). (F. E. Frechen et al., Desalination, 231, 108, 2008을 변형하였음).　　그림 6.4

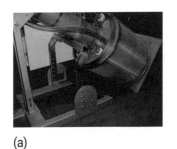 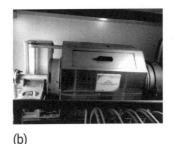 

(a)　　　　　　　　　　(b)　　　　　　　　　　(c)

그림 6.5　　　　　MBR 플랜트에 적용할 수 있는 미세스크린: (a) 후버(Huber) 사의 Rotamet 스크린(동명기술공사 제공), (b) 로터리 드럼스크린(TSK Water 제공), (c) Incla panel 스크린(Blue Whales Screen 제공).

제거된다고 한다(Tchobanoglous et al., 2003). 따라서 생물반응조를 설계할 때 미세스크린에 의한 BOD와 TSS 제거를 고려해야 한다.

6.2.3 침사지(Grit Removal Chamber)

유입하수에는 토사, 모래, 자갈, 석탄재(Cinder)[합쳐서 침사(沈砂)라고 일컬음] 등의 무거운 물질을 포함하고 있다. 하수처리 기계설비의 마모와 이로 인한 오작동을 방지하기 위해 이러한 물질은 침사지를 도입하여 유입하수로부터 적절히 제거되어야 한다. 소규모 MBR 플랜트의 경우 생략되는 경우도 있지만, 일반적인 MBR 플랜트의 경우 침사지가 설치된다.

수평흐름(Horizontal-flow) 침사지와 폭기 침사지가 대규모 MBR 플랜트에 설치되는 대표적인 침사지 형태이다(그림 6.6a와 b). 소용돌이(Vortex) 형태의 침사지는 일반적으로 소규모 MBR 플랜트에 설치된다(그림 6.6c). 수평흐름 침사지는 길쭉한 장방형의 탱크 형태를 가지며, 유입수가 이동하는 과정에서 침사 물질이 침사지 바닥에 가라앉는 원리이다. 침사 물질이 가라앉는 현상은 독립침강(Type I)을 따른다고 가정하기 때문에, 수평흐름 침사지를 설계하는 중요한 설계인자는 100% 제거가 가능한 최소 입자가 가지는 침강속도이다.

수평흐름 침사지에서 침사 물질은 가라앉는 동안 유입수에 포함된 유기물에 의해 코팅되는 경향이 있다. 유기물질로 코팅된 침사 물질은 썩어 고약한 냄새를 유발한다. 따라서 가라앉은 침사 물질의 처분과정에서 냄새 유발을 최소화하기 위해 침사 물질로부터 코팅된 유기물질을 세척할 필요가 있다. 폭기 침사지에서는 유입수가 길쭉한 장방형의 침전지를 따라 이동할 때

(a)

(b)

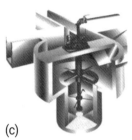

(c)

침사지: (a) 수평흐름(Horizontal-flow) 침사지, (b) 폭기 침사지, (c) 소용돌이(Vortex-type) 침사지. 모든 사진과 그림은 동명기술공사로부터 제공받음.

그림 6.6

하부로부터 공기를 불어넣어 선회류를 유도하기 때문에 침사 물질 표면에 전단력을 제공한다. 이로 인해 침사 물질 표면에 유기물이 떨어져 나가, 가라앉은 침사 물질은 처분과정에서 냄새가 상대적으로 덜 발생한다.

폭기 침사지에 설치되는 폭기관은 장방형 탱크의 한쪽 면에만 설치되어 물이 흐르는 직각 방향으로 선회류가 만들어지도록 하며, 이 과정에서 가벼운 입자성 물질은 탱크를 통과하지만 무거운 물질(일반적으로 > 0.21 mm 직경)은 침사지 바닥에 가라앉게 된다. 수평흐름 침사지와 폭기 침사지에 대한 설계 정보는 다른 도서(Reynolds and Reynolds, 1996; Tchobanoglous et al., 2003)를 참고하기 바란다.

6.2.4 유량조정조(Flow Equalization Tank)

6.2.1항에서 토의하였듯이 하수 유속은 시간에 따라 변동성을 가지며, 특히 소도시에 위치한 처리장의 경우 그 변동폭이 크다고 하였다. 분리막은 높은 플럭스 조건에서 오염현상에 취약하므로 분리막의 운영은 임계 플럭스(Critical flux) 이하에서 운영하도록 권고하고 있다(4.1절 참조). 생물반응조의 크기와

분리막 모듈의 개수는 시간 첨두(尖頭) 유속을 기준으로 설계할 수 있지만, 이렇게 할 경우 과대 설계가 될 수 있으며 MBR 플랜트 건설비를 상승시킬 수 있다.

만약 첨두율(예, 시간 첨두 유속을 시간 평균유속으로 나눈 값)이 1.5보다 클 경우, 일반적으로 유량조정조를 설치하는 것이 생물반응조의 크기와 분리막 모듈의 개수를 늘리는 것보다 경제적이다. 유량조정조를 설치함으로써 이후 단계에서 유속 변동폭을 줄일 수 있으며, 이 결과 생물반응조의 크기와 분리막 모듈의 개수를 늘리지 않아도 된다. 또한 유속 변화를 줄이면서 고형물부하와 유기물부하도 줄일 수 있다. 유량조정조를 설치하면 일반적으로 23~47%의 고형물부하와 10~20%의 BOD 부하가 경감된다고 한다 (Reynolds and Reynolds, 1996). 이를 통해 하수처리의 효율과 신뢰성을 제고할 수 있다.

유량조정조는 인라인(In line)과 사이드라인(Side line) 배열의 두가지 타입이 있다(그림 6.7). 인라인 배열에서는 모든 하수가 유량조정조로 직접 유입되며, 동일한 유속을 만들기 위해 유량조정펌프를 이용해 일정량의 하수를 다음 단계로 보내게 된다. 사이드라인 배열에서는 유속이 평균유속보다 클 경우에만 하수를 유량조정조로 우회시킨다. 유속이 평균유속보다 작을 경우

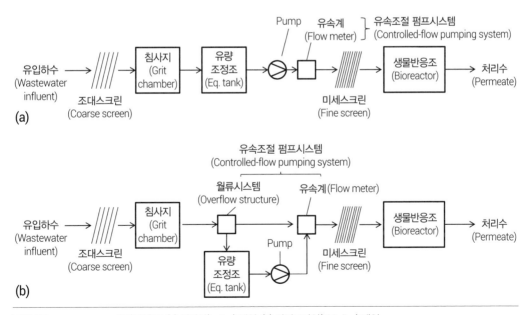

그림 6.7 　　　 유량조정조: (a) 인라인(In-line) 배열, (b) 사이드라인(Side-line) 배열.

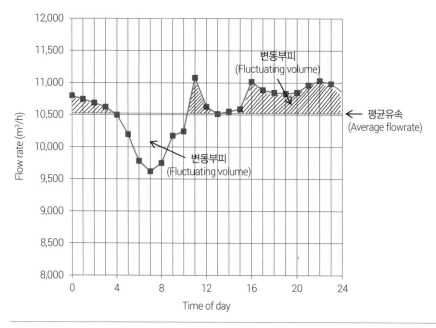

양수곡선을 이용한 유량조정조의 변동부피 계산.　　　　　　　　　　　　　그림 6.8

에는 유량조정펌프를 이용해 유량조정조에서 일정량의 하수를 다음 단계로
보내게 된다. 사이드라인 배열은 인라인 배열에 비해 고형물 부하와 BOD 부
하가 덜 경감되는 것으로 알려져 있다.

　　유량조정조의 용적은 변동부피(Fluctuating volume)를 계산하여 산정한
다. 변동부피는 일정기간의 유속분포를 기록한 양수곡선(Hydrograph)을 이용
해 추정할 수 있다. 그림 6.8은 어느 하수처리장의 하루 동안의 유속 분포를
나타낸다. 일평균 유속에 해당하는 값에 대해 수평선을 그리게 되면 유량조
정조 부피산정에 필요한 변동부피를 계산할 수 있다. 수평선 위쪽에 빗금으
로 나타낸 부분의 합은 수평선 아래쪽 면적과 동일하며, 각각은 변동부피에
해당한다. 면적의 근사치 계산은 면적을 균등하게 분할하여 얻은 도형의 면
적을 합쳐 구한다(Example 6.2 참조).

Example 6.2

아래 표에 나타낸 데이터는 어느 하수처리장에 유입되는 하수의 유속분포를 나
타낸다. 관찰된 유속분포가 그 하수처리장의 전형적인 패턴이라면, 인라인 유량
조정조의 변동부피(혹은 최소 유량조 부피)는 얼마인가?

시간	유속(m³/h)	시간	유속(m³/h)
0 자정	1,300	12 정오	1,900
1	1,100	13	1,800
2	930	14	1,750
3	760	15	1,650
4	650	16	1,630
5	600	17	1,600
6	700	18	1,640
7	900	19	1,680
8	1,200	20	1,700
9	1,500	21	1,720
10	1,800	22	1,600
11	1,950	23	1,540

Solution

유량조정조의 변동부피 혹은 최소부피를 추정하기 위해서는, 우선 유속 데이터를 바탕으로 양수곡선과 평균 시간유속을 계산해야 한다. 24개 유속 데이터의 평균 시간유속은 1,400 m³/h이다. 그림 6.9 양수곡선에 나타내었듯이 변동부피는 평균 시간유속 위쪽에 해당하는 면적이며, 아래 표에 계산된 분할된 부피를 모두 합쳐 근사치를 구할 수 있다.

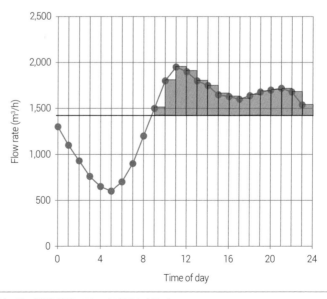

그림 6.9   시간유속 분포를 이용한 유량조정조의 변동부피 추정.

$$변동부피 = 100 + 400 + 550 + 500 + 400 + 350 + 250 + 230 + 200 + 240$$
$$+ 280 + 300 + 320 + 200 + 140 = 4,460 \text{ m}^3$$

평균 시간유속 위쪽에 해당하는 면적을 바탕으로 계산한 변동부피는 평균 시간
유속 아래쪽에 해당하는 면적을 기준으로 계산한 부피와 동일하다.

$$변동부피 = -100 \ -300 \ -470 \ -640 \ -750 \ -800 \ -700 \ -500 \ -200$$
$$= -4,460 \text{ m}^3$$

시간	유속(m³/hr)	분할된 유속[1] (m³/h)	분할된 부피[2] (m³)
0 자정	1,300	-100	-100
1	1,100	-300	-300
2	930	-470	-470
3	760	-640	-640
4	650	-750	-750
5	600	-800	-800
6	700	-700	-700
7	900	-500	-500
8	1,200	-200	-200
9	1,500	100	100
10	1,800	400	400
11	1,950	550	550
12 정오	1,900	500	500
13	1,800	400	400
14	1,750	350	350
15	1,650	250	250
16	1,630	230	230
17	1,600	200	200
18	1,640	240	240
19	1,680	280	280
20	1,700	300	300
21	1,720	320	320
22	1,600	200	200
23	1,540	140	140

[1] 분할된 유속은 측정 시간유속과 평균 시간유속의 차이를 나타냄.
[2] 분할된 부피는 분할된 유속과 시간차이(여기에서는 1시간)를 곱해서 얻음.

6.3 생물반응조 설계

MBR 생물반응조 설계는 반응조 부피 계산, 유입수 성상분석을 통한 오염물
분해에 필요한 산소요구량 계산, 분리막 시스템 설계, 슬러지 발생량 추정을
포함한다. 설계 프로토콜은 신설 생물반응조 설계와 기존 생물반응조의 개량

에 따라 상이하다.

　기존 생물반응조를 개량할 경우 생물반응조 부피를 변경하기가 어렵지만, 신설 생물반응조를 설계하는 경우 상당히 융통성이 있다. 신설 생물반응조를 설계할 때에는 설계 MLSS 농도와 고형물체류시간(SRT)을 미리 결정해야 한다. 그 다음 생물반응조 부피와 산소요구량을 계산한다. 기존 생물반응조를 개량할 경우에는 미리 결정된 생물반응조 부피와 설계 SRT를 기준으로 MLSS 농도를 결정하며, 이후 산소요구량을 계산한다. 그림 6.10은 이 두 경우에 대한 생물반응조 부피와 산소요구량 설계에 관한 일반적인 방법을 나타낸다.

6.3.1 유입수 성상 분석

생물반응조의 적정한 설계와 처리수 수질의 정확한 예측은 유입수의 성상 분석으로부터 시작된다. 일반적으로 유입수에 포함된 유기물, 질소, 인 성분에 대해 정량분석을 실시해야 한다. 이 책에서는 다른 설계 도서와 마찬가지로 유기물 성분에 대해 생화학적 산소요구량(BOD) 대신에 화학적 산소요구량(COD)을 사용한다. 왜냐하면 일반적으로 COD 측정값이 BOD 측정값보다 더

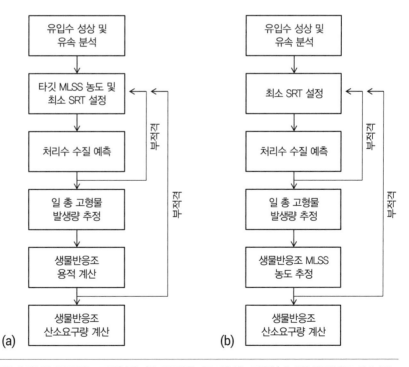

그림 6.10　　　　새롭게 건설될 생물반응조 경우(a)와 기존 생물반응조를 이용하는 경우(b)에 대한 생물반응조 설계과정.

신뢰할 수 있으며 분석 시간도 더 짧기 때문이다. 유입수 COD는 종종 1 μm GF/C 여과지를 통과할 수 있는지 여부에 따라 용존성 COD와 입자성 COD로 나뉘며, 생물학적 분해 여부에 따라 생분해성 COD와 비(非)생분해성 COD로 나뉜다. 따라서 유입수 COD 총합은 아래와 같은 식으로 표현할 수 있다.

$$총 COD = 용존성 \ 생분해성 \ COD \ (S_{0,b})$$
$$+ 입자성 \ 생분해성 \ COD \ (X_{0,b})$$
$$+ 용존성 \ 비생분해성 \ COD \ (S_{0,i})$$
$$+ 입자성 \ 비생분해성 \ COD \ (X_{0,i})$$

$S_{0,b}$는 쉽게 생분해가 가능한 성분으로 미생물에 의해 빠르게 대사(代謝)되는데 반해, $X_{0,b}$는 미생물 생장에 바로 이용될 수 없으며 미생물에 의해 해체(Disintegration) 및 가수분해가 되어야 이용될 수 있다. $S_{0,b}$와 $X_{0,b}$에 대한 미생물 분해속도는 차이가 있지만, 이 책에서는 간소화하기 위해 이 둘의 합($S_0 = S_{0,b} + X_{0,b}$)을 생물반응조 설계에 이용한다(2.3절 참조). S_0는 레스피로미터(Respirometer)와 같은 기기를 포함하여 다양한 방법으로 측정이 가능하다(Henze et al., 2000). $S_{0,i}$는 용존성이지만 미생물에 의해 대사될 수 없다. 또한 $S_{0,i}$는 대부분 분리막의 기공보다 크기가 작기 때문에 분리막을 통과해 처리수에 포함된다. 그렇지만 $X_{0,i}$는 크기가 커 분리막을 통과할 수 없기 때문에 생물반응조에 머무르게 되며 나중에 잉여슬러지와 함께 배출된다.

유입수 유기물 성분을 측정하는 간단한 방법 중 하나는 실험실에서 1 μm GF/C 여과지를 통과시킨 유입수와 통과시키지 않은 유입수를 대상으로 활성슬러지 회분식(Batch) 반응기에 채운 뒤 15~20일 정도 반응기를 운영하여 데이터를 분석하는 것이다. 운영기간 동안 생분해성 유기물($= S_{0,b} + X_{0,b}$)은 모두 분해된다고 가정한다. 여과시키지 않은 유입수의 경우 초기 유입수 COD는 4가지 성분의 합($= S_{0,b} + X_{0,b} + S_{0,i} + X_{0,i}$)이 되며, 반응기 운영이 종료된 후 상등수의 COD는 $S_{0,i}$가 된다. 또한 반응기 운영기간 동안 생체량의 변화가 무시할 정도로 작다고 가정한다면 반응기 운영 초기와 종료 시 고형물 농도의 차이는 $X_{0,i}$에 해당된다. 여과시킨 유입수의 경우 초기 유입수 COD는 2가지 용존성 성분의 합($= S_{0,b} + S_{0,i}$)이 되며, 반응기 운영이 종료된 후 상등수의 COD는 $S_{0,i}$가 된다. 따라서 초기 유입수 COD와 반응기 운영이 종료된 후 상등수

COD의 차이는 $S_{0,b}$에 해당된다. 그리고 COD 총합과 3가지 성분의 합 ($=S_{0,b}+S_{0,i}+X_{0,i}$)의 차이는 $X_{0,b}$에 해당된다.

유입수 질소 성분은 종종 유기질소와 무기질소로 구분된다. 도시 하수의 유기질소는 주로 단백질, 아미노산 및 요소에 기인한다. 약 60%의 유기질소는 하수관거를 통해 처리장으로 오면서 무기질소로 변환된다. 무기질소로 변환되는 정도는 관거의 길이(즉 수리학적 체류시간), 온도 및 하수의 성상에 의존한다. 무기 질소는 암모니아(NH_3), 아질산이온(NO_2^-), 질산이온(NO_3^-)으로 구성된다. 그렇지만 유입 하수에 포함된 아질산이온과 질산이온은 일반적으로 무시할 정도로 낮은 농도로 존재한다. 따라서 유기질소와 암모니아성 [혹은 암모늄이온(NH_4^+)]질소의 합인 총 킬달(Kjeldahl) 질소(TKN)를 종종 유입수 질소로 사용한다(즉, 총 질소$\cong$TKN).

COD 성분과 유사하게 질소 성분도 용존성 혹은 입자성 그리고 생분해성 혹은 비생분해성으로 나뉠 수 있지만, 대개 공학자들은 유기질소는 용존성이며(즉, 입자성 TKN 농도는 무시할 정도로 작다) 바로 생분해가 가능하다고 가정한다(즉, 비생분해성 TKN의 농도는 무시할 정도로 작다). 하수처리과정에서 유입수 TKN 성분(TKN_0)은 생체량 합성에 이용되거나 암모니아산화균의 에너지원으로 사용된다. 일반적으로 잉여의 TKN 성분은 암모니아 등의 무기질소로 처리수에 남아있게 된다.

그림 6.11은 하수 유입수에 포함된 COD와 질소 성분을 나타내며 각각에 대한 일반적인 농도를 함께 표시해 두었다. 그림에 나타내었듯이 유입수 COD의 약 80%는 생물학적으로 분해가 가능하며 20%는 분해가 되지 않음을 알 수 있다. 그리고 비생분해성 COD의 반 정도($S_{0,i}$)는 분리막을 통과할 수 있으며 나머지 반($X_{0,i}$)은 고형물 생산에 기여함을 알 수 있다. 질소의 경우 유입수 질소의 약 96%가 생분해성이며 아질산이온과 질산이온의 농도는 무시할 정도로 낮음을 알 수 있다.

질소와 더불어 인(燐)은 공공수역에 높은 농도로 방류될 경우 조류번식을 야기할 수 있는 중요한 영양염류이다. 유입수에 포함된 인은 주로 정인산염(Orthophosphate), 폴리인산염(Polyphosphate) 및 유기인으로 구성되어 있으며, 대부분은 정인산염으로 존재한다. 유입수 pH는 정인산염의 화학적 형태(PO_4^{3-}, HPO_4^{2-}, $H_2PO_4^-$, H_3PO_4)를 결정할 뿐만 아니라 화학응집제를 주입하여 인 제거를 유도하는 처리공정의 효율에 영향을 미친다. 폴리인산염은 여러

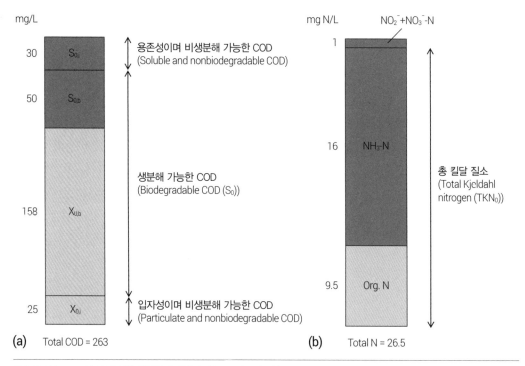

하수 유입수 COD (a)와 질소(b)의 분류와 일반적인 농도. 분류와 값은 Henze et al.에 소개된 자료를 이용하였다. Henze et al., Activated Sludge Models ASM1, ASM2, ASM2d and ASM3, IWA Publishing, London, U.K., 2000.

그림 6.11

인산염이 결합된 중합체로 생물반응조에서 가수분해 과정을 통해 정인산염으로 전환된다. 유기인도 정인산염으로 생물반응조에서 가수분해되는데, 가수분해되는 정도는 유기인의 특성과 생물반응조의 운영조건에 의존한다.

6.3.2 최소 고형물체류시간 결정

생물반응조에서 체류하는 고형물의 평균기간은 생물반응조 고형물 농도와 처리수 수질에 영향을 미친다. 또한 고형물체류시간(SRT)은 생물반응기의 크기를 설계하는 데 있어 초기 결정요소로 작용한다. 특히 하수처리에 있어 느리게 자라는 미생물이 생물반응조에 서식할 수 있도록 SRT는 충분히 길게 설정해야 한다. 일반적으로 질산화 미생물은 최소 SRT를 결정하는 데 사용되는 미생물이다.

질산화 미생물은 호기성 독립영양세균으로 암모니아산화균(AOB)과 아질산산화균(NOB)으로 구성된다. 만약 SRT가 충분히 길지 않다면 질산화균은 생물반응조에서 서식하지 못하고 잉여슬러지를 통해 배출되게 된다. 따라서 설계 SRT가 질산화를 유도할 정도로 충분히 긴지 체크할 필요가 있다. 질산화균에 대한 자세한 정보는 제2장을 참조하기 바란다. 일반적으로 AOB가 NOB보다 더 느리게 자라기 때문에, AOB의 성장동역학 식이 호기성 생물반응조의 최소 SRT를 추정하는 데 이용된다. AOB의 비성장속도(μ_{AOB})는 암모니아와 용존산소의 함수로 나타내며 아래의 식으로 표현된다.

$$\mu_{AOB} = \left(\frac{\mu_{m,AOB} \cdot NH_3}{K_N + NH_3}\right)\left(\frac{DO}{K_{DO} + DO}\right) - k_{d,AOB} \qquad [6.7]$$

여기에서 $\mu_{m,AOB}$＝AOB 최대 비성장속도, d^{-1}

　　　　　NH_3＝생물반응조 암모니아 농도, mg N/L

　　　　　K_N＝암모니아에 대한 반포화 상수, mg N/L

　　　　　DO＝생물반응조 용존산소 농도, mg/L

　　　　　K_{DO}＝용존산소에 대한 반포화 상수, mg/L

　　　　　$k_{d,AOB}$＝AOB 자산화 계수, d^{-1}

그리고 AOB의 최대 비성장속도($\mu_{m,AOB}$)는 온도에 영향을 받으며 아래와 같은 식으로 표현된다.

$$\mu_{m,AOB}(T_2) = \mu_{m,AOB}(T_1)\theta^{(T_2 - T_1)} \qquad [6.8]$$

여기에서 $\mu_{m,AOB}(T_2)$＝T_2 온도에서 AOB의 최대 비성장속도, d^{-1}

　　　　　$\mu_{m,AOB}(T_1)$＝T_1 온도에서 AOB의 최대 비성장속도, d^{-1}

　　　　　θ＝온도보정계수, 단위 없음

AOB 최대 비성장속도뿐만 아니라, 반포화 상수 및 자산화 계수도 온도에 영향을 받는다. 표 6.2에 MBR 플랜트에 응용할 수 있는 AOB에 대한 동역학 계수 혹은 상수와 온도보정계수를 나타내었다.

　　미생물의 비성장속도[$(dX/dt) \cdot (1/X)$]는 단위 시간과 단위 생체량에 대한 생산된 미생물의 생체량으로 정의되므로, SRT는 미생물 비성장속도의 역에 해당한다. 왜냐하면 SRT는 생물반응조의 총 생체량을 생체량 생산속도로 나눈 값이 되기 때문이다. SRT를 계산할 때 총 생체량(혹은 총 현탁고형물)을 생체량 제거(혹은 생산)속도로 나누었음을 기억할 필요가 있다. 따라서 SRT

계수 혹은 상수	단위	범위	일반적인 값
$\mu_{m,N}$	g VSS/g VSS·d	0.20-0.90	0.75
K_N	g NH₃-N/m³	0.5-1.0	0.74
Y_N	g VSS/g NH₃-N	0.10-0.15	0.12
$k_{d,N}$	g VSS/g VSS·d	0.05-0.15	0.08
K_{DO}	g/m³	0.40-0.60	0.50
계수에 대한 θ값			
$\mu_{m,N}$	단위 없음	1.06-1.123	1.07
K_N	단위 없음	1.03-1.123	1.053
$k_{d,N}$	단위 없음	1.03-1.08	1.04

표 6.2
활성슬러지에 서식하는
암모니아산화균의
동역학 계수(20℃
기준)와 온도보정계수

출처: Tchobanoglous, G et al., Wastewater Engineering: Treatment and Reuse, 4th edn., McGraw-Hill, New York, 2003.

는 아래의 식을 이용해 구할 수 있다.

$$SRT = \frac{1}{\mu_{AOB}}$$ [6.9]

따라서, 질산화균을 생물반응조에 유지하기 위한 최소 SRT는 AOB의 비성장속도를 계산함으로써 추정할 수 있다. AOB를 대상으로 추정한 SRT는 종속영양미생물(예, 유기물을 제거하기 위한 미생물)을 생물반응조에 유지하기 위한 SRT 보다 충분히 길다는 것에 주목할 필요가 있다. 왜냐하면 대부분의 종속영양미생물은 암모니아산화균보다 빠르게 자라기 때문이다. 만약 설계 SRT가 생물반응조 설계조건에서 AOB를 대상으로 계산한 최소 SRT보다 작다면, 최소 SRT 보다 큰 값을 가지도록 설계 SRT를 다시 설정할 필요가 있다.

SRT는 처리수의 COD 농도에 영향을 미치므로(식 2.20 참조), 설계 SRT가 방류수 허용 COD 농도를 만족시키는지 확인할 필요가 있다. 또한 SRT는 생물반응조의 고형물 생산량과 농도에 영향을 미친다. SRT가 증가하면서 고형물 생산량은 감소하는 경향을 보이지만 농도는 증가하게 된다. 너무 높은 고형물 농도는 분리막의 오염현상을 가속화 시키므로, 설계 SRT 조건이 분리막 오염에 악영향을 미칠 정도로 높은지 확인할 필요가 있다. 일반적으로 SRT는 생물반응조 고형물과 연관되어 분리막의 오염현상에 악영향을 미치지 않을 정도(MLSS 기준 8,000~12,000 mg/L 범위)로 설계되어야 한다.

Example 6.3

생물반응조에 종속영양미생물과 AOB 두 종류 미생물을 각각 유지시키기 위한 최소 SRT를 계산하시오. 계산을 위해 아래에 제시된 두 종류 미생물의 동역학 계수 혹은 상수를 이용하기 바란다. 그리고 생물반응조의 온도는 5℃이며 용존 산소 농도는 충분히 높아 두 종류 미생물이 성장하는 데 제한이 되지 않는다고 가정한다.

1. 종속영양미생물
   a. 5℃ 조건에서 최대 비성장속도: 2.2 g VSS/g VSS·d
   b. 생물반응조 COD 농도: 5.0 g bCOD/m³
   c. 5℃ 조건에서 COD에 대한 반포화 상수: 20 g bCOD/m³
   d. 5℃ 조건에서 자산화 계수: 0.07 g VSS/g VSS·d

2. AOB
   a. 5℃ 조건에서 최대 비성장속도: 0.27 g VSS/g VSS·d
   b. 생물반응조 암모니아 농도: 0.5 g NH₃-N/m³
   c. 5℃ 조건에서 암모니아에 대한 반포화 상수: 0.34 g NH₃-N/m³
   d. 5℃ 조건에서 자산화 계수: 0.04 g VSS/g VSS·d

Solution

제시된 5℃ 조건의 동역학 계수와 상수를 이용하여 두 종류 미생물에 대한 비성 장속도를 계산하면 다음과 같다.

■ 종속영양미생물의 비성장속도

$$\mu = \left(\frac{\mu_m \cdot S}{K_S + S} \right) - k_d = \left(\frac{(2.2 \text{ mg/mg} \cdot \text{d})(5.0 \text{ g/m}^3)}{(20 + 5.0) \text{ g/m}^3} \right) - 0.07 \text{ mg/mg} \cdot \text{d}$$
$$= 0.37 \text{ mg/mg} \cdot \text{d}$$

■ AOB의 비성장속도

$$\mu_{AOB} = \left(\frac{\mu_{m,AOB} \cdot NH_3}{K_N + NH_3} \right) - k_{d,AOB} = \left(\frac{(0.27 \text{ mg/mg} \cdot \text{d})(0.5 \text{ g/m}^3)}{(0.34 + 0.5) \text{ g/m}^3} \right) - 0.04 \text{ mg/mg} \cdot \text{d}$$
$$= 0.12 \text{ mg/mg} \cdot \text{d}$$

따라서 종속영양미생물과 AOB의 최소 SRT (즉, 비성장속도의 역수)는 각각 2.7 일과 8.3일이 된다. 일반적으로 계산을 할 때 1.5~2.0의 안전율을 포함시키게 되 는데, 이럴 경우 종속영양미생물과 AOB의 최소 SRT는 각각 4.1~5.4일과 12.5~16.6일이다. 여기에서 주목할 부분은 AOB에 대한 최소 SRT가 종속영양미 생물에 대한 최소 SRT보다 훨씬 길다는 것이다. 따라서 유기물 분해와 함께 질산화를 동시에 수행하는 MBR 플랜트를 설계할 때에는 AOB를 기준으로 최소 SRT를 설정한다(즉, 12.5~16.6일). 또한 MBR 플랜트의 일반적인 설계 SRT가 20일 이상인 점을 고려하면, MBR 플랜트는 생물반응조에 AOB를 유지하는 데 충분한 SRT로 설계 운영되고 있다고 할 수 있다.

6.3.3 일(日) 고형물 발생량 추정

탈수설비, 슬러지 건조설비, 슬러지 소각설비 등 하수처리장의 고형물 처리시설을 설계하기 위해서는 생물반응조에서 발생하는 고형물(혹은 슬러지) 양을 추정해야 한다. 발생하는 고형물의 추정은 총 고형물(X_T) 농도식에 근거한다. 추정을 위한 중요한 식들을 다시 되짚어 보자. 총 고형물 농도는 동역학 계수, 하수 성상 및 생물반응조 운영조건을 이용해 아래의 식으로부터 얻을 수 있다.

$$X_T = X + X_i = \underbrace{\left(\frac{SRT}{\tau}\right)\left[\frac{Y(S_0 - S)}{1 + k_d SRT}\right]}_{\text{활성 생체량}} + \underbrace{\frac{X_{0,i} SRT}{\tau}}_{\substack{\text{유입수 유래} \\ \text{비생분해성 고형물}}}$$

$$+ \underbrace{f_d k_d \left(\frac{SRT}{\tau}\right)\left[\frac{Y(S_0 - S)}{1 + k_d SRT}\right] SRT}_{\substack{\text{생체량 자산화 유래} \\ \text{비생분해성 고형물}}} \qquad [6.10]$$

여기에서 X_T=총 고형물 농도, mg VSS/L

X=생체량 농도, mg VSS/L

X_i=비생분해성 고형물 농도, mg VSS/L

τ=수리학적 체류시간, d

Y=미생물 생체량 수율, mg VSS/mg COD

S_0=생분해성 COD 농도, mg COD/L

S=처리수 COD 농도, mg COD/L

k_d=자산화 계수, d^{-1}

$X_{0,i}$=유입수 비생분해성 고형물 농도, mg VSS/L

f_d=자산화 과정에서 분해되지 않고 남아 있는 생체량 분율,
　　단위 없음

위 식에서 알 수 있듯이 생물반응조 총 고형물(X_T)은 활성을 가지는 생체량(X)과 비생분해성 고형물(X_i)로 구성된다. 비생분해성 고형물은 유입수로부터 유래한 비생분해성 고형물($X_{o,i}$)과 생체량 자산화로부터 유래한 비생분해성 고형물로 더 분류된다. 고형물의 모든 단위는 질량/부피이다.

일 고형물(혹은 슬러지) 발생량(단위: 질량/시간)은 유속(Q), SRT 및 식 6.10에서 얻은 총 고형물 농도(X_T)를 이용하여 예측할 수 있다. SRT는 생물반응조에 있는 총 고형물의 질량($X_T \cdot V$)을 총 고형물 폐기속도(Wastage rate)로 나눈 값이다(즉, SRT=$X_T \cdot V$/총 고형물 폐기속도). 생물반응조 운영이 정상상태(Steady-state condition)일 때 총고 형물 생산속도는 총 고형물 폐기속도와 동일해야 한다. 따라서 일(日) 고형물 생산속도(P_{X_T})는 일 고형물 폐기속도와 동일하며, 아래의 식을 이용해 추정할 수 있다.

$$P_{X_T} = \frac{X_T V}{SRT} = \left(\left(\frac{SRT}{\tau} \right) \left[\frac{Y(S_0 - S)}{1 + k_d SRT} \right] + \frac{X_{0,i} SRT}{\tau} + f_d k_d \left(\frac{SRT}{\tau} \right) \left[\frac{Y(S_0 - S)}{1 + k_d SRT} \right] SRT \right) \left(\frac{V}{SRT} \right)$$

$$= \frac{QY(S_0 - S)}{1 + k_d SRT} + QX_{0,i} + f_d k_d \frac{QY(S_0 - S)}{1 + k_d SRT} SRT$$

[6.11]

여기에서 Q=유입수 유속, m^3/d

V=생물반응조 부피, m^3

Example 6.4

두 가지 SRT 조건(20일과 30일)으로 운영되는 생물반응조에서 일 총 고형물 발생량을 구하시오. 생물반응기는 다음의 조건으로 설계되어 있다.

- SRT=20일 혹은 30일
- 유속=1,000 m^3/d
- 생물반응조 총 고형물 농도=8,000 mg VSS/L

유입수는 다음과 같은 성상을 가지고 있다.

- 생분해성 COD 농도=400 g COD/m^3
- 비생분해성 고형물 농도=20 g VSS/m^3

SRT 계산을 위해 아래의 동역학 계수 혹은 상수를 이용하시오.

$$k = 12.5 \text{ g COD/g VSS} \cdot \text{d}$$
$$K_s = 10 \text{ g COD/m}^3$$
$$Y = 0.40 \text{ g VSS/g COD}$$
$$f_d = 0.15 \text{ g VSS/g VSS}$$
$$k_d = 0.10 \text{ g VSS/g VSS} \cdot \text{d}$$

Solution

일 총 고형물 발생량은 식 6.11을 이용하여 구할 수 있다. 식 6.11을 이용하기 위해서는 우선 처리수 COD 농도를 추정해야 한다. SRT 20일 조건에서 처리수 COD 농도는 식 2.20을 이용하여 구할 수 있다.

$$
\begin{aligned}
S &= \frac{K_S(1 + k_d SRT)}{SRT(Yk - k_d) - 1} \\
&= \frac{(10 \text{ g COD/m}^3)[1 + (0.10 \text{ g VSS/g VSS} \cdot \text{d})(20 \text{ d})]}{20 \text{ d}[(0.40 \text{ g VSS/g COD})(12.5 \text{ g COD/g VSS} \cdot \text{d}) - 0.10 \text{ g VSS/g VSS} \cdot \text{d}] - 1} \\
&= 0.31 \text{ g COD/m}^3
\end{aligned}
$$

$$
\begin{aligned}
P_{X_T} &= \frac{QY(S_0 - S)}{1 + k_d SRT} + QX_{0,i} + f_d k_d \frac{QY(S_0 - S)}{1 + k_d SRT} SRT \\
&= \frac{(1{,}000 \text{ m}^3/\text{d})(0.4 \text{ g VSS/g COD})\left((400 - 0.31) \text{ g COD/m}^3\right)}{1 + (0.1 \text{ g VSS/g VSS})(20 \text{ d})} \\
&\quad + (1{,}000 \text{ m}^3/\text{d})(20 \text{ g VSS/m}^3) + (0.15 \text{ g VSS/g VSS})(0.1 \text{ g VSS/g VSS}) \\
&\quad \left[\frac{(1{,}000 \text{ m}^3/\text{d})(0.4 \text{ g VSS/g COD})\left((400 - 0.31) \text{ g COD/m}^3\right)}{1 + (0.1 \text{ g VSS/g VSS})(20 \text{ d})}\right](20 \text{ d}) \\
&= (53{,}292 + 20{,}000 + 15{,}988) \text{ g VSS/d} \\
&= 89{,}280 \text{ g VSS/d} \cong 89.3 \text{ kg VSS/d}
\end{aligned}
$$

SRT 30일 조건에서 일 총 고형물 발생량도 비슷한 과정을 거쳐 구할 수 있다.

$$S = 0.27 \text{ g COD/m}^3$$
$$P_{X_T} = 78.0 \text{ kg VSS/d}$$

SRT 20일 조건과 비교해서 SRT 30일 조건에서 일 총 고형물 발생량이 더 적음을 주목할 필요가 있다. 우리는 SRT가 어떻게 생물반응조 설계에 영향을 미치는지 Example 6.5를 통해서 다시 한번 배울 기회를 가질 것이다.

유기물(COD) 제거뿐만 아니라 질소 제거를 위해 질산화를 유도하는 생물반응조에서는, 일 총 고형물 발생량 추정을 위해 질산화미생물 생체량과 이로부터 야기되는 비생분해성 고형물도 고려해야 한다. 그렇지만 질산화미생물의 자산화로 인한 비생분해성 고형물 발생량은 무시할 정도로 작기 때문에, 일반적으로 고형물 발생량 추정에 있어서 질산화미생물 생체량만을 고려한다. 따라서 식 6.11은 아래와 같이 변형되어야 한다.

$$P_{X_T} = \frac{QY(S_0 - S)}{1 + k_d SRT} + \frac{QY_n N_{ox}}{1 + k_{dn} SRT} + QX_{0,i} + f_d k_d \frac{QY(S_0 - S)}{1 + k_d SRT} SRT \qquad [6.12]$$

종속영양미생물에 의한 고형물 생산 / 질산화미생물에 의한 고형물 생산 / 종속영양미생물 자산화에 의한 고형물 생산

유입수 비분해성 물질에 의한 고형물 생산

여기에서 Y_n＝질산화미생물 생체량 수율, mg VSS/mg N

N_{ox}＝산화 가능한 질소 농도, mg N/L

k_{dn}＝질산화미생물 자산화 계수, d^{-1}

식 6.12에서 산화 가능한 질소(N_{ox})는 질소 물질수지를 바탕으로 아래의 식을 이용해 추정할 수 있다.

$$산화 가능한 N = 유입수 N - 처리수 N - 생체량 N$$

$$QN_{ox} = Q(TKN_0) - QN_e - 0.12P_{X,bio}$$

$$N_{ox} = TKN_0 - N_e - 0.12P_{X,bio}/Q \qquad [6.13]$$

여기에서 TKN_0＝유입수 TKN 농도, g N/m³

N_e＝처리수 암모니아성질소 농도, g N/m³

$P_{x,bio}$＝미생물의 성장과 자산화로 인한 일 고형물 발생량, g VSS/d

0.12＝생체량의 질소 분율, 단위 없음

일 총 고형물 발생량을 추정할 때 엔지니어들은 대개 VSS보다는 TSS를 기준으로 한다. TSS를 기준으로 일 고형물을 추정할 때에는 주로 경험으로부터 얻은 정보가 사용된다. Tchobanoglous 등(2003)은 생체량과 생체량 자산화로부터 발생된 비생분해성 고형물에 기인한 TSS의 85%가 VSS라고 가정했다. 그렇지만, 좀더 정확한 VSS에 대한 TSS 비율은 실험을 통해 얻을 수 있다. 유입수 비생분해성 고형물에 기인한 TSS는 이 비율로 계산하기보다는 유입수 비생분해성 고형물의 VSS($X_{0,i}$)와 FSS$_0$(＝TSS$_0$－VSS$_0$)의 합으로 추정할 수 있다. 여기에서 FSS$_0$는 휘발되지 않는 현탁고형물이며, TSS$_0$는 유입수 총 현탁고형

물이고, VSS_0는 유입수 휘발성 현탁고형물이다. 따라서 TSS를 기준으로 한 일 총 고형물 발생량은 아래와 같은 식으로 나타낼 수 있다.

$$P_{X_T} = \left[\frac{\dfrac{QY(S_0 - S)}{1 + k_d SRT}}{0.85}\right] + \left[\frac{\dfrac{QY_n N_{ox}}{1 + k_{dn} SRT}}{0.85}\right]$$

$$+ \left[QX_{0,i} + Q(TSS_0 - VSS_0)\right] + \left[\frac{\dfrac{f_d k_d \dfrac{QY(S_0 - S)}{1 + k_d SRT} SRT}{}}{0.85}\right] \qquad [6.14]$$

6.3.4 호기조 용적 결정

설계 SRT를 결정하고 일 총 고형물 발생량을 추정한 후에는 생물반응조의 용적을 계산해야 한다. 생물반응조의 용적은 생물반응조의 총 고형물 양(Mass)을 생물반응조의 총 고형물 농도로 나누어 구할 수 있다(식 6.15). 생물반응조의 총 고형물 양은 일 총 고형물 생산량에 설계 SRT를 곱하여 계산되며, 생물반응조의 총 고형물 농도는 설계값이다.

$$V = \frac{\text{Mass of solids in a bioreactor}}{\text{Total solids concentration in a bioreactor}} \qquad [6.15]$$

$$\text{Mass of soilds in a bioreactor} = P_{X_T} \cdot SRT \qquad [6.16]$$

여기에 소개된 생물반응조 용적을 결정하는 방법은 설계 총 고형물 농도에 기반한다. 만약 기존 활성슬러지 생물반응조를 개량하여 MBR 시스템에 적용할 경우에는(즉, 생물반응조의 용적이 이미 결정된 경우에는) 고정된 생물반응조 용적과 추정한 생물반응조의 총 고형물 양을 기반으로 생물반응조 총 고형물 농도를 결정한다.

Example 6.5

두 가지 SRT 조건(20일과 30일)으로 운영되는 생물반응조를 대상으로 필요한 생물반응조 용적을 계산하시오. 여기에서는 질산화가 일어나지 않는다고 가정한다. 아래에 제시된 값들을 제외하고, 생물반응조 설계를 위한 조건, 유입하수 성상, 미생물 동역학 계수는 Example 6.4에 제시된 것과 동일하다고 가정한다.

- 설계 총 고형물 농도＝10.0 kg TSS/m³
- TSS 중 VSS 분율＝0.85
- 자산화 과정에서 분해되지 않고 남아 있는 생체량 분율(f_d)＝0.15
- TSS_0＝60 g/m³
- VSS_0＝60 g/m³

Solution

20일 SRT 조건에서 필요한 생물반응조 용적을 계산하기 위해서는, 우선 식 6.14을 이용하여 일 총 고형물 발생량과 식 6.16을 이용하여 생물반응조의 총 고형물 양을 추정해야 한다.

$$P_{X_T} = \left[\frac{\dfrac{QY(S_0-S)}{1+k_dSRT}}{0.85}\right] + \left[QX_{0,i} + Q(TSS_0 - VSS_0)\right] + \left[\frac{f_dk_d\dfrac{QY(S_0-S)}{1+k_dSRT}SRT}{0.85}\right]$$

$$= \frac{53,292 \text{ g VSS/d}}{0.85 \text{ g VSS/g TSS}} + 20,000 \text{ g VSS/d} + 1,000 \text{ m}^3/\text{d}(60-50)\text{ g/m}^3 + \frac{15,988 \text{ g VSS/d}}{0.85 \text{ g VSS/g TSS}}$$

$$= 111,506 \text{ g TSS/d} \approx 111.5 \text{ kg TSS/d}$$

$$\text{Mass of soilds in a bioreactor} = P_{X_T} \cdot SRT = (111.5 \text{ kg TSS/d})(20 \text{ d})$$
$$= 2,230 \text{ kg TSS}$$

다음으로는 식 6.15를 이용하여 필요한 생물반응조 용적을 아래와 같이 계산할수 있다.

$$V = \frac{\text{mass of solids in a bioreactor}}{\text{total solids concentration in a bioreactor}} = \frac{2,230 \text{ kg TSS}}{10 \text{ kg TSS/m}^3} = 223 \text{ m}^3$$

위에 제시된 방법과 유사하게, 30일 SRT 조건에서 필요한 생물반응조 용적을 계산할 수 있다.

$$P_{X_T} = 98.2 \text{ kg TSS/d}$$
$$\text{Mass of solids in the reactor} = 2,946 \text{ kg TSS}$$
$$V = 295 \text{ m}^3$$

위 계산에서 보았듯이 SRT가 20일에서 30일로 증가하면서 일 총 고형물 발생량은 14.5% 줄어드는 것을 알 수 있다. 이는 SRT가 증가하면서 생체량의 자산화가 증가했기 때문이다. 그렇지만 SRT가 증가하면서 필요한 생물반응조의 용적은 32.3% 증가했음을 알 수 있다.

6.3.5 무산소조 용적 결정

무산소조 용적 결정은 탈질되는 질소의 물질수지와 무산소조의 비탈질률 (SDNR)에 기반한다. 탈질되는 질소의 물질수지는 질산화되는 암모니아성질소 농도(N_{ox}, 식 6.13)와 처리수 목표 질산성질소 농도 혹은 허용 방류수 질산성질소 농도 최대치($NO_{3,p}$)를 바탕으로 아래의 식을 이용하여 추정할 수 있다.

$$\text{탈질되는 질소의 양} = Q \cdot (N_{ox} - NO_{3,p}) \qquad [6.17]$$

한편 SDNR은 유기물의 농도에 영향을 받게 되는데, SDNR은 무산소조의 F/M 비(F/M_{ax}, 식 6.18)에 선형적으로 비례하는 함수로 아래 식 6.19와 같이 표현될 수 있다. F/M_{ax}에 대한 SDNR의 관계는 그림 6.12에 나타내었다.

$$F/M_{ax} = \frac{QS_0}{V_{ax}X_{ax}} \qquad [6.18]$$

$$SDNR = 0.019\left(\frac{F}{M_{ax}}\right) + 0.029 \qquad [6.19]$$

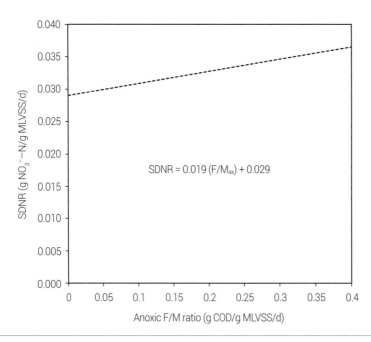

무산소조 F/M비에 따른 SDNR의 관계. 출처: Tchobanoglous, G. et al., Wastewater Engineering: Treatment and Reuse, 4th edn., McGraw-Hill, New York, 2003. 그림 6.12

여기에서 V_{ax} = 무산소조 용적, m^3

X_{ax} = 무산소조 총 고형물 농도, g VSS/m^3

한편 F/M_{ax}은 무산소조 용적(V_{ax})의 함수이므로, 무산소조 용적을 계산하기 위해서는 F/M_{ax}을 동시에 결정해야 한다. 그림 6.13에 무산소조 F/M비와 용적을 동시에 결정하는 절차를 도식화하여 나타내었다. 이 방법은 우선 특정 무산소조 용적을 가정하며, 이 가정을 통해 무산소조 F/M비와 SDNR을 계산하는 순서를 따른다. 이어 무산소조에서 탈질되는 질소의 양과 무산소조 총 고형물 농도를 바탕으로 식 6.20을 이용하여 무산소조 용적을 계산한다. 이 과정을 가정한 무산소조 용적과 계산을 통해 얻은 무산소조 용적이 같은 값을 가질 때까지 반복한다.

$$V_{ax} = \frac{\text{Solids required for denitrification}}{\text{Solids concentration in the anoxic tank}} = \frac{Q(N_{ox} - NO_{3,p})/SDNR}{X} \qquad [6.20]$$

호기조에서 무산소조로 내부반송 유속은 총 질소 제거율(TNR), 유입수 유속

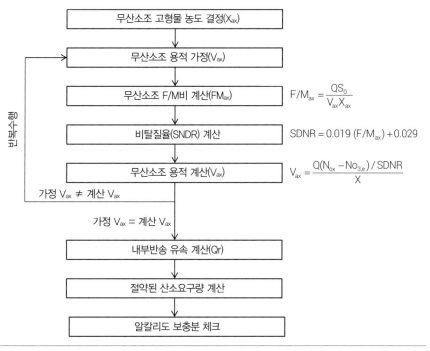

그림 6.13 　　　　무산소조 설계를 위한 절차.

(Q), 내부반송 유속(Q,), 동화되는 질소의 분율(f)의 관계를 나타낸 식 2.26을
변형하여 아래와 같은 식을 이용하여 구할 수 있다. 아래의 식은 유입 총 질
소(TKN₀)가 호기조에서 모두 질산화된다고 가정한다.

$$Q_r = \frac{Q(TNR - f)}{1 - TNR} \qquad [6.21]$$

$$TNR = \frac{TKN_0 - NO_{3,p}}{TKN_0} \qquad [6.22]$$

$$f = \frac{TKN_0 - N_{ox}}{TKN_0} \qquad [6.23]$$

2.5.1항과 2.5.2항에서 토의하였듯이, 알칼리도는 질산화 과정을 통해 소모되
며(1 mg 암모니아성질소가 산화될 때 7.1 mg CaCO₃ 알칼리도 소모) 탈질과정
을 통해 회복된다(1 mg 질산성질소가 환원될 때 3.6 mg CaCO₃ 알칼리도 회
복). 따라서 질산화 및 탈질과정을 통해 알칼리도가 추가적으로 요구되는지
체크해 볼 필요가 있다.

    또한 무산소조의 탈질과정은 COD를 소모하는 반응이므로, 무산소조를
설계할 때 산소요구량 절약분을 계산해야 한다. 산소요구량이 절약되면 호기
조에 공급하는 산소량을 줄일 수 있다. 2.5.2항에서 토의했듯이 1.0 g의 질산
성질소가 탈질될 때 2.86 g의 산소가 절약된다. 절약되는 산소량은 식 6.17에
나타낸 탈질되는 질소의 양에 2.86을 곱해 구할 수 있다.

6.4 폭기(Aeration) 설계

호기성 미생물은 생물반응조 폭기장치에서 제공되는 산소를 유기물과 무기
물을 산화하기 위한 최종전자수용체로 이용한다. 또한 폭기는 생물반응조의
활성슬러지를 혼합하며 침지식 MBR의 경우 분리막 오염을 막기 위한 난류
를 생성시키는 역할도 한다. 생물학적 처리시스템에서 폭기는 에너지를 가장
많이 요구하는 공정이다. 일반 활성슬러지 공정의 경우 약 50%의 에너지 소
모가 폭기에 기인한다. MBR 공정에서는 분리막 오염을 막기 위한 폭기가 추
가로 요구되어, 폭기 에너지 비용이 80%까지 올라가기도 한다. 따라서 MBR
시스템의 적정한 폭기 설계를 통해 너무 많은 에너지 비용이 소요되지 않도
록 해야 한다. 그렇지만 폭기량을 너무 적게 설계한다면 오염물 분해가 충분

히 이루어지지 않을 수 있다.

6.4.1 실제 산소전달률

현장조건에서 측정한 산소전달률(Actual oxygen transfer rate, AOTR)은 청수(淸水)를 이용하여 표준조건에서 측정한 산소전달률(Standard oxygen transfer rate, STOR)보다 훨씬 작은 값을 가진다. AOTR을 계산하기 위해서는 우선 액체에서 산소전달 이론을 이해할 필요가 있다. 폐수처리공학에서 일반적으로 이용되는 산소전달 이론은 이중필름이론(Two-film theory)이다. 이중필름이론은 그림 6.14에 나타내었듯이 벌크(Bulk) 가스상(Gas phase)과 벌크 액체상(Liquid phase) 사이에 두 개의 필름층이 존재한다고 가정한다.

이중필름이론에서 두 필름은 가스가 이동하는 데 저항으로 작용하며, 두 상(Phase)의 가스 농도차가 가스를 이동시키는 원동력이 된다고 가정한다. 또한 대부분의 물질전달 저항이 액체필름에서 발생한다면, 산소전달률은 다음과 같은 식으로 표현할 수 있다.

$$\text{OTR} = \frac{dDO}{dt} \cdot V = K_L a \cdot (DO_s - DO) \cdot V \tag{6.24}$$

여기에서　DO = 벌크 액체상에서 용존산소 농도, mg/L

DO_s = 벌크 가스상에 대한 화학평형 용존산소 농도, mg/L

$K_L a$ = 산소의 물질전달 계수, h^{-1}

V = 액체의 부피, m^3

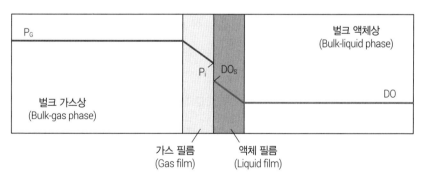

P_G = 벌크 가스상의 산소 부분압
P_i = 경계면에서 DO_s와 화학평형이 이루어졌을 때 산소 부분압
DO = 벌크 액체상의 용존산소 농도
DO_s = 경계면에서 P_i와 화학평형이 이루어졌을 때 용존산소 농도

그림 6.14　　　　이중필름이론을 설명하는 모식도.

SOTR은 표준조건(20°C, 1 atm, 0‰ 염도 및 0 mg/L 용존산소)에서 산소전달률이며, AOTR은 온도, 하수성상, 폭기장치, 혼합강도 및 호기조 형상 등 다양한 현장조건을 반영한 산소전달률이다. 온도는 산소 물질전달 계수에 직접적 영향을 미침으로써 산소전달률에 영향을 준다. 아래의 식에 표현한 것과 같이, 온도가 높아지면 산소 물질전달 계수는 작아진다.

$$K_L a(T) = K_L a(20°C)\theta^{T-20} \qquad [6.25]$$

여기에서 $K_L a(T) = T°C$ 온도조건에서 산소의 물질전달 계수, hr^{-1}

$K_L a(20°C) = 20°C$ 온도조건에서 산소의 물질전달 계수, hr^{-1}

$\theta =$ 온도보정계수, 단위 없음

하수성상, 폭기장치, 혼합강도 및 호기조 형상도 산소 물질전달 계수에 영향을 주어 궁극적으로 산소전달률에 영향을 미치는데, 각각의 인자에 대해 영향을 따로 표현하기보다는 하나의 인자로 나타낸다. 이 인자를 알파보정인자(Alpha correction factor)라고 부르며 아래와 같이 정의된다.

$$\alpha = \frac{K_L a(\text{wastewater})}{K_L a(\text{clean water})} \qquad [6.26]$$

알파보정인자는 실험을 통해 얻을 수 있으며 0.3에서 1.2 사이로 매우 범위가 큰 것으로 알려져 있다(Tchobanoglous et al., 2003). 알파보정인자는 일반 활성슬러지 공정에 비해 고농도의 고형물 농도로 운영하는 MBR 공정에서 낮은 값을 가지는 것으로 알려져 있다. Krampe와 Krauth (2003)의 연구에 의하면 알파보정인자는 MLSS 농도가 높아지면서 지수적으로 낮아지는 것으로 나타났다. 그들은 MLSS에 대한 관계식을 $\alpha = e^{-0.08788 \cdot MLSS}$로 표현하였다. 폭기장치는 알파보정인자에 큰 영향을 미치는 것으로 알려져 있다. 일반적으로 기계식 폭기 방식(0.6~1.2)이 공기확산(Diffused aeration) 방식(0.4~0.8)보다 더 큰 값을 가지는 것으로 알려져 있다(Tchobanoglous et al., 2003).

하수의 성상은 산소의 물질전달뿐만 아니라 포화 용존산소 농도에도 영향을 미치는 것으로 알려져 있다. 이 효과는 베타보정인자로 표현되며 아래와 같은 식으로 나타낼 수 있다.

MBR 설계

$$\beta = \frac{DO_S(\text{wastewater})}{DO_S(\text{clean water})} \qquad [6.27]$$

베타보정인자는 0.7에서 0.98 사이의 범위로 알려져 있으며, 일반적인 하수의 베타보정인자는 0.95로 통용된다.

지금까지 설명한 모든 보정계수 및 인자를 고려한 현장조건에서 산소전달률(AOTR)은 다음과 같이 표현된다.

$$AOTR = SOTR \cdot \frac{\alpha(\beta DO_S - DO)}{DO_{S,20}} \cdot \theta^{T-20} \qquad [6.28]$$

여기에서 AOTR = 실제 산소전달률, kg/h

SOTR = 표준조건에서 산소전달률, kg/h

$DO_{S,20}$ = 20℃ 벌크 가스상에 대한 화학평형 용존산소 농도, mg/L

Example 6.6

아래에 제시된 현장조건에서 산소전달률(AOTR)을 계산하시오. 그리고 표준조건에서 추정한 산소전달률(SOTR)과 그 값을 비교하시오.

20℃ 조건에서 산소의 물질전달 계수(K_La) = 4.9 h^{-1}
알파보정인자(α) = 0.6
온도보정계수(θ) = 1.024
베타보정인자(β) = 0.95
하수 온도 = 25℃
20℃ (293 K) 조건에서 Henry의 법칙 상수 = 790 L·atm/mol
호기조 설계 용존산소 농도 = 2.0 mg/L
생물반응조 부피 = 223 m³

Solution

SOTR과 AOTR을 계산하기 위해서는 우선 20℃ (293 K)와 25℃ (298 K) 조건에서 포화 용존산소 농도를 추정해야 한다. 특정 온도(T) 조건에서 포화 용존산소 농도($DO_S(T)$)는 산소의 Henry의 법칙 상수[$H_{O_2}(T)$]를 이용하여 아래와 같은 식으로 구할 수 있다.

$$DO_S(T) = \frac{P_{O_2(g)}}{H_{O_2}(T)} \qquad [6.29]$$

여기에서 $P_{O_2(g)}$ = 가스상에서 산소의 부분압, atm

T 온도조건에서 산소의 Henry의 법칙 상수[$H_{O_2}(T)$]는 아래 반트호프 식(Van't Hoff equation)을 이용하여 구할 수 있다.

$$H_{O_2}(T_2) = H_{O_2}(T_1) \cdot \exp\left[\frac{\Delta H^\circ}{R}\left(\frac{1}{T_1} - \frac{1}{T_2}\right)\right] \qquad [6.30]$$

여기에서 $H_{O_2}(T_2) = T_2$ 온도조건에서 Henry의 법칙 상수, L·atm/mol

$\qquad\quad H_{O_2}(T_1) = T_1$ 온도조건에서 Henry의 법칙 상수, L·atm/mol

$\qquad\quad \Delta H^\circ$ = 표준엔탈피 변화, kcal/mol

$\qquad\quad R$ = 이상기체 상수, cal/degree·mol

$$H_{O_2}(298\ \text{K}) = 790\ \frac{\text{L·atm}}{\text{mol}} \cdot \exp\left[\frac{3.56 \times 10^3\ \text{cal/mol}}{1.987\ \text{cal/K·mol}}\left(\frac{1}{293\ \text{K}} - \frac{1}{298\ \text{K}}\right)\right] = 875\ \frac{\text{L·atm}}{\text{mol}}$$

20℃ (293 K)와 25℃ (298 K) 조건에서 Henry의 법칙 상수를 이용한 포화 용존산소 농도는 다음과 같이 계산된다.

$$DO_S(293\ \text{K}) = \frac{P_{O_2(g)}}{H_{O_2}(293\ \text{K})} = \frac{0.21\ \text{atm}}{790\ \text{L·atm/mol}} = 2.66 \times 10^{-4}\ \frac{\text{mol}}{\text{L}} = 8.51\ \frac{\text{mg}}{\text{L}}$$

$$DO_S(298\ \text{K}) = \frac{P_{O_2(g)}}{H_{O_2}(298\ \text{K})} = \frac{0.21\ \text{atm}}{875\ \text{L·atm/mol}} = 2.40 \times 10^{-4}\ \frac{\text{mol}}{\text{L}} = 7.68\ \frac{\text{mg}}{\text{L}}$$

SOTR은 20℃ 조건에서 용존산소 농도가 0 mg/L인 청수에 대한 산소전달률이므로 아래와 같이 계산된다.

$$\begin{aligned} SOTR &= K_L a(DO_{S,20} - 0)V = K_L a \cdot DO_{S,20} \cdot V \\ &= (4.9\ \text{h}^{-1})(8.51\ \text{mg/L})(10^{-6}\ \text{kg/mg})(10^3\ \text{L/m}^3)(223\ \text{m}^3) \\ &= 9.30\ \text{kg/h} \end{aligned}$$

따라서 SOTR을 이용한 AOTR은 식 6.28을 이용하여 아래와 같이 계산된다.

$$\begin{aligned} AOTR &= SOTR \cdot \frac{\alpha(\beta DO_S - DO)}{DO_{S,20}} \cdot \theta^{T-20} \\ &= (9.30\ \text{kg/h}) \cdot \frac{0.6(0.95 \cdot 7.68\ \text{mg/L} - 2.0\ \text{mg/L})}{8.51\ \text{mg/L}} \cdot 1.024^{(25-20)} \\ &= 3.91\ \text{kg/h} \end{aligned}$$

위 계산에서 알 수 있듯이 AOTR은 SOTR의 42%에 불과하다는 것에 주목할 필요가 있다. 즉, 현장조건에서 산소전달률은 표준조건에 비해 매우 작다는 것이다.

6.4.2 생물학적 처리를 위한 폭기량 산정

생물학적 처리를 위한 이론적인 산소요구량을 산정하는 절차는 COD 소비량, 질산화량, 탈질량 및 생체량을 토대로 한다. 이론적인 산소요구량(OD_{theory})을 계산하는 식을 아래에 다시 한 번 나타내었다.

$$OD_{theory} = Q(S_0 - S) + 4.32QN_{ox} - 2.86Q(N_{ox} - NO_{3,e}) - 1.42P_{X,bio} \qquad [6.31]$$

이 식은 산소의 물질수지식을 바탕으로 한다. OD_{theory}는 COD 제거량 $[Q(S_0\text{-}S)]$, 질산화에 의한 산소소모량($4.32QN_{ox}$), 탈질에 의한 산소보충량 $[-2.86Q(N_{ox} - NO_{3,e})]$ 및 생체량에 의한 산소보충량($-1.42P_{x,bio}$)을 합한 것이다. $P_{X,bio}$는 종속영양미생물과 질산화미생물에 해당하는 생체량을 합성하는 속도와 생체량으로부터 자산화를 통해 비생분해성 고형물을 합성하는 속도의 합으로, 이 두 과정에서 산소가 소모된다. $P_{X,bio}$는 아래와 같은 식으로 표현된다.

$$P_{X,bio} = \frac{QY(S_0 - S)}{1 + k_d SRT} + \frac{QY_n N_{ox}}{1 + k_{dn} SRT} + f_d k_d \frac{QY(S_0 - S)}{1 + k_d SRT} SRT \qquad [6.32]$$

한편, OD_{theory}는 이론적 산소요구량이므로, 그 값을 현장조건을 바탕으로 변환해야 한다. 현장조건의 산소요구량(OD_{field})은 아래의 식으로 유도될 수 있다.

$$
\begin{aligned}
OD_{field} &= \left(\frac{OD_{theory}}{E}\right)\left(\frac{SOTR}{AOTR}\right) \\
&= \left(\frac{OD_{theory}}{E}\right)\left(\frac{DO_{S,20}}{\alpha \cdot (\beta DO_s - DO) \cdot \theta^{T-20}}\right)
\end{aligned} \qquad [6.33]
$$

여기에서 OD_{field} = 현장조건에서 산소요구량, kg/d

$\qquad OD_{theory}$ = 이론적 산소요구량, kg/d

$\qquad DO_{S,20}$ = 20°C 조건에서 포화 용존산소 농도, mg/L

$\qquad E$ = 폭 기관의 산소전달 효율, 단위 없음

Example 6.7

Example 6.4에서 소개된 SRT 20일로 운영되는 MBR 시스템에서 현장조건 산소요

구량을 추정하시오. 폭기관 산소전달효율은 0.30이며, 다른 조건은 Example 6.6에서 제시된 현장조건과 동일하다고 가정하기 바란다.

Solution

Example 6.4에서 질산화를 고려하지 않았기 때문에 $P_{X,bio}$는 아래와 같이 구할 수 있다.

$$
\begin{aligned}
P_{X,bio} &= \frac{QY(S_0-S)}{1+k_dSRT} + f_dk_d\frac{QY(S_0-S)}{1+k_dSRT}SRT \\
&= \frac{(1,000\ m^3/d)(0.4\ g\ VSS/g\ COD)\big((400-0.31)\ g\ COD/m^3\big)}{1+(0.1\ g\ VSS/g\ VSS)(20\ days)} \\
&\quad +(0.15\ g\ VSS/g\ VSS)(0.1\ g\ VSS/g\ VSS) \\
&\quad \left[\frac{(1,000\ m^3/d)(0.4\ g\ VSS/g\ COD)\big((400-0.31)\ g\ COD/m^3\big)}{1+(0.1\ g\ VSS/g\ VSS)(20\ days)}\right](20\ days) \\
&= (53,292+15,988)\ g\ VSS/day \\
&= 69,280\ g\ VSS/day
\end{aligned}
$$

OD_{theory}는 위에서 구한 $P_{X,bio}$를 이용하여 다음과 같이 추정할 수 있다.

$$
\begin{aligned}
OD_{theory} &= Q(S_0-S)-1.42P_{X,bio} \\
&= 1,000\ m^3/d\cdot(400-0.31)\ g/m^3-1.42\cdot69,280\ g/d \\
&= 301,312\ g/d = 301\ kg/d = 12.5\ kg/h
\end{aligned}
$$

마지막으로 OD_{field}는 OD_{theory}, 폭기관 산소전달효율, 알파보정인자, 베타보정인자, 20°C 조건에서 포화 용존산소 농도를 이용하여 아래와 같이 구할 수 있다.

$$
\begin{aligned}
OD_{field} &= \left(\frac{OD_{theory}}{E}\right)\left(\frac{DO_{S,20}}{\alpha\cdot(\beta DO_s-DO)\cdot\theta^{T-20}}\right) \\
&= \left(\frac{301\ kg/d}{0.3}\right)\left(\frac{8.51\ mg/L}{0.6(0.95\cdot7.68\ mg/L-2.0\ mg/L)\cdot1.024^{(25-20)}}\right) \\
&= 2,387\ kg/d = 99\ kg/h
\end{aligned}
$$

OD_{field}는 OD_{theory}에 비해 약 7.9배 큰 값을 가지는 것으로 추정되었다. 공기의 밀도를 1.2 kg/m³으로 가정한다면, OD_{field}를 기준으로 계산한 공기 공급속도는 359 m³ air/h 이다[$= (99\ kg\ O_2/h)/(0.23\ kg\ O_2/kg\ air \times 1.2\ kg\ air/m^3)$].

6.4.3 분리막 세정을 위한 폭기량 산정

분리막 표면에 쌓인 고형물을 닦아내기 위해 침지식 MBR 시스템에서는 일반적으로 분리막 모듈 하단에 조대공기방울 폭기관이 설치된다. 플럭스는 분리막에 가해지는 폭기량에 비례하여 어느 정도까지 향상되기 때문에(Chang, 2011), 분리막 폭기(Membrane aeration)는 분리막의 오염현상 지연과 더불어 여과성능을 향상시키는 역할을 한다. 그렇지만 조대공기방울 폭기로 인한 에너지 비용 증가는 MBR 플랜트 운영비용을 30~50%까지 증가시킬 수 있어(Judd, 2008), 분리막의 오염을 줄이면서 과도한 폭기 에너지가 소요되지 않을 정도의 적정한 폭기량의 산정이 필요하다.

분리막 세정에 필요한 폭기량은 생물반응조에 설치된 분리막 모듈의 개수(막면적)에 비례하여 증가한다. 따라서 폭기량의 추정은 막면적과 비폭기 요구량(Specific aeration demand, SAD_m)에 기초하여 계산된다. SAD_m은 단위 막면적당 공기유속으로 정의된다(예, m^3 air/m^2 membrane/h). 일반적으로 SAD_m는 0.3~0.8 m^3 air/m^2 membrane/h 범위의 값을 가지며, 그 값은 분리막 제조사와 모델에 따라 다르다(표 6.3). 종종 비폭기 요구량은 막면적이 아니라 분리막 투과수(Permeate)를 기준(SAD_p)으로 표시되기도 한다. SAD_p는 단위 투과수량당 공기유속으로 정의되며, 그 값의 범위는 100~1,000 m^3 air/m^3 permeate이다.

표 6.3
다양한 분리막 모듈에 대한 비폭기 요구량 (SAD_m)

막공급사	분리막 타입[a]	모델	SAD_m ($m^3/m^2/h$)	참고문헌
Kubota	FS	EW	0.34	Judd, 2006
	FS	EM	0.48	Judd, 2006
	FS	EK	0.53	Judd, 2006
	FS	ES	0.75	Judd, 2006
Mitsubishi	HF	SUR334LA	0.34	Judd, 2006
Suez	HF	500d	0.54	Judd, 2006
	HF	500d	0.34	Brepols, 2004
	HF	500d	0.18	Cote, 2004
Evoqua	HF	B10R	0.36	Adham, 2004
Econity	HF	4005CF	0.15	Online MBR Info[b]
A3	HF	SADF	0.2	Grelot, 2010
Asahi	HF	MUNC-620A	0.24	Online MBR Info

[a] FS: 평막, HF: 중공사막
[b] Online MBR Info: http://www.onlinembr.info

365

6.5 분리막 시스템 설계

분리막 시스템을 설계할 때 높은 플럭스를 기준으로 하여 설계하면 분리막 모듈 구입에 소요되는 비용을 줄일 수 있지만, 너무 높은 플럭스로 설계하면 MBR 시스템 운영의 안정성을 떨어뜨릴 수 있다. 왜냐하면 시간에 따른 막간차압(Transmembrane pressure, TMP) 변화량으로 대변되는 분리막 오염속도는 플럭스가 증가하면서 기하급수적으로 증가하기 때문이다(Judd, 2006). 설계 플럭스를 결정할 때에는 첨두율(일평균 유속에 대한 시간최대유속의 비) 및 여과주기와 역세척으로 인한 휴지시간을 고려해야 한다. 분리막 운영의 전형적인 여과주기를 그림 6.15에 나타내었다. MBR 시스템에서 분리막은 최대유속조건에서도 급속한 오염현상 없이 안정적으로 운영되어야 한다. 따라서 설계 플럭스는 평균 유속조건이 아니라 최대유속조건에서 결정되어야 한다. 만약 유속의 첨두율이 1.5보다 클 경우에는 분리막 모듈의 개수를 늘리기 보다는 유량조정조를 설치하는 것이 비용효율성이 높다.

분리막 여과는 막 오염을 최소화하기 위해 불연속적으로 운영된다. 간헐적인 여과는 MBR 시스템 운영의 독특한 전략이다. 또한 중공사막을 채택한 MBR 시스템의 경우 막 오염을 줄이기 위해 일상적으로 역세척(Backwashing)을 실시한다. 간헐적 운전과 역세척으로 인한 휴지시간은 설계 플럭스(Design flux)값을 떨어뜨린다. 약품세정 기간 역시 여과를 중단시키기 때문에 설계 플럭스값을 떨어뜨린다. 따라서 설계 플럭스를 산정하기 위해서는 첨두율(Peaking factor), 여과주기 및 약품세정시간 등을 모두 고려해야 하며, 아래와 같은 식으로 표현할 수 있다.

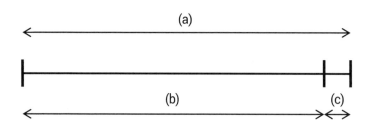

전형적인 여과주기를 보여주는 개략도. (a) 총 주기시간=10분, (b) 여과 운영시간=9.5분, (c) 분리막에 부착된 고형물을 떨어뜨리기 위한 규칙적인 정지시간=0.5분.

그림 6.15

MBR 설계

$$\text{Design flux} = \frac{(\text{Maximum operating flux})(\text{Filtration ratio})(\text{Operating ratio})}{\text{Peaking factor}} \qquad [6.34]$$

여기에서 Maximum operating flux = 임계 플럭스, $L/m^2/h$

Filtration ratio = 여과시간/(여과+ 역세척 + 휴지 시간), 단위 없음

Operating ratio = 운영시간/(운영+약품세정 시간), 단위 없음

Peaking factor = 시간 최대유속/일평균 유속, 단위 없음

MBR 시스템에 설치할 분리막 모듈의 개수는 설계 플럭스를 기준으로 산정한다. 모듈의 개수는 일평균 유속, 설계 플럭스 및 모듈당 막면적을 기준으로 아래의 식을 이용해 구할 수 있다.

$$\text{Number of modules} = \frac{\text{Daily average flowrate}}{(\text{Design flux})(\text{Membrane area per module})} \qquad [6.35]$$

Example 6.8

어느 MBR 플랜트에서 투과수가 30 LMH로 생산된다. 분리막의 오염을 최소화하기 위해 매 5분의 여과시간 동안 30초의 역세척이 시행되고 있다(즉, 4.5분 여과 +0.5분 역세척). 역세척 이외에 매일 30분간 유지세정(Maintenance cleaning)이 실시된다. 역세척과 유지세정을 고려했을 때 순(Net)플럭스는 얼마인가?

Solution

역세척과 유지세정 시간에는 투과수가 생산되지 않기 때문에 순플럭스는 순여과시간을 기준으로 아래와 같이 산정되어야 한다.

$$순플럭스 = (\text{instant flux})(\text{filtration ratio})(\text{operating ratio})$$

$$= (30\,\text{LMH})\left(\frac{4.5\,\text{min}}{5\,\text{min}}\right)\left(\frac{23.5\,\text{h}}{24\,\text{h}}\right) = 26.4\,\text{LMH}$$

6.6 설계 예시

여기에서 제시하는 설계 예시는 이 장에서 소개한 모든 설계방법을 요약하기 때문에 MBR 설계의 전반적인 과정을 이해하고자 하는 독자들에게 유용할 것으로 판단한다. 예시는 도시 하수를 처리하는 MBR 시스템으로 생물반응조 설계와 분리막 시스템 설계를 포함한다. 생물반응조는 탈질반응을 유도하

는 하나의 무산소조와 질산화를 위한 하나의 호기조로 구성된다. 질산성질소의 탈질을 위해 생물반응조 혼합액은 호기조로부터 무산조로 이송된다. 무산소조와 호기조는 완전혼합형으로 운영된다고 가정한다.

설계는 1) 무산소조와 호기조 용적 계산, 2) 질산성질소 이송을 위한 내부반송 유속 산정, 3) 생물학적 처리와 분리막 세정을 위한 폭기량 산정, 4) 호기조에 설치할 분리막 모듈의 개수 산정을 포함한다. 목표 생물반응조 MLSS 농도와 SRT는 각각 8,000 g VSS/m³와 20일이다. 이 예시에서는 Suez 사의 ZeeWeed 500d 침지식 분리막 시스템을 이용한다고 가정한다. ZeeWeed 500d 카세트는 최대 48개의 분리막 모듈을 장착할 수 있으며, 각각의 분리막 모듈은 31.6 m²의 막면적을 가지고 있다(즉, 1,516.8 m²/카세트). 설계를 위한 일반적인 정보, 유입수 성상, 동역학 계수 혹은 상수, 폭기와 관련된 계수 및 분리막 시스템 운영조건을 표 6.4에서부터 표 6.8에 나타내었다.

정밀한 설계를 위해서는 일반적으로 활성슬러지 모델에 기초한 설계프

항목	값
유입수 평균유속(m³/d)	1,000
유입수 유속 첨두율[a]	1.5
호기조의 SRT (day)	20
여름철 ML 평균 온도(℃)	25
겨울철 ML 평균 온도(℃)	12
허용하는 처리수 생분해 가능한 COD 최고농도(g/m³)	5
허용하는 처리수 암모니아성질소 최고농도(g N/m³)	0.5
허용하는 처리수 질산성질소 최고농도(g N/m³)	25
호기조 설계 DO 농도(g/m³)	2

표 6.4
설계를 위한 일반 정보

[a] 첨두율은 일평균 유속에 대한 시간 최대유속으로 정의한다. 첨두율의 지속시간은 2시간으로 가정한다.

항목	농도(mg/L)
생분해 가능한 COD	230
생분해 불가능한 용존 COD	20
TKN	50
질산성질소	0
생분해 불가능한 휘발성고형물(VSS)	20
알칼리도(as CaCO₃)	150

표 6.5
유입수 성상

계수 혹은 상수	단위	값
μ_m	g VSS/g VSS/d	6
K_s	g bCOD/m³	20
Y	g VSS/g bCOD	0.4
k_d	g VSS/g VSS/d	0.12
f_d	단위 없음	0.15
$\mu_{m,N}$	g VSS/g VSS/d	0.75
K_N	g N/m³	0.74
K_{DO}	g DO/m³	0.5
Y_N	g VSS/g N	0.12
$k_{d,N}$	g VSS/g VSS/d	0.08
온도보정계수(θ)		
μ_m or $\mu_{m,N}$	단위 없음	1.07
k_d or $k_{d,N}$	단위 없음	1.04
K_s	단위 없음	1
K_N	단위 없음	1.05
SDNR	단위 없음	1.08

계수	단위	값
알파보정인자(α)	단위 없음	0.45
베타보정인자(β)	단위 없음	1.0
호기조 설계 DO 농도(DO)	mg/L	2.0
폭기관 산소전달 효율(E)	%	30

매개변수	단위	값
최대 플럭스[a]	L/m²·h	40
여과 주기		
여과	min	15
역세척	min	0.5
유지세정		
주기	times per week	3
지속기간	min	60
조대공기방울 폭기		
비폭기 요구량(SAD_m)	m³/m²/h	0.54
폭기시간/휴지시간	s	10/10

[a] 최대 플럭스는 임계 플럭스(Critical flux)를 나타낸다. 최대 플럭스를 넘어가는 플럭스 조건은 1시간 이내로 제한된다.

로그램(예, GPS-X, BioWin, WEST 등)을 이용해야 한다. 그렇지만 데스크톱(Desktop) 접근방식은 생물반응조의 용적, 고형물 발생량, 폭기 요구량 및 분리막 모듈의 개수에 영향을 미치는 인자를 직관적으로 이해하는 데 유용하다고 할 수 있다. 이 예시에서 소개하는 데스크톱 방식은 『Wastewater Engineering』(Tchobanoglous et al., 2003)에 소개된 방법을 변형한 것이다.

6.6.1 질산화 동역학에 기초한 설계 SRT 점검

생물반응조 설계에 있어서 가장 처음 점검할 사항은 설계 SRT 값이 호기조에서 충분히 질산화를 이루기 위한 최소 SRT 값보다 큰지 확인하는 것이다. 만약 최소 SRT 값이 설계 SRT 값보다 크다면, 설계 SRT 값이 최소 SRT 값보다 크도록 재설정되어야 한다. Example 6.3에서 살펴보았듯이, 질산화에 필요한 최소 SRT 값은 아래와 같이 암모니아산화균의 비성장속도식을 이용하여 구할 수 있다.

$$\mu_{AOB} = \left(\frac{\mu_{m,AOB} \cdot NH_3}{K_N + NH_3} \right) \left(\frac{DO}{K_{DO} + DO} \right) - k_{d,AOB}$$

$$\mu_{m,AOB}(T) = \mu_{m,AOB}(20°C) \cdot \theta^{(T-20)}$$

$$K_N(T) = K_N(20°C) \cdot \theta^{(T-20)}$$

$$k_{d,AOB}(T) = k_{d,AOB}(20°C) \cdot \theta^{(T-20)}$$

겨울철 생물반응조 온도조건(12°C)에서 질산화 동역학 계수는 다음과 같다.

$$\mu_{m,AOB}(12°C) = 0.75 \cdot 1.07^{(12-20)} = 0.44 \text{ g VSS/g VSS} \cdot d$$

$$K_N(12°C) = 0.74 \cdot 1.05^{(12-20)} = 0.50 \text{ g N/m}^3$$

$$k_{d,AOB}(12°C) = 0.08 \cdot 1.04^{(12-20)} = 0.06 \text{ g VSS/g VSS} \cdot d$$

위에서 계산한 동역학 계수값, 유입수 성상 및 생물반응조 운영조건을 이용하여 암모니아산화균의 비성장속도를 다음과 같이 계산할 수 있다.

$$\mu_{AOB} = \left(\frac{\mu_{m,AOB} \cdot NH_3}{K_N + NH_3} \right) \left(\frac{DO}{K_{DO} + DO} \right) - k_{d,AOB}$$

$$= \left(\frac{(0.44 \text{ g/g} \cdot d)(0.5 \text{ g/m}^3)}{(0.50 + 0.5) \text{ g/m}^3} \right) \left(\frac{2.0 \text{ g/m}^3}{(0.5 + 2.0) \text{ g/m}^3} \right) - 0.06 \text{ g/g} \cdot d$$

$$= 0.12 \text{ g/g} \cdot d$$

호기조의 최소 SRT 값은 식 6.9를 이용하여 다음과 같이 계산된다.

$$SRT = \frac{1}{\mu_{AOB}} = \frac{1}{0.12 \, g/g \cdot d} = 8.3 \, d$$

통상적으로 SRT 값은 유입수의 질소농도 변동폭(예, 유입수 평균 TKN 값에 대한 최고 TKN 값의 비율)을 기준으로 안전율을 곱해 준다. 안전율을 2라고 가정하더라도, 16.3일의 최소 SRT 값은 설계 SRT 값인 20일에 비하여 여전히 작은 값이다. 따라서 이 경우에 있어서는 설계 SRT 값을 재설정하지 않아도 된다.

6.6.2 생물반응에 따른 고형물 생산량 추정

생물반응에 따른 일(日) 고형물 생산량($P_{x,bio}$)은 식 6.12를 기초로 하여 추정할 수 있다. $P_{x,bio}$는 일 총 고형형물 생산량(P_{X_T})에서 유입수로부터 유래한 비생분해성 고형물 발생량을 차감해 주면 된다. $P_{x,bio}$를 추정하기 위해 우선 처리수의 COD 농도(S)와 질산화 가능한 암모니아 농도(N_{ox})를 추정해야 한다. 처리수 COD 농도는 식 2.20을 이용하여 아래와 같이 계산할 수 있다.

$$S = \frac{K_S(1+k_dSRT)}{SRT(\mu_m - k_d) - 1} = \frac{(20 \, g \, COD/m^3)\left[1+(0.09 \, g \, VSS/g \, VSS \cdot d)(20 \, d)\right]}{20 \, d\left[(3.50-0.09) \, g \, VSS/g \, VSS \cdot d\right] - 1}$$
$$= 0.83 \, g \, COD/m^3$$

$$k_d(12°C) = k_d(20°C) \cdot \theta^{(T-20)} = 0.12 \cdot 1.04^{(12-20)} = 0.09 \, g \, VSS/g \, VSS \cdot d$$
$$\mu_m(12°C) = \mu_m(20°C) \cdot \theta^{(T-20)} = 6.0 \cdot 1.07^{(12-20)} = 3.50 \, g \, VSS/g \, VSS \cdot d$$

처리수의 COD 농도가 허용하는 최대 생분해 COD 농도($5.0 \, g/m^3$)에 비해 낮음을 알 수 있다. 질산화 가능한 암모니아 농도는 $P_{x,bio}$와 N_{ox}의 반복계산(Iterative calculation)을 통해 추정할 수 있다. 우선 유입수 TKN 농도의 70%인 35 g N/m^3가 N_{ox}라고 가정하고 $P_{x,bio}$를 계산하면 아래와 같다.

$$P_{X,bio} = \frac{QY(S_0 - S)}{1+k_dSRT} + \frac{QY_nN_{ox}}{1+k_{d,AOB}SRT} + f_dk_d\frac{QY(S_0-S)}{1+k_dSRT}SRT$$
$$= \frac{(1,000 \, m^3/d)(0.40 \, g/g)\left[(230-0.83) \, g/m^3\right]}{\left[1+(0.09 \, g/g \cdot d)(20 \, d)\right]} + \frac{(1,000 \, m^3/d)(0.12 \, g/g)(35 \, g/m^3)}{\left[1+(0.06 \, g/g \cdot d)(20 \, d)\right]}$$
$$+ \frac{(0.15 \, g/g)(0.09 \, g/g \cdot d)(1,000 \, m^3/d)(0.40 \, g/g)\left[(230-0.83) \, g/m^3\right](20 \, d)}{\left[1+(0.09 \, g/g \cdot d)(20 \, d)\right]}$$
$$= 43,487 \, g \, VSS/d$$

계산된 $P_{X,bio}$를 식 6.13에 대입하여 N_{ox}를 계산하면 다음과 같다.

$$N_{ox} = \frac{TKN_0 - N_e - 0.12P_{X,bio}}{Q}$$

$$= \frac{50\,g/m^3 - 0.5\,g/m^3 - 0.12 \cdot (43,487\,g/d)}{1,000\,m^3/d} = 44.3\,g/m^3$$

계산된 N_{ox} 농도(44.3 g N/m³)가 처음에 추정한 N_{ox} 농도(35.0 g N/m³)보다 큼을 알 수 있다. 따라서 N_{ox} 농도를 다시 가정해서 $P_{x,bio}$와 N_{ox}를 다시 계산할 필요가 있다. 이와 같은 반복계산은 가정한 N_{ox} 값이 계산한 N_{ox} 값과 동일할 때까지 수행한다. 마이크로소프트 사의 엑셀 스프레드시트 프로그램을 이용하여 이러한 반복계산을 실시하게 되면 계산에 소요되는 시간을 줄일 수 있다. 이 예시에서는 반복계산을 통해 N_{ox}가 44.2 g N/m³로 $P_{x,bio}$가 43,990 g VSS/d로 추정되었다.

6.6.3 호기조 용적 설계

호기조의 용적은 총 고형물량과 설계 MLSS 농도를 바탕으로 계산된다. 이를 위해 우선 식 6.12를 이용하여 일 총 고형물 발생량(P_{X_T})을 계산하고, 이 값을 식 6.15에 대입해 아래와 같이 호기조 용적을 구한다.

$$P_{X_T} = P_{X,bio} + QX_{0,i} = 43,990\,g/d + (1,000\,m^3/d)(20\,g/m^3)$$

$$= 63,990\,g\,VSS/d$$

$$V = \frac{Mass\ of\ solids\ in\ a\ bioreactor}{Total\ solids\ concentration\ in\ a\ bioreactor}$$

$$= \frac{(63,990\,g\,VSS/d)(20\,d)}{8,000\,g\,VSS/m^3} = 160\,m^3$$

계산된 호기조의 용적은 3.8시간의 수리학적 체류시간을 가진다[=V/Q= $(160\,m^3/1,000\,m^3/d)(24\,h/d)$].

6.6.4 무산소조 용적 설계

무산소조 용적 계산은 무산소조 MLSS 농도(X_{ax}) 결정으로부터 시작된다. 무산소조 MLSS 농도는 무산소조의 F/M비(F/M_{ax})를 계산하는 데 이용된다. 식 6.19에 나타냈듯이 비탈질률(SDNR)은 F/M_{ax}의 함수이며, SDNR은 탈질에 필요한 생체량을 결정하는 데 사용된다. 호기조로부터 무산소조로 생물반응조 혼합액의 이송률이 충분히 크다고 가정하면 X_{ax}는 호기조의 MLSS 농도(X)와 같다고 가정할 수 있다(즉, 8,000 g VSS/m^3). 무산소조의 용적 설계는 우선 무산소 용적을 특정 값으로 가정한 뒤 이를 바탕으로 순차적으로 F/M_{ax} 값과 SDNR 값을 계산하여 무산소조 용적을 계산하는 것이다. 만약 계산한 무산소조 용적이 가정한 값과 다르다면, 다른 값으로 가정하여 가정한 값과 계산한 값이 동일하게 될 때까지 반복계산하는 것이다. 예를 들어 무산소조의 용적을 83.3 m^3(수리학적 체류시간=2.0시간)로 가정하여 F/M_{ax}, SDNR 및 무산소조 용적을 계산해 보자. 우선 식 6.18을 이용하여 F/M_{ax}를 계산하면 다음과 같다.

$$F/M_{ax} = \frac{QS_0}{V_{ax}X_{ax}} = \frac{(1,000 \, m^3/d)(230 \, g/m^3)}{(83.3 \, m^3)(8,000 \, g/m^3)} = 0.345 \, g/g \cdot d$$

이어서 식 6.19를 이용하여 SDNR을 계산하면 다음과 같다.

$$SDNR \, (20°C) = 0.019 \, (F/M_{ax}) + 0.029 = 0.019 \, (0.345 \, g/g \cdot d) + 0.029$$
$$= 0.036 \, g \, NO_3^- - N/g \, VSS \cdot d$$

$$SDNR \, (12°C) = SDNR \, (20°C) \times J^{(12-20)} = (0.036 \, g/g \cdot d)(1.08)^{(12-20)}$$
$$= 0.019 \, g \, NO_3^- - N/g \, VSS \cdot d$$

질산성질소의 최고 허용 농도가 25 g NO_3^--N/m^3이고(표 6.4) 질산화 가능한 질소농도(N_{ox})가 44.2 g NO_3^--N/m^3이다(6.6.3항 참조). 따라서 하루에 탈질되는 질소의 양은 19,200 g NO_3^--N/d [= (44.2−25) g/m^3×1,000 m^3/d]가 된다. 필요한 생체량은 SDNR을 이용하여 추정할 수 있으며, 그 값은 1,010,526 g VSS [= (19,200 g/d)/(0.020 g/g·d)]이다. 무산소조의 용적은 식 6.15를 이용해 아래와 같이 구할 수 있다.

$$V_{ax} = \frac{\text{Activated sludge required for denitrification}}{\text{Activated sludge concentration in the anoxic tank}}$$
$$= \frac{1,010,526 \, g}{8,000 \, g/m^3} = 126.3 \, m^3$$

계산한 무산소조의 용적(126.3 m^3)은 처음 가정한 용적(83.3 m^3)에 비해 매우 크다는 것을 알 수 있다. 따라서 앞서 살펴본 $P_{x,bio}$와 N_{ox} 값 산정과 유사하게 다시 무산소조의 용적을 가정해서 계산한 값이 가정한 값과 동일할 때까지 반복계산을 실시한다. 반복계산을 통해 얻은 값은 다음과 같다.

F/M_{ax}=0.21 g COD/g VSS·d

$SDNR(20^{\circ}C)$=0.0331 g NO_3^--N/g VSS·d

$SDNR(12^{\circ}C)$=0.0179 g NO_3^--N/g VSS·d

탈질에 필요한 생체량=1,074,754 g VSS

무산소조 용적(V_{ax})=134.3 m³ (수리학적 체류시간=3.2시간)

6.6.5 내부반송률 산정

앞서 소개한 계산값을 통해 총 질소 제거효율(TNR efficiency)과 생체량으로 동화되는 질소의 분율(f)을 구할 수 있다. 호기조로부터 무산소조로 생물반응조 혼합액 이송률(즉, 내부반송률, Q_r)은 식 6.21에 TNR efficiency와 f 값을 대입하여 아래와 같이 구할 수 있다.

$$\text{TNR efficiecy} = \frac{TKN_0 - NO_{3,P}}{TKN_0} = \frac{(50-25)\,g/m^3}{50\,g/m^3} = 0.5$$

$$f = \frac{TKN_0 - N_{ox}}{TKN_0} = \frac{(50-44.2)\,g/m^3}{50\,g/m^3} = 0.1$$

$$\text{TNR efficiecy} = 1 - \frac{Q \times (1-f)}{Q + Q_r}$$

$$0.5 = 1 - \frac{(1,000\,m^3/d)(1-0.1)}{1,000\,m^3/d + Q_r}$$

$$Q_r = 800\,m^3/d$$

6.6.6 알칼리도 요구량 점검

앞서 토의한 바와 같이 알칼리도는 질산화 과정을 통해 소모되며(7.14 mg $CaCO_3$ per mg NH_3-N oxidized) 탈질과정을 통해 회복된다(3.60 mg $CaCO_3$ per mg NO_3^--N reduced). 생물반응조에서 알칼리도가 모자라 pH가 내려가면 생물반응의 효율을 떨어뜨리기 때문에 생물반응조에는 항상 일정 농도 이상의 알칼리도가 존재해야 한다. 만약 알칼리도가 모자라면 외부에서 주입해 주어야 한다. 따라서 추가로 알칼리도가 필요한지 점검할 필요가 있다.

질산화를 통해 소모되는 알칼리도

$$= \left(7.14 \frac{\text{mg CaCO}_3}{\text{mg NH}_3 - \text{N}} \right) \left(44.2 \frac{\text{mg}}{\text{L}} \right) = 316 \, \text{mg/L as CaCO}_3$$

탈질을 통해 회복되는 알칼리도

$$= \left(3.60 \frac{\text{mg CaCO}_3}{\text{mg NH}_3 - \text{N}} \right) \left(19.2 \frac{\text{mg}}{\text{L}} \right) = 69 \, \text{mg/L as CaCO}_3$$

유입수의 알칼리도가 150 mg CaCO₃/L이고 최소 잔여 알칼리도가 50 mg CaCO₃/L인 점을 감안하면 생물반응조에 제공해주어야 하는 알칼리도는 아래와 같이 147 mg CaCO₃/L로 계산된다.

$$추가 \, 알칼리도 = 유입수 \, 알칼리도 - 질산화로 \, 소모되는 \, 알칼리도$$
$$+ 탈질로 \, 보충되는 \, 알칼리도 - 최소 \, 잔여 \, 알칼리도$$
$$= (150 - 316 + 69 - 50) \, \text{mg CaCO}_3/\text{L} = -147 \, \text{mg CaCO}_3/\text{L}$$

6.6.7 잉여 슬러지 폐기량 추정

제2장 생물학적 하폐수처리에서 토의하였듯이 일 슬러지 폐기량(즉, 잉여슬러지 폐기량)은 일 고형물 발생량(P_{X_T})과 동일하다. P_{X_T}의 단위는 질량/시간으로 일 슬러지 폐기량을 산정할 때에는 단위를 부피/시간으로 전환하는 것이 더 편리하다. 일반적으로 MBR 공정에서는 슬러지 농축설비(예, 2차 침전지)가 생략되므로 잉여슬러지는 호기조로부터 직접 배출한다. 따라서 부피로 환산한 일 슬러지 폐기량은 P_{X_T}를 호기조 생체량 농도로 나누어 주면 된다. P_{X_T}가 63,990 g VSS/d이고(6.6.3항 참조) 호기조의 MLVSS 농도가 8,000 g VSS/m³이므로 일 슬러지 폐기량은 8.0 m³/d가 된다.

6.6.8 생물반응에 소요되는 폭기량 산정

COD 제거와 질산화를 고려한 이론적 산소요구량(OD_{theory})은 식 6.31을 이용하여 아래와 같이 구할 수 있다.

$$
\begin{aligned}
\mathrm{OD}_{\mathrm{theory}} &= Q\left(S_0 - S\right) + 4.32\,Q\,N_{ox} - 2.86\,Q\left(N_{ox} - NO_{3,e}\right) - 1.42\,P_{X,\mathrm{bio}} \\
&= (1{,}000\ \mathrm{m^3/d})\left[(230 - 0.83)\ \mathrm{g/m^3}\right] + 4.32(1{,}000\ \mathrm{m^3/d})(44.2\ \mathrm{g/m^3}) \\
&\quad - 2.86(1{,}000\ \mathrm{m^3/d})\left[(44.2 - 25)\ \mathrm{g/m^3}\right] - 1.42(43{,}487\ \mathrm{g/d}) \\
&= 303{,}450\ \mathrm{g\ O_2/d}
\end{aligned}
$$

현장조건에서 산소요구량($\mathrm{OD}_{\mathrm{field}}$)은 이론적 산소요구량, 유입수 성상 및 생체량 혼합조건을 고려하여 식 6.33을 이용해 아래와 같이 구할 수 있다.

$$
\begin{aligned}
\mathrm{OD}_{\mathrm{field}} &= \left(\frac{\mathrm{Net\ OD}_{\mathrm{theory}}}{E}\right)\left(\frac{\mathrm{DO}_{S,20}}{\alpha \cdot (\beta \mathrm{DO}_s - \mathrm{DO}) \cdot \theta^{T-20}}\right) \\
&= \left(\frac{303\ \mathrm{kg/d}}{0.3}\right)\left(\frac{8.51\ \mathrm{g/m^3}}{0.6(0.95 \cdot 10.10\ \mathrm{g/m^3} - 2.0\ \mathrm{g/m^3}) \cdot 1.024^{(12-20)}}\right) \\
&= 2{,}280\ \mathrm{kg/d}
\end{aligned}
$$

위 식에서 12℃ (285 K)의 포화 용존산소 농도(DO_s)는 식 2.29와 식 6.30을 이용하여 아래와 같이 계산하였다.

$$
\begin{aligned}
\mathrm{H}_{\mathrm{O_2}}(285\ \mathrm{K}) &= \mathrm{H}_{\mathrm{O_2}}(293\ \mathrm{K}) \cdot \exp\left[\frac{\Delta \mathrm{H}^{\circ}}{\mathrm{R}}\left(\frac{1}{293} - \frac{1}{285}\right)\right] \\
&= 790\,\frac{\mathrm{L \cdot atm}}{\mathrm{mol}} \cdot \exp\left[1{,}792\left(\frac{1}{293} - \frac{1}{285}\right)\right] = 665.4\,\frac{\mathrm{L \cdot atm}}{\mathrm{mol}}
\end{aligned}
$$

$$
\begin{aligned}
\mathrm{DO}_S(285\ \mathrm{K}) &= \frac{\mathrm{P}_{\mathrm{O_2}(g)}}{\mathrm{H}_{\mathrm{O_2}}(285\ \mathrm{K})} = \frac{0.21\ \mathrm{atm}}{665.4\ \mathrm{L \cdot atm/bar}} \\
&= 3.16 \times 10^{-4}\,\frac{\mathrm{mol}}{\mathrm{L}} = 10.10\,\frac{\mathrm{mg}}{\mathrm{L}}
\end{aligned}
$$

질량단위로 계산된 산소요구량은 부피단위로 환산한 공기요구량으로 전환하는 것이 일반이다. 공기 1 $\mathrm{m^3}$가 0.27 kg 산소($\mathrm{O_2}$)에 해당한다고 가정하면, 2,280 kg $\mathrm{O_2}$/d는 8,444 $\mathrm{m^3}$ air/d 혹은 5.86 $\mathrm{m^3}$ air/min으로 환산된다.

6.6.9 분리막 시스템 설계

분리막 시스템의 설계는 설계 플럭스, 필요한 분리막 모듈의 개수 및 분리막 세정에 필요한 폭기량(즉, 조대공기방울 공급)이 포함한다. 첫째, 설계 플럭스는 최대 운전 플럭스와 여과 주기를 고려하여 아래와 같이 계산된다.

$$\text{Design flux} = \frac{(\text{Maximum operating flux})(\text{Filtration ratio})(\text{Operating ratio})}{\text{Peaking factor}}$$

$$= \frac{(40 \text{ L/m}^2 \cdot \text{h})(0.968)(0.982)}{1.5} = 25.35 \text{ L/m}^2 \cdot \text{h}$$

여기에서 Peaking factor = 시간 최대유속/일평균 유속 = 1.5

Filtration ratio = 여과시간/(여과시간 + 역세척시간)

$$= (15 \text{ min})/(15 \text{ min} + 0.5 \text{ min}) = 0.968$$

Operating ratio = 운영시간/(운영시간 + 세정시간)

$$= [1 \text{ week} - (3 \text{ times})(60 \text{ min/time})(1 \text{ week}/10{,}080 \text{ min})]/(1 \text{ week})$$

$$= 0.982$$

둘째, 필요한 분리막 모듈의 개수는 앞서 계산한 설계 플럭스와 일평균 유속을 바탕으로 아래와 같이 산정한다.

$$\text{Number of modules} = \frac{\text{Daily average flow}}{(\text{Design flux})(\text{Membrane area per module})}$$

$$= \frac{(1{,}000 \text{ m}^3/\text{d})(1{,}000 \text{ L/m}^3)(1 \text{ d}/24 \text{ h})}{(25.35 \text{ L/m}^2 \cdot \text{h})(31.6 \text{ m}^2/\text{module})} = 52 \text{ modules}$$

이 예시에서 사용하는 ZeeWeed 500d 카세트는 최대 48개의 분리막 모듈을 장착할 수 있으므로 두 개의 카세트가 필요하며, 한 개의 카세트에는 26개의 모듈이 장착된다.

셋째, 분리막 세정을 위한 폭기량은 비폭기 요구량(SAD_m)과 순환 폭기(Cyclic aeration)에 따라 아래와 같이 계산할 수 있다.

Aeration requirement for coarse bubble areation

$$= (\text{SAD}_m)(\text{Membrane area})\frac{\text{Aeration time}}{\text{Aeration time} + \text{Pause time}}$$

$$= (0.54 \text{ m}^3/\text{m}^2/\text{h})(52 \text{ modules} \cdot 31.6 \text{ m}^2/\text{module})\frac{10 \text{ s}}{(10 \text{ s} + 10 \text{ s})}$$

$$= 443.7 \text{ m}^3/\text{h}$$

6.6.10 MBR 시스템 설계 요약

설계 항목	단위	값
호기조		
부피	m³	160
수리학적 체류시간	h	3.8
무산소조		
부피	m³	134
수리학적 체류시간	h	3.2
내부반송		
유속	m³/d	800
유입수 유속에 대한 비율	Q	0.8
알칼리도 요구량	mg CaCO₃/L	147
잉여슬러지 발생량		
질량기준	kg VSS/d	64
부피기준	m³/d	8
폭기량		
생물반응 폭기량	m³/min	5.86
분리막 세정 폭기량	m³/min	7.39
분리막 시스템		
모듈 개수	ea	52
카세트 개수	ea	2

Problems

6.1 하수 유입수에 포함된 넝마, 종이, 플라스틱 및 금속물질과 같은 조대 물질을 제거하기 위해 막대형 조대스크린을 설계하려고 한다.

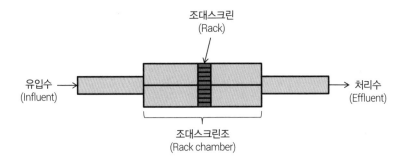

설계조건은 다음과 같다.

- 우기(雨期) 시 최대유속=3.0 m³/s
- 최대 설계유속에서 유입관로 깊이=2.0 m
- 접근속도=0.6 m/s

- 막대기와 막대기 사이를 통과하는 유속=0.9 m/s
- 깨끗한 막대형 스크린의 수두손실 계수=0.7
- 막힌 막대형 스크린의 수두손실 계수=0.6
  a. 스크린이 막히지 않았을 때 수두손실을 계산하시오.
  b. 수두손실이 0.2 m가 되었을 때 자동 갈퀴 장치가 작동하는 시스템을 설계하려고 한다. 스크린 표면의 몇 %가 막혔을 때 수두손실이 0.2 m에 도달하는가?
  c. 최대 유입수 유속조건에서 한 세트의 스크린을 설계하려고 한다. 필요한 막대기의 개수는 몇개이며 막대기 사이의 공간(Clear width)은 얼마인가? 각각의 막대기는 폭 두께가 10 mm이며 막대기와 막대기 사이의 공간 하나는 25 mm라고 가정한다.

6.2 어느 한 대학교는 캠퍼스에 오수처리장을 건설하려고 한다. 아래에 제시된 유속 데이터는 캠퍼스에서 발생하는 오수의 월평균 유속을 나타낸다. 유속 데이터가 정규분포를 이루고 있다고 가정할 때, 60%와 90%에 해당하는 유속을 그래프를 이용하여 산정하시오.

월(月)	유속(m³/d)
1월	3,000
2월	4,500
3월	5,700
4월	6,200
5월	6,900
6월	7,500
7월	8,700
8월	8,000
9월	6,600
10월	5,200
11월	4,800
12월	3,700

6.3 어느 한 MBR 플랜트에서 운영의 안정성을 높이기 위해 인라인(In-line) 배열의 유량조정조를 설치하려고 한다. 아래에 제시된 데이터는 어느

하루의 시간 평균유속을 측정한 것이다. 이러한 패턴이 지속적으로 유지된다고 가정한다면, 유량조정조 설계에 필요한 변동부피(Fluctuating volume)는 얼마인가?

시(時)	m³/h	시(時)	m³/h
12 AM	11.4	12 PM	25.7
1	8.3	1	25.0
2	7.9	2	25.0
3	7.6	3	26.9
4	9.1	4	28.8
5	10.6	5	32.9
6	13.6	6	37.5
7	20.8	7	37.5
8	25.0	8	31.8
9	28.0	9	23.1
10	28.8	10	15.9
11	26.9	11	13.2

6.4 MBR 플랜트를 설계할 때 필요한 무산소조의 용적을 줄이기 위해, 외부 탄소원을 무산소조에 주입하는 것을 고려하고 있다. 외부탄소원 주입은 무산소조의 F/M비를 증가시키게 되며 궁극적으로 무산소조의 용적을 줄일 수 있다. 메탄올(CH_3OH)이 주성분인 폐수를 외부탄소원으로 이용하려고 한다. 폐수의 농도는 1,000 mg/L이며 하루에 메탄올 폐수 50 m³를 무산소에 주입할 예정이다. 6.6절에서 제시된 조건에서 다시 MBR 플랜트를 설계한다면 이러한 메탄올 폐수가 무산소조 용적과 내부반송율에 어떠한 영향을 미칠까? 무산소조 용적과 내부반송유속은 얼마인가?

6.5 보다 양호한 처리수 수질을 달성하기 위해 기존 활성슬러지 공정을 MBR 공정으로 개선하기로 하였다. 질산화와 탈질을 이용해 질소를 제거하기 위해, 생물반응조는 하나의 호기조(용적=250 m³)와 하나의 무산소조(용적=125 m³)로 구성되어 있다. 호기조와 무산소조는 완전혼합형 반응기로 운영된다. 한편 호기조의 생물반응조 혼합액은 내부반송

을 통해 무산소조로 2,000 m³/d의 유속으로 이송된다. MLVSS 농도를 제외하고는 모든 조건이 6.6절에 제시된 예시와 동일하다면, 1) 생물반응조의 MLVSS 농도, 2) 일 고형물 발생량, 3) 생물학적 처리와 분리막 세정을 위한 폭기량 및 4) 질소 제거율은 얼마인가?

6.6 생물반응조를 설계하기 위한 유입 하수의 성상과 설계조건은 아래와 같다.

항목	단위	값
유속	m³/d	5,000
COD	mg/L	320
생물학적으로 분해 가능한 COD	mg/L	200
TSS	mg/L	100
VSS	mg/L	70
생물학적으로 분해 불가능한 VSS	mg/L	30
생물반응조 수리학적 체류시간	h	8
생물반응조 고형물체류시간	d	6
생체량 수율, Y	g VSS/g bCOD	0.4
자산화로 생산되는 분해 불가능한 VSS 분율, f_d	g VSS/g VSS	0.1
자산화 계수, k_d	g VSS/g VSS/d	0.1
반포화 상수, K_s	mg COD/L	10
최대 비성장속도, μ_m	d^{-1}	3

a. 생물학적으로 분해 가능한 처리수 COD 농도는 몇 mg/L인가?

b. 일 고형물 생산량(P_{X_T})은 몇 kg VSS/d인가?

c. 생물반응조의 고형물 농도는 몇 mg MLVSS/L인가?

d. 이론적 산소요구량은 몇 kg/d인가?

6.7 어느 엔지니어가 반도체 공장에서 발생하는 페놀함유 폐수를 처리하기 위해 생물학적 처리시스템을 도입하려고 한다. 페놀은 폐수에 포함된 유기물이며 1.0 mg/L 이하로 처리되어야 한다. 반도체 공장은 일반 활성슬러지 공정으로 처리장을 건설하기에는 여유 부지가 넉넉치 않다. 처리장을 건설할 부지에는 500 m³ 이하의 생물반응조와 4 m³의 폐슬러

지 저장조밖에 지을 수 없어, 엔지니어는 소요부지를 적게 차지하는 MBR 공정으로 처리시스템을 설계하려고 한다. 생물반응조의 용적은 500 m³ 이하로 하며 폐슬러지 저장조에 저장된 슬러지는 매주 비울 수 있도록(즉, 1주일간 저장할 수 있도록) 설계가 되어야 한다. 폐수는 하루에 1,000 m³가 생산되며 폐수의 페놀의 농도는 1,000 g/m³로 알려져 있다. 또한 폐수에는 생물학적으로 분해불가능한 고형물($X_{o,i}$)은 포함되어 있지 않다고 한다. Kumar 등(2005)은 페놀을 분해할 수 있는 미생물의 동역학 계수를 다음과 같이 보고하였다. Y=0.654 g phenol/g VSS, μ_{max}= 0.216 h⁻¹, K_s=20.59 g/m³, k_d=0.1 g VSS/g VSS·d, f_d=0.15 g VSS/g VSS. 위에 제시된 제한조건과 Kumar 등의 동역학 계수를 고려하여 설계 SRT, 일 고형물 발생량(kg VSS/d), 생물반응조 MLVSS 농도(g MLVSS/m³) 및 필요한 생물반응조 용적(m³)을 구하시오. 계산을 위해 활성슬러지의 밀도를 1,000 kg/m³로 가정하시오.

6.8 MBR 플랜트 설계를 위해 설계 플럭스와 필요한 막 모듈의 개수를 결정하려고 한다. 최대 운전 플럭스가 40 LMH인 평막을 설치할 계획이다. 막 모듈 한 개는 1.0 m²의 면적을 가지고 있다. 막은 9분 운전과 1분 휴지 주기로 운영될 계획이다. 역세척은 수행되지 않지만, 유지세정은 매일 30분씩 진행할 것이다. 생물반응조로 유입되는 하수의 유속은 500 m³/d 이고 유속의 첨두율(Peaking factor)은 1.8이다.

a. 최대 운전 플럭스, 운전주기, 세정 주기 및 첨두율을 고려하여 설계 플럭스를 구하시오.

b. 설계 플럭스를 만족하는 막 모듈의 개수를 결정하시오.

6.9 어느 한 MBR 플랜트에서 아래 그림에서와 같이 온도에 대한 AOTR을 측정하였다. 아래의 정보를 이용하여 생물반응조의 용적을 추정하시오.

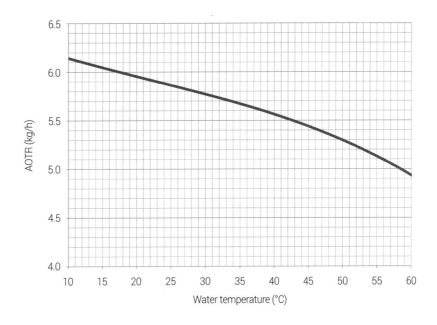

- 20℃ 조건에서 산소의 물질전달 계수(K_La)=4.9 h^{-1}
- 알파보정인자(α)=0.6
- 온도보정계수(θ)=1.024
- 베타보정인자(β)=0.95
- 20℃ (293 K) 조건에서 Henry의 법칙 상수=790 L·atm/mol
- 생물반응조 DO 농도=2.0 mg/L

6.10 Wu 등(2008)은 역세척(Backwashing)과 간헐여과(Relaxation)가 막 오염에 어떻게 영향을 미치는지 평가하기 위해 여러 조건에서 실험실 규모의 MBR 반응기를 운영하였다. 아래 표에 나타내었듯이 5개의 역세척 조건 (B1~B5)과 3개의 간헐여과 조건(R1~R3)을 도입하였다. 대조군 실험 (C1)으로는 역세척 조건 혹은 간헐여과 없이 지속적인 운영을 실시하였 다. 역세척 혹은 간헐여과 과정에서 여과수 생산량(Productivity)의 감소 를 보상하기위해 순플럭스(Net flux)의 값을 20 LMH로 고정하였다. 실험 에 이용한 조건은 다음과 같다.

실험	운전 변수			순간 플럭스 (LMH)
	지속시간[a] (s)	주기(s)	강도[b] (LMH)	
C1	–	–	–	20.0
R1	20	440	–	21.0
R2	20	220	–	22.0
R3	40	440	–	22.0
B1	40	240	50	34.0
B2	20	240	50	26.4
B3	40	480	50	26.4
B4	20	240	30	24.5
B5	40	480	30	24.5

[a]지속시간은 역세척 혹은 간헐여과에 적용된 시간을 나타낸다. [b]강도는 역세척 유속을 나타낸다.
출처: Wu, J.L. et al., J. Membr. Sci., 324(1-2), 26, 2008.

a. MBR 운영에 있어서 역세척과 간헐여과의 장점을 각각 설명하시오.

b. 간헐여과 적용에 따른 막 오염속도(dTMP/dt)를 아래 그림에 나타내었다. 아래의 결과로부터 무엇을 유추할 수 있나?

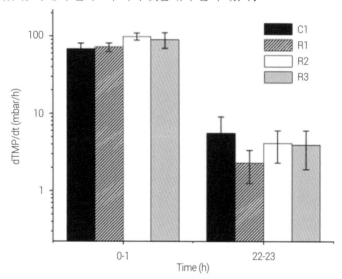

출처: Wu, J. L. et al., J. Membr. Sci., 324(1-2), 26, 2008.

c. 여과실험이 완료된 후 오염된 막을 적절한 방법을 이용해 제거하였다. 제거과정을 통해 막 오염물을 세정된(Rinsed) 오염물, 탈착된(Desorbed) 오염물 및 총 오염물로 나누었으며, 그 값을 수리학적 저항으로 아래 그림에 나타내었다. 이 결과로부터 무엇을 유추할 수 있나?

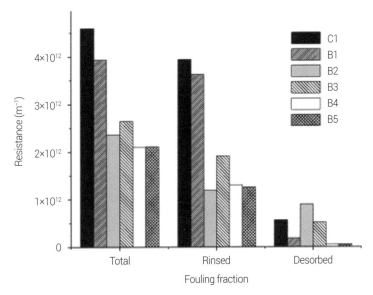

출처: Wu, J. L. et al., J. Membr. Sci., 324(1-2), 26, 2008.

d. 역세척과 간헐여과를 대상으로 순간 플럭스와 최종 TMP 사이의 피어슨 상관도 분석(Pearson correlation analysis)을 실시하여 그 결과를 아래 그림에 나타내었다. 이 결과로부터 무엇을 유추할 수 있나?

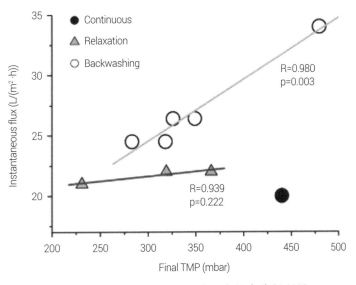

출처: Wu, J. L. et al., J. Membr. Sci., 324(1-2), 26, 2008.

참고문헌

Chang, S. (2011) Application of submerged hollow fiber membrane in membrane bioreactors: Filtration principles, operation, and membrane fouling, *Desalination*, 283: 31-39.

Frechen, F. B., Schier, W., and Linden, C. (2008) Pre-treatment of municipal MBR applications, *Desalination*, 231: 108-114.

Henze, M., Gujer, W., Mino, T., and van Loosdrecht, M. (2000) *Activated Sludge Models ASM1, ASM2, ASM2d and ASM3*, IWA Publishing, London, U.K.

Judd, S. (2006) *The MBR book*, Elsevier, London, U.K.

Judd, S. (2008) The status of membrane bioreactor technology, *Trends in Biotechnology*, 26(2): 109-116.

Krampe, J. and Kauth, K. (2003) Oxygen transfer into activated sludge with high MLSS concentrations, *Water Science and Technology*, 47(11): 297-303.

Kumar, A., Kumar, S., and Kumar, S. (2005) Biodegradation kinetics of phenol and catechol using Pseudomonas putida MTCC 1194, *Biochemical Engineering Journal*, 22: 151-159.

Qasim, S. (1998) *Wastewater Treatment Plants: Planning, Design, and Operation*, 2nd edn. CRC Press, Boca Raton, FL, USA.

Randal, C. W., Barnard, J. L., and Stensel, H. D. (1992) Design of activated sludge biological nutrient removal plants, In *Design and Retrofit of Wastewater Treatment Plants for Biological Nutrient Removal*, Randal, C. W., Barnard, J. L., and Stensel, H. D. (Eds.). Technomic Publishing, Lancaster, PA, USA.

Reynolds, T. D. and Reynolds, P. A. (1996) *Unit Operations and Processes in Environmental Engineering*, 2nd edn. PWS Publishing Company, Boston, MA, USA.

Rittmann, B. E. and McCarty, P. L. (2000) *Environmental biotechnology: Principles and Applications*, McGraw-Hill Higher Education, Boston, MA, USA.

Schier, W., Frechen, F. B., and Fisher, St. (2009) Efficiency of mechanical pre-treatment on European MBR plants, *Desalination*, 236: 85-93.

Tchobanoglous, G., Burton, F. L., and Stensel, H. D. (2003) *Wastewater Engineering: Treatment and Reuse*, 4th edn. McGraw-Hill, New York, USA.

US EPA (1993) Manual: Nitrogen control, U.S. Environmental Protection Agency, Washington, D.C., USA.

Wu, J., Le-Clech, P., Stutz, R. M., Fane, A. G., and Chen, V. (2008) Effects of relaxation and backwashing conditions on fouling in membrane bioreactor, *Journal of Membrane Science*, 324(1-2): 26-32.

제 7 장

사례 연구

Principles of
Membrance Bioreactors for
Wastewater Treatment

7.1 서론

MBR 관련 연구는 1969년부터 시작해 40년 이상의 역사를 가지고 있다. 상용 시설로는 1991년 북미 산업폐수처리에 처음 적용되었다. 당시 MBR 공정은 아직 침지식 모듈이 개발되기 전으로 가압식 모듈을 적용한 공정이 연구되었고, 1990년대 중반부터 침지식 모듈이 개발되어 MBR에 적용되기 시작했다. 침지식 모듈은 가압식 모듈 공정 대비 상대적으로 낮은 펌프 동력을 필요로 하고, 운전 중 낮은 압력과 외부 폭기 등을 적용함으로 인해 내오염성이 우수하여 더 큰 관심을 받기 시작했다. 이 때부터 MBR 공정은 초기 산업폐수에서 일반 하수처리로 용도확장이 가능해졌다. 하수처리장에 적용되면서 적용 숫자와 함께 단위시설당 처리용량도 크게 증가해 초기 1,500 m³/d 이하의 규모로 출발해 최근에는 200,000 m³/d 이상의 규모 시설도 늘어나고 있다.

표 7.1은 전 세계에서 가장 큰 규모의 MBR 시설을 일일 최대 처리용량 (Peak daily flow, PDF, million liter per day) 순서대로 보여주고 있다. 2016년 현재 세계에서 가장 큰 MBR 시설은 프랑스 아쉐르(Achères)에 위치한 Seine Aval 하수처리장으로 일일 최대 처리용량 224,000 m³/d 규모이며, Suez 사에 의해 건설되어 2016년부터 운영되고 있다. 표 7.1 내 34개 시설 중 12개가 미국, 10개가 중국과 한국, 4개가 유럽, 3개가 호주에 있다. 세계 최초로 MBR 개념을 개발한 일본은 대형 MBR 시설을 가지고 있지 못하다. 유럽도 비슷한 상황이며, 유럽과 일본은 중소형 MBR 시설을 다수 보유하고 있기 때문이다. 시공사 측면에서 보면 Suez 사에서 34개 시설 중 22개 시설을 시공하였다. 대형 MBR 시설 시공 실적도 그렇지만 전체 세계 MBR 시장 역시 Suez 사가 주도하고 있음을 알 수 있다. 최근 중국 Origin water 사가 자국 시장을 중심으로 대형 MBR 시설 시공 실적을 급격히 확보하고 있다. 초기에는 일본 Mitsubishi Rayon Engineering (MRE) 사, Asahi Kasei 사 등의 분리막을 이용해 공정 및 시공 기술 개발에 주력하였지만, 최근 분리막 개발/제조도 독자적으로 수행하고 있어, MBR 시장의 신흥 강자로 떠오르고 있다. 표 7.1에 있는 주요 시설들을 하수처리시설과 폐수처리시설로 나누어 각각 7.4절과 7.5절에 자세히 설명할 것이다.

사례 연구

표 7.1 세계 최대 규모의 MBR 시설들(2015년 기준)

Installation	Location	Technology Provider	Commissioned Date	PDF (MLD)	ADF (MLD)
Seine Aval	Achères, France	GEWPT	2016	357	224
Canton WWTP	Ohio, USA	Ovivo USA	Likely 2015-2017	333	159
Macau	China	GEWPT	2014	189	137
Riverside	California, USA	GEWPT	2014	186	124
Brightwater	Washington, USA	GEWPT	2011	175	122
Visalia	California, USA	GEWPT	2014	171	85
Qinghe	China	OW/MRC	2011	150	150
North Las Vegas	Nevada, USA	GEWPT	2011	136	97
Ballenger McKinney ENR WWTP	Maryland, USA	GEWPT	2013	135	58
Cox Creek WRF	Maryland, USA	GEWPT	2015	116	58
Yellow River	Georgia, USA	GEWPT	2011	114	71
Shiyan Shendinghe	China	OW/MRC	2009	110	110
Aquaviva	Cannes, France	GEWPT	2013	108	60
Busan City	Korea	GEWPT	2012	102	102
Guangzhou	China	Memstar	2010	100	
Wenyuhe	Beijing, China	OW/Asahi Kasei	2007	100	100
John's Creek	Georgia, USA	GEWPT	2009	96	42
Changi	Singapore	GEWPT	2014	92	61
Awaza/Polimeks	Turkmenistan	GEWPT	2011	89	71
Songsan Green City	Korea	Econity	Planned 2015	84	
Beixiaohe	China	Siemens	2008	78	–
Al Ansab	Muscat, Oman	Kubota	2010	77	55
Cleveland Bay	Australia	GEWPT	2007	77	29
Broad Run WRF	Virginia USA	GEWPT	2008	73	38
Gongchon	Korea	Econity	2012	65	65
Lusail STP	Doha, Qatar	GEWPT/Degrémont	2013 (no raw water available before)	62	58
La Morée	France	GEWPT	2013		61
Gaoyang	China	United Envirotech	Expected 2014	60	
Cairns North	Australia	GEWPT	2009	59	19
Cairns South	Australia	GEWPT	2009	59	19
Peoria	Arizona, USA	GEWPT	2008	58	38
Aquapolo	Sao Paulo, Brazil	Koch Membrane Systems	2013	56	56
Sabadell	Spain	Kubota	2009	55	
Jordan Basin WRF	Utah, USA	GEWPT	2010		54

7.2 MBR용 상용 분리막, 모듈, 스키드

전 세계적으로 수백 개의 분리막 제조사가 있으나, MBR 시장을 주도하고 있는 회사는 두 개 정도로 간추릴 수 있다. 가장 큰 회사는 Suez 사, 두 번째는 Kubota 사이다. Suez 사(원천기술을 보유한 Zenon 사를 인수했던 GE 사로부터 최근 수처리 사업을 모두 Suez 사가 인수하였기에 본문에서는 Suez 사로 통일함)는 2010년 기준 세계 최대 규모 MBR 시설 20개 중 14개를 시공하였고 자사 분리막, 모듈, 스키드를 공급하였다. Kubota 분리막의 MBR 공정 적용 및 시공 사업 중인 KMS 사는 세계에서 가장 많은 수의 MBR 시설 시공 실적을 가지고 있다. Suez 사는 중공사막을 공급하고, Kubota 사는 평막을 공급하는 점도 주목할 만하다. 앞서 설명했지만 중공사막은 대형 MBR 시설에, 평막은 중소형 MBR 시설에 적합하다는 점과 관련 지으면 매우 흥미롭다. 두 회사 모두 침지식 분리막 모듈을 공급하고 있다는 점도 7장 서론에서 초기 가압식 모듈로 공정이 개발되었으나, 몇 년 후부터 등장한 침지식 모듈이 MBR 시장에 급부상했다고 소개한 점과 맥을 같이 한다. 미쓰비시 레이온 사는 세계 최초로 침지식 분리막을 호기공정과 조합해 MBR 공정을 개발한 회사로 관련 핵심 특허 및 기술을 보유하고 있다. 관련 핵심 특허는 유효기간 말소된 상태다. 이제부터 주요 분리막 제조사들을 하나씩 살펴보기로 하자.

7.2.1 Suez

Suez 사는 1993년 세계 최초로 'ZeeWeed 145'(그림 7.1a 참조)라는 상품명으로 보강 중공사막, 침지식 모듈 및 관련 공정을 런칭한 회사이다. 분리막은 PVDF 재질이며, NIPS 제막술에 기반해 이를 PET 재질의 브레이드(Braid) 표면에 분리막을 코팅하여 분리막을 제조한다. 브레이드의 인장강도는 브레이드 한 가닥 당 약 30 kg_f 정도로 "끊어지지 않는" 다공성 중공사막 개념을 처음 상용화하였다. 기존 중공사막은 기계적 강도가 가장 우수한 엔지니어링 플라스틱을 사용함에도 불구하고, 50% 이상의 다공성을 부여하면서 떨어지는 강도를 보완하지 못해 왔으며, 지금까지도 단일 재질 중공사막의 인장강도는 한 가닥당 1 kg_f 내외 수준이다. 이 수준의 인장강도로는 물 속에서 폭기에 노출된 채 장기간 운전 중 분리막이 끊어지는 상황을 피할 수 없다. 보강 중공사막의 혁신성이 강조될 수 있는 이유이다. Suez 사의 분리막 기공크기는 공칭

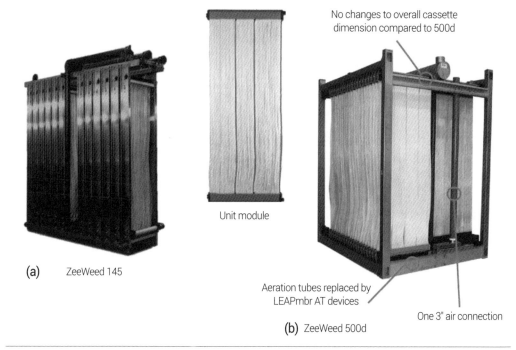

No changes to overall cassette
dimension compared to 500d

Unit module

(a) ZeeWeed 145

Aeration tubes replaced by
LEAPmbr AT devices

One 3" air connection

(b) ZeeWeed 500d

그림 7.1   (a) ZeeWeed 145 스키드, (b) ZeeWeed 500d 단위모듈 및 스키드.

공경 0.02 μm이고, 외경 1.8 mm, 내경 0.8 mm의 규격을 가지고 있다. 초기 모듈의 유효막면적은 13.5 m²였다. 모든 침지식 분리막과 마찬가지로 분리막 외부에서 내부 방향으로 여과된다. 모듈의 집수구는 상하 두 곳이어서 중공사막 양 끝으로 여과수가 모이는 양단 집수형이다. 당시 스키드는 12개 모듈로 구성되어 총 유효막면적 167 m²였다. 스키드의 부피 집적도는 168 m²/m³로 지금 제품들의 사양보다는 많이 낮다. GE가 Zenon 사를 인수하여 GE Zenon 사로 사명이 변경되었고, 최신 제품인 ZeeWeed 500d 제품을 개발하기 전까지 다양한 제품군을 통해 기술발전이 이루어졌다.

그림 7.1b에 ZeeWeed 500d 단위 모듈과 스키드를 나타내었다. 분리막의 사양은 크게 달라지지 않았으나, 모듈과 스키드는 효율적으로 점차 발전되었다. 단위 모듈의 유효막면적은 34.4 m²로 증가했으며, 단위 스키드당 수용 모듈수도 48개로 증가했다. 이로 인한 단위 스키드 유효막면적은 1,650 m²으로 초기 제품 대비 10배 가까이 증가했다. 단순히 규모만 증가한 것이 아니라, 부피집적도 또한 448 m²/m³로 약 세 배 증가했다.

스키드 성능 또한 많은 발전이 있었다. 특히 폭기장치/공정이 발전하였다. 초기 MBR 기술은 전통 공정 대비 경제성에 취약점이 있었고, 주원인이 큰 폭기에너지 비용이었다. 많이 효율화된 지금도 MBR 전체 공정 운전에너지의 30% 이상이 분리막 오염 저감을 위한 폭기에 소모된다. Suez 사는 우선 폭기공정의 분리막 오염 저감 기여 부담을 줄이고자, 역세척, 유지세정, 회복세정 공정을 개발, 최적화하였고, 이로 인해 폭기량을 상당히 감소시킬 수 있었다. 가장 혁신적인 절감 효과는 순환 폭기(Cyclic aeration)공정을 개발한 후였다. 이는 과거 폭기를 연속적으로 공급하던 것을 두 계열에 일정 시간 간격을 두어 교대로 폭기를 공급해, 각 계열 내 분리막 스키드는 폭기 공급이 일정 시간 간격으로 단속되는 것으로 느끼게 하는 기술이다. 예를 들어 10초 간격으로 폭기 공급/중단을 반복할 경우, 기존 연속폭기 대비 소비 폭기량을 절반으로 줄일 수 있는 것이다. 이후 에코-폭기(Eco-aeration) 공정 등으로 폭기 공정이 더욱 최적화되어, 초기 0.9 kWh/m³(ZeeWeed 150)였던 단위 여과수 생산량 당 폭기에너지가 0.1 kWh/m³(ZeeWeed 500d)로 낮아졌다. 에코-폭기 공정에서는 폭기가 공급되는 시간보다 공급되지 않는 시간이 3배 길어 필요 폭기량을 연속폭기 대비 75% 절감할 수 있다.

최근 Air siphon 현상을 폭기관에 적용한 'LEAPmbr'을 개발하였다. 이전까지는 조대기공(Coarse bubble)을 공급하여 과거 미세기포 대비 분리막 세정 효과를 개선했다면, LEAPmbr에서는 버섯갓형 기공(Mushroom-capped bubble)이라 불리는 조대기공보다 몇 배 더 큰 크기의 기공을 공급하면서 더욱 분리막 세정효과를 향상시켰다. 이로 인해 폭기량을 추가로 30% 더 줄일 수 있었다. 또한, LEAPmbr에서는 교대폭기를 위한 폭기배관 내 자동밸브 등도 필요 없어 추가적인 시공비도 줄일 수 있다.

7.2.2 Kubota

Kubota 사는 Suez 사보다 앞서 MBR용 분리막을 출시한 회사이다. 초기 제품명은 '510' 시리즈이고, 현재 제품은 '515' 시리즈이다. 두 제품 모두 염화폴리에틸렌(Chlorinated polyethylene) 재질의 분리막이며 MSCS 방식으로 제조되었다. 분리막은 공칭공경 0.4 μm의 MF이다.

모듈 형태는 플라스틱 프레임 내 스페이서를 두고 평막이 양면을 덮고 있는 전형적인 평막 모듈이다. 초기 모듈 규격은 높이 1,000 mm, 폭 490 mm, 두께 6 mm로 모듈당 유효막면적은 0.8 m²였다. 현재 모듈은 높이 1,560 mm,

사례 연구

폭 575 mm, 두께 6 mm로 모듈당 유효막면적은 1.45 m²이다. 모듈당 막면적을 증가시키기 위해 높이가 높아지면서 감소할 수 있는 여과효율을 향상시키기 위해 여과구를 기존 상부 한 개에서 상부와 중간부 두 개로 늘렸다.

스키드는 510 시리즈 기준 최대 200개 모듈을 수용할 수 있어, 최대 유효막면적은 160 m²이다. 스키드 부피집적도는 44 m²/m³로 Zenon사 초기 모델인 ZeeWeed 150의 25% 수준이다. 510 시리즈에 비해 515 시리즈는 다소 개선되었다. 앞서 소개한 단위 모듈의 유효막면적뿐 아니라, 스키드당 유효막면적도 290 m²로 1.8배 증가했으며, 부피집적도도 48 m²/m³로 다소 증가하였다.

그림 7.2c에서 알 수 있듯 Kubota 사는 스키드의 적층구조를 통해 대형화, 고집적화를 진행하였다. 이는 MBR 공정 시설에서 분리막 스키드 위치가 호기조 내이고, 호기조의 수심이 최소 4 m를 넘기 때문에 이 높이를 효율적으로 이용하기 위함이다. 적층구조는 부피집적도가 아닌 면적집적도를 향상시킨다. 호기조 내 최대 가능 적층수는 3층이며, 일층, 이층, 삼층 구조 스키드를 각각 ES, EK, EW 타입으로 부른다.

KMS 사는 세계시장에서 Kubota 사 분리막을 적용해 MBR 공정을 개발, 시스템 사업을 하는 파트너 엔지니어링사이다. KMS 사는 폭기량을 연속폭기 형태로 최적화해 폭기량(SAD_m)을 0.75 Nm³/h·m²에서 0.42 Nm³/h·m²까지 낮추었다.

7.2.3 Mitsubishi Rayon Engineering (MRE)

MRE 사는 상용측면에서 세계에서 세 번째로, 아시아에서 가장 크게 MBR 분리막 시장을 점유하고 있다. 기술적으로는 분리막을 하폐수처리용 미생물반응조와 결합해 침지식 모듈 개념을 도입, MBR 공정을 세계 최초로 개발해 관련 원천특허를 보유한 회사이다. 물론 이 특허는 현재 기한 말소되었다. MRE 사는 두 가지 형태의 중공사막 및 관련 모듈, 스키드 제품을 공급하고 있다. 가장 먼저 출시한 제품은 PE 재질의 단일 중공사막으로 'SUR'라는 상품명을 가지고 있으며, 이후에 PET 원사로 제작된 보강재에 PVDF 재질의 분리막을 코팅한 보강 중공사막을 'SADF'라는 상품명으로 출시했다. 두 제품 모두 NIPS 기술 기반 제품이다.

'SUR' 분리막은 공칭공경 0.4 μm인 MF이다. 단위모듈당 유효막면적은 3 m²이며, 여과는 모든 침지식 분리막과 마찬가지로 분리막 외부에서 내부

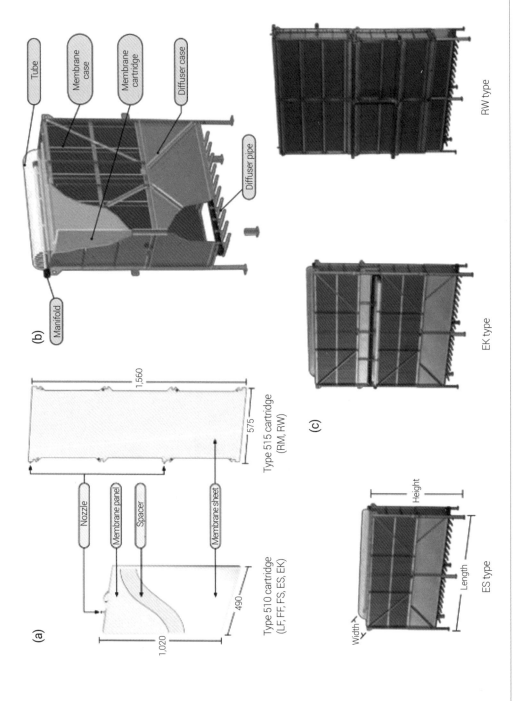

(a)

Nozzle

Membrane panel

Spacer

Membrane sheet

1,560

575

Type 515 cartridge
(RM, RW)

490

1,020

Type 510 cartridge
(LF, FF, FS, ES, EK)

(b)

Tube

Membrane case

Membrane cartridge

Diffuser case

Diffuser pipe

Manifold

(c)

RW type

EK type

Height

Length

Width

ES type

그림 7.2   Kubota 사 (a) 분리막 모듈, (b) 스키드 구조, (c) 스키드 적층형태.

방향으로 일어난다. 모듈의 집수구는 양측 두 곳이어서 중공사막 양 끝으로 여과수가 집수되는 양단 집수형이다. 중공사막 정렬방향은 수평형이다. 가장 큰 스키드 'SUR 50M0210LS'(그림 7.3c-1 참조)는 70개의 모듈이 장착되어 총 유효막면적은 210 m²이며, 스키드의 부피집적도는 131 m²/m³이다.

'SADF' 분리막은 공칭공경 0.1 μm인 MF이다. 단위모듈당 유효막면적은 25 m²이며, 여과는 분리막 외부에서 내부방향으로 일어나다. 모듈의 집수구는 상하 두 곳이어서 중공사막 양 끝으로 여과수가 집수되는 양단 집수형이다. 중공사막 정렬방향은 수직형이다. 가장 큰 스키드 'SADF 50E0025SA'

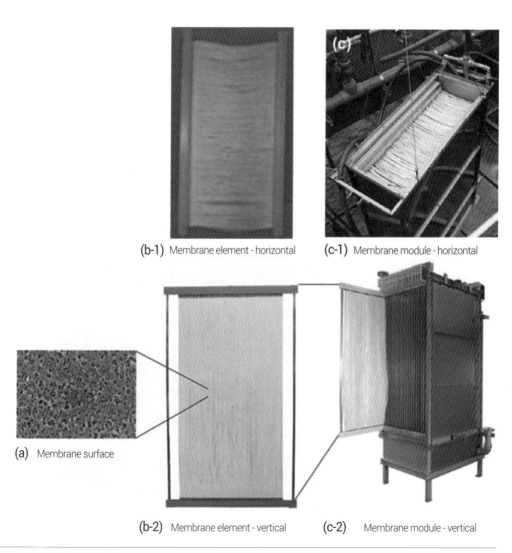

(b-1) Membrane element - horizontal   **(c-1)** Membrane module - horizontal

(a) Membrane surface

(b-2) Membrane element - vertical   **(c-2)** Membrane module - vertical

그림 7.3   Mitsubish Rayon Engineering (MRE) 사 분리막 모듈 및 스키드.

(그림 7.3c-2 참조)는 20개의 모듈이 장착되어 총 유효막면적은 500 m²이며, 스키드의 부피집적도는 64 m²/m³이다.

7.2.4 Pentair

Pentair 사는 세계 MBR 분리막 모듈 시장에서 'X-Flow'라는 상품명으로 가장 큰 가압식 제품 점유율을 가지고 있다. PVDF 재질의 분리막 공칭공경은 0.03 μm의 UF이며, 중공사막보다 내/외경이 더 큰 관형막이다. 지금까지의 침지식 모듈용 분리막과 달리 여과가 분리막의 내부에서 외부방향으로 일어난다. 모듈형태 또한 실린더형 가압식 모듈이어서 유입수펌프가 인가하는 수압에 의해 여과가 일어난다. 침지식 모듈에 비해 상대적으로 내오염성이 취약한 가압식 모듈이지만, 공기와 함께 슬러지를 저압, 고유속으로 분리막 내부로 흘려주면서 분리막과 평행하고, 여과방향과 수직한 방향으로 전단력을 주어 내오염성을 개선시켰다. 특히 최근 분리막 내부에 'helix'라 불리는 돌기를 적용해 난류를 형성, 내오염성을 더 향상시켰다. 공정상으로도 가압식 모듈 방식에서 가장 큰 에너지를 소모하는 부분여과로 인한 낮은 회수율을 증가시키며, 침지식 공정 대비 경쟁력을 강화하고 있다. 그림 7.4에 현재 상용화 중인 X-Flow 관련 기술을 나타내었다.

7.2.5 MBR용 상용 분리막, 모듈, 스키드 리스트

표 7.2는 전 세계에서 상용화된 다양한 분리막, 모듈, 스키드 제품의 기술정

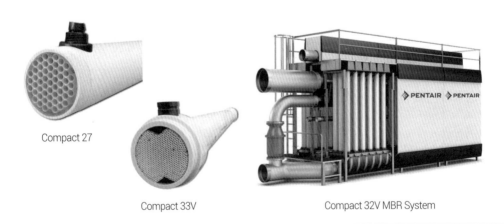

Compact 27

Compact 33V

Compact 32V MBR System

Pentair 사 분리막, 모듈 및 스키드.   그림 7.4

사례 연구

표 7.2 MBR에 적용 중인 모듈 리스트

모듈	시스템	회사 제품명	분리막 재질	공칭 공경	MF UF	분리막 형태	여과 방향	모듈 형태
		Suez ZeeWeed	PVDF	0.02	UF	H, R	Out→In	S, V
		Kubota 510	PVC	0.4	MF	P	Out→In	S, V
		MRE SUR	PE	0.4	MF	H	Out→In	S, H
		MRE SADF	PVDF	0.1	MF	H, R	Out→In	S, V
		US Memjet	PVDF	0.08	MF	H	Out→In	S, V
		Norit Xiga	PES	0.03	UF	H	In→Out	P, H
		KMS Puron	PES	0.05	MF	H,R	Out→In	S, V
		Toray Seghers Keppel	PVDF	0.08	MF	P	Out→In	S, V
		Maxflow A3	Polyphenol	0.08	MF	P	Out→In	S, V
		Eidos	PP	0.1	MF	H	Out→In	S, V
		Huber VRM	PES	0.1	MF	P	Out→In	S, V

모듈	시스템	회사 제품명	분리막 재질	공칭 공경	MF UF	분리막 형태	여과 방향	모듈 형태
		Huber VUM	PES	0.1	MF	H	Out→In	S, V
		Asahi Kasei MUNC 620	PVDF	0.3	MF	H	Out→In	S, V
		KOLON Cleanfil®-S30V	PVDF	0.1	MF	H, R	Out→In	S, V
		KOLON Cleanfil®-S40V	PVDF	0.1	MF	H, R	Out→In	S, V
		Econity KMS-600	PP	0.4	MF	H	Out→In	S, V
		Martin Systems siClaro FM		0.1	UF	P	Out→In	S, V
		VSEP			UF	P	Out→In	P, V
		Norit Aquaflex	PVDF	0.03	UF	H	In→Out	P, V
		Norit Crossflow MBR	PVDF	0.03	UF	H	In→Out	P, H
		DOW Omexell	PVDF	0.01	UF	H	Out→In	P, V

모듈	시스템	회사 제품명	분리막 재질	공칭 공경	MF UF	분리막 형태	여과 방향	모듈 형태
		Orelis SA Persep Novasep	PES		UF	H	In→Out	P, V
		Orelis SA Pleiade Novasep	PES		UF	P	Out→In	S, V
		Rochem BioFILT FM			UF	P	Out→In	S, H
		SFC Umwelttechnik-CMEM					Out→In	
		Motial Tianjin	PVDF		MF	H	Out→In	P/S, V
		Spirasep Trisep	PES	0.05	UF	SW	Out→In	P, V
		Microclear Weise Water Systems		0.01	UF	P	Out→In	S, V
		Biomembrat Wehrie Werk				P	In→Out	P, V
		Zao Membranes	PSF		MF	T	Out→In	S, V
		Motimo	PVDF		MF	H	Both	S/P, V
		Porous Fibers	PVDF	0.1	MF	H	Out→In	S, V

모듈	시스템	회사 제품명	분리막 재질	공칭 공경	MF UF	분리막 형태	여과 방향	모듈 형태
		Litree			UF	H	Both	S/P, H
		Hyflux						
		BioCel Microdyne-Nadir	PES		MF	P	Out→In	S, V

H: Hollow fiber (중공사막), P: Plate (Flat sheet, 평막), R: Reinforced (보강막), M: Mutibore (다채널내경),
S: Submerged (침지식), P: Pressurized (가압식), V: Vertical (수직형), H: Horizontal (수평형)

보를 보여주고 있다. 표 내에 각 분리막 모듈 및 스키드의 사진을 나타내었고, 제조사명, 제품명을 비롯해 재질, 공칭공경, 분리막 종류/형태, 여과방향, 모듈 형태를 나타내었다.

7.3 고분자 분리막을 적용한 MBR 공정적용 평가 사례

본 절에서는 7.2절에 소개된 분리막, 모듈, 스키드, MBR 공정이 적용된 과거 파일럿 평가 사례를 이용해 보다 상세히 설명하고자 한다. 이는 네덜란드의 수처리 기술 적용 연구기관인 STOWA에서 2000년 1월부터 2001년 12월까지 네덜란드 베버르비크(Beverwijk) WWTP (Waste water treatment plant)에서 수행했던 MBR 공정 적용성 평가 결과를 요약한 것이다. STOWA는 Suez, Kubota, MRE, Pentair 네 개 분리막 제조사 및 관련 MBR 공정개발자들을 초청해 각 사에서 제안한 공정대로 파일럿 플랜트를 시공하여, 동일 원수를 통한 운영 결과를 모니터링, 비교, 해석하였다. 비록 십여 년 전의 결과이나, 세계 수처리 분리막시장 주요 점유사 제품이 당시까지 각자 최적화한 공정을 적용해, 동일 장소에서 동일 원수로 운전된 결과를 비교할 수 있는 좋은 자료이다.

각 파일럿 시스템마다 적용된 분리막, 모듈, 스키드 등의 정보와 시스템 구성 및 설계자료, 그리고 이로 인한 생물학적 처리 및 분리막 여과성능 등 운전 결과를 설명하였다. 마지막에 결론으로 요약하였다. 하기 내용을 통해 지금까지 배운 모든 MBR 관련 지식을 활용하여, 각 분리막 및 MBR 시스템의 장단점을 분석하고 개선점을 찾는 데 응용하기를 바란다.

7.3.1 Suez

7.3.1.1 시스템 구성

그림 7.5와 표 7.3에 Suez 사의 파일럿 플랜트 사진 및 구성/설계 자료를 나타내었다. 시스템 설계 용량은 38 m³/d이다. 원수는 기공크기 0.75 mm의 고정형 반드럼 스크린에서 협잡물이 걸러진다. 스크린에는 자동 청소솔이 장착되어 주기적으로 표면에 붙는 협잡물을 제거한다. 무산소조(D)와 호기조(N2) 사이에 무산소조와 호기조 역할을 교대로 수행할 수 있는 조(N1)를 둔 것이 구성 특징이다. 한 개의 컴프레서에서 N1, N2 두 조에 공기를 공급한다. N1은 공기 공급이 N2 내 용존산소 농도에 따라 단속되기 때문에 공기 공급량의 균형을 고려해야 한다. 슬러지는 N2에서 N1 및 D 방향으로 재순환되며 이는 N1이 질산화보다 탈질에 더 무게를 두었기 때문에 N1으로의 산소 공급을 줄인 것이다. N2 내 슬러지는 ZeeWeed 500c가 설치된 분리막조 사이에서 순환되면서 고액분리가 일어난다. 분리막 오염 완화를 위한 조대기포가 연속적으로 공급되지만, 자동밸브에 의해 스키드 내 모듈 두 개씩 교대로 공급되는 Suez 사 고유의 교대폭기 방식이 적용되었다.

그림 7.5   Suez 사(당시 Zenon 사)의 MBR 파일럿 플랜트 사진.

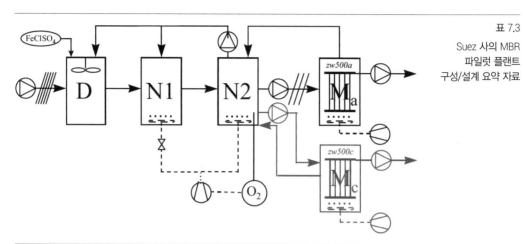

표 7.3

Suez 사의 MBR
파일럿 플랜트
구성/설계 요약 자료

Process part	Parameter	Unit	Values
Influent pump	Capacity	m³/h	15
	RWF[†] design flow	m³/h	7.6
	Design flow	m³/d	38
Influent screen	Type	–	Static half drum with brush
	Slot size	Mm	0.75
Biological tank	Total volume (and depth)	m³	26.6
	– Anoxic volume (D)	m³ (m)	4.38 (1.75)
	– Anoxic/oxic comp. (N1)	m³ (m)	7.66 (1.75)
	– Oxic compartment (N2)	m³ (m)	7.66 (1.75)
	– Membrane tank (M)	m³ (m)	3.0 (2.0)
Aeration source	Compressor capacity	Nm³/h	100
Ferric dosing	Type	–	FeClSO₄
	Ferric content	%	12.3
	Dose (at Me/P=0.8)	mL/h	80–100
Membrane filtration	Number of modules	–	3
	Surface each module	m²	20
	Total surface	m²	60
	Max. net flux (at RWF)	LMH	35
Aeration membranes	Compressor capacity	Nm³/h	60 (cycled)
	Specific capacity	Nm³/m²·h	0.5
Re-circulation flows	Sludge N2→M	m³/h	18–30 (5:1)
	Internal N2→N1	m³/h	8
	Nitrate N2→D	m³/h	14.5
	Sludge N2→M	m³/h	5–15 (x:1)

[†]RWF: Rain weather flow, DWF: Dry weather flow

7.3.1.2 생물학적 처리공정

1) 공정조건

파일럿 플랜트 운전 중 적용된 전체 공정조건을 표 7.4에 나타내었다. 설계

표 7.4

Suez 사 MBR 공정
조건

Parameter	Unit	Values
Influent flow	m³/d	44
Process temperature	℃ average ℃ range	20 10-28
pH	-	7.5
Biological loading	kg COD/kg MLSS·d	0.086
Sludge concentration	kg MLSS/m³	11.2
Organic fraction	%	64
Sludge production	kg MLSS/d	10.1
Sludge age (SRT)	D	29
Ferric dosing AT	L/d	0
Ferric dosing ratio	mol Fe/mol P	0

표 7.5

Suez 사 MBR 파일럿
플랜트의 유입수,
여과수 성분 평균 농도

Parameter		Unit	Values
COD	Feed Permeate Efficiency	mg/L mg/L %	605 33 95
N_{kj} NO_3-N N_{total}	Feed Permeate Permeate Permeate Efficiency	mg/L mg/L mg/L mg/L %	59 2.7 5.8 8.5 86
P_{total}	Feed Permeate Efficiency	mg/L mg/L %	12 1.9 84

유량은 44 m³/d이었으나, 평가기간이 우기와 겹쳐 과량의 빗물이 유입되었고, 이로 인해 유입수량 변동폭이 매우 커서 평가기간 동안 평균 유입유량은 140% 높았다. 설계 슬러지 농도는 10 kg MLSS/m³였다.

2) 결과

표 7.5에 평균 유입수 및 여과수 수질이 요약되어 있다.

여과수 COD 값이 비교적 작았다. 이는 원수 내 입자성 유기물 농도가 상대적으로 높아 분리막에 의해 상당량 제거되었기 때문이다. Suez 사 MBR 파일럿 플랜트의 평균 COD 제거율은 95%였다. 운전기간 동안 여과수 평균 질소 농도는 유입수량 편차를 감안할 때 안정적이었다. 별도의 응집공정 가동

	Unit	Values
Sludge characteristics		
DSVI	mL/g	100
CST	s	50
Y-flow	s	120
Viscosity		
Viscosity value	mPa·s	7.6
Shear rate	L/s	110
α-factor		
Surface aeration	–	0.52
Bubble aeration	–	0.64
Gravity thickening		
Settling velocity	cm/h	4.3
Max. concentration	%	2.4
Mechanical thickening		
MLSS at 3,900 rpm/10 min	%	7.9
MLSS at 1,000 rpm/3 min	%	3.4

표 7.6

Suez 사의 MBR
파일럿 플랜트
슬러지 특징

없이 여과수 내 인 농도도 1.9 mg P_{total}/L를 유지했다.

3) 슬러지 특성

슬러지의 주요 특성을 표 7.6에 나타냈다. 슬러지 침강성을 알 수 있는 희석 슬러지 용량지수(Diluted sludge volume index, DSVI, 특정 조건에서 1 g의 활성슬러지가 희석, 혼합 후 30분 동안 침강한 후의 부피)가 100~120 mL/g 범위에서 안정적으로 나타났다. 슬러지 탈수성을 알 수 있는 모세관 흡입시간 (Capillary suction time, CST)과 슬러지의 동점도를 나타내는 Y-유량 모두 슬러지 농도와 관계가 있다. Suez 사 MBR 슬러지 점도는 비교적 낮에 5~12 mPa·s 사이에서 변했고, 이 또한 슬러지 농도와 유사한 경향으로 변했다. 가장 낮은 농도의 슬러지의 경우 2 mPa·s까지 감소했다.

  평가기간 슬러지 농도가 5~15 kg MLSS/m³ 사이에서 변할 때, 폭기에 의한 호기조 산소전달률과 관계있는 알파인자(α-factor) 값은 0.24~0.77 사이에서 변했다. 10.5 kg MLSS/m³ 슬러지 농도에서 평균 알파인자는 0.4~0.6 사이였다. 중력농축평가 초기 평균 침전속도는 3~6 cm/h였다. 중력농축 24시간 후 MLSS 최대값은 3% 이하였다. 이는 중력 농축이 효율적이지 않다는 뜻이다. 가압농축에 의한 최대 슬러지 농도는 6~8%였다. 그림 7.6에 Suez 사 MBR 파일럿 플랜트 활성슬러지의 현미경 사진을 볼 수 있다.

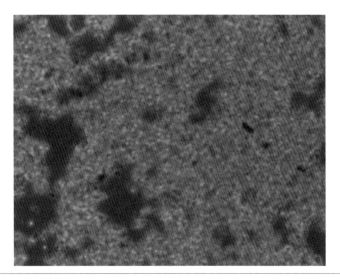

그림 7.6　　　　　　　　Suez 사 MBR 파일럿 플랜트 활성슬러지의 현미경 사진.

　　시운전 시 사상충들이 다소 발견되었다. 운전 초기 슬러지 플록(Floc)보다 큰 단일종이 발견되었다. 부착형 섬모류(Ciliates, *Aspidisca*)와 부유형 섬모류(*Euplotus*)가 관찰되었다. 이들의 존재는 정상적인 호기조 환경으로 운전되고 있음을 알려준다. 운전기간 동안 아메바는 발견되지 않았다.

7.3.1.3 분리막 여과성능

그림 7.7은 2000년 12월 31일부터 2001년 6월 28일까지 6개월의 운전기간 동안 수온, 실측 수투과도, 15℃ (베버르비크의 하수 평균 온도)로 보정한 수투과도의 변화를 나타낸 그래프이다. 수투과도가 운전기간 중 상승한 것처럼 보였으나, 온도 보정 수투과도를 보면 일정함을 알 수 있다. 6개월간 매우 안정적인 운전이 되었다.

　　운전 중 분리막의 오염 방지 및 여과성능 유지를 위해 유지세정이 적용됐다. 세정 주기는 일주일에 한 번이었고, 차아염소산나트륨과 구연산을 교대로 적용해 세정하였다. 운전 후 분리막 성능을 회복하기 위한 세정이 차아염소산나트륨과 구연산을 이용해 진행됐다. 세정 후 수투과도는 150 LMH/bar에서 320~350 LMH/bar로 증가했으며, Suez 사의 운전가이드 제시범위 내에 있어 충분히 회복된 것으로 판단되었다.

　　유입수의 일간, 주간, 월간, 연간 최대유량에 대한 여과유속 대응 평가를

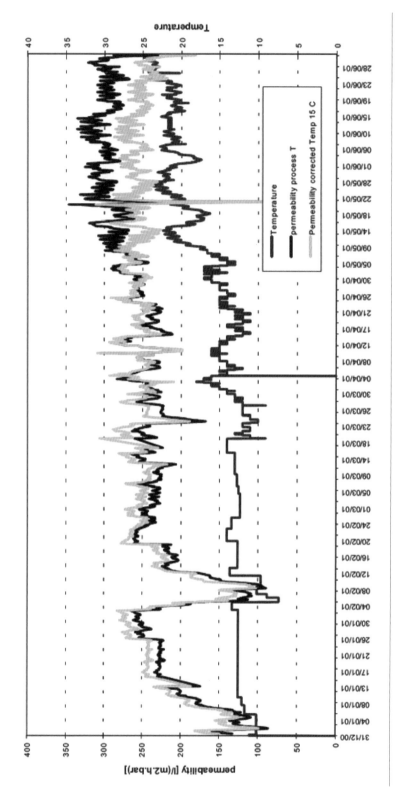

그림 7.7   Suez 사 MBR 파일럿 플랜트의 분리막 수투과도 및 온도 보정.

사례 연구

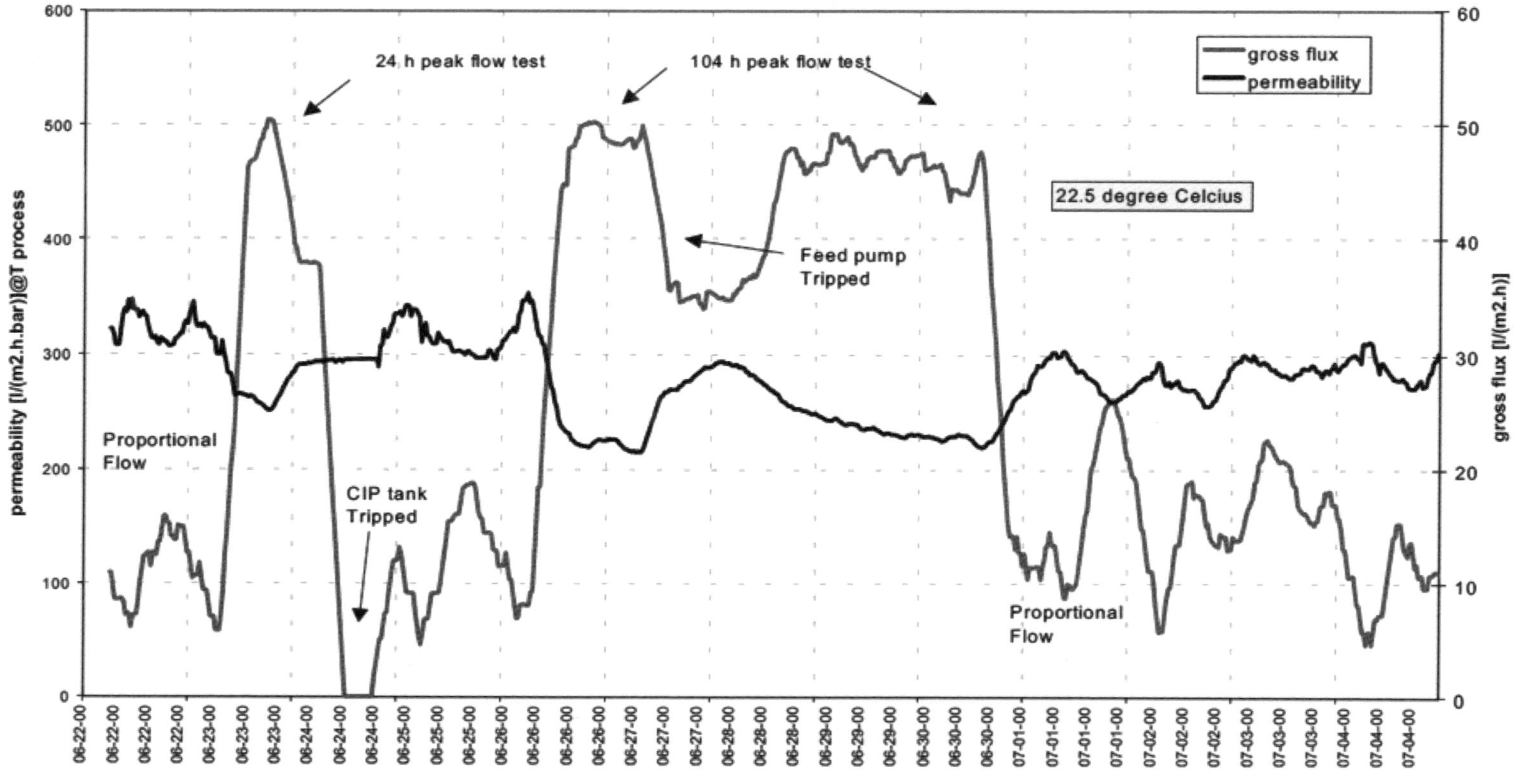

그림 7.8   Suez 사 MBR 파일럿 플랜트의 유량부하(Peak flow) 평가 중 수투과도.

407

실시했다. 평가기간 미생물 부하는 일정했다. 이를 위해 여과수 전량을 다시 생물반응조로 복귀시켰다. 즉, 미생물 농도는 일정하게 유지하면서 여과할 유입수량은 증가시켰다. 전체 유입수량은 7,667 L/h였고, 이는 단위공정 내 여과수량을 단위공정시간 및 여과 분리막 유효막면적으로 나눈 총 여과유속 50 LMH, 단위 공정 내 여과수량에서 역세척으로 사용된 수량을 뺀 값을 단위 공정 시간 및 여과 분리막 유효막면적으로 나눈 순여과유속(Net flux) 41.7 LMH 에 해당한다.

그림 7.8에 최대유속 평가 결과를 그래프로 나타내었다. 각 조건마다 24시간 동안 평가를 실시하였다. 104시간 동안의 최대유속 평가 중 수투과도가 350 LMH/bar에서 240 LMH/bar로 감소하였다. 최대유속 평가 기간 동안 평균 수온은 22.5℃였다.

7.3.1.4 결론
Suez 사의 분리막과 MBR 공정 평가기간 동안 COD 제거율이 매우 높았다. 질소 제거율은 산소전달 문제를 감안할 때 적정 수준이었다. 생물반응에 의한 인 제거율이 충분해 추가적인 응집공정은 적용하지 않았다. 호기조 내 슬러지 농도는 10~11 kg MLSS/m³ 범위를 유지하여, 분리막조 내 과다 슬러지 농축을 방지하고, 최적 알파인자(α-factor)를 통한 에너지 소비를 최적화하였다. 3일 이상(104시간) 진행된 최대유속 평가는 성공적이었고, 5~10℃의 저수온 기에는 설계유속 30~32 LMH보다 낮게 운전되어야 했다. 주기적인 유지세정을 통해 슬러지에 의한 분리막 모듈 오염 문제를 완화할 수 있었다.

7.3.2 Kubota
7.3.2.1 시스템 구성
그림 7.9와 표 7.7에 Kubota 사의 이층 스키드를 적용한 MBR 파일럿 플랜트 사진과 구성/설계 요약자료가 있다. 스키드 내 분리막 오염 완화를 위한 조대기포 폭기가 적용되며, 이를 호기조 내 산소공급용으로도 활용하였다. 이층 스키드에는 각 층별로 별도의 컴프레서로부터 공기를 공급받는 폭기관이 설치되어 있으나, 하부 폭기관은 상시 조대기포를 공급해 두 층 모두의 분리막 오염 완화에 기여하며, 상부 폭기관은 용존산소 농도를 모니터링해 필요시 가동했다. Suez 사의 MBR 파일럿 플랜트와 마찬가지로 생물학적 인 제거

그림 7.9   Kubota 사의 MBR 파일럿 플랜트 사진.

공정을 적용했다. 무산소조 혼합기는 10초 가동, 10초 휴지 방식의 간헐 혼합 방식으로 가동했다.

7.3.2.2 생물학적 처리공정

1) 공정조건

파일럿 플랜트 전체 공정조건이 표 7.8에 나타나 있다. 일본 하수처리장에 적용하는 전형적인 Kubota 시스템 내 슬러지 농도는 15~20 kg MLSS/m³ 범위 내 있다.

2) 결과

표 7.9에 유입수 및 여과수의 평균 성분 농도가 나타나 있다.

분리막 여과수 내 COD는 비교적 낮았고, 이는 Suez 사 파일럿 결과와 마찬가지로 유입수 내 입자성 COD 성분이 상대적으로 많아 분리막에 의해 걸러진 것으로 보인다. 분리막조로부터 무산소조로의 순환효과(표 7.7 공정도 내 흐름 b)를 확인할 수 있었다. 생물학적 인 제거 효과가 충분해 부가적인 응집공정을 가동하지 않았다. 혐기조의 수리학적 체류시간(Hydraulic retention time, HRT)은 1시간이었다. 여과수 내 인 농도는 0.1 mg P$_{total}$/L 이하로 매우

표 7.7

Kubota 사의 MBR
파일럿 플랜트
구성/설계 요약 자료

Process part	Parameter	Unit	Values
Influent pump	Capacity	m^3/h	15
	RWF design flow	m^3/h	7.8
	Design flow	m^3/d	39
Influent screen	Type	–	Rotating drum
	Slot size	Mm	1
Aeration tank	Total volume (and depth)	m^3	42.8
	– Anaerobic volume (A)	m^3 (m)	13.5 (2.7)
	– Anoxic volume (D)	m^3 (m)	8.4 (2.7)
	– Fac compartment (D/N)	m^3 (m)	–
	– Oxic compartment (N)	m^3 (m)	8.4 (2.7)
	– Membrane tank (M)	m^3 (m)	12.5 (4.1)
Aeration biology	Compressor capacity	Nm^3/h	80
Ferric dosing	Type	–	$FeClSO_4$
	Ferric content	%	12.3
	Capacity (at Me/P=0.8)	mL/h	160
Membrane filtration	Number of modules	–	2 (×150 plates)
	Total surface	m^2	240
	Max. net flux (at RWF)	LMH	41.7
Aeration membranes	Compressor capacity	Nm^3/h	115
	Specific capacity	$Nm^3/m^2 \cdot h$	0.5
Re-circulation flows	Sludge D→N/M	m^3/h	–
	Internal N→M	m^3/h	10–30 (5:1)
	Nitrate N→D	m^3/h	15
	Sludge D→A	m^3/h	9

낮게 안정적으로 측정되었다. 2001년 9월부터 여과수 내 인 농도가 증가해 평균 농도는 1.5 mg P_{total}/L이었다.

3) 슬러지 특성

MBR 파일럿 플랜트 내 슬러지 특성을 표 7.10에 나타내었다. DSVI 값은 80~

Parameter	Unit	Values
Influent flow	m³/d	51
Process temperature	℃ average ℃ range	19 10~28
pH	–	7.4
Biological loading	kg COD/kg MLSS·d	0.1
Sludge concentration	kg MLSS/m³	10.8
Organic part	%	63
Sludge production	kg MLSS/d	10.3
Sludge age	D	30
Ferric dosing AT	L/d	0
Ferric dosing ratio	mol Fe/mol P	0

표 7.8
Kubota 사 MBR
공정조건

Parameter		Unit	Values
COD	Feed	mg/L	621
	Permeate	mg/L	32
	Efficiency	%	95
N_{kj}	Feed	mg/L	58
	Permeate	mg/L	3
NO_3-N	Permeate	mg/L	7.9
N_{total}	Permeate	mg/L	10.8
	Efficiency	%	81
P_{total}	Feed	mg/L	10.9
	Permeate	mg/L	0.8
	Efficiency	%	93

표 7.9
Kubata 사 MBR 파일럿
플랜트의 유입수,
여과수 성분 평균 농도

	Unit	Values
Sludge characteristics		
DSVI	mL/g	90
CST	s	50
Y-flow	s	100
Viscosity		
Viscosity value	mPa·s	5.8
Shear rate	L/s	60
α-factor		
Surface aeration	–	0.50
Bubble aeration	–	0.54
Gravity thickening		
Settling velocity	cm/h	5.0
Max. concentration	%	2.8
Mechanical thickening		
MLSS at 3,900 rpm/10 min	%	10.4
MLSS at 1,000 rpm/3 min	%	5.1

표 7.10
Kubota 사의 MBR
파일럿 플랜트 슬러지
특징

411

90 mL/g 범위에서 안정적으로 측정되었고, 이는 Suez 사 시스템보다 다소 낮은 값이다. 이 안정성은 활성슬러지 플록 구조가 매우 양호함을 알 수 있게 해준다. CST 및 Y-유량값 역시 낮았다. MBR 슬러지의 점도는 평균 8 mPa·s로 Suez 사 시스템과 유사했다.

운전기간 동안 표면 폭기 평균 알파인자값은 0.50~0.55 사이에서 일정하게 유지되었다. 초기 중력농축평가에서 슬러지의 평균 침강속도는 4~6 cm/h 범위에 있었으며, 슬러지 농도에 의존했다. 농축 24시간 후 슬러지 농도는 2.8~3.4% 사이에 있었다.

초기 시운전 동안 슬러지 플록은 밀도 있는 중간 크기였으며, 슬러지 내 사상균이 존재했다. 샘플당 10배의 아메바가 관찰되었다. 운전 초기 대부분의 슬러지 플록은 열린 구조로 내부에 섬모류(Ciliates) 단일종이 관찰되었다. 운전 중에는 일반적으로 부착형 섬모류(Ciliates, *Aspidisca*) 및 부유형 섬모류(*Euplotus*)가 발견되었다.

7.3.2.3 분리막 여과성능

현장에서 Kubota 분리막의 최대유속은 42 LMH였다. 온도가 낮아지는 기간 동안 활성슬러지를 열교환기에 순환시켜, 10℃ 이상의 온도를 유지했다. 분리막은 일간 총 유속 12~25 LMH 범위로 운전되었다. 저온평가 후 슬러지 농축 평가를 15 g/L까지 실시했다.

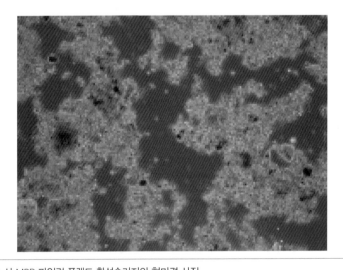

Kubota 사 MBR 파일럿 플랜트 활성슬러지의 현미경 사진.   그림 7.10

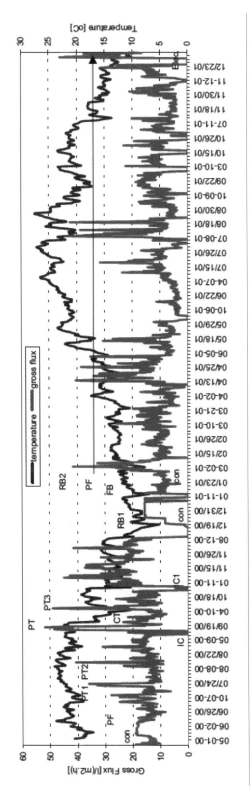

그림 7.11 Kubota 사 MBR 파일럿 플랜트의 분리막 수투과도 및 온도 보정.

413

단위면적당 분리막 집적도를 높이기 위해 Kubota 사는 이층형(Double deck, DD) 스키드를 적용했다. 상/하부 분리막은 각각 다른 수압을 느끼기 때문에 동일한 펌프에 의해 흡인압기가 구동되어도 다른 막간차압(TMP)을 나타낼 수 밖에 없다. 스키드 내 상/하부 TMP 차이를 줄이기 위해 Kubota 사는 상/하부 스키드의 유속을 달리 적용하는데 일반적으로 상부:하부=6:4의 비율로 운전된다. 운전 중 슬러지에 의한 폭기관 폐색을 완화시키기 위해 하루 한 번 폭기관 세정을 실시한다.

그림 7.12는 Kubota MBR 파일럿 플랜트의 최대유속 평가 결과이다. 평가전 분리막 수투과도는 650~950 LMH/bar였고, 정상 범위였다. 최대 순유속 42 LMH 또는 최대 일일 총 유속 52.5 LMH로 운전 시 수투과도가 초반 급격히 감소해 950 LMH/bar에서 12시간 내 500 LMH/bar를 나타냈고, 이후 지속적으로 감소하여 48시간 내 450 LMH/bar에 도달했으며, 96시간 후 최저 한계인 360 LMH/bar에 도달했다. 평가 후 유속을 15 LMH로 낮추자 12~24시간 내에 수투과도가 500 LMH/bar까지 상승했다. 본 실험결과로 판단되는 안정유속은 정상운전 순간유속 15 LMH, 최대 순간유속 25 LMH가 합리적인 것으로 보인다. 최대유속 평가 전 적용한 휴지(Relaxation) 공정은 다소 효과가 있어 보인다.

분리막 평가 후 분리막 회복세정을 실시했다. 분리막 표면에 농축된 슬러지층을 제거하기 위해 물리적인 수세정이 불가피했다. 이후 회복세정은 두 단계로 진행되었다. 첫째는 5,000 mg/L 차아염소산나트륨 수용액 세정, 둘째는 1% 옥살산 수용액 세정이었다. 두 가지 세정 모두 분리막조에서 계내세정(Clean-in-place)으로 진행되었다. 차아염소산나트륨 세정 후 수투과도가 200 LMH/bar에서 700 LMH/bar로 상승했다. 이는 파일럿 평가 초기값과 유사한 수준이다. 옥살산 세정 후 수투과도의 추가 상승이 조금 있었다. 회복세정 효과가 차아염소산나트륨에서 더 컸던 것은 분리막 주 오염원이 미생물과 유기물이기 때문이며, 이들은 활성슬러지에서 기인할 것으로 추정된다.

세정 후 청수로 헹굼이 진행되었고, 분리막 긴밀성이 유지되고 있음을 확인했다. 즉, 분리막의 물리적인 손상 등으로 인한 리크가 없었다.

7.3.2.4 결론

COD 제거율이 높은 편이었고, 질소 제거율은 정상적이었다. 생물학적 인 처

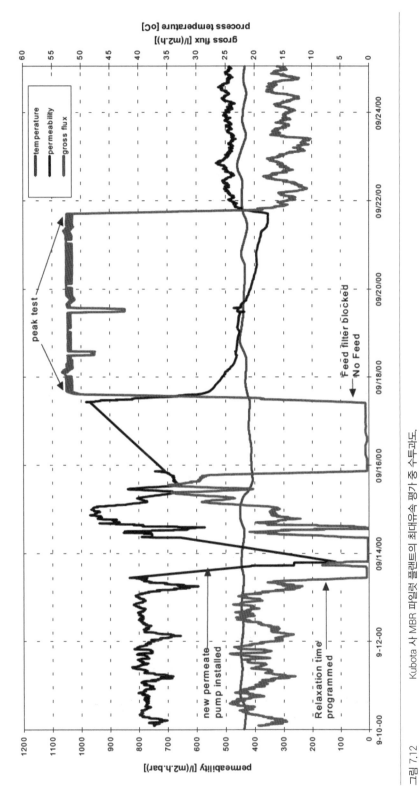

그림 7.12　　Kubota 사 MBR 파일럿 플랜트의 최대유속 평가 중 수투과도.

리공정이 효과적이어서 응집공정은 최소로 가동되었다. 호기조 내 슬러지 농도는 12 kg MLSS/m³ 를 안정적으로 유지할 수 있었고, 알파인자와 관계있는 산소전달률도 최적화할 수 있었다. 42 LMH로 최대 순간유속 평가를 실시한 결과 100시간 정도 지속 가능함을 확인했다. 수온이 10℃로 낮아질 땐 지속시간이 24시간이었다. 분리막 제조사가 제공하는 1년 2회 세정 주기보다 본 평가결과에서는 두 배 늘려도 될 것으로 나타났다. 이층 스키드 적용 시 1년에 한 번만으로 가능할 것으로 보이며, 단 세정 시 물리적 수세정을 포함하여 강한 세정이 필요할 것으로 판단되었다.

7.3.3 Mitsubishi Rayon Engineering (MRE)

7.3.3.1 시스템 구성

Mitsubishi Rayon Engineering (MRE) 사 MBR 파일럿 플랜트의 사진 및 구성/설계 요약 자료가 각 그림 7.13 및 표 7.11에 있다. 타 공정과 달리 무산소조가 총 네 개(D1, D2, D3, D4), 호기조(N1, N2)가 두 개 구성되어 있으며, 분리막조는 별도로 구성되었다. N2 호기조 내 공기공급 여부는 선택이 가능하다. 폭기량 조절은 N1 호기조 내 용존산소 농도에 연동된다. 실제로는 평가기간 동안 N1, N2조 모두 연속적으로 폭기가 진행됐다. 시설 설계용량은 34 m³/일이며, 인 제거는 응집공정 없이 생물학적 처리공정만 적용했다.

MRE 사의 MBR 파일럿 플랜트 사진. 그림 7.13

사례 연구

표 7.11

MRE 사의 MBR 파일럿
플랜트 구성/설계 요약
자료

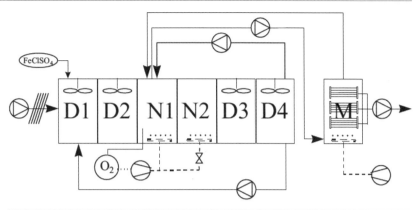

Process part	Parameter	Unit	Values
Influent pump	Capacity	m³/h	10
	RWF design flow	m³/h	6.4
	Design flow	m³/d	32
Influent screen	Type	–	Parabolic Sieve
	Slot size	mm	0.75
Aeration tank	Total volume (and depth)	m³	34.2
	– Anoxic volume (D1/2/3/4)	m³ (m)	4×3.9 (1.70)
	– Oxic compartment (N2)	m³ (m)	2×3.9 (1.70)
	– Membrane tank (M)	m³ (m)	10.8 (5.0)
Aeration biology	Compressor capacity total	Nm³/h	160
	Capacity N1/N2	Nm³/h	80/80
Ferric dosing	Type	–	FeClSO₄
	Ferric content	%	12.3
	Capacity (at Me/P=0.8)	mL/h	160
Membrane filtration	Number of modules	–	3
	Total surface	m²	315
	Max. net flux (at RWF)	LMH	20.3
Aeration membranes	Compressor capacity	Nm³/h	75−120
	Specific capacity	Nm³/m²·h	0.24−0.38
Re-circulation flows	Sludge N1→M	m³/h	20−40
	Internal D4→N1	m³/h	17−25
	Nitrate D4→D1	m³/h	17−25

7.3.3.2 생물학적 처리성능

1) 공정조건

파일럿 플랜트의 MBR 공정조건이 표 7.12에 나타나 있다.

평가기간 평균 유입유량은 우기로 인해 과량의 빗물이 유입되었고, 이로 인해 유입수량 변동폭이 매우 컸으며 40 m³/d로 설계유량보다 높았다. 슬러

Parameter	Unit	Values
Influent flow	m³/d	55
Process temperature	℃ average ℃ range	18 7-31
pH	-	7.4
Biological loading	kg COD/kg MLSS·d	0.084
Sludge concentration	kg MLSS/m³	11.6
Organic part	%	65
Sludge production	kg MLSS/d	15.5
Sludge age	D	26
Ferric dosing AT	L/d	0
Ferric dosing ratio	mol Fe/mol P	0

표 7.12
MRE 사 MBR 공정조건

Parameter		Unit	Values
COD	Feed	mg/L	605
	Permeate	mg/L	34
	Efficiency	%	94
N_{kj}	Feed	mg/L	59
	Permeate	mg/L	4.2
NO_3-N	Permeate	mg/L	4.4
N_{total}	Permeate	mg/L	8.6
	Efficiency	%	85
P_{total}	Feed	mg/L	12.1
	Permeate	mg/L	1.1
	Efficiency	%	90

표 7.13
MRE 사 MBR 파일럿 플랜트의 유입수, 여과수 성분 평균 농도

지 농도 설계값은 10 kg MLSS/m³였다.

2) 결과

표 7.13에 유입수 및 여과수의 평균 수질이 나타나 있다.

입자성 유기물이 분리막에 의해 완전히 제거되어 분리막 여과수의 COD 농도가 매우 낮았다. 질소도 잘 제거되어 여과수 내 질소 농도는 10 mg N_{total}/L 이하였다. 생물학적 처리만으로 90% 인 제거율을 나타내었다.

3) 슬러지 특성

파일럿 플랜트 내 슬러지 주요 특성이 표 7.14에 나타나 있다. DSVI 값이 매우

	Unit	Values
Sludge characteristics		
DSVI	mL/g	100
CST	s	50
Y-flow	s	120
Viscosity		
Viscosity value	mPa·s	7.6
Shear rate	L/s	110
α-factor		
Surface aeration	–	0.52
Bubble aeration	–	0.64
Gravity thickening		
Settling velocity	cm/h	4.3
Max. concentration	%	2.4
Mechanical thickening		
MLSS at 3,900 rpm/10 min	%	7.9
MLSS at 1,000 rpm/3 min	%	3.4

표 7.14

MRE 사의 MBR 파일럿 플랜트 슬러지 특징

안정적으로 100~140 mL/g 범위 내 유지되었다. MBR 슬러지 점도는 6~13 mPa·s 였으며, 유입 슬러지 농도 대비 낮은 값이었다.

슬러지 농도가 5~12 kg MLSS/m³ 사이에서 변할 때, 호기조 폭기 알파인 자는 0.3~0.5 사이에서 변했다. 10 kg MLSS/m³ 슬러지에 해당하는 알파인자 는 0.4였다. 표면 폭기관의 알파인자는 15% 더 높았다. 초기 중력농축 평가 시 평균 침전속도는 2~6 cm/h였으며, 슬러지 농도에 의존했다. 24시간 후 최고 농도는 3% 이하였고, 이는 중력 농축이 효율적이지 않음을 알려준다. 가압농 축에 의한 최대 슬러지 농도는 6~9%였다.

MBR 시스템 시운전 초기 슬러지 플록은 작은 열린 구조였다. 시운전부 터 슬러지는 단일종으로 구성되어 있었다. 이 단일 미생물종 크기가 조금씩 증가하여 정상 크기까지 성장했다. 평가 중반에 개체수가 급감했다. 운전기 간 중 일반적으로 부착형 섬모류(Ciliates, Aspidisca) 및 부유형 섬모류(Euplotus)가 발견되었다. 이들의 존재는 호기조 내 공기 공급이 잘 되고 있다는 것을 의미 한다. 운전 초기 슬러지 벌킹(Bulking)을 일으킬 수 있는 사상균이 발견되었 으나, 운전이 지속되면서 감소했다. 그림 7.14에 MRE 사 MBR 슬러지의 현미 경 사진을 볼 수 있다.

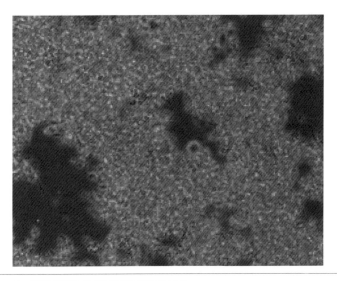

MRE 사 MBR 파일럿 플랜트 활성슬러지의 현미경 사진.   그림 7.14

7.3.3.3 분리막 여과성능

MBR 파일럿 플랜트에 적용 가능한 최대 순간유속은 32.5 LMH (순유속 20.3 LMH)였다. 회복세정은 1년에 두 번 실시했고, 먼저 5,000 mg/L의 차아염소산나트륨 세정을, 이후에는 산 세정을 했다. 운전 중 주기적으로 휴지공정이 적용되었으며, 유지세정도 적용되어 평가기간 중 약 400 LMH/bar의 수투과도를 안정적으로 유지했다(그림 7.15 참조).

7.3.3.4 결론

호기조 내 슬러지 농도는 약 10 kg MLSS/m³였다. 이 농도에서 MRE 사 분리막 운전 및 산소전달 최적 조건을 찾았다. 알파인자는 운전 중 증가하였으며, 이는 슬러지 전단력 감소로 시스템 효율이 향상되었기 때문이다. 20℃ 이상에서 최대 순유속은 28.1 LMH였으며, 95시간 유지 후 원상복구 가능했다. 10℃에서의 최대 순유속은 15~18 LMH였으며, 이 시기에는 CIP 형태로 회복세정이 실시되었고, 2~4개월마다 필요했다.

7.3.4 Pentair X—Flow

7.3.4.1 시스템 구성

X-Flow 사의 MBR 파일럿 플랜트 사진 및 구성/설계 요약자료가 각각 그림

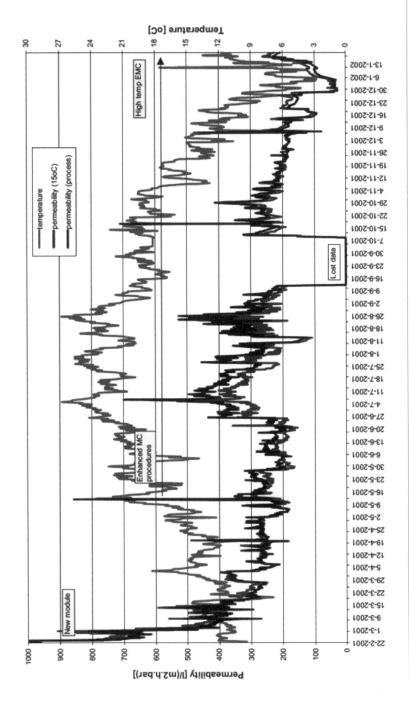

그림 7.15　MRE 사 MBR 파일럿 플랜트의 분리막 수투과도 및 온도 보정.

X-Flow 사의 신규 MBR 파일럿 플랜트 사진.   그림 7.16

7.16 및 표 7.15에 있다. 생물학적 처리공정은 혐기조(Anaerobic tank), 무산소조(Anoxic tank), 호기조(Aerobic tank)로 구성된 전형적인 A2O 공정으로 구성되었다. 호기조는 한 개의 컴프레서를 통해 공기가 공급되지만 N1, N2 두 개 조로 나뉘어 구성되었고, N1은 공기공급을 차단할 수 있어 무산소조 역할을 할 수도 있다. 공기 공급량은 N2 조 내 용존산소 농도를 모니터링해 제어된다. 분리막은 가압식 모듈로 N2 사이에서 슬러지를 순환하면서 여과하는 방식이다.

7.3.4.2 생물학적 처리공정
1) 공정조건

파일럿 플랜트 운전에 적용된 전체 공정조건이 표 7.16에 있다.

　　　정상 설계유량은 50 m³/d였다. 설계 슬러지 농도는 10 kg MLSS/m³였다.

2) 결과

표 7.17에 유입수, 여과수 수질 정보가 요약되어 있다.

　　　다른 파일럿 플랜트와 마찬가지로 입자성 유기물이 분리막을 통해 제거되면서 분리막 여과수 내 COD는 비교적 낮아 제거율이 90~94% 범위로 높았다. 여과수 내 질소 농도는 8 mg N_total/L 이하였으며, 이는 평가기간 동안 저

표 7.15

X-Flow 사의 MBR
파일럿 플랜트
구성/설계 요약자료

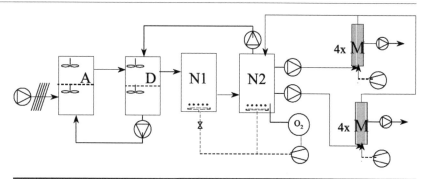

Process part	Parameter	Unit	Values
Influent pump	Capacity	m³/h	10
	RWF design flow	m³/h	10
	Design flow	m³/d	50
Influent screen	Type	–	Rotating drum
	Slot size	mm	0.50
Aeration tank	Total volume	m³	40.8
	– Anaerobic volume (A)	m³	12.0
	– Anoxic comp. (D)	m³	7.0
	– Anoxic/oxic comp. (N1)	m³	10.5
	– Oxic compartment (N2)	m³	10.5
	– Membrane tank (M)	m³	0.8
	– Depth aeration tank	m	3.0
Aeration biology	Compressor capacity	Nm³/h	140
Membrane filtration	Number of modules	–	8
	Surface each	m²	30
	Total surface	m²	240
	Max. net flux (at RWF)	LMH	41.7
Aeration membranes	Air flush	Nm³/h	15-20
	Air flush On/Off	S	7/200
	Continuous air lift	Nm³/h	10–15
Re-circulation flows	Pumps N2→M	m³/h	2×80
	Internal D→A	m³/h	15
	Internal N2→D	m³/h	15

부하 상태로 운전되었기 때문이다. 여과수 내 인 농도는 >1 mg P_{total}/L 이상으로 함께 운전한 타 공정보다 높았다.

3) 슬러지 특성

X-Flow 사 파일럿 플랜트 슬러지 특성이 표 7.18에 나타나 있다. DSVI 값은 80~90 mL/g 범위에서 안정적이었다. MBR 슬러지 점도는 5~10 mPa·s 범위에

Parameter	Unit	Values
Influent flow	m³/d	33
Process temperature	℃ average ℃ range	23 15–35
pH	–	7.4
Biological loading	kg COD/kg MLSS·d	0.054
Sludge concentration	kg MLSS/m³	10.6
Organic part	%	63
Sludge production	kg MLSS/d	8.8
Sludge age	D	34
Ferric dosing AT	L/d	0
Ferric dosing ratio	mol Fe/mol P	0

표 7.16
X-Flow 사 MBR
공정조건

Parameter		Unit	Values
COD	Feed	mg/L	569
	Permeate	mg/L	36
	Efficiency	%	94
N_{kj}	Feed	mg/L	56
	Permeate	mg/L	3.6
NO_3-N	Permeate	mg/L	4.2
N_{total}	Permeate	mg/L	7.8
	Efficiency	%	86
P_{total}	Feed	mg/L	11.3
	Permeate	mg/L	1.4
	Efficiency	%	88

표 7.17
X-Flow 사 MBR 파일럿
플랜트의 유입수,
여과수 성분 평균 농도

	Unit	Values
Sludge characteristics		
DSVI	mL/g	100
CST	s	70
Y-flow	s	120
Viscosity		
Viscosity value	mPa·s	7.0
Shear rate	L/s	100
α-factor		
Surface aeration	–	0.58
Bubble aeration	–	0.52
Gravity thickening		
Settling velocity	cm/h	4.3
Max. concentration	%	2.3
Mechanical thickening		
MLSS at 3,900 rpm/10 min	%	6.4
MLSS at 1,000 rpm/3 min	%	2.3

표 7.18
X-Flow 사의 MBR
파일럿 플랜트 슬러지
특징

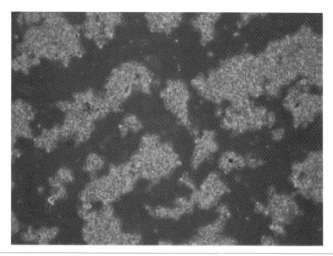

그림 7.17 X-Flow 사 MBR 파일럿 플랜트 활성슬러지의 현미경 사진.

서 변했으며, 이는 공급 슬러지 농도 대비 낮은 값이다.

슬러지 농도가 7~11 kg MLSS/m³일 때, 폭기 알파인자값은 0.4~0.8 사이에서 변했다. 슬러지 농도 10 kg MLSS/m³에서 알파인자값은 약 0.6이었다. 초기 중력농축평가(The gravity thickening test) 시 평균 침강속도는 3~10 cm/h였고, 슬러지 농도에 크게 영향을 받았다. 24시간 후 최고농도는 3% 이하였으며, 이는 중력 농축이 효율적이지 않기 때문이다. 가압 농축에 의한 최대 슬러지 농축은 6~8%였다. 그림 7.17에 X-Flow사 MBR 파일럿 플랜트 활성슬러지의 현미경 사진을 나타내었다.

MBR 슬러지의 플록 구조가 중간 크기부터 매우 작은 크기까지 매우 크게 변동하였으며, 다소 열린 구조였다. 시스템 내 건조입자 농도가 증가함에 따라 플록수도 증가했다. 운전 초기 플록은 매우 작고 단단하며 밀도가 높았다. 단일종수는 크게 변하지 않았다. 평가기간 동안 사상균수가 1까지 증가하였고, 평가 마지막 단계에선 1~2 사이에서 변했다. 구체적인 미생물 종은 밝히지 못했으나, 플록 표면에서 많이 발견되었다.

7.3.4.3 분리막 성능

안정적으로 운전 가능한 최대 순유속은 60 LMH이었다. 세정은 분리막 수투과도를 통해 적용 시점을 판단하였고, 일년에 2~4회 실시하였다. 역세척(Backwashing)이 적용되었다. 그림 7.18에 운전기간 동안 X-Flow MBR 파일럿

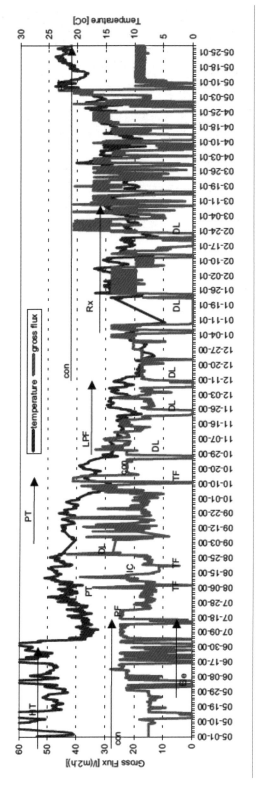

그림 7.18   X-Flow 사 MBR 파일럿 플랜트의 분리막 수투과도 및 온도보정.

의 수온 및 수투과도를 나타내었다.

시스템 내 세 개 모듈이 수직으로 장착되어 3 m³/h 정유량으로 운전되었다. 운전 유속은 50 LMH, 최대유속은 70 LMH였다. 1주일에 한 번 1 m/s 이하의 선속도로 유지세정을 실시해 0.5 m/s가 가장 효율적인 것을 알아냈다. 운전 중 0.25~0.5 m/s의 선속도로 공기를 공급하여 미생물 플록 흐름에 난류를 형성, 분리막 오염 저감 효과를 보였다.

7.3.4.4 결론

분리막 오염 저감 및 알파인자와 관련된 에너지 소모량을 최적화하기 위해 호기조 내 슬러지 농도는 약 10 kg MLSS/m³를 안정적으로 유지했다. 5℃의 저수온기 평가 중 안정 여과 순유속은 22.5 LMH였으며, 이후 37 LMH까지 최적화했다. 이때 함께 최적화된 유지세정 주기는 1주일, 강화세정(Intensive cleaning) 주기는 4~8회/년이었다.

7.4 하수처리 적용 사례연구

세계에서 가장 큰 규모의 MBR 플랜트는 대부분 하수처리장이며, 상당수가 ZeeWeed 보강중공사막이 Suez 사에 의해 적용되었다. 표 7.1에 나타난 세계 최대 규모의 MBR 시설들 중 주요 하수처리시설들에 대해 하나씩 알아보고자 한다.

7.4.1 Seine Aval Wastewater Treatment Facility

프랑스 아쉐르(Achères) 내 센 강 하류의 센 아발(Seine Aval) 지역에 위치한 하수처리장(시설 전경 그림 7.19b 참조)이다. 초창기 파리에서 유입되는 하수를 처리하는 유일한 플랜트였다. 1993년에 2,700,000 m³/d 규모로 지어졌다. 소유 주체는 Service Public de L'Assainissement Francilien (SIAAP)이며, 파리에서 본 플랜트를 포함 총 5개의 하폐수처리장을 운영하고 있다.

1960년대 후반 여러 가지 이유로 하폐수처리 중앙집중화 설계가 도전적으로 시도되었고, 1990년대 후반에 한 번 더 있었다. 그로 인해 분산 시설 대비 총 시설용량을 최적화해 줄일 수 있었고, 1960년대 첫 단계로 Marne Aval 및 Seine Amont 하수처리장이 지어졌고, 1990년대 두 번째 단계로 Seine Centre,

Seine Grésillons, Seine Morée 하수처리장이 건설되었다. 이 때, Seine Aval 하수처리장은 인까지 제거하기 위한 근대화 기술로 주변 하수처리장과는 달리 물리화학적 처리공정이 적용되었다. 2007년 질소 제거공정이 강화되었고, 2016년 MBR 공정으로 더 고도화 되었다(표 7.1 참조).

그림 7.19a는 Seine Aval MBR 플랜트의 공정 모식도이다. 이 시설은 파리

(a) 시설 공정도

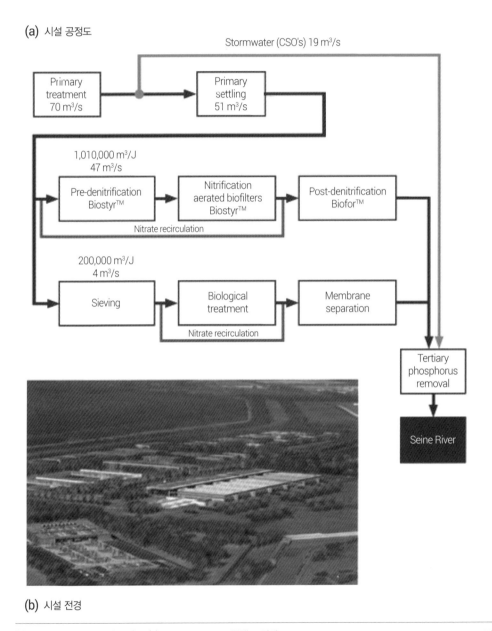

(b) 시설 전경

(a) Seine Aval MBR 공정 모식도, (b) Seine Aval MBR 플랜트 전경.

그림 7.19

인구 75%로부터 발생하는 하수를 처리하고 있으며 평균 유입수량은 1,210,000 m³/d이다. 유입수는 내부에서 두 공정으로 나뉘어 처리되는데 1,010,000 m³/d 유량은 기존 공정으로, 이 중 200,000 m³/d 유량을 MBR 공정으로 처리하게 된다. MBR 공정을 살펴보면 초침(Primary settling) 후 적용된 스크린 기공이 1 mm이다. 총 6개 활성슬러지조가 2계열로 나뉘었고, 조의 총 부피는 118,000 m³이다. 적용 분리막은 Suez 사의 ZeeWeed 500d로, 브레이드 보강 중공사막이 수직으로 배열된 직사각형 침지식 모듈이다. 각 계열은 14개 단위구역으로 나뉘어 있으며, 각 단위구역에는 11개 분리막 스키드가 설치되었다. 총 분리막 유효막면적은 462,000 m²이다. 순유속은 18.0 LMH[=200,000 m³/d × (1,000 L/ m³) × (1d/24h) × (462,000 m²)]이다.

7.4.2 Brightwater Wastewater Treatment Facility

미국 워싱턴 주 킹 카운티(King County)에 위치한 Brightwater 하수처리장은 건설 중인 MBR 시설 포함 세계에서 네 번째, 운영 중인 MBR 시설 중 세계에서 첫 번째로 큰 규모의 MBR 시설이다. 이 시설은 하수처리를 위해 2011년 시공되고, 시운전을 마쳤다. 일평균 여과유량은 117,000 m³/d이며, 일최대 여과유량은 170,000 m³/d이다. 적용 분리막은 Suez 사의 ZeeWeed 500d로, 브레이드 보강 중공사막이 수직으로 배열된 직사각형 침지식 모듈이다.

그림 7.20   Brightwater MBR 시설 사진.

플랜트 시공사는 GE Water & Process Technologies(현 Suez)였고, 시공 후 시설 소유권은 the King County Wastewater Treatment Division (KCWTD)으로 이전되었다. KCWTD는 워싱턴 주 시애틀(Seattle) 시민 140만 명을 담당하고 있다. The Brightwater Wastewater Treatment Facility (WWTF)는 이 지역 인구증가에 대한 하수처리 관련 대비책을 아래와 같이 세웠다.

Brightwater WWTF에서 하수처리공정을 선정할 때, 가장 중요시 여긴 점은 퓨젯 사운드(Puget Sound) 만(灣)으로 방류 시 해양환경에 미칠 수 있는 영향이었다. 이에 더해 킹 카운티는 하수처리장 방류수를 음용 단계까지는 아니더라도 조경, 농경, 산업용 등의 목적으로 재이용하기 원했다. 이 두 가지 수요를 만족하는 기술로 MBR 공정을 선택했고, 그 결과 기존 활성슬러지 공정의 하수처리장보다 7~10배 깨끗한 분리막 여과수를 얻어 방류지역 해양환경 보호와 재이용에 활용할 수 있었다.

시공사 선정과정에서 두 MBR 공급사가 나섰고, ZeeWeed MBR 기술을 제안한 GE's Water & Process Technologies 사가 선정되었다. 2005년 시공사 선정 당시 Brightwater WWTF는 세계에서 가장 큰 MBR 플랜트였고, 지금까지도 북미에서 가장 큰 MBR 플랜트로 기록된 상태로 운영 중이다.

Brightwater WWTF 공정은 협잡물 1차 처리 후 초침과 미세목 스크린을 적용해 분리막조를 포함한 이후 MBR 공정 내 협잡물 유입 방지를 강화했다. 미생물반응 공정은 무산소 및 호기 공정 모두가 적용되었으며, 원수의 효율적인 탈질, 폭기 에너지 저감, 알칼리도 향상 등의 최적화를 고려해 설계되었다. ZeeWeed 분리막은 입자 및 미생물을 안전하게 걸러주고 있다. 본 시설은 8개, 예비 2개, 총 10개의 독립계열로 구성되어 있고, 각 계열에는 20개 스키드가 설치되었다. 두 개의 예비 계열은 5년 내 확장될 예정이다. 분리막 여과수는 재이용에 활용되기 위해 미생물에 의한 후오염을 방지하려는 목적으로 차아염소산나트륨으로 소독된다.

Brightwater WWTF는 MBR 시설 내 설계값 초과 유량 유입에 대응하기 위한 독특한 공정기술을 적용했다. 즉, MBR 공정 내 유입유량이 시설 용량을 초과할 경우 초과되는 유입수를 기존 기존 시설의 초침시설을 이용, 응집/침전 공정을 거치게 한 뒤 MBR 여과수와 혼합해 수질을 맞추도록 운영하고 있다. 이는 최대유입유량에 대한 일시적인 분리막 유속 부하를 높이는 일반적인 MBR 공정과 상이한 것으로, 경제성까지 고려된 접근이다.

사례 연구

본 시설 선정 당시 본 시설에 더해 역시 MBR 공정이 적용된 Carnation WWTP에도 원수를 공급할 수 있도록 한 점도 특이하다. Carnation WWTP 시설은 Class A의 재이용수를 생산해 주변 습지에 공급할 수 있도록 하였는데, 원래의 목적과 함께 Brightwater plant 본시설의 테스트베드로서 활용하고자 하는 내면 목적도 있었다. Carnation WWTP의 시설 용량은 390 m³/d로 매우 작으며, 동일한 분리막과 관련 MBR 공정이 적용되었다. Carnation WWTP은 2008년 5월부터 가동되고 있으며, 그 해 하폐수 재이용 협회(Waste Reuse Association)로부터 'Small Project of the Year'를 수상했다.

7.4.3 Yellow River Water Reclamation Facility

The Yellow River Water Reclamation Facility (YRWRF)는 미국 조지아 주 리번(Liburn)에 위치하고 있으며, 세계에서 11번째로 크고, 운영 중인 시설 중에서는 다섯 번째로 큰 MBR 시설이다. 이 플랜트는 2011년 하수처리 및 처리수 재이용을 목적으로 시공, 시운전 완료되었으며, 일평균 유량 69,000 m³/d, 일최대유량 111,000 m³/d로 설계되었다. 분리막 및 모듈은 Suez 사의 ZeeWeed 500d가 적용되었고, CH2M Hill 사가 시공하였으며, 이후 귀넷 카운티(Gwinnett County)로 소유권 이전되었다. 그림 7.21에 시설 사진이 있다.

7.4.4 Cannes Aquaviva

Cannes Aquaviva 하수처리장은 프랑스 칸느(Cannes)에 위치하고 있으며, 세계에서 13번째로 크고, 운영 중인 시설 중에서는 일곱 번째로 큰 MBR 시설이다. 이 플랜트는 2012년 하수처리를 목적으로 시공, 시운전 완료되었으며, 일평균 유량 59,000 m³/d, 일최대유량 106,000 m³/d로 설계되었다. 분리막 및 모듈은 Suez 사의 ZeeWeed 500d가 적용되었고, Degremont 사가 시공하였다. 시공 후 빌 드 칸느(Ville de Cannes)로 소유권 이전되었다. 그림 7.22에 시설 조감도 및 통제건물 사진이 있다.

7.4.5 Busan Suyeong Sewage Treatment Plant

부산 수영 하수처리장은 부산에 위치하고 있으며, 세계에서 14번째로 크고, 운영 중인 시설 중에서는 여덟 번째로, 대한민국에서 가장 큰 MBR 시설이다. 이 플랜트는 2012년 하수처리를 목적으로 시공, 시운전 완료되었으며, 일

Yellow River Water 재이용시설 사진.　　　　　　　　　　　　　　　　　　　그림 7.21

평균 유량 59,000 m³/d, 일최대유량 106,000 m³/d로 설계되었다. 지금까지와의
시설과 차이점은 지하에 시공되었고, 지상은 공원으로 조성되었다는 것이
다. 분리막과 모듈은 ZeeWeed 500d가 적용되었고, GS건설에서 시공하였다.
시공 후 부산시에 소유권 이전되었다. 그림 7.23에 시설 조감도 및 시설 사진
이 있다.

그림 7.22   Cannes Aquaviva 하수처리장 사진.

부산시는 대한민국에서 두 번째로 큰 도시로 인구 350만 명이 살고 있다. 부산시가 기존 하수처리시설 용량 확장을 위해 방류수 수질, 하수처리시설 녹지 공원화, 제한된 시설 면적 및 예산 등 몇 가지 요구사항들이 있었으며 MBR 공정을 통해 이를 만족시켰다.

부산시의 도시화가 가속되면서 기존 하수처리 시설 주변까지 주거지역

부산 수영 하수처리장 사진. 　　　　　　　　　　　　　　　　　　　　　　　그림 7.23

이 확장되었고, 혐오시설 중 하나인 하수처리장이 보다 환경친화적으로 변화
되기 바라는 부산 시민의 요구에 맞춰 수영 하수처리장의 고도화 및 녹지공
원화는 불가피했다.

　　본 시설 내 31.6 m² 유효막면적을 가지는 ZeeWeed 500d 모듈 5,760개가 120
개의 스키드에 장착되어 12개 계열에 설치되었다. 한 개의 스키드는 48개의
모듈을 수용할 수 있었다. MBR 공정 적용으로 기존 시설 내 2차 침전지와 3차
여과 공정을 생략할 수 있었고, 그 결과 부지 및 시공비를 줄일 수 있었다.

　　MBR 공정으로 개선 후 방류수 수질조건은 BOD 7 mg/L, COD 40 mg/L,
SS 20 mg/L, TN 20 mg/L, TP 2 mg/L였다. 이는 대한민국에서도 엄격한 수질
기준이며, 시설 처리수가 수영강으로 방류될 경우 대한민국에서 가장 인기

있는 해수욕장 및 리조트 시설이 있는 바다로 유입되기 때문이다.

시스템은 두 단계의 스크린 공정을 가지고 있다. 초침 상등 원수는 6 mm, 이후 1 mm 기공의 스크린으로 걸러진다. 각 스크린 선속도는 0.5, 0.25 m/s이다. 생물반응조는 전형적인 A2O 공정으로 구성되었다. 반응기는 혐기조, 무산소조, 호기조, 분리막조 순서로 구성되었다. 분리막조가 호기조와 분리되어 있다는 특징이 있다. 이는 시공비 증가요인이나, 회복세정 등 유지관리 편의성을 주는 장점을 가지고 있다. 그외 역세척조, 약품조가 분리막조 근처에

그림 7.24   Cleveland Bay 하수처리장 사진.

배치되었다.

분리막 운전 공정은 12분 여과, 0.5분 역세척 공정의 반복으로 구성되었다. 역세척유속은 여과유속의 1.5배로 설계되었다. 유지세정을 위해 200 mg/L의 차아염소산나트륨 수용액(일주일에 두 번) 및 1,000 mg/L의 구연산 수용액(일주일에 한 번)이 역세척과 함께 분리막에 공급되었다. 회복세정은 일년에 두 번 실시되며 1,000 mg/L의 차아염소산나트륨 수용액 및 2,000 mg/L의 구연산 수용액에 각각 6시간씩 순서대로 폭기와 함께 담가 세정된다. 10초 공기공급 후 30초 공기가 차단되는 순환 폭기(Cyclic aeration)가 적용되었으며, 원수 유입량이 일최대유량보다 많을 경우 10초 공기공급, 10초 공기차단의 공정으로 공기공급 주기 비율을 높인다. 정상 교대폭기 시 SAD_m는 0.54 $Nm^3/m^2 \cdot h$이다.

7.4.6 Cleveland Bay Wastewater Treatment Plant

Cleveland Bay 하수처리장은 호주 퀸즈랜드 주 타운스빌 클리블랜드 베이(Townsville Cleveland Bay)에 위치하고 있으며, 세계에서 23번째로 크고, 운영중인 시설 중에서는 15번째로 큰 MBR 시설이다. 이 플랜트는 2008년 기존 침전지 기반 하수처리 시설을 개량, 여과수질 및 수량을 향상하는 목적으로 시공, 시운전 완료되었으며, 일평균 유량 29,000 m^3/d, 일최대유량 75,000 m^3/d로 설계되었다. 분리막 및 모듈은 Suez 사의 ZeeWeed 500d가 적용되었다. 본시설은 그레이트 배리어 리프(the Great Barrier Reef) 지역으로 방류하며 매우 엄격한 방류수질을 요한다. 그림 7.24에 시설 사진이 있다.

호주 기후 특성과 유사하게 Townsville도 물 부족 지역 중 하나이다. 환경보전국(Environmental Protection Agency)은 Great Barrier Reef 지역 내 도시들을 대상으로 물 관련 규제를 강력히 시행하고 있다. 특히 하수 방류수의 경우 질소와 인 농도에 대해 그러하다. 본 규제에 맞추기 위해 타운스빌 의회는 기존 Cleveland Bay 하수처리장을 최신 기술로 개량해야 했다. 방류 수질뿐 아니라 기존 시설 내에서 용량까지 증설하기 위해 Suez 사의 MBR 공정을 분리막과 함께 도입했다. 그 결과 기존 2차 침전지를 수정하여 두 계열의 MBR 시설을 시공하였다. 매우 독창적인 공정으로 원형 조 내부는 분리막과 호기조가, 외부는 도넛처럼 무산소조가 배치된 형태였다. 시설 용량은 일평균 설계유량 29,000 m^3/d에 실처리유량 23,000 m^3/d이며, 우기 일최대유량 145,000 m^3/d를 받아 이중 75,000 m³/d 유량을 MBR로 처리한다.

본 시설의 개량 공사기간은 18개월이었으며, 시공 후 남반구 내 최대 규모 MBR 시설로 기록되어 있다. 본 시설 개량 후 연간 143 m³의 영양분 방류를 감소시킬 수 있었다. 이중 연간 질소 방류량은 138 m³에서 30 m³로, 연간 인 방류량은 43 m³에서 8 m³로 감소시켰다. 이는 해양 수질 복원에도 기여했으며, 결과적으로 타운스빌 내 인구 증가에도 기여했다. 의회는 이 방류수에 대한 재이용 계획을 수립 중이다.

7.5 산업폐수 적용 사례연구

하수처리장과 비교해 산업폐수에 대한 MBR 기술 적용은 여러 다른 점들이 있다. 산업폐수에 적용하는 MBR 공정은 시설 규모가 상대적으로 대부분 작으며, 폐수 성상이 폐수발생 공장에 따라 크게 달라 이에 대한 신중한 설계 검토가 필요하다. 표 7.1에 나타난 세계 최대 규모의 MBR 시설들 중 주요 폐수처리 시설들에 대해 하나씩 알아보고자 한다.

7.5.1 Basic American Foods Potato Processing Plant

Basic American Foods 사 공장 내에서 감자 가공 후 발생한 폐수처리에 Suez 사의 ZeeWeed MBR 기술이 2002년에 적용, 지금까지 운영 중이다. 본 MBR 시설은 미국 아이다호 주 블랙풋(Blackfoot)에 위치하고 있다. 일평균 유량은 4,900 m³/d이다. 설치된 분리막/모듈은 ZeeWeed 500d이며 시설 소유주는 Basic American Foods 사이다. 그림 7.25에 MBR 시설 사진이 있다.

아이다호 주에 본사를 두고 있는 Basic American Foods (BAF) 사는 미국 내 감자 매출 1위 기업이다. 감자를 가공하는 본 공장은 1950년대 세워졌고, 지금도 기업 내 최대 규모 공장이다. 공장 내 감자 가공 후 발생 폐수는 질소 농도가 높아 처리가 어려워 고도처리공정 외에 선택의 여지가 없었다. 초기 폐수처리공정은 침전 상등수를 토양에 방류하는 데 그쳤다. 전통적으로 감자 가공 폐수에 적용되는 혐기처리도 이 공장 폐수에는 적용이 어려웠다.

BAF 사는 다양한 공정들을 검토하였고, 마침내 찾아낸 해결책은 ZeeWeed MBR 시스템을 적용하는 것이었다. 시공은 Suez 사가 자체 기술을 적용 진행했으며, 총 시설용량은 4,920 m³/d였다. 시공기간은 시운전 완료까지 불과 7

Basic American Foods 사 감자 손질 폐수처리 MBR 시설 사진. 그림 7.25

개월이었다.

　유입수는 처음 초침 공정을 지난 상등수가 4,542 m^3 부피의 혐기조를 거쳐 3개의 3,028 m^3 호기조에 분산된다. 탈질을 위해 호기조 내 활성슬러지는 무산소조로 다시 돌아가 순환된다. 보다 높은 수준의 탈질이 필요하므로 이 시설의 내부반송량이 상대적으로 높다. 별도로 설치된 분리막조는 호기조로부터 슬러지를 받아 여과하고, 분리막조 내 슬러지 농축 방지를 위해 농축슬러지를 호기조로 일부 반송한다. 분리막 운전 압력 범위는 -6.9~-55 kPa이다. 분리막 여과수는 수질기준에 맞춰 방류된다.

7.5.2 Frito-Lay Process Water Recovery Treatment Plant

Frito-Lay 사의 공정수 재이용시설이 ZeeWeed MBR을 적용해 식음료 제조공정 내 재이용 기술을 적용, 운영한 모범사례로 Suez 사에 선정되었다. 이 공장은 미국 애리조나 주 캐사 그랜디(Casa Grande)에 위치하고 있으며, 2010년에 지어졌다. 일평균 처리유량은 2,400 m^3/d이며, ZeeWeed 500d 모듈 및 스키드가 적용되었다. 시공 후 소유권은 Frito-Lay에 있다. 그림 7.26에 MBR 시설 사진이 있다.

　Frito-Lay 사의 Casa Grande 공장은 스낵 제조공장이다. 본 공장의 특이점

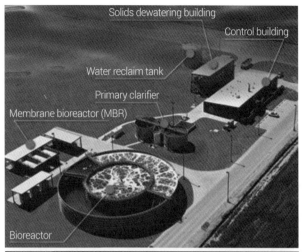

그림 7.26　　　　　Frito-Lay 공정수 재이용시설 사진.

은 전체 공장이 신재생에너지를 사용하고, 물을 재이용해 배출수를 유입수의 1% 이하로 관리한다는 점이다. MBR 공정을 적용한 공정수 회수를 위한 수처리시설(Process water recovery treatment plant, PWRTP)을 통해 부지를 줄이고 이 곳에 5 MW 급의 PV 태양광 발전 시스템과 미생물 보일러 시스템을 적용하여 전체 공장에 필요한 전기와 열수를 생산한다.

　　재이용시설 처리용량은 2,650 m^3/d이고 공장 내 공정수 75%를 이 시설이 공급하고 있다. 공정수 수질은 미국 환경오염국(US EPA)에서 정한 1차, 2차 음용수질 기준에 적합할 만큼 깨끗하다.

　　2010년 Suez 사와 Frito-Lay 사는 Global Water Intelligence (GWI)가 선정한 올해의 환경기여상(The Environmental Contribution of the Year Award)을 수상했다.

7.5.3 Kanes Foods

Kanes Foods 폐수처리장은 영국 우스터셔 주에 위치하고 있다. 시공 및 시운전 완료는 2001년에 이루어졌다. 일평균 처리유량은 2,400 m³/d이다. Aquabio 사의 다공성(Multibore) 실린더형 분리막, 가압식 실린더형 모듈이 적용되었다. 시설 소유권은 Kanes Foods에 있다.

본 폐수처리장은 가압식 모듈이 적용된 만큼 호기조 활성슬러지를 분리막/모듈로 이송 여과 후 농축수를 호기조로 반송하는 지류여과 방식의 Aquabio 사가 제공한 'AMBR' 공정이 적용되었다. 전체 재이용률은 80%이다. 전체 공정은 스크린, 유량조정, DAF (채소 표면 이물질 제거용), MBR 순으로 구성되었다. 이후 역삼투막 및 자외선 소독 공정이 추가되어 있다. 여과수는 주 공정수와 혼합되어 전체 공장에 재사용된다. MBR 시설은 두 개의 250 m³ 호기조에서 네 계열의 부분여과 가압식 모듈로 활성슬러지가 공급되고 농축수가 회수된다. 최대 슬러지(MLSS) 농도는 20 g/L이며, 일반적으로는 약 10 g/L였다. 원수의 FM비는 약 0.13 kg COD/kg MLSS·d였다.

슬러지 생산량은 0.14 kg DS (Dry solid or dry sludge)/kg COD로 계산되며, 슬러지가 배출되는 연령은 100일 이상이다. 각 분리막 계열은 Norit 사가 공급한 200 mm 지름의 MT UF 분리막이 설치되었다. 분리막의 평균여과유속은 25°C 수온 보정값으로 153 LMH였다. 분리막 평균 여과수질은 TSS, BOD, COD 각각 4, 7, 16 mg/L이었다. UF 여과수는 이단 역삼투막 공정으로 공급되어 회수율 75~80%로 여과되었다. 역삼투막 여과수의 전도도가 40~100 μS/cm 범위였고, 다시 자외선 소독 공정을 거쳐 공장 내 공정수 공급조로 이송된다. 농축수는 하수로 방류된다.

7.5.4 Pfizer Wastewater Treatment Plant

세계적인 제약회사인 Pfizer 사의 MBR 폐수처리장이 아일랜드에 2001년 시공 및 시운전 완료되었다. 일평균 여과유량은 1,500 m³/d이며, 분리막/모듈은 ZeeWeed 500d이다. 시설 소유권자는 Pfizer 사이다.

본 공장의 제약폐수는 전통적인 물리/화학/생물학적 처리공정으로 처리 수질을 맞추기 어려웠다. 이는 원수 내 COD 농도가 높으면서 수질, 수량 편차가 매우 크기 때문이었다.

생물반응 호기조 시스템을 강화한 MBR 공정이 적용되었지만, 원수 부하

변동에 대한 약품 투입량 조절 등 관리자의 세심한 관리가 필요한 시설이다.

7.5.5 Taneco Refinery

Taneco 정유공장 내 폐수처리장은 러시아 타타르스탄 공화국의 니즈네캄스크(Nizhnekamsk) 지역에 위치하고 있다. 시설은 2012년에 시공, 시운전 완료되었다. 일평균 처리유량은 17,000 m^3/d이다. 분리막/모듈은 ZeeWeed 500d이다. 시공사는 Suez 사이며, 시공 후 소유권은 OJSC Taneco 사에 이전되었다. 그림 7.27에 시설 조감도가 있다.

7.5.6 Zhejiang Pharmaceutical WWTP

Zhejiang 제약공장 내 폐수처리장은 중국 저장성(浙江省)에 위치하고 있으며 2011년 시공 및 시운전 완료되었다. 일평균 처리유량은 400 m^3/d이며, Shanghai MegaVision Membrane Engineering and Technology 사에서 평막이 적용된 수직 직사각형 침지식 모듈을 공급했다. 시공은 Shanghai MegaVision 사가 담당했고, 시공 후 소유권은 Zhejiang Pharmaceutical 사에게 이전되었다. 폐수처리장 사진이 그림 7.28에 있다.

　　본 시설의 특징은 VALORSABIO 사가 제공한 혐기처리공정인 UASB (Up-

그림 7.27　　　　　Taneco 사 정유공장 사진.

Zhejiang 제약공장 폐수처리장 사진.

그림 7.28

flow anaerobic sludge blanket)-PRO가 적용되고 이후에 동사가 제공한 JET-LOOP SYSTEM과 MBR 공정 조합이 적용된 점이다. JET-LOOP SYSTEM과 MBR 공정의 미생물반응 공정에 화학적/물리적 처리가 추가되어 생분해 불가한 원수 성분까지 처리한다.

UASB-PRO 공정은 2011년 11월부터 가동되고 있는데 VALORSABIO 사가 주장하는 신개념의 펄스 공정을 추가, 기존 혐기처리공정의 문제점인 유입수량, 수질의 불균형을 개선했다. UASB-PRO 공정 도입으로 원수 내 COD 부하가 80% 이상 줄어든 상태로 MBR 공정을 만나 보다 효율적인 폐수처리가 진행된다. 혐기처리공정 중 생산되는 바이오가스는 보일러 가동이나 전기 생산 등의 방법으로 적용되어 시설 운영비를 줄일 수 있다는 부가적인 장점이 있다.

JET-LOOP SYSTEM과 MBR 공정의 조합은 기존 폐수처리공정 대비 매우 낮은 HRT (25% 이하)를 유지하면서도 매우 높은 수질의 생산수를 얻을 수 있다는 장점이 있다. 최종 처리수는 해당 지자체의 방류수 수질기준을 초과 만족하고 있다.

참고문헌

Judd, C. (2014) The largest MBR plants worldwide? http://www.thembrsite.com/about-mbrs/largest-mbr-plants.

van der Roest, H. F., Lawrence, D. P., and van Bentem A. G. N. (2002) *Membrane Bioreactors for Municipal Wastewater Treatment*, IWA Publishing, London, U.K.

http://www.thembrsite.com/

http://onlinembr.info/

색 인

하폐수처리를 위한
MBR [분리막 생물반응기]
이론과 실무

초 판 발 행	2018년 10월 10일
초판 2쇄	2019년 11월 25일

저 자	박희등·장인성·이광진
펴 낸 이	전지연
펴 낸 곳	KSCE PRESS

북프로듀싱	박희등
책 임 편 집	김덕희
디 자 인	씨디엠더빅
제 작 책 임	김덕희

등 록 번 호	제2017-000040호
등 록 일	2017년 3월 10일
주 소	05661 서울특별시 송파구 중대로25길 3-16 대한토목학회
전 화 번 호	02-407-4115 (대표) / 02-407-3703 (팩스)
홈 페 이 지	kscepress.com
I S B N	979-11-960900-1-2 (93530)
정 가	30,000원

이 도서의 국립중앙도서관 출판예정도서목록(CIP)은 서지정보유통지원시스템 홈페이지(http://seoji.nl.go.kr)와 국가자료공동목록시스템(http://www.nl.go.kr/kolisnet)에서 이용하실 수 있습니다. (CIP제어번호: CIP2018027874)